◆ "十四五"国家重点图书
◆ CAMBRIDGE精选翻译图书

LDPC码设计与构造的统一理论

LDPC Code Designs,Constructions,and Unification

[美] Juane Li
[美] Shu Lin
[美] Khaled Abdel-Ghaffar 著
[美] William E. Ryan
[美] Daniel J. Costello, Jr.

于启月 译

哈爾濱工業大學出版社
HARBIN INSTITUTE OF TECHNOLOGY PRESS

内容简介

本书由编码领域前沿专家撰写，全面系统地覆盖了低密度奇偶校验(LDPC)码的构造方案，并将基于代数和基于原模图的构造方法统一为一个理论框架(SP框架)。本书给出了一种构造原模图LDPC码的代数方法，并提出了全新的LDPC码构造技术，其中包括具有双重准循环结构的新型LDPC码、用于构造空间耦合(Spatially Coupled)和全局耦合(Globally Coupled)LDPC码的代数方法。

本书可作为通信和信息论领域的电子工程师、计算机科学家和数学家的参考用书。

图书在版编目(CIP)数据

LDPC码设计与构造的统一理论/(美)李娟娥(Juane Li)等著；于启月译. —哈尔滨：哈尔滨工业大学出版社，2023.3

(航天先进技术研究与应用系列)

ISBN 978-7-5603-9410-7

Ⅰ.①L… Ⅱ.①李…②于… Ⅲ.①纠错码—编码理论 Ⅳ.①TN911.22

中国版本图书馆CIP数据核字(2021)第072723号

策划编辑 许雅莹
责任编辑 许雅莹 张 权
封面设计 刘 乐
出版发行 哈尔滨工业大学出版社
社 址 哈尔滨市南岗区复华四道街10号 邮编150006
传 真 0451-86414749
网 址 http://hitpress.hit.edu.cn
印 刷 哈尔滨市工大节能印刷厂
开 本 660 mm×980 mm 1/16 印张15.5 字数277千字
版 次 2023年3月第1版 2023年3月第1次印刷
书 号 ISBN 978-7-5603-9410-7
定 价 88.00元

黑版贸审字 08—2018—161 号

译者序

遇见林老师，让我有机会从头开始学习编码，能接触这么美妙的方向，是很幸福和幸运的事情，我怀着开心和感恩的心情翻译此书。

2016年，在美国加州大学 Davis 分校访学时，林老师正在和 Juane 撰写本书。在本书撰写时，就有幸读到初稿，非常欢喜。当时已经开始思考将来翻译本书了。

准备翻译时，我才发现翻译和阅读是两回事，开始时完全不想动笔，拖延症爆发，每天可以找到各种忙碌的理由，唯一不想做的就是开始，不过心里却从没有放弃的念头，不放弃的理由，就是内心对林老师的敬爱和不想让老先生失望。真正开始翻译的原因是突然发现自己已经很久没有好好静下心来认真看书学习，内心深处开始蔓延的不安，每天一堆事情耗费了太多的时间和精力，唯独没有留给自己安静下来的时间，让自己好好学习充电，这使我很难受和焦虑。翻译本书不但是为了把林老师的书用中文出版，更是为了鼓励自己坚持下去，有时一天半页，有时一天一页……就这样，慢慢抚平内心的焦虑，开始缓慢的翻译过程。再然后，才发现不知不觉中全书翻译完了。那一刻，内心既平静又开心。

本书对 LDPC 码的构造进行了深入浅出的讲解和分析，书中构造LDPC码的方法巧妙又漂亮，读起来非常惊艳，而且易于理解。对本书作者的功底和想法叹为观止，百读不厌，每读一遍都有新的收获和启发。本书对学习 LDPC 码大有裨益，适合相关领域的学生和学者，不论初学者，还是专门从事 LDPC 码研究的学者，都会有新的启发和思路。

在美国的一年，感谢林老师的关心和教导，林教师的教导使我受益终身。感谢可爱的 Juane 的热心帮助和照顾。在此还要诚挚的向刘灏同学、刘冠辰同学、李浩天同学表示感谢，几位同学录入了全书的公式。感恩身边的家人、朋友和同学，有你们真好！

由于译者水平和经验有限，译文中不足之处在所难免，衷心希望广大读者提出宝贵的意见和建议。

于启月

2022年12月

前　　言

差错控制编码可以保护现代信息系统(计算、通信和存储等系统)中数据的准确性。低密度奇偶校验(LDPC)码及其相关编码是差错控制编码领域最先进技术的代表,以其接近理论容量极限的性能而闻名。本书介绍了LDPC码设计的最新结果,并将两种重要的LDPC构造方法(基于代数构码法和基于图论构码法)建立了紧密的联系;介绍了一些新型LDPC码的构造技术。

大多数构造LDPC码的方法可以分为两大类,即基于代数构造和基于图论构造。最经典的两种图论构码方法是分别在2001年和2003年设计出的渐进边增长(PEG)方法和基于原模图(PTG)的方法,这两种方法都涉及计算机辅助设计;最早的基于代数构造LDPC码的方法之一是在2002年提出的叠加(SP)构码法。本书中,代数构码法将分别从代数和图论的角度重新得以解释。从代数的角度,可以看到现有的SP构码法已经涵盖了目前主要的代数构造方案;从图论的角度,可以看到SP构码法也涵盖了PTG构码法,实际上PTG构码法也可以看作SP构码法的特例。因此根据PTG构码法和SP构码法的关系,本书提出了一种基于PTG的LDPC码的代数构造方案。

事实上,将基于代数构码法和基于PTG构码法放入一个统一SP框架中,将具有诸多优势。其优势之一是SP构码法的描述往往相对严密,非常适用于制定标准和作为教材;在SP框架下研究LDPC码的另一个优势是,学生和从业人员只需要学习一种码设计方法,无须学习其他方法。

在SP框架下,本书将介绍二进制和非二进制LDPC码的构造。SP构造还引出了一种具有双重准循环(QC)结构的新型LDPC码以及用于构造空间和全局耦合LDPC码的代数方法。全局耦合的码将被证明具有高效的突发擦除纠错能力。本书在二进制输入加性高斯白噪声信道和二进制擦除信道上构造并仿真了大量新的LDPC码。

本书为读者打开一扇门,使他们了解分散在文献中的现代LDPC码中的诸多方向。它可以作为一本对LDPC码及其相关问题感兴趣的学生、研究人员和工程师的自学指南。本书详细解释了不同的设计方法,并提供了大量的 LDPC 码的构造方法及仿真结果，表明 LDPC 码的设计和构造可以看作是一门艺术，而不仅仅是科学。希望在阅读本书之后，读者可以获得足够的对于编码艺术的体验，以创造出满足不同需求的 LDPC 码，并且在此基础上对码进行进一步的改进。为了使本书更容易理解，作者尽可能让介绍内容清晰，即使读者对编码理论中广泛涉及的术语和结果只有基本了解，也可以很好地了解目前 LDPC 的构造方法。

目　　录

第1章 绪　　论

随着人们对高速、可靠、价格低廉的通信和存储系统的需求增加,越来越多的学者试图寻找达到信息可靠传输和存储极限的方法。低密度奇偶校验(Low-Density Parity-Check, LDPC)码是目前最受欢迎的信道编码技术,它可以广泛应用于不同的环境中,使系统达到信道容量(或者香农限)。

LDPC码最早是在1962年由Gallager教授发现[40],并在1990年得到再次关注[83,81]。随着对LDPC码的再次关注,很多学者围绕着LDPC码的设计、构造、编码、译码、结构分析、性能分析、通用性和应用展开研究。LDPC码被广泛应用在各种通信系统以及不同的信道环境中并作为标准信道编码,比如应用在无线通信、光纤通信、卫星通信、空间通信、数字视频广播(Digital Video Broadcast, DVB)系统和多媒体广播(Multi-Media Broadcast, MMB)系统,以及高密度数据存储系统(如闪存)中。实际上LDPC码也在当前数据存储中得以应用。LDPC码的广泛应用源于它们的近容量(capacity-approaching)性能,该性能可以通过迭代译码算法实现。LDPC码的更多应用目前还在探索阶段,相信LDPC码会在未来有更广泛的应用场景,并带来更多的机遇。因此,也需要继续围绕LDPC码的结构特征和相关性能展开研究。

目前,绝大多数LDPC码构造方法可以分成两类,一类为基于图论的构码方法(Graph-Theoretic-Based),另一类为基于代数的构码方法(Algebraic-Based),该方法又称为基于矩阵理论的方法(Matrix-Theoretic-Based)。基于图论的最优LDPC码构造方法是渐进边增长法(Progressive Edge-Growth, PEG)和原模图法(Protograph, PTG)[43,44]。基于代数的LDPC构码法是在2000年提出的[56,55,38,57],然后学者围绕二进制LDPC码和非二进制LDPC码提出各种方式的代数构码方案,比如基于有限几何法、有限域法和组合设计法[58,76,110,109,35,107,3,19,39,74,111,102,101,112,64,65,116,97,100,50,99,113,114,25,46,26,70,68,77,78]。绝大多数代数构码法都包含几个重要组成部分,即基矩阵(Base Matrix)、矩阵扩展(Matrix Dispersion或Matrix Expansion)和掩模矩阵(Masking)。通过对基矩阵、矩阵扩展和掩模矩阵的合理选择和组合,代数构码法构造的

LDPC码可以具有极好的误码率性能，通常来说LDPC的代数构码法比随机构码法具有更低的误码平层(Error-Floor)，比如文献[70,68,77,78]提出基于代数构码法得到的LDPC码的误比特率(Bit Error Rate,BER)在加性高斯白噪声信道(Additive White Gaussian Noise,AWGN)下可以达到10^{-15}，并且没有可见的误码平层。

最早提出的一种代数构码方法是基于叠加构码法(Superposition,SP)而来，SP结构也被称为混合结构，这种非常灵活的基于代数的LDPC构码方法是在2002年发表的文献[76]中提出的。从那以后，其他几种有效的代数构码方法也被陆续提出，虽然这些新提出的方法与SP构码法看似没有关联性，但是这些新提出的方法都可以认为是在SP构码法基础上的延续和扩展。

基于SP构码法在文献[76]中有详细论述，它是由基矩阵$\boldsymbol{B}$和矩阵集合R所构成的，R是由相同大小的若干稀疏矩阵构成的集合，这些稀疏矩阵可以是方阵也可以不是方阵。然后将$\boldsymbol{B}$中每个非零元素根据某种替代准则，由集合R中的一个稀疏矩阵替代[76,110,109,111,97]；$\boldsymbol{B}$中每个零元素将由一个零矩阵(Zero Matrix, ZM)代替，在此ZM矩阵与R集合中的矩阵具有相同的矩阵大小。将基矩阵$\boldsymbol{B}$中每个元素完成替代，就可以获得稀疏矩阵$\boldsymbol{H}$。$\boldsymbol{H}$的零空间(Null Space)对应一个LDPC码，称为SP－LDPC码。基矩阵$\boldsymbol{B}$中每个元素被集合R中矩阵或ZM矩阵所替代的过程，称为叠加构码法(SP)，其中R称为替代集合，R中的矩阵称为组成矩阵(Constituent Matrices)。文献[110]分析了阵列$\boldsymbol{H}$的Tanner(泰勒)图，可以看出$\boldsymbol{H}$的Tanner图实际上是基矩阵$\boldsymbol{B}$的Tanner图扩展。

基于PTG的LDPC构码法是在2003年由Thorpe等人在文献[105]提出，该方法通过将相对较小且具有很好性能的二部图扩展成具有很长码长结构的Tanner图，以实现LDPC码的构造，该二部图被称为原模图，也是用作整个LDPC码的基图。在整个PTG构码过程中，第一步是选取具有近容量迭代译码阈值的原模图作为基本模块；第二步是将选取的原模图进行复制；第三步是根据某些准则将每个复制原模图的边进行重新排列，连成一个大的Tanner图，而该Tanncr图邻接矩阵对应的零空间则是LDPC可用码字空间集合，这种构码方法即为基于PTG的LDPC构码方法，构造出来的LDPC码字也被称为PTG－LDPC码。该方法的第二步和第三步一起实现了原模图的扩展过程。自从这种方法提出以后，在过去的12年里，大量的工作围绕PTG构码法展开研究[105,80,34,30,31,32,33,1,11,2,88,85]，提出了许多重要结论[34,31,1,2,85]，并构造了大量具有良好误码率性能的PTG－

LDPC码。最近提出了一种新型LDPC码，该码称为空间耦合LDPC码(Spatially Coupled，SC)，并得到了广泛关注，实际上从图论的观点，也可以认为SC－LDPC码是PTG－LDPC码的进一步发展和演进。

通过以上对PTG构码法和SP构码法的简单介绍，可以发现这两种构码方法有两点共同的关键因素，其一需要一个基底(base)，其二对该基底进行扩展。通过同一角度来观察这两种构码方法，比如从图论观点或从代数观点来看，都可以发现SP构码法和PTG构码法之间有着紧密联系。

本书站在更高的角度来统一观察SP构码法和PTG构码法，并从代数理论(也可以看作矩阵分析)和图论角度对两者加以分析论证。从代数观点来看，SP构码法可以覆盖2002年以后提出的绝大多数代数构码法；从图论角度来看，PTG构码法可以认为是SP构码法的特例。进一步来讲，可以通过对代数构码法的进一步研究，实现构造PTG－LDPC码的目的。

可以发现无论从图论观点还是矩阵观点，PTG－LDPC都可以认为是SP－LDPC的一种特例。然而在历史上，人们认为这两种构码方法是完全不同且彼此独立的方式。通过代数方法构造的SP－LDPC码，具有极低的误码平层和很好的结构性，易于实现；与之相对的是在很长的历史时期里，PTG－LDPC码都是通过寻找“好”的码集，并从中找到需要的码字。判断一个码集的好坏主要是通过译码阈值[80,34]或者最小码距来决定[31,32,1]。基于码集的方法是否可以扩展成不同于PTG－LDPC的SP－LDPC码，仍需要进一步研究。

本书基于SP构码法，统一所有主流的代数构码法，即根据给定的框架结构，通过对基矩阵进行矩阵扩展实现LDPC码的构造；也提出一类新型的LDPC码，其具有双重准循环(Doubly QC)结构，可以通过代数构码法生成空间耦合LDPC码和全局耦合(Globally Coupled，GC)LDPC码。这些码的构造方式，实质上仍可以看作SP构码法的特例。本书主要关注二进制LDPC码的构造，但它的分析、理解和构造方法很容易推广到非二进制LDPC码的情况。

本书的结构安排如下。

第2章，给出了一些基本定义和矩阵的相关基本概念，并介绍了本书中可能用到的LDPC码基本结构和性能特征。

第3章，从传统图论观点，介绍了基于PTG构码法构造二进制LDPC码的方法。

第4章，介绍了基于代数构码法构造PTG－LDPC码的方法。

第5章，从宏观的角度介绍了SP构码法[76,109,111]，从图论的角度进一步分析了 SP 构码法，并证明了 PTG－LDPC 码实际上是 SP 构码法的特例。

第 6 章，给出基于 SP 构码法的多种基矩阵 $\boldsymbol{B}$ 和替代集合 R 的选取方法。

第 7 章，提出一种特殊的基于 SP 构码法构造 QC－LDPC 码的方法。该方法也可以称为矩阵扩展(Matrix Dispersion)法，即将基矩阵中的每个非零元素在有限域上进行循环扩展，且扩展长度相同；同样给出了可以保证基矩阵扩展后形成的 Tanner 图的周长(girth)至少为 6 或 8 的充分必要条件。本章在 SP 构码法的基础上囊括了全部主流的代数构造 LDPC 码的方法。

第 8 章，提出双重准循环结构的 LDPC 码。

第 9 章，给出基于代数构码法构造空间耦合 LDPC 码(简写为 SC－LDPC)的方法，包括截断(Terminated)结构和非截断(Not Terminated)两种结构。

第 10 章，提出一种新型的全局耦合 LDPC 码(简写为 GC－LDPC)，并给出两种构造方法。第一种构造方法基于非二进制域的循环基阵列；第二种方法基于两个 LDPC 码的直接相乘，即乘积码。可以发现基于乘积形式的 GC－LDPC 码在纠正突发错误簇时，效率更高。本章也为 GC－LDPC 码提出了一种可以降低复杂度的局部/全局两步迭代译码算法，可以纠正局部和全局的随机错误或擦除错误。

第 11 章，将 SP 构码法从二进制 LDPC 情景推广到非二进制 LDPC 码情景，并给出几种有效构造非二进制 LDPC 码的方法。

第 12 章，对本书进行总结并给出未来可能的研究方向。

全书给出了大量构造 LDPC 码的例子，分析它们在 AWGN 和二进制擦除信道(Binary Erasure Channel，BEC)的误码率性能。在每章的结尾，讨论一些相关或者仍然没有解决的问题，并指出可能的研究方向。

本书有 3 个附录。附录 A 给出基于有限几何构造两类循环置换矩阵(Circulant Permutation Matrix，CPM)的方法。这些阵列可以用于构造 SP 构码法的基矩阵 $\boldsymbol{B}$ 和替代矩阵集合 R；与此同时，它们本身可以直接构造性能很好的 LDPC 码。附录 B 给出一种匹配掩模矩阵的基矩阵搜索算法，用来构造基于掩模的 QC－LDPC 码。附录 C 给出了一种非二进制 LDPC 码的迭代译码算法。

第2章　LDPC的基本概念和相关理论基础

本章首先给出关于矩阵的相关定义和基本概念，这些内容是后续研究代数构码法和图论构码法的理论基础。然后，简单介绍LDPC码，分析它们的基本结构特征，这些结构特征会影响LDPC码在AWGN和BEC信道下的误码性能。关于LDPC码的收敛性问题和主要的迭代算法，可以阅读文献[74,97,95]。

2.1　矩阵和有限域元素的矩阵扩展

GF(q)代表由q个元素构成的有限域，其中q是素数的乘方[73]。当$q \neq 2$时，GF(q)称为非二进制域(Non-Binary，NB)；当$q=2$时，GF(2)称为二进制域。如果矩阵$\boldsymbol{A}$中每一行具有相同的行重，每一列具有相同的列重，并且它的行重和列重相等，则称矩阵$\boldsymbol{A}$为规则矩阵。如果一个规则矩阵$\boldsymbol{A}$的行重(或列重)是w，称$\boldsymbol{A}$是重为w的规则矩阵。当$w \neq 0$时，重为w的规则矩阵为方阵；当$w=1$时，重为w的规则矩阵称为置换矩阵(Permutation Matrix, PM)。可知一个重为w的规则矩阵是w个不同的PM矩阵之和。进一步扩展来说，如果一个矩阵的列重固定为w_c、行重固定为w_r，则称其为(w_c，w_r)的规则矩阵。

GF(q)上的一个方阵，如果当该矩阵的每一行是上一行向右移动一位，而第一行是由最后一行向右移动一位生成时，则该方阵称为循环矩阵(circulant)。显而易见，一个循环矩阵一定是一个规则矩阵，且其重等于它第一行的行重。循环方阵的第一行被称为该循环方阵的生成式(generator)。一个二进制且重为1的循环方阵被称为二进制循环置换(CPM)矩阵。显然一个重为w的循环方阵是由w个不同的CPM矩阵线性组合而成。

两个大小相同的矩阵，如果这两个矩阵中的非零元素都在不同位置时，称这两个矩阵为互不相关矩阵，即一个矩阵中的非零元素位置集合与另一个矩阵的非零元素位置集合互不相同。两个大小为$k \times k$且互不相关的规则矩阵，如果它们的码重分别为 w_1 和 w_2，则这两个规则矩阵之和仍是一个大小为 $k\times k$ 的规则矩阵，且其重为 w_1+w_2。

GF(q)上的一个矩阵，如果它的任意两列(或任意两行)最多只在一个位置同时存在非零元素，则称该矩阵满足行列(Row-Column, RC)约束条件，而该矩阵为一个满足 RC 约束条件的矩阵。对于一个满足 RC 约束条件的矩阵，其上任意一个 2×2 的子矩阵至少含有一个零元素；而满足 RC 约束条件的矩阵，其 Tanner 图周长至少是 6[103,58,76,109,74,111,64,26]。

两个满足 RC 约束条件且大小相同的矩阵 $\boldsymbol{A}$ 和 $\boldsymbol{B}$，如果对 $\boldsymbol{A}$ 和 $\boldsymbol{B}$ 进行行扩展(row-block)构成一个矩阵的行扩展，记为$[\boldsymbol{A},\boldsymbol{B}]$；或者对 $\boldsymbol{A}$ 和 $\boldsymbol{B}$ 进行列扩展(column-block)构成一个矩阵的列扩展，记为$[\boldsymbol{A}^{\mathrm{T}},\boldsymbol{B}^{\mathrm{T}}]^{\mathrm{T}}$，若新形成的矩阵的行扩展和矩阵的列扩展仍满足 RC 约束条件，则称矩阵 $\boldsymbol{A}$ 和 $\boldsymbol{B}$ 满足成对 (Pair Wise, PW)RC 约束条件，显然所有大小相同的不同二进制 CPM 矩阵满足 PW－RC 约束条件。令 $\boldsymbol{A}$、$\boldsymbol{B}$ 和 $\boldsymbol{C}$ 是满足 PW－RC 约束条件的矩阵，$\boldsymbol{D}$ 是一个 ZM 矩阵，并且这四个矩阵具有相同大小，则由 $\boldsymbol{A}$、$\boldsymbol{B}$、$\boldsymbol{C}$ 和 $\boldsymbol{D}$ 作为组成矩阵，构造的 2×2 的阵列(array)满足 RC 约束条件。

令 $\boldsymbol{H}$ 是由相同大小的矩阵构成的一个阵列。本节为论述方便，阵列 $\boldsymbol{H}$ 意味着该阵列的每个位置由一个组成矩阵构成，因此阵列 $\boldsymbol{H}$ 是由多个大小相同的矩阵组成，也可以说是由多个大小相同的子阵列(subarray)构成。假设 $\boldsymbol{H}$ 的所有组成矩阵都满足 RC 约束条件，并且 $\boldsymbol{H}$ 中的任意两个组成矩阵进行行扩展或列扩展都满足 PW－RC 约束条件。换言之，如果 $\boldsymbol{H}$ 的任意一个 2×2 的子阵列满足 RC 约束条件，或者包含至少一个 ZM 矩阵，则 $\boldsymbol{H}$ 满足 RC 约束条件。这个结论实际上是基于 $\boldsymbol{H}$ 的所有组成矩阵都同时满足 RC 约束条件和 PW－RC 约束条件得到的。当 $\boldsymbol{H}$ 中的任意一个 2×2 的子阵列满足 RC 约束条件时，称 $\boldsymbol{H}$ 是一个满足 2×2 的 RC 约束条件的阵列，满足 RC 约束条件的矩阵或阵列在 LDPC 码的构造和 LDPC 误码率性能上发挥重要作用。因此在设计阵列 $\boldsymbol{H}$ 时，需要使 $\boldsymbol{H}$ 上的任意一个 2×2 的子阵列满足 RC 约束条件，或者至少包含一个 ZM 矩阵，而这个条件称为 2×2 的阵列 RC 约束条件。

本书对于 GF(q)上的一个大小为 $k\times t$ 的矩阵 $\boldsymbol{A}$，假设其行的取值范围是从 0 到 $k-1$，列的取值范围是从 0 到 $t-1$，该矩阵也可以表示为 $\boldsymbol{A}=[a_{i,j}]_{0\leqslant i<k,0\leqslant j<t}$，其中$a_{i,j}$代表矩阵的第 i 行和第 j 列上对应的元素。

在很多构造二进制 QC－LDPC 的方法中，GF(q)上的一个非零元素可以用一个二进制 CPM 矩阵表示。令 α 是 GF(q)的本原元，本原元的指数形式($\alpha^0=1,\alpha,\alpha^2,\cdots,\alpha^{q-2}$)可以组成 GF($q$)的所有非零元素。通常来说,GF($q$)中的零元素可以表达为 $\alpha^{-\infty}$,即 $0=\alpha^{-\infty}$。当 $0\leqslant j<q-1$ 时,α^j 可以由一个二进制 CPM 矩阵 $\mathbf{A}(\alpha^j)$来表示,$\mathbf{A}(\alpha^j)$ 是一个大小为$(q-1)\times(q-1)$的矩阵,其生成式在位置 j 处为 1,其余位置皆为 0,显然,α^j 可以由大小为$(q-1)\times(q-1)$的矩阵 $\mathbf{A}(\alpha^j)$唯一确定,α^j 的矩阵表达式可以认为是 α^j 的二进制 CPM 矩阵扩展形式。需要注意的是,二进制 CPM 矩阵 $\mathbf{A}(\alpha^j)$的大小是由 α 的阶(order)决定。GF(q)的零元素,可以用一个大小为$(q-1)\times(q-1)$的 ZM 矩阵表达。

令 β 是 GF(q)中的非零元素,其阶为 k,并且 k 是 $q-1$ 的一个因子,则 k 个元素 $\beta^0=1,\beta,\beta^2,\cdots,\beta^{k-1}$形成了 GF($q$)上的一个循环子群[73]。当 $0\leqslant j<k$时,元素 β^j 可以由一个大小为 $k\times k$ 的二进制 CPM 矩阵 $\mathbf{A}(\beta^j)$表示,其生成式仅在 j 处不为 0,其余位置皆为 0;同理可知,β^j 可以由大小为 $k\times k$ 的矩阵 $\mathbf{A}(\beta^j)$($0\leqslant j<k$)确定。此时,GF(q)的一个循环子群中的元素可以扩展成一个小的二进制 CPM 矩阵。

假设不包含零元素的 GF(q)可以表示为 GF(q)\{0},它是 GF(q')的一个循环子群。令 ζ 是 GF(q')的本原元,则 GF(q)\{0}中的任一元素 ω 可以表示成 ζ 的幂次方,即 $\omega=\zeta^l$($0\leqslant l<q'-1$)。考虑到有限域GF(q'),可以将 ω 对应一个大小为$(q'-1)\times(q'-1)$的二进制 CPM 矩阵 $\mathbf{A}(\omega)$,它的生成式仅在 l 处不为 0,其余位置皆为 0,可以看到 ω 和 $\mathbf{A}(\omega)$是一一映射的。此时,GF(q)中的任何一个元素也与一个更大的二进制 CPM 矩阵相对应。

综上所述,GF(q)中的任一元素可以扩展成大小等于 $q-1$、小于 $q-1$ 或者大于 $q-1$ 的二进制 CPM 矩阵,这种一对一的 CPM 矩阵映射可以用来构造 QC-LDPC 码。

2.2　LDPC 码的基本结构和性能特征

有限域 GF(q)上的 LDPC 码是 q 元线性分组码,可以由 GF(q)上的稀疏校验矩阵 $\boldsymbol{H}$ 对应的零空间获得。当校验矩阵 $\boldsymbol{H}$ 具有固定列重 γ 和固定行重 ρ 时,称此 $\boldsymbol{H}$ 对应的 LDPC 码为规则 LDPC 码,表示为(γ,ρ)规则码。如果校验矩阵 $\boldsymbol{H}$ 的列(或行)有不同列重(或行重)时,此时 $\boldsymbol{H}$ 对应的 LDPC 码称为非规则 LDPC 码。

当 $\boldsymbol{H}$ 是由 GF(q)上同样大小的稀疏循环矩阵组成的阵列时,此时 $\boldsymbol{H}$ 的零空间对应一个 q 元准循环(Quasi-Cyclic, QC)LDPC 码;如果 $\boldsymbol{H}$ 只由

一个稀疏循环矩阵或者一列稀疏循环矩阵组成，此时校验矩阵 $\boldsymbol{H}$ 的零空间对应循环 LDPC 码；当 $q=2$ 时，在 GF(2)上的 $\boldsymbol{H}$ 对应的零空间可以获得一个二进制 LDPC 码。

LDPC 码通常可以表示为图的形式，以便于设计译码算法，对 LDPC 码进行性能分析和码的设计与构造。假设 LDPC 码 $\boldsymbol{C}$ 在 GF(q)上对应的校验矩阵 $\boldsymbol{H}$ 是一个大小为 $m\times n$ 的矩阵，可以表示为

$$\boldsymbol{H}=\begin{bmatrix} h_{0,0} & h_{0,1} & \cdots & h_{0,n-1} \\ h_{1,0} & h_{1,1} & \cdots & h_{1,n-1} \\ \vdots & \vdots & & \vdots \\ h_{m-1,0} & h_{m-1,1} & \cdots & h_{m-1,n-1} \end{bmatrix} \tag{2.1}$$

给定一个二部图 $\mathscr{G}=(V,C,E)$，其包含两个节点集合 V 和 C，其中$V=\{v_0,v_1,\cdots,v_{n-1}\}$、$C=\{c_0,c_1,\cdots,c_{m-1}\}$，以及一个边集合 $E=\{(j,i)\}$。V 中的 n 个节点代表校验矩阵 $\boldsymbol{H}$ 的列，也称为变量节点(Variable Nodes, VNs)；C 中 m 个节点代表校验矩阵 $\boldsymbol{H}$ 的行，也称为校验节点(Check Nodes, CNs)，变量节点 VNs 只能与校验节点 CNs 相连接，反之亦然。因此，$\mathscr{G}$ 实际上是一个二部图。当且仅当校验矩阵 $\boldsymbol{H}$ 的第 i 行和第 j 列的交点处是 GF(q)上的非零元素 β 时，变量节点 v_j 与校验节点 c_i 相连接。在二元域 GF(2)中，图 $\mathscr{G}$ 中的边是没有序号标识的，因此当变量节点 v_j 与校验节点 c_i 相连接时，即 $h_{i,j}=1$。需要注意的是，图 $\mathscr{G}$ 中的一个变量节点和一个校验节点不连接，或者有且仅有一个边相连接，这意味着在图 $\mathscr{G}$ 中不存在平行边。

实际上，二部图 $\mathscr{G}$ 可以看作校验矩阵 $\boldsymbol{H}$ 的图形表示法，因此，校验矩阵 $\boldsymbol{H}$ 也可以看作图 $\mathscr{G}$ 的邻接矩阵。由于 LDPC 的码字是 $\boldsymbol{H}$ 对应的零空间集合，因此 n 个变量节点实际上代表 LDPC 的一个码字的 n 个符号，m 个校验节点代表码字符号必须满足的校验连接关系。因此，二部图 $\mathscr{G}$ 是 LDPC 码的图形表示方法，二部图 $\mathscr{G}$ 也被称为 Tanner 图[103]，实际上 Tanner 图与校验矩阵 $\boldsymbol{H}$ 紧密相关。

LDPC 的译码可以采取基于置信传播(Belief Propagation, BP)的迭代译码算法，比如和积算法(Sum-Product Algorithm, SPA)[81,74,97]、最小和算法(Min-Sum Algorithm, MSA)[18,74,97]或者它们的简化算法[74,97]。而这些译码算法主要依赖于 LDPC 码的 Tanner 图连接结构，本书将进一步分析这些结构特征。

Tanner 图中，变量节点 v_j 连接边的数量称为变量节点 v_j 的度，校验

节点 c_i 连接边的数量称为校验节点 c_i 的度。由 $\mathcal{G}$ 的结构可以发现，变量节点 v_j 的度等于 $\boldsymbol{H}$ 矩阵第 j 列的列重，校验节点 c_i 的度等于 $\boldsymbol{H}$ 矩阵第 i 行的行重。$\mathcal{G}$ 中的路径(path)定义为节点和边的交互变化序列，即由始发节点途径边到下一个节点然后交替往复，直至到达终止节点。需要注意的是，除了始发节点和终止节点可以重合外，其他每个节点仅能出现一次。一条路径边的数量称为该条路径的长度(length)；一个闭合路径，即始发节点和终止节点重合，此时该路径也可以称为一个环(cycle)。图 $\mathcal{G}$ 中每个环含有偶数个边，即 $\mathcal{G}$ 环的长度为偶数；又由于 $\mathcal{G}$ 的变量节点和校验节点之间最多只存在一条连接边，因此 $\mathcal{G}$ 不存在长度为 2 的环。$\mathcal{G}$ 中所有环长度的最小值称为一个图 $\mathcal{G}$ 的周长。

一个周长为 g 的 LDPC 码，在其 Tanner 图上可能存在很多长度等于或大于 g 的环。图 $\mathcal{G}$ 中存在不同长度的环，比如长度为 $g, g+2, g+4, \cdots$，这些不同长度环的数量称为图 $\mathcal{G}$ 的环分布(cycle distribution)。如果校验矩阵 $\boldsymbol{H}$ 满足 2.1 节定义的 RC 约束条件，则 LDPC 的 Tanner 图不含有长度为 4 的环，且其周长至少为 6[58,76,109,74,111,64,26,97]。

令 γ_i 为图 $\mathcal{G}$ 中度为 i 的变量节点在所有度分布中所占的百分比，d_{v} 为变量节点最大的度，变量节点的度分布多项式可以表达为[96,74,97]

$$\gamma(X) = \sum_{i=1}^{d_{\mathrm{v}}} \gamma_i X^{i-1}$$

令 ρ_i 为图 $\mathcal{G}$ 中度为 i 的校验节点在所有度分布中所占的百分比，d_{c} 为校验节点最大的度，校验节点的度分布多项式可以表达为[96,74,97]

$$\rho(X) = \sum_{i=1}^{d_{\mathrm{c}}} \rho_i X^{i-1}$$

对于一个规则 LDPC 码，所有变量节点 VN 具有相同的度，所有校验节点 CN 具有相同的度。每个变量节点 VN(或校验节点 CN)的度等于其校验矩阵 $\boldsymbol{H}$ 中相应的列重(或行重)，$\gamma(X)$ 和 $\rho(X)$ 给出了邻接矩阵 $\boldsymbol{H}$ 的列重和行重的分布情况。

例 2.1 给定一个二进制(10,5)的 LDPC 线性分组码，其校验矩阵 $\boldsymbol{H}$ 是在 GF(2)上的一个 5×10 的矩阵，表示为

$$\boldsymbol{H} = \begin{bmatrix} 1 & 1 & 1 & 1 & 0 & 0 & 0 & 0 & 0 & 0 \\ 1 & 0 & 0 & 0 & 1 & 1 & 1 & 0 & 0 & 0 \\ 0 & 1 & 0 & 0 & 1 & 0 & 0 & 1 & 1 & 0 \\ 0 & 0 & 1 & 0 & 0 & 1 & 0 & 1 & 0 & 1 \\ 0 & 0 & 0 & 1 & 0 & 0 & 1 & 0 & 1 & 1 \end{bmatrix} \tag{2.2}$$

$\boldsymbol{H}$ 具有固定列重 2 和固定行重 4,可以证明 $\boldsymbol{H}$ 矩阵满足 RC 约束条件。该 $\boldsymbol{H}$ 矩阵的 Tanner 图结构如图 2.1 所示。由于 $\boldsymbol{H}$ 满足 RC 约束条件,且不含有长度为 4 的环,因此该 Tanner 图周长最小为 6。实际上,其周长正好为 6。图 2.1 中加粗线表示一个长度为 6 的环,该 LDPC 码的度分布多项式 $\gamma(X)=X,\rho(X)=X^3$。

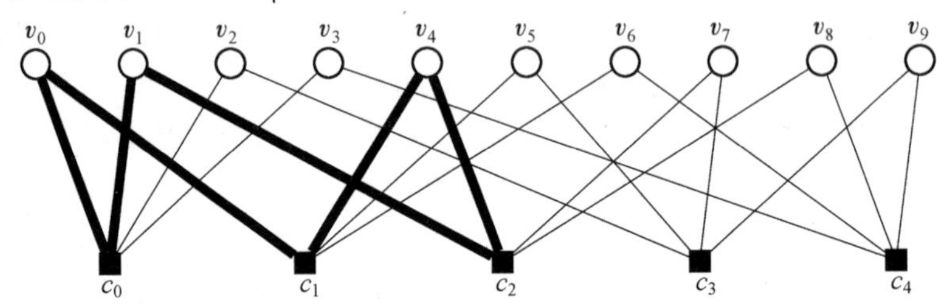

图 2.1　例 2.1 中(10,5)线性 LDPC 码对应的 Tanner 图结构

在一个 LDPC 码的 Tanner 图中,一个 VN 节点可以通过长度为 2 的路径连接到其他的 VN 节点。给定一个 v_j 变量节点,所有与 v_j 连接的长度为 2 的 VN 节点的数量定义为 v_j 节点的连接数(connection number)。VN 节点的连接数反映 Tanner 图 $\mathscr{G}$ 中的连接程度。如果一个校验矩阵 $\boldsymbol{H}$ 具有固定列重和固定行重,则所有 Tanner 图 $\mathscr{G}$ 中的 VN 节点含有相同的连接数;反之,则具有多个连接数。从图 2.1 可以发现,校验矩阵 $\boldsymbol{H}$ 满足 RC 约束条件,且其固定列重为 2,固定行重为 4,每个 VN 节点的连接数为 6。Tanner 图 $\mathscr{G}$ 中 VN 节点的连接数反映了图 $\mathscr{G}$ 的 VN 节点连接分布情况,图 2.1 所示的 Tanner 图的 VN 连接分布为(6,6,6,6,6,6,6,6,6,6)。

一个 $m\times n$ 的校验矩阵 $\boldsymbol{H}$ 对应零空间生成的 LDPC 码的 Tanner 图 $\mathscr{G}$ 的另外一个重要结构特征是陷阱集(trapping set)[94]。当 $1\leqslant\kappa\leqslant n$ 和 $0\leqslant\tau\leqslant m$时,$\mathscr{G}$ 的一个(κ,τ)陷阱集是 VN 节点的一个子集合 T,其中$|T|=\kappa$。子集合 T 对应 $\mathscr{G}$ 上的一个子图,定义为 $\mathscr{G}[T]$,其恰好含有 τ 个奇数个度的 CN 节点,以及任意数量偶数个度的 CN 节点,κ 为陷阱集的大小。当$\mathscr{G}[T]$中所有的 CN 节点的度只为 1 或 2 时,此陷阱集称为初级陷阱集;如果 $\kappa\leqslant\sqrt{n}$ 且 $\frac{\tau}{\kappa}\leqslant 4$,则称这个陷阱集为小陷阱集[62]。

令 V_s 是 VN 节点的一个集合,C_s 是 CN 节点的一个集合且相邻于 V_s 集合,即每个 C_s 中的 CN 节点至少连接一个 V_s 中的 VN 节点,则集合 C_s 中的 CN 节点又称为 V_s 的邻居(neighbors)节点;如果 C_s 中的每个 CN 节点至少连接 V_s 中的两个 VN 节点,则集合 V_s 称为停止(stopping set)集合[24]。

在很多情况下，校验矩阵 $\boldsymbol{H}$ 包含一些冗余行，即 $\boldsymbol{H}$ 的行数大于它的秩，这些冗余行使 Tanner 图多了冗余的 CN 节点。这些冗余行，有的是人为引入以改善系统性能，有的则是校验矩阵 $\boldsymbol{H}$ 本身设计所引入的。通常来说，基于有限几何或者有限域设计的校验矩阵会存在较大的行冗余(row redundancy)，也称为校验节点冗余度(CN redundancy)，这是由其本身具有的较高结构特性引起的。

自从 1990 年再次关注 LDPC 码以来，大量工作围绕 LDPC 码展开。从大量文献中发现，在 AWGN 信道下，当采用基于迭代 BP 译码算法时，LDPC 码的误码性能主要取决于周长(girth)、环分布(cycle distribution)、VN 节点和 CN 节点的度分布(degree distribution of VNs and CNs)、VN 节点连通性(VN-connectivity)、CN 节点冗余度(CN-redundancy)、陷阱集(trapping set)的结构特性以及所有码的最小距离(minimum distance of the code collectively)。但没有任何一个因素可以决定 LDPC 码的全部性能，虽然有时一个特征可能影响某个特定码的性能。例如，在 AWGN 信道下，采用基于迭代 BP 译码算法时，只有当 LDPC 码的 Tanner 图的周长不小于 6 时，才有可能获得较好的误码率性能；再例如，一个 LDPC 码在 BEC 信道下的性能主要取决于终止集(stopping set)和最小码距。关于 Tanner 图的结构特性可以阅读文献[103,46,28,77,56,24,63,94]和其他参考文献。

当采用基于迭代 BP 译码算法(如 SPA 或 MSA)时，LDPC 码具有很好的误码率性能。不过，对于迭代译码，绝大多数 LDPC 码存在一个明显缺陷，即误码平层[94]。误码平层是随着信噪比(Signal-to-Noise Ratio, SNR)的增加，误码率的变化突然变得平缓起来的现象。高的误码平层会影响 LDPC 码的应用范围，尤其是需要极低误码率的场景中。对于极低误码率应用场景，比如高速光通信、数据存储，LDPC 码必须满足这些场景的误码率需求，没有误码平层。

对于采用基于迭代 BP 译码算法的 LDPC 码来说，其主要衡量的性能指标有三点，译码错误概率，如误比特率(Bit Error Rate, BER)、误码率(Symbol Error Rate, SER)、误块率(Block Error Rate, BLER)；误码平层；译码收敛速率(decoding convergence)。在码设计的过程中，需要很好地平衡这三个性能指标。

当采用迭代 BP 译码算法时，LDPC 码的误码率通常与香农限(Shannon limit)、译码阈值(decoding threshold)或者球形填充边界(Sphere Packing Bound, SPB)进行比较。误码率的性能，特别是从低信噪比到中信噪比时，主要取决于其 Tanner 图的周长、环分布以及 VN 节点和 CN 节点的度分布。周长 g 需要适当大(最小为 6);环长为(g,$g+2$,$g+4$)的环个数需要尽可能少,这三种(g,$g+2$,$g+4$)环长也称为短环情况设计的;VN 节点和 CN 节点的度分布也应该使误码率尽可能靠近译码阈值或者香农限,特别是对非规则 LDPC 码。

译码的收敛性是指一个 LDPC 码可以多快收敛到它的性能极限来衡量,比如需要多少次迭代译码。译码的快速收敛可以减少计算的复杂度、功耗以及译码时延。在高速率的通信场景以及高密度的存储系统中需要译码快速收敛。LDPC 码的译码收敛性依赖它的 VN 节点连通性和 CN 节点冗余度。当变量节点连通性较大时,每个 VN 节点将与很多路径长度为 2 的其他 VN 节点相连接。因此,在每次迭代译码时,每个 VN 节点将接收到从其他 VN 节点获得的外部信息。所以,在几次迭代后,每个 VN 节点处的消息处理单元(Message Processing Unit, MPU)可以收集到足够多的外部信息用来更新它的对数似然比(Log-Likelihood Ration, LLR),此时硬判决的正确性会得到较大提升。

在 AWGN 信道下,LDPC 码的误码平层是反映一个码最低可以达到的误码率,误码平层主要取决于 Tanner 图的陷阱集(trapping set)和最小距离(minimum distance)。陷阱集对应于一个错误图样,而这个错误图样阻碍了迭代译码的收敛性。最严重的陷阱集是小陷阱集,即具有少量错误的错误图样,因为少量错误出现的概率更大,所以小陷阱集通常对误码平层影响更严重。如果一个码具有相当大的最小码距,并且其 Tanner 图中不含有小于它最小码距的陷阱集,则这个码将具有极低的误码平层。CN 节点冗余度即一个校验矩阵存在冗余行,也可以降低误码平层。合理地设计码字以减轻由于小陷阱集而造成的误码平层是非常有意义的研究方向。误码平层很高的情况一般发生在计算机随机或伪随机生成的 LDPC 码中。由代数方式构造的 LDPC 码一般具有非常低的误码平层,目前已经证明几类基于代数法构造 LDPC 码的 Tanner 图中并不含有严重的陷阱集,即不存在小于它们最小码距的陷阱集[46,28,77]。一些特殊设计的译码方法也可以降低误码平层,而这些译码方法主要通过消除或减小严重的陷阱集来实现,已有相关文献[41,115,90,91,108,51]展开对减小陷阱集的译码方法的研究,比如通过预先处理或者后处理译码方法。在这些方法中,最有效的译码方法是反向跟踪迭代译码算法(backtracking iterative decoding algorithm)[51]。

综上所述,如何设计 LDPC 码,使其具有瀑布般的误码率性能、非常低的误码平层以及快速收敛性(降低译码复杂度),是一个非常难且极具挑战的问题,本书将介绍一些设计方法,以有效解决上述问题。

2.3 小结与展望

本章给出LDPC码的一些重要结构特征,并考虑在迭代BP译码算法下,这些特征是如何影响LDPC码的译码性能的。主要介绍两种LDPC构码方式(代数构码法和原模图构码法),并将两者统一,给出统一的结构模式,即叠加构码法。然后基于SP构码法的基本框架,针对AWGN信道和BEC信道,提出新的LDPC码的设计和构造方法。主要围绕LDPC码的设计展开讨论,所以不再介绍各种迭代BP译码算法,相关译码算法见参考文献[74,97,95,81,18]。

基于过去15年的研究、分析和实验结果,提出一些LDPC码的结构特征的分析思路(2.2节)。首先,到现在为止,还没有关于VN节点连通性对于LDPC码的译码收敛性影响的相关研究论文,它是影响长码以及高码率LDPC码译码收敛性的关键因素,在后面章节介绍的例子中也可以看出这一点。但随着变量节点的连接度越高,会在硬件实现上带来影响,高的VN节点连接度意味着VN-MPU与CN-MPU进行消息传递时需要更多的连接线,将大量增加存储单元。在实际应用中,必须在译码收敛性与译码复杂度之间进行折中平衡考虑。

LDPC码的Tanner图周长较大一般会带来很好的误码率性能,很好的瀑布下降区。然而较大的周长并不能保证LDPC码具有较低的误码平层。实际上,当一个LDPC码缺少其他较好的结构特征时,大周长往往会导致较高的误码平层。大量的实验结果表明,当一个LDPC码具有较高的VN节点连接度、较大的CN节点冗余度并且没有小陷阱集,此时一个周长为6的LDPC码已经可以提供很好的性能(如误码率、误码平层和译码收敛性),在后续的章节中也会给出例子加以说明。

想要实现较低的误码平层,LDPC码的校验矩阵通常需要列重(或平均列重)不小于3。对于一个符合RC约束条件的LDPC码,通常来说,列重越大,误码平层越低。如果想要达到10^{-15}的误码率且没有可见误码平层,需要列重为6。符合RC约束条件且列重较大时,在几次迭代译码后,LDPC码可以采用一步大数逻辑硬判决译码(hard-decision one-step majority-logic decoding)来恢复残留的错误[74,97],这可以使迭代译码迅速判定译码结果。当然,列重很大时也会带来其他问题,比如使误码性能远离香农限或译码阈值，并且它增加译码复杂度。在码设计过程中，需要根据误码率需求，或者设定的误码平层的位置来合理决定 LDPC 码的列重（或列重的分布）。

基于有限几何（Finite Geometry，FG）的 LDPC 构码法[58,74,97]是另外一类有趣的构码方案。这种方案通常具有循环结构，因此很容易通过反馈寄存器实现编码。这类方式构造的 LDPC 码通常具有较大的最小码距、没有小于它们最小码距的陷阱集、较高的 VN 节点连接度以及较大的 CN 节点冗余度[58,46,28]。由于具有良好的结构特征，FG－LDPC 码具有极好的性能（如较低误码率、较低误码平层以及快速的译码收敛性），但是 FG 构码法的主要缺点是译码复杂度极高，目前，已有两种降低 FG－LDPC 译码复杂度的迭代译码算法[79,69,68,78]。考虑 FG－LDPC 构码法具有循环结构，也可以重新排列成准循环（QC）结构，因此这两种算法都可以显著降低译码复杂度[46]。附录 A 中进一步介绍两种基于有限几何的构码方法。

第 3 章　PTG 构码法的基本原理

本章首先基于图论的思想，回顾基于原模图（PTG）构造 LDPC 码的方法；通过对 PTG 构码法的分析，进一步从代数的观点重新构造 PTG－LDPC 码，给出 PTG 构码法和 SP 构码法之间的联系。

3.1　PTG－LDPC 码的构造方法

2003 年，Thorpe 提出基于 PTG 构造 LDPC 码的方法，整个过程可以分成三步。

（1）步骤一。选择一个适合且相对较小的二部图，定义为 $\mathcal{G}_{\text{ptg}}=(V,C,E)$，其中 V 和 C 为点集合，E 为边集合，$\mathcal{G}_{\text{ptg}}$ 下角标 ptg 是原模图（protograph）的缩写。点集合 $V=\{v_0,v_1,\cdots,v_{n-1}\}$ 含有 n 个 VN 节点；$C=\{c_0,c_1,\cdots,c_{m-1}\}$ 含有 m 个 CN 节点；边集合 $E=\{(j,i)\}$，(j,i) 代表连接第 j 个 VN 节点 v_j 与第 i 个 CN 节点 c_i 的线，λ 为 E 中边的个数。

（2）步骤二。将 $\mathcal{G}_{\text{ptg}}$ 复制 k 份，定义为 $\mathcal{G}_{\text{ptg},0},\mathcal{G}_{\text{ptg},1},\cdots,\mathcal{G}_{\text{ptg},k-1}$。对于 $0\leqslant j<n$，将 k 个复制原模图中的第 j 个 VN 节点分成一组，定义为 $\Phi_j=\{v_{0,j},v_{1,j},\cdots,v_{k-1,j}\}$，将 Φ_j 中 k 个 VN 节点定义为 Type－j 型 VN 节点；对于 $0\leqslant i<m$，将 k 个复制原模图中的第 i 个 CN 节点分成一组，定义为 $\Omega_i=\{c_{0,i},c_{1,i},\cdots,c_{k-1,i}\}$，将 Ω_i 中 k 个 CN 节点定义为 Type－i 型 CN 节点；将 k 个复制原模图 $\mathcal{G}_{\text{ptg}}$ 中的全部 $k\lambda$ 个边分成 λ 个集合，定义为 $E_0,E_1,\cdots,E_{\lambda-1}$，每个集合中包含 $\mathcal{G}_{\text{ptg}}$ 的 k 个复制边，当 $0\leqslant t<\lambda$ 时，如果 E_t 的边是边 (j,i) 的复制，则边集合 E_t 定义为 Type－(j,i) 型边集合。

（3）步骤三。将 k 个复制的原模图 $\mathcal{G}_{\text{ptg},0},\mathcal{G}_{\text{ptg},1},\cdots,\mathcal{G}_{\text{ptg},k-1}$ 连接到一起，重新排列原模图的边连接情况。重新排列是在下列条件下进行的：当 $0\leqslant j<n$ 且 $0\leqslant i<m$ 时，Φ_j 中 Type－j 型 VN 节点通过 Type－(j,i) 的边，只能连接 Ω_i 中的 Type－i 型 CN 节点。这些复制的原模图 $\mathcal{G}_{\text{ptg}}$ 通过边的重新排列会形成一个新的二部图，定义为 $\mathcal{G}(k,k)$，它含有 kn 个 VN 节点，km 个 CN 节点以及 $k\lambda$ 个边，该二部图与原来的图 $\mathcal{G}_{\text{ptg}}$ 具有相同的度分布。$\mathcal{G}(k,k)$ 中 (k,k) 代表 $\mathcal{G}_{\text{ptg}}$ 中的每个 VN 节点扩展成 k 个 VN 节点，每个 CN

节点扩展成 k 个 CN 节点。

步骤二和步骤三通常定义为复制和重新排列操作（copy－and－permute operation），这个操作可以将一个小二部图 $\mathcal{G}_{\text{ptg}}$ 扩展成一个扩展因子为 k 的大二部图 $\mathcal{G}_{\text{ptg}}(k,k)$，而原始 $\mathcal{G}_{\text{ptg}}$ 被称为原模图用来构码[105]。在设计原模图 $\mathcal{G}_{\text{ptg}}$ 时，允许 VN 节点和 CN 节点之间存在平行边，但是扩展的 $\mathcal{G}_{\text{ptg}}(k,k)$ 中，任意一个 VN 节点和 CN 节点之间不允许存在平行边。原模图 $\mathcal{G}_{\text{ptg}}$ 中的每个 VN 节点、每个 CN 节点以及每条边都扩展相同的 k 次，因此称 $\mathcal{G}_{\text{ptg}}$ 扩展到 $\mathcal{G}_{\text{ptg}}(k,k)$ 为唯一图扩展。

令 $\boldsymbol{B}_{\text{ptg}}=[b_{i,j}]_{0\leqslant i<m,0\leqslant j<n}$ 是原模图 $\mathcal{G}_{\text{ptg}}$ 的邻接矩阵，是大小为 $m\times n$ 的矩阵，其中行数 m 对应 $\mathcal{G}_{\text{ptg}}$ 的 CN 节点，列数 n 对应 $\mathcal{G}_{\text{ptg}}$ 的 VN 节点。如果在位置 (i,j) 的元素 $b_{i,j}$ 是一个正整数 e，则 $\mathcal{G}_{\text{ptg}}$ 中 VN 节点 v_j 和 CN 节点 c_i 之间有 e 条平行边，该邻接矩阵 $\boldsymbol{B}_{\text{ptg}}$ 又称 PTG 构码法的基矩阵（base matrix）。基于 $\boldsymbol{B}_{\text{ptg}}$ 得到扩展图 $\mathcal{G}_{\text{ptg}}(k,k)$，其对应的邻接矩阵定义为 $\boldsymbol{H}_{\text{ptg}}(k,k)$，它是一个二进制大小为 $mk\times nk$ 的矩阵。如果 $\boldsymbol{H}_{\text{ptg}}(k,k)$ 是稀疏的，其零空间则对应于一个 LDPC 码 $\boldsymbol{C}_{\text{ptg}}$，考虑 $\boldsymbol{C}_{\text{ptg}}$ 是由 PTG 构码法获得，故此记为 PTG－LDPC 码。由原模图 $\mathcal{G}_{\text{ptg}}$ 扩展得到的矩阵 $\boldsymbol{H}_{\text{ptg}}(k,k)$ 就是 PTG－LDPC 码的校验矩阵，二部图 $\mathcal{G}_{\text{ptg}}(k,k)$ 则称为 PTG－LDPC 码 $\boldsymbol{C}_{\text{ptg}}$（或者校验矩阵 $\boldsymbol{H}_{\text{ptg}}(k,k)$）的 Tanner 图。

通过对原模图 $\mathcal{G}_{\text{ptg}}$ 进行复制和重排列操作，即将 Φ_j 集合中 k 个 Type－j 型 VN 节点通过边集合 Type－(j,i) 连接到 Ω_i 集合中 k 个 Type－i 型 CN 节点，形成一个大小为 $k\times k$ 的规则矩阵 $\boldsymbol{A}_{i,j}$，该矩阵又称为连接矩阵（connection matrix）。令 δ 为基矩阵 $\boldsymbol{B}_{\text{ptg}}$ 中非零元素的个数，则最多有 δ 个大小为 $k\times k$ 的规则矩阵连接 k 个原模图 $\mathcal{G}_{\text{ptg}}$，以构成扩展图 $\mathcal{G}_{\text{ptg}}(k,k)$。因此，$\mathcal{G}_{\text{ptg}}(k,k)$ 的邻接矩阵 $\boldsymbol{H}_{\text{ptg}}(k,k)=[\boldsymbol{A}_{i,j}]_{0\leqslant i<m,0\leqslant j<n}$ 可以看作是一个大小为 $m\times n$ 的阵列，该阵列的每一个位置是由大小为 $k\times k$ 的矩阵构成。如果 $\mathcal{G}_{\text{ptg}}$ 中的 VN 节点 v_j 和 CN 节点 c_i 由 e 个平行边连接而成，则 Φ_j 集合中 k 个 Type－j 型 VN 节点到 Ω_i 集合中的 k 个 Type－i 型 CN 节点形成的连接矩阵 $\boldsymbol{A}_{i,j}$ 是一个重为 e 的规则矩阵。实际上，通过对原模图进行复制和重排列操作，连接矩阵变为一个二进制循环矩阵，此时校验矩阵 $\boldsymbol{H}_{\text{ptg}}(k,k)$ 是大小为 $m\times n$ 的阵列形式，且阵列的每一位是由一个大小为 $k\times k$ 的 CPM 矩阵或 ZM 矩阵组成，该校验矩阵的零空间形成的是二进制 QC－LDPC 码，定义为 QC－PTG－LDPC 码。通常来说，QC－LDPC 码具有非常好的编码和译码性能，且易于硬件实现[72,20,68,78,79,69]。

PTG－LDPC 码的性能依赖于原模图的选择、VN 节点和 CN 节点的度分布以及边的置换排列操作，以避免存在周长为4的环。通常原模图的设计需要具有很好的译码阈值，可以基于计算机辅助的EXIT图搜索算法获得[80,34]。通常来说，良好的译码阈值可以拥有好的瀑布性能，但是，并不代表构造的码同时具有较低的误码平层或者较快的译码收敛性。通常来说PEG算法可以用来帮助设计PTG－LDPC码[43,44]。

给定一个原模图$\mathcal{G}_{\text{ptg}}$，其固定码率为R_c，扩展因子为k且具有很好的迭代译码阈值，有多种方法重新排列多个原模图$\mathcal{G}_{\text{ptg}}$的边以形成二部图$\mathcal{G}_{\text{ptg}}(k,k)$，不同的边置换排列方法会产生不同连接的二部图和不同的环分布。通常来讲，采用迭代BP译码算法，当二部图具有相对较大周长且短环相对较小时，可以获得更好的误码性能。文献[43,44]中提出原模图结构，并构出性能优异的PTG－LDPC码。

用一个具体的例子来说明PTG构码法构造LDPC码的过程。

例3.1　给定原模图$\mathcal{G}_{\text{ptg}}$如图3.1(a)所示，该图中含有3个VN节点、2个CN节点和6条边；其中v_0的VN节点与c_0的CN节点共有2条平行连接线。$\mathcal{G}_{\text{ptg}}$的基矩阵（或邻接矩阵）可以表示为

$$\boldsymbol{B}_{\text{ptg}}=\begin{bmatrix}2 & 0 & 1\\1 & 1 & 1\end{bmatrix}$$

假设$\mathcal{G}_{\text{ptg}}$被复制3次，即$k=3$，在置换准则下重新排列$\mathcal{G}_{\text{ptg}}$的边，并用6个连接矩阵连接这些VN节点和CN节点：

$$\boldsymbol{A}_{0,0}=\begin{bmatrix}1 & 1 & 0\\0 & 1 & 1\\1 & 0 & 1\end{bmatrix},\quad \boldsymbol{A}_{0,1}=\begin{bmatrix}0 & 0 & 0\\0 & 0 & 0\\0 & 0 & 0\end{bmatrix},\quad \boldsymbol{A}_{0,2}=\begin{bmatrix}0 & 0 & 1\\1 & 0 & 0\\0 & 1 & 0\end{bmatrix}$$

$$\boldsymbol{A}_{1,0}=\begin{bmatrix}0 & 0 & 1\\1 & 0 & 0\\0 & 1 & 0\end{bmatrix},\quad \boldsymbol{A}_{1,1}=\begin{bmatrix}0 & 1 & 0\\0 & 0 & 1\\1 & 0 & 0\end{bmatrix},\quad \boldsymbol{A}_{1,2}=\begin{bmatrix}0 & 0 & 1\\1 & 0 & 0\\0 & 1 & 0\end{bmatrix}$$

基于上述连接矩阵对原模图进行复制和重排列操作，获得一个新的二部图$\mathcal{G}_{\text{ptg}}(3,3)$，如图3.1(b)所示。由于$v_0$的VN节点与$c_0$的CN节点有两条平行连接线，对于连接矩阵$\boldsymbol{A}_{0,0}$来说，它是一个重为2的连接Type－0型VN节点与Type－0型CN节点的规则矩阵。$\mathcal{G}_{\text{ptg}}(3,3)$的邻接矩阵$\boldsymbol{H}_{\text{ptg}}(3,3)$是一个$2\times3$的阵列，其上的每一位是由一个$3\times3$的矩阵替代而成，最终形成一个$6\times9$的矩阵，表示为

$$\boldsymbol{H}_{\text{ptg}}(3,3)=\begin{bmatrix}1&1&0&0&0&0&0&0&1\\0&1&1&0&0&0&1&0&0\\1&0&1&0&0&0&0&1&0\\0&0&1&0&1&0&0&0&1\\1&0&0&0&0&1&1&0&0\\0&1&0&1&0&0&0&1&0\end{bmatrix}$$

可以证明 $\boldsymbol{H}_{\text{ptg}}(3,3)$满足 RC 约束条件，因此 $\boldsymbol{H}_{\text{ptg}}(3,3)$的 Tanner 图 $\mathcal{G}_{\text{ptg}}(3,3)$周长至少为 6，从图 3.1(b)上可以找到长度为 6 的环，所以 $\mathcal{G}_{\text{ptg}}(3,3)$的周长就是 6。$\boldsymbol{H}_{\text{ptg}}(3,3)$是一个 2×3 的阵列，该阵列中每一位对应一个循环矩阵，$\boldsymbol{H}_{\text{ptg}}(3,3)$对应的零空间则是一个长度为 9、码率为 1/3的 QC－PTG－LDPC 码且其 Tanner 图周长为 6。

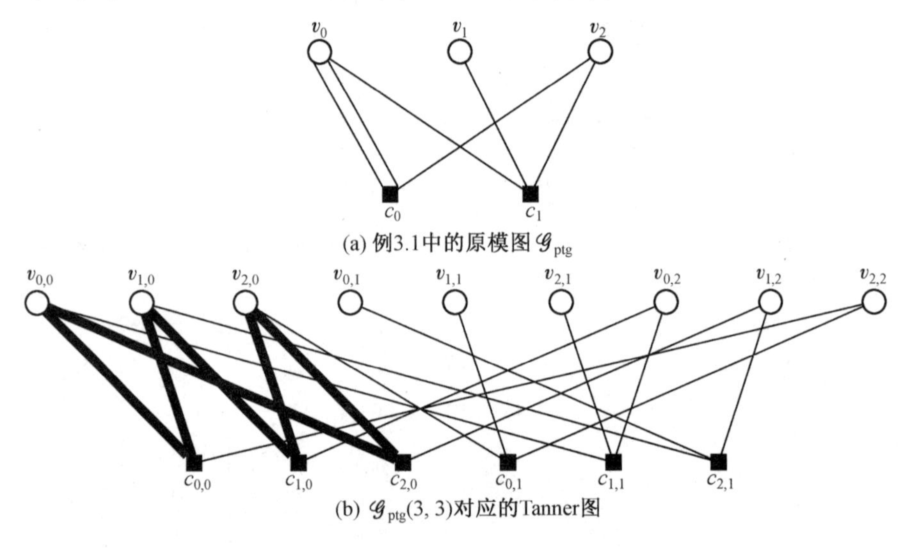

(a) 例3.1中的原模图 $\mathcal{G}_{\text{ptg}}$

(b) $\mathcal{G}_{\text{ptg}}(3,3)$对应的Tanner图

图 3.1 例 3.1 的图

3.2 小结与展望

文献[34,31,32,2]中，介绍具有良好渐近译码阈值特性以及最小码距结构的 PTG－LDPC 码的构造方法。当 k 足够大时，从一个良好的原模图集合中随机选取一个 PTG－LDPC 码通常具有较好的误码性能，尤其在瀑布区的下降性能非常接近译码阈值。需要注意的是，在每个集合中，PTG－

LDPC码对应的校验矩阵通常是规则的矩阵结构，但并不一定具有循环特性。除随机的方法外，目前还没有理论或准则给出系统构造PTG－LDPC码的方法，可以使其性能良好又易于实现。找到系统构造PTG－LDPC码的方法，也是一个很好的研究方向。

第4章 代数构码法构造QC—PTG—LDPC码

本章基于代数的观点构造QC－PTG－LDPC码，并提出一种原创性的代数构码方法，即基矩阵分解法构造QC－PTG－LDPC码。

4.1 基于基矩阵分解法构造QC－PTG－LDPC码

假设原模图$\mathcal{G}_{\mathrm{ptg}}$具有$n$个VN节点$v_0, v_1, \cdots, v_{n-1}$和$m$个CN节点$c_0$，$c_1, \cdots, c_{m-1}$，其扩展因子为$k$。令$\boldsymbol{B}_{\mathrm{ptg}}=[b_{i,j}]_{0\leqslant i<m, 0\leqslant j<n}$是原模图$\mathcal{G}_{\mathrm{ptg}}$的邻接矩阵，是在非负整数域上的大小为$m\times n$的矩阵。

构造QC－PTG－LDPC码的第一步是将基矩阵$\boldsymbol{B}_{\mathrm{ptg}}$分解成$k$个大小为$m\times n$的矩阵$\boldsymbol{D}_0, \boldsymbol{D}_1, \cdots, \boldsymbol{D}_{k-1}$。在分解基矩阵$\boldsymbol{B}_{\mathrm{ptg}}$的过程中，将$\boldsymbol{B}_{\mathrm{ptg}}$上每一个位置与$k$个大小为$m\times n$的矩阵$\boldsymbol{D}_0, \boldsymbol{D}_1, \cdots, \boldsymbol{D}_{k-1}$相对应，且矩阵$\boldsymbol{D}_e(0\leqslant e<k)$中的元素不含有大于1的整数，即属于二元域。如果$\boldsymbol{B}_{\mathrm{ptg}}$在$(i,j)$位置的$b_{i,j}$大于1，则可以将$b_{i,j}$分解成$b_{i,j}$个1，并且从$\boldsymbol{D}_0, \boldsymbol{D}_1, \cdots, \boldsymbol{D}_{k-1}$中选取$b_{i,j}$个不同的矩阵分配1。以上提到的分解基矩阵$\boldsymbol{B}_{\mathrm{ptg}}$的约束条件称为分解约束条件，而参数$k$称为分解因子(decomposition factor)。分解基矩阵$\boldsymbol{B}_{\mathrm{ptg}}$时，允许存在全零矩阵(ZM)，即$\boldsymbol{D}_0, \boldsymbol{D}_1, \cdots, \boldsymbol{D}_{k-1}$中可以存在ZM矩阵。因此，当$0\leqslant e<k$时，$\boldsymbol{D}_e$或者是一个二进制大小为$m\times n$的矩阵，或者是一个大小为$m\times n$的ZM矩阵。

实际上，k个$\boldsymbol{D}_0, \boldsymbol{D}_1, \cdots, \boldsymbol{D}_{k-1}$矩阵按照整数求和获得的矩阵就是原模图$\mathcal{G}_{\mathrm{ptg}}$对应的基矩阵$\boldsymbol{B}_{\mathrm{ptg}}$，因此也可以称$\boldsymbol{B}_{\mathrm{ptg}}$为分解基矩阵(decomposition base matrix)。而$\boldsymbol{D}_0, \boldsymbol{D}_1, \cdots, \boldsymbol{D}_{k-1}$又被称为$\boldsymbol{B}_{\mathrm{ptg}}$的组成矩阵(constituent matrix)，它们构成的集合$\Psi=\{\boldsymbol{D}_0, \boldsymbol{D}_1, \cdots, \boldsymbol{D}_{k-1}\}$称为分解集合(decomposition set)，而分解集合中的矩阵可以相同也可以不同。需要注意的是，如果原模图$\mathcal{G}_{\mathrm{ptg}}$中不包含平行边，则它的基矩阵$\boldsymbol{B}_{\mathrm{ptg}}$是一个二进制矩阵，此时分解集合中的矩阵$\boldsymbol{D}_0, \boldsymbol{D}_1, \cdots, \boldsymbol{D}_{k-1}$互不相关。

将k个$\boldsymbol{D}_0, \boldsymbol{D}_1, \cdots, \boldsymbol{D}_{k-1}$矩阵组成一个矩阵的行扩展，然后将该矩阵的行扩展进行$k-1$次循环移位，每次向右移动一个组成矩阵(或n个位置)，

最后形成一个 $k\times k$ 的阵列 $\boldsymbol{H}_{\text{ptg,cyc}}(m,n)$。$\boldsymbol{H}_{\text{ptg,cyc}}(m,n)$ 中的每一位都是由一个大小为 $m\times n$ 的矩阵构成，该 $\boldsymbol{H}_{\text{ptg,cyc}}(m,n)$ 阵列具有块循环（block-cyclic）结构，可以表示为

$$\boldsymbol{H}_{\text{ptg,cyc}}(m,n)=\begin{bmatrix}\boldsymbol{D}_0 & \boldsymbol{D}_1 & \cdots & \boldsymbol{D}_{k-1}\\ \boldsymbol{D}_{k-1} & \boldsymbol{D}_0 & \cdots & \boldsymbol{D}_{k-2}\\ \vdots & \vdots & & \vdots\\ \boldsymbol{D}_1 & \boldsymbol{D}_2 & \cdots & \boldsymbol{D}_0\end{bmatrix} \tag{4.1}$$

$\boldsymbol{H}_{\text{ptg,cyc}}(m,n)$ 是由 k 个矩阵的行扩展和 k 个矩阵的列扩展组成的，每个 block（块）对应于一个大小为 $m\times n$ 的矩阵。$\boldsymbol{H}_{\text{ptg,cyc}}(m,n)$ 中的 (m,n) 代表组成 $\boldsymbol{H}_{\text{ptg,cyc}}(m,n)$ 的每个 block 的行数和列数。每一矩阵的行扩展是由上一行的 block（即分解矩阵）向右移动一个 block 获得，而第一行是最后一行向右循环移一个 block 获得；每一矩阵的列扩展是由其左侧矩阵的列扩展（即分解矩阵）向下移动一个 block 获得，而第一列是最后一列向下循环移动一个 block 获得。$\boldsymbol{H}_{\text{ptg,cyc}}(m,n)$ 中的下角标“cyc”代表块循环移位。考虑每一矩阵的行扩展（或每一矩阵的列扩展）的组成矩阵都相同，即都是由 $\boldsymbol{D}_0,\boldsymbol{D}_1,\cdots,\boldsymbol{D}_{k-1}$ 构成，对每一矩阵的行扩展（或每一矩阵的列扩展）的每个 block（即分解矩阵）进行整数求和运算，就可以得到原模图 $\mathcal{G}_{\text{ptg}}$ 对应的基矩阵 $\boldsymbol{B}_{\text{ptg}}$。所以，块循环移位构成的 $\boldsymbol{H}_{\text{ptg,cyc}}(m,n)$ 可以由原模图 $\mathcal{G}_{\text{ptg}}$ 对应的分解基矩阵 $\boldsymbol{B}_{\text{ptg}}$ 进行 k 次分解获得，也相当于对原模图 $\mathcal{G}_{\text{ptg}}$ 进行矩阵扩展。$\boldsymbol{H}_{\text{ptg,cyc}}(m,n)$ 的第一行又被称为矩阵的行扩展生成式。

令 $\mathcal{G}_{\text{ptg,cyc}}(k,k)$ 表示 $\boldsymbol{H}_{\text{ptg,cyc}}(m,n)$ 对应的 Tanner 图，它是由原模图 $\mathcal{G}_{\text{ptg}}$ 通过 k 次复制和重排列获得。如果认为 $\boldsymbol{H}_{\text{ptg,cyc}}(m,n)$ 的每一列都是原模图 $\mathcal{G}_{\text{ptg}}$ 对应的基矩阵 $\boldsymbol{B}_{\text{ptg}}$ 的复制，则 k 个复制的原模图 $\mathcal{G}_{\text{ptg}}$ 是通过 $\boldsymbol{H}_{\text{ptg,cyc}}(m,n)$ 的行进行相互连接；如果认为 $\boldsymbol{H}_{\text{ptg,cyc}}(m,n)$ 的每一行都是原模图 $\mathcal{G}_{\text{ptg}}$ 对应的基矩阵 $\boldsymbol{B}_{\text{ptg}}$ 的复制，则 k 个复制的原模图 $\mathcal{G}_{\text{ptg}}$ 是通过 $\boldsymbol{H}_{\text{ptg,cyc}}(m,n)$ 的列进行相互连接。因此 $\boldsymbol{H}_{\text{ptg,cyc}}(m,n)$ 相应的 Tanner 图 $\mathcal{G}_{\text{ptg,cyc}}(m,n)$ 是其原模图 $\mathcal{G}_{\text{ptg}}$ 以扩展因子 k 进行扩展而得到，因此原模图的扩展因子 k 等于分解基矩阵的分解因子 k。

大小为 $k\times k$ 的块循环阵列 $\boldsymbol{H}_{\text{ptg,cyc}}(m,n)$ 对应的零空间，即为 QC－PTG－LDPC 码，表示为 $\boldsymbol{C}_{\text{ptg,cyc}}$，码字长度为 nk。并且每个可用码字向右循环移动 n 个位置就可以获得另一个可用码字，这也是由校验矩阵的块循环结构特性所决定的，这种码在 20 世纪 60 年代被定义为准循环（QC）码[74,106,17,52,89,53]。

现在将 $\boldsymbol{H}_{\text{ptg,cyc}}(m,n)$ 变换成准循环结构形式，即阵列中的每个位置都由相同大小的循环矩阵组成。$\boldsymbol{H}_{\text{ptg,cyc}}(m,n)$ 行的取值范围为 $0\sim mk-1$，列的取值范围为 $0\sim nk-1$。定义下面的索引序列：

$$\pi_{\text{row}}^{(0)}=[0 \quad m \quad 2m \quad \cdots \quad (k-1)m] \tag{4.2}$$

$$\pi_{\text{row}}=[\pi_{\text{row}}^{(0)} \quad \pi_{\text{row}}^{(0)}+1 \quad \cdots \quad \pi_{\text{row}}^{(0)}+m-1] \tag{4.3}$$

$$\pi_{\text{col}}^{(0)}=[0 \quad n \quad 2n \quad \cdots \quad (k-1)n] \tag{4.4}$$

$$\pi_{\text{col}}=[\pi_{\text{col}}^{(0)} \quad \pi_{\text{col}}^{(0)}+1 \quad \cdots \quad \pi_{\text{col}}^{(0)}+n-1] \tag{4.5}$$

式中，π_{row} 和 π_{col} 分别表示对 $\boldsymbol{H}_{\text{ptg,cyc}}(m,n)$ 进行行置换和列置换。

将 $\boldsymbol{H}_{\text{ptg,cyc}}(m,n)$ 按照 π_{row} 进行行变换，再按照 π_{col} 进行列变换，则可以获得一个新的大小为 $m\times n$ 的阵列 $\boldsymbol{H}_{\text{ptg,qc}}(k,k)$，该阵列的每一位置是由一个 $k\times k$ 的矩阵所构成，表示如下：

$$\boldsymbol{H}_{\text{ptg,qc}}(k,k)=\begin{bmatrix} \boldsymbol{A}_{0,0} & \boldsymbol{A}_{0,1} & \cdots & \boldsymbol{A}_{0,n-1} \\ \boldsymbol{A}_{1,0} & \boldsymbol{A}_{1,1} & \cdots & \boldsymbol{A}_{1,n-1} \\ \vdots & \vdots & & \vdots \\ \boldsymbol{A}_{m-1,0} & \boldsymbol{A}_{m-1,1} & \cdots & \boldsymbol{A}_{m-1,n-1} \end{bmatrix} \tag{4.6}$$

对具有块循环结构特性的 $\boldsymbol{H}_{\text{ptg,cyc}}(m,n)$（式(4.1)）进行行置换 π_{row} 和列置换 π_{col} 后，获得新阵列 $\boldsymbol{H}_{\text{ptg,qc}}(k,k)$ 中的每一位都是一个大小为 $k\times k$ 的循环矩阵或者 ZM 矩阵。

当 $0\leqslant i<m$、$0\leqslant j<n$、$0\leqslant e<k$ 时，具有块循环结构的 $\boldsymbol{H}_{\text{ptg,cyc}}(m,n)$ 的第一行扩展的组成矩阵 $\boldsymbol{D}_e$ 的第(i,j)个位置的元素定义为 $g_{i,j,e}$，则 $\boldsymbol{H}_{\text{ptg,qc}}(k,k)$ 阵列的第(i,j)个位置对应的循环矩阵 $\boldsymbol{A}_{i,j}$ 可以由生成式 $\boldsymbol{g}_{i,j}$ 获得，其中 $\boldsymbol{g}_{i,j}=(g_{i,j,0},g_{i,j,1},\cdots,g_{i,j,k-1})$ 是一个 $1\times k$ 的矢量。因此，也可以根据生成式 $\boldsymbol{g}_{i,j}$ 直接获得 $\boldsymbol{H}_{\text{ptg,qc}}(k,k)$，不需要再对 $\boldsymbol{H}_{\text{ptg,cyc}}(m,n)$ 进行行列置换移位，只需要将 $\mathcal{G}_{\text{ptg}}$ 的基矩阵 $\boldsymbol{B}_{\text{ptg}}=[b_{i,j}]_{0\leqslant i<m,0\leqslant j<n}$ 中的第(i,j)个位置的 $b_{i,j}$ 替换为生成式 $\boldsymbol{g}_{i,j}=(g_{i,j,0},g_{i,j,1},\cdots,g_{i,j,k-1})$ 的大小为 $k\times k$ 的循环矩阵 $\boldsymbol{A}_{i,j}$，当 $b_{i,j}=0$ 时，$\boldsymbol{A}_{i,j}$ 是一个大小为 $k\times k$ 的 ZM 矩阵。令 δ 表示基矩阵 $\boldsymbol{B}_{\text{ptg}}$ 中非零元素的数量，则矩阵 $\boldsymbol{H}_{\text{ptg,qc}}(k,k)$ 含有 δ 个大小为 $k\times k$ 的循环矩阵，这些矩阵可以相同也可以不同。如果基矩阵 $\boldsymbol{B}_{\text{ptg}}$ 中的元素都属于二元域，则 $\boldsymbol{H}_{\text{ptg,qc}}(k,k)$ 是一个大小为 $m\times n$ 的阵列，且阵列中的每一位都是一个大小为 $k\times k$ 的 CPM 矩阵或 ZM 矩阵。

定义 $\boldsymbol{H}_{\text{ptg,qc}}(k,k)$ 的 Tanner 图为 $\mathcal{G}_{\text{ptg,qc}}(k,k)$，可以发现 $\mathcal{G}_{\text{ptg,qc}}(k,k)$ 和 $\mathcal{G}_{\text{ptg,cyc}}(m,n)$ 具有相同的结构。通过对其中一个 Tanner 图的 VN 节点和 CN 节点的位置进行变换，可以获得另外一个的 Tanner 图。$\boldsymbol{H}_{\text{ptg,qc}}(k,k)$

的零空间对应的 QC－PTG－LDPC 码，定义为 $\boldsymbol{C}_{\mathrm{ptg,qc}}$，可以证明 $\boldsymbol{C}_{\mathrm{ptg,qc}}$ 与 $\boldsymbol{H}_{\mathrm{ptg,cyc}}(m,n)$ 对应的 QC－PTG－LDPC 码 $\boldsymbol{C}_{\mathrm{ptg,cyc}}$ 相同，并且可以通过组合变换获得另外一个。假设 $\boldsymbol{C}_{\mathrm{ptg,qc}}$ 中一个可用码字为 v，该码字含有 n 个 section（段落），且每个 section 含有 k 个比特。如果将 n 个 section 同时右移一个 section，则可以获得 $\boldsymbol{C}_{\mathrm{ptg,qc}}$ 中的另一个可用码字，而这种准循环（QC）结构被称为 section-wise（节单元）循环结构。因此，QC－PTG－LDPC 码既具有 block-wise（块单元）循环结构，也具有 section-wise 循环结构。

具有 block-wise 循环结构特性的 QC－PTG－LDPC 码 $\boldsymbol{C}_{\mathrm{ptg,cyc}}$，可以采用文献[79]提出的低复杂度迭代译码算法用来译码，并采用式（4.1）给出的 $\boldsymbol{H}_{\mathrm{ptg,cyc}}(n,m)$ 的生成式 $\boldsymbol{H}_{\mathrm{ptg,cyc,dec}}=[\boldsymbol{D}_0,\boldsymbol{D}_1,\cdots,\boldsymbol{D}_{k-1}]$ 作为译码矩阵，其中下角标“dec”是译码的缩写。译码矩阵 $\boldsymbol{H}_{\mathrm{ptg,cyc,dec}}$ 是 $\boldsymbol{H}_{\mathrm{ptg,cyc}}(n,m)$ 的一个大小为 $m\times nk$ 的子矩阵。基于 $\boldsymbol{H}_{\mathrm{ptg,cyc,dec}}$ 的译码方式可以降低迭代 BP 译码硬件实现的复杂度，复杂度降低的程度与分解因子 k 有关。

具有 section-wise 循环特性的 QC－PTG－LDPC 码 $\boldsymbol{C}_{\mathrm{ptg,qc}}$，可以采用文献[69]提出的低复杂度迭代译码算法来译码，校验矩阵 $\boldsymbol{H}_{\mathrm{ptg,qc}}(k,k)$ 的大小为 $m\times nk$ 的子矩阵 $\boldsymbol{H}_{\mathrm{ptg,qc,dec}}$ 可以作为译码矩阵，$\boldsymbol{H}_{\mathrm{ptg,qc,dec}}$ 是由 $\boldsymbol{H}_{\mathrm{ptg,qc}}(k,k)$ 的 m 个矩阵的行扩展中的第一行组合而成。基于 $\boldsymbol{H}_{\mathrm{ptg,qc,dec}}$ 的译码方法同样可以降低迭代 BP 译码硬件实现的复杂度，而复杂度降低的程度同样与扩展因子 k 有关。译码复杂度的降低实际上是以牺牲译码速度为代价。译码复杂度与译码速度之间的折中问题，可以通过设计不同大小的译码矩阵来实现[79,69]。

如果具有 block-wise 循环结构特性的 $\boldsymbol{H}_{\mathrm{ptg,cyc}}(m,n)$ 同时具有 section-wise 循环结构特性，或者具有 section-wise 循环特性的 $\boldsymbol{H}_{\mathrm{ptg,qc}}(k,k)$ 同时具有 block-wise 循环特性，则称此时的 QC－PTG－LDPC 码 $\boldsymbol{C}_{\mathrm{ptg,cyc}}$ 或 $\boldsymbol{C}_{\mathrm{ptg,qc}}$ 具有双重准循环结构，即不需要进行任何行列置换就同时存在 block-wise 循环和 section-wise 循环结构。具有这种结构特性的 QC－LDPC 码又被称为 Doubly QC－LDPC 码，第 8 章会介绍更多关于 Doubly QC－LDPC 码的内容。当阵列具有 Doubly QC 结构特性时，可以用来构造空间耦合（Spatially Coupled，SC）QC－LDPC 码，这部分内容将在第 9 章中介绍。

通过分析可以看出对原模图进行复制重排列操作形成新 Tanner 图的过程，可以通过对矩阵的分解和置换（decomposition and replacement）过程有效实现。显然基矩阵 $\boldsymbol{B}_{\mathrm{ptg}}$ 有很多种分解方案，不同的分解方案可以获得不同的校验矩阵 $\boldsymbol{H}_{\mathrm{ptg,cyc}}(m,n)$（或校验矩阵 $\boldsymbol{H}_{\mathrm{ptg,qc}}(k,k)$，因此可以获得不同的 QC－PTG－LDPC 码 $\boldsymbol{C}_{\text{ptg,cyc}}$（或 $\boldsymbol{C}_{\text{ptg,qc}}$）。对基矩阵 $\boldsymbol{B}_{\text{ptg}}$ 分解存在一种特殊情况，即分解集合 $\Psi=\{\boldsymbol{D}_0,\boldsymbol{D}_1,\cdots,\boldsymbol{D}_{k-1}\}$ 中的每个非零矩阵 $\boldsymbol{D}_e$ 只含有一个 1，此时不论对基矩阵 $\boldsymbol{B}_{\text{ptg}}$ 如何进行分解，集合 Ψ 中非零矩阵的最大数值等于对基矩阵 $\boldsymbol{B}_{\text{ptg}}$ 中所有非零元素进行整数求和，即原模图 $\mathcal{G}_{\text{ptg}}$ 中最大的边的数量。

基于代数法构造 QC－PTG－LDPC 码的过程中，对扩展因子 k 的大小并没有明确规定，在此需要说明的是，k 必须大于或等于基矩阵 $\boldsymbol{B}_{\text{ptg}}$ 中最大的整数值，才能保证 Ψ 中所有矩阵的元素都在二元域上，以避免 QC－PTG－LDPC 的 Tanner 图中存在平行边情况。

$\mathcal{G}_{\text{ptg}}$ 中第 j 个 VN 节点和第 i 个 CN 节点的连接边，可以由 $\boldsymbol{H}_{\text{ptg,qc}}(k,k)$ 的第(i,j)个位置对应的矩阵 $\boldsymbol{A}_{i,j}$ 的生成式 $\boldsymbol{g}_{i,j}=(g_{i,j,0},g_{i,j,1},\cdots,g_{i,j,k-1})$ 来表示，此时 $\boldsymbol{g}_{i,j}=(g_{i,j,0},g_{i,j,1},\cdots,g_{i,j,k-1})$ 又被称为边(j,i)的矢量标签(vector label)。$\boldsymbol{g}_{i,j}$ 中非零元素的数量等于连接第 j 个 VN 节点和第 i 个 CN 节点的边的数量。从图论的角度观察 PTG－LDPC，可以发现 $\mathcal{G}_{\text{ptg}}$ 的矢量标签给出如何连接多个复制的原模图 $\mathcal{G}_{\text{ptg}}$ 的精确信息，并获得 QC－PTG－LDPC 码 $\boldsymbol{C}_{\text{ptg,qc}}$ 对应的 Tanner 图。以上介绍的代数法构造 QC－PTG－LDPC 码的方法，是通过对原模图 $\mathcal{G}_{\text{ptg}}$ 的基矩阵 $\boldsymbol{B}_{\text{ptg}}$ 进行分解和扩展实现的。

构造具有 block-wise 循环结构的 QC－PTG－LDPC 码，包含以下四步。

(1)步骤一。根据需要的码率设计适合的基矩阵 $\boldsymbol{B}_{\text{ptg}}$，并确定需要的扩展因子 k。

(2)步骤二。将基矩阵 $\boldsymbol{B}_{\text{ptg}}$ 分解成 k 个组成矩阵 $\boldsymbol{D}_0,\boldsymbol{D}_1,\cdots,\boldsymbol{D}_{k-1}$，且每个组成矩阵都满足 RC 约束条件和 PW－RC 约束条件。

(3)步骤三。根据式(4.1)，生成一个大小为 $k\times k$ 的 $\boldsymbol{H}_{\text{ptg,cyc}}(m,n)$ 阵列，该阵列的每一位是由一个大小为 $m\times n$ 的矩阵构成。

(4)步骤四。校验矩阵 $\boldsymbol{H}_{\text{ptg,cyc}}(m,n)$ 的零空间即为符合 block-wise 循环结构特性的 QC－PTG－LDPC 码 $\boldsymbol{C}_{\text{ptg,cyc}}$。

构造具有 section-wise 循环结构的 QC－PTG－LDPC 码，其步骤一、二、四与构造具有 block-wise 循环结构的 QC－PTG－LDPC 码完全相同，只是步骤三中，生成一个大小为 $m\times n$ 的 $\boldsymbol{H}_{\text{ptg,qc}}(k,k)=[\boldsymbol{A}_{i,j}]_{0\leqslant i<m,0\leqslant j<n}$ 矩阵，每个$\{\boldsymbol{A}_{i,j}:0\leqslant i<m,0\leqslant j<n\}$的生成式 $\boldsymbol{g}_{i,j}$ 可以直接由步骤二中的 $\boldsymbol{D}_0$，$\boldsymbol{D}_1,\cdots,\boldsymbol{D}_{k-1}$ 获得，不需要再对 $\boldsymbol{H}_{\text{ptg,cyc}}(m,n)$ 的 Tanner 图的行和列进行置换，基矩阵 $\boldsymbol{B}_{\text{ptg}}=[b_{i,j}]_{0\leqslant i<m,0\leqslant j<n}$ 中每一个元素 $b_{i,j}$ 被相应的循环矩阵 $\boldsymbol{A}_{i,j}$

替代。所以构造具有section-wise循环结构的QC－PTG－LDPC码$\boldsymbol{C}_{\mathrm{ptg,qc}}$的步骤三就是简单的替代过程，而该替代过程也是文献[76]提出的SP构码法的基本过程，在第5章进行介绍。

通过以上对代数构码法获得QC－PTG－LDPC码的过程分析，可以发现原模图的设计实际上等价于设计一个基矩阵，而对原模图进行复制和重排列的操作过程（copy and permute）等价于对基矩阵的分解和重排列过程（decomposition and replacement）。

4.2　构造满足RC约束条件的PTG校验矩阵

对于QC－PTG－LDPC码，其Tanner图$\mathcal{G}_{\mathrm{ptg,cyc}}(m,n)$或$\mathcal{G}_{\mathrm{ptg,qc}}(k,k)$的周长和环分布主要取决于基矩阵$\boldsymbol{B}_{\mathrm{ptg}}$和组成矩阵构成$\boldsymbol{H}_{\mathrm{ptg,cyc}}(m,n)$第一行扩展的排列情况，见式(4.1)。进一步分析，$\boldsymbol{B}_{\mathrm{ptg}}$中非零元素的分布和$\boldsymbol{\Psi}=\{\boldsymbol{D}_0,\boldsymbol{D}_1,\cdots,\boldsymbol{D}_{k-1}\}$中非零组成矩阵$\boldsymbol{D}_e$的阶，需要使校验矩阵$\boldsymbol{H}_{\mathrm{ptg,cyc}}(m,n)$满足RC约束条件，即$\boldsymbol{H}_{\mathrm{ptg,cyc}}(m,n)$对应的Tanner图$\mathcal{G}_{\mathrm{ptg,cyc}}(m,n)$的周长大于4。

根据迭代BP译码算法可知，若Tanner图中存在长度为4的环，在几次迭代后会产生严重的译码相关，破坏译码性能。在LDPC码设计过程中，应该尽量避免产生长度为4的环。满足RC约束条件的LDPC码，其周长至少为6，不存在长度为4的环。通常来说，如果满足2.2节中提到的结构特征，即具有相对较大周长和较少短环的LDPC码会具有更好的译码性能。换言之，当不存在小的陷阱集且具有相对较大的最小码距时，Tanner图的周长不小于6的码将具有很好的误码率性能，比如基于有限几何构码法构造的LDPC码或基于有限域等代数构码法。

采用矩阵分解法构造的QC－PTG－LDPC码$\boldsymbol{C}_{\mathrm{ptg,cyc}}$或$\boldsymbol{C}_{\mathrm{ptg,qc}}$，它们的校验矩阵$\boldsymbol{H}_{\mathrm{ptg,cyc}}(m,n)$或$\boldsymbol{H}_{\mathrm{ptg,qc}}(k,k)$都满足RC约束条件，其中分解集合需要满足以下两个基本准则。

(1)在分解集合$\boldsymbol{\Psi}=\{\boldsymbol{D}_0,\boldsymbol{D}_1,\cdots,\boldsymbol{D}_{k-1}\}$中每个非零组成矩阵$\boldsymbol{D}_e$需要满足RC约束条件。

(2)任意两个非零组成矩阵$\boldsymbol{D}_e$和$\boldsymbol{D}_j$需要满足PW－RC约束条件。

这两个基本前提是保证校验矩阵$\boldsymbol{H}_{\mathrm{ptg,cyc}}(m,n)$满足RC约束条件的必要非充分条件。

如果分解集合$\boldsymbol{\Psi}$中有足够多的ZM矩阵，且$\boldsymbol{H}_{\mathrm{ptg,cyc}}(m,n)$的生成式满

足 2×2 阵列的 RC 约束条件，则 $\boldsymbol{H}_{\text{ptg,cyc}}(m,n)$满足 RC 约束条件。如果一个分解集合 Ψ 的非零组成矩阵满足 RC 约束条件和 PW-RC 约束条件，则称该集合为满足 RC 约束条件的分解集合。

要获得一个满足 RC 约束条件的分解集合 Ψ，首先需要将基矩阵 $\boldsymbol{B}_{\text{ptg}}$ 分解成一组满足 RC 约束条件和 PW-RC 约束条件的非零矩阵；然后，通过计算机辅助方法获得满足 RC 约束条件的分解集合 Ψ。

有两种情况可以不用计算机辅助寻找满足 RC 约束条件的分解集合。一种是如果分解集合 Ψ 中的所有非零组成矩阵 $\boldsymbol{D}_e$ 都只含有一个 1，则 Ψ 中所有的 $\boldsymbol{D}_e$ 满足 RC 约束条件和 PW-RC 约束条件；另一种是如果基矩阵 $\boldsymbol{B}_{\text{ptg}}$中的元素都属于二元域，且 $\boldsymbol{B}_{\text{ptg}}$满足 RC 约束条件，此时，无论对基矩阵 $\boldsymbol{B}_{\text{ptg}}$如何分解，都将满足 RC 约束条件和 PW-RC 约束条件。构建满足 RC 约束条件的基矩阵，可以采用 PEG 算法，或者其他代数构码法[58,76,110,109,35,107,3,19,74,111,102,101,112,64,65,116,97,50,99,113,114,25,46,26,70,68,77]。在后续章节中，将介绍其他满足 RC 约束条件的基矩阵构造方法。

如果基矩阵 $\boldsymbol{B}_{\text{ptg}}$分解后获得的非零组成矩阵 $\boldsymbol{D}_e$ 满足 RC 约束条件和 PW-RC约束条件，则非零组成矩阵 $\boldsymbol{D}_e$ 和 ZM 矩阵一起构成满足 RC 约束条件的分解集合 Ψ，并满足扩展因子 k 的要求。

将满足 RC 约束条件的分解集合 Ψ 中的组成矩阵进行排序，通过计算机辅助方法，可以获得满足 2×2 阵列的 RC 约束条件，且 $\boldsymbol{H}_{\text{ptg,cyc}}(m,n)$具有 block-wise 循环结构。除了计算机辅助方法外，还有以下两种方法可以获得满足 RC 约束条件的生成式。

(1)第一种方法是在生成式的两个非零组成矩阵中添加 ZM 矩阵，即任意一个 2×2 子矩阵中都至少含有一个 ZM 矩阵，则 $\boldsymbol{H}_{\text{ptg,cyc}}(m,n)$一定满足 RC 约束条件(参见 2.1 节内容)。

(2)另一种方法是基于代数方法构造满足 RC 约束条件的校验矩阵 $\boldsymbol{H}_{\text{ptg,cyc}}(m,n)$，令分解集合 Ψ 中非零组成矩阵的数量为 δ。首先构造一个大小为 $k\times k$ 的二进制循环矩阵 $\boldsymbol{M}$，$\boldsymbol{M}$ 重为 δ 且满足 RC 约束条件，$\boldsymbol{M}$ 的任意一个 2×2 的子矩阵至少含有一个零元素；然后，用 Ψ 中非零组成矩阵替换 $\boldsymbol{M}$ 中 δ 个 1 的位置，另外 $k-\delta$ 个 0 的位置由 ZM 矩阵替换，这种替换可以采用任意组合方式，替换以后形成矩阵的行扩展生成式包含有 Ψ 中 δ 个非零组成矩阵。对行 block 向右循环移位 $k-1$ 次，每次移动一个组成矩阵，就可以获得具有 block-wise 循环结构特性的 $\boldsymbol{H}_{\text{ptg,cyc}}(m,n)$。由于 $\boldsymbol{M}$ 任意一个 2×2 的子矩阵至少含有一个零元素，则 $\boldsymbol{H}_{\text{ptg,cyc}}(m,n)$任意一个 2×2的子矩阵至少含有一个 ZM 矩阵；Ψ 中的所有非零组成矩阵满足 RC

约束条件和 PW－RC 约束条件，所以 $\boldsymbol{H}_{\text{ptg,cyc}}(m,n)$ 的任意一个 2×2 的子矩阵都满足 RC 约束条件。因此，$\boldsymbol{H}_{\text{ptg,cyc}}(m,n)$ 满足 RC 约束条件。可以通过有限域上的有限几何方式构造满足 RC 约束条件的循环结构[58,74,97]，在第 6 章和附录 A 中进一步讨论。

显而易见，如果 $\boldsymbol{H}_{\text{ptg,cyc}}(m,n)$ 满足 RC 约束条件，则 $\boldsymbol{H}_{\text{ptg,qc}}(k,k)$ 也满足 RC 约束条件。

4.3　构码举例

本节将用一个简单例子解释如何将基矩阵进行分解，并基于分解获得的组成矩阵构造具有循环特性的校验矩阵；然后，基于提出的代数构码法，将给出 3 个二进制 QC－PTG－LDPC 码的构造例子，并给出它们在 AWGN 和 BEC 信道中采用 BPSK 调制时的误码率性能曲线，仿真结果表明，本节提出的码在 AWGN 和 BEC 信道中都具有良好性能。

例 4.1　给定原模图 $\mathcal{G}_{\text{ptg}}$ 如图 4.1(a)所示，其对应的基矩阵 $\boldsymbol{B}_{\text{ptg}}$ 是一个2×3大小的矩阵，表示为

$$\boldsymbol{B}_{\text{ptg}}=\begin{bmatrix}2 & 0 & 1\\1 & 1 & 1\end{bmatrix}$$

需要注意的是，该基矩阵 $\boldsymbol{B}_{\text{ptg}}$ 并不满足 RC 约束条件。

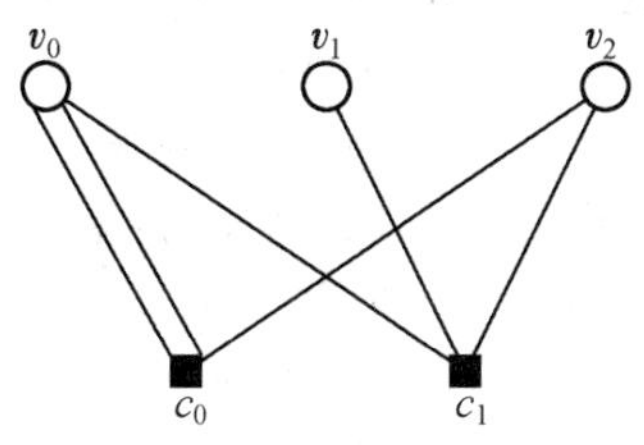

(a) 例4.1中对应的原模图 $\mathcal{G}_{\text{ptg}}$

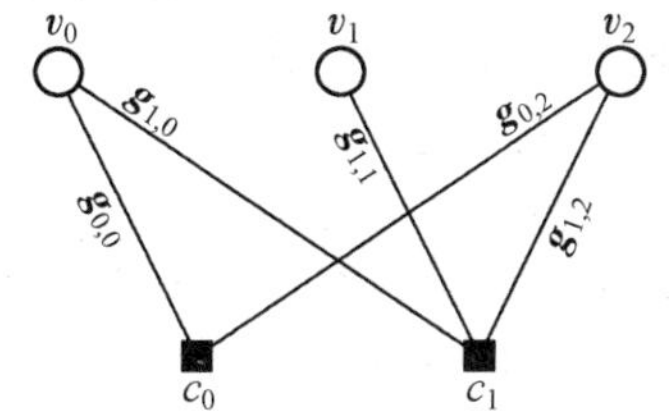

(b) 原模图 $\mathcal{G}_{1,0}$ 的矢量标识
($\boldsymbol{g}_{0,0}$=(1, 1, 0), $\boldsymbol{g}_{0,2}$=(0, 0, 1), $\boldsymbol{g}_{1,0}$=(0, 0, 1), $\boldsymbol{g}_{1,1}$=(0, 1, 0), $\boldsymbol{g}_{1,2}$=(0, 0, 1))

图 4.1　例 4.1 的图

令分解因子 $k=3$，可以将基矩阵 $\boldsymbol{B}_{\text{ptg}}$ 分解成 3 个 2×3 矩阵，表示为

$$\boldsymbol{D}_0=\begin{bmatrix}1 & 0 & 0\\0 & 0 & 0\end{bmatrix},\quad \boldsymbol{D}_1=\begin{bmatrix}1 & 0 & 0\\0 & 1 & 0\end{bmatrix},\quad \boldsymbol{D}_2=\begin{bmatrix}0 & 0 & 1\\1 & 0 & 1\end{bmatrix}$$

得出 $\boldsymbol{B}_{\text{ptg}}$ 的 3 个组成矩阵都满足 RC 约束条件和 PW－RC 约束条件。

基于上面 3 个给定的组成矩阵，可以得到一个 3×3 的具有 block-wise 循环结构特性的阵列 $\boldsymbol{H}_{\text{ptg,cyc}}(2,3)$，该阵列每一位是由一个 2×3 的矩阵所

构成,表达式为

$$\boldsymbol{H}_{\text{ptg,cyc}}(2,3)=\left[\begin{array}{ccc:ccc:ccc}1&0&0&1&0&0&0&0&1\\0&0&0&0&1&0&1&0&1\\ \hdashline 0&0&1&1&0&0&1&0&0\\1&0&1&0&0&0&0&1&0\\ \hdashline 1&0&0&0&0&1&1&0&0\\0&1&0&1&0&1&0&0&0\end{array}\right]$$

式中 $\boldsymbol{H}_{\text{ptg,cyc}}(2,3)$满足 2×2 阵列 RC 约束条件,因此 $\boldsymbol{H}_{\text{ptg,cyc}}(2,3)$的零空间对应一个码长为 9、码率为 1/3 的 QC－PTG－LDPC 码 $\boldsymbol{C}_{\text{ptg,cyc}}$,该码的 Tanner 图周长为 6,且具有 block-wise 循环结构。

根据式(4.3)和式(4.5)给出的 π_{row} 和 π_{col},对 $\boldsymbol{H}_{\text{ptg,cyc}}(2,3)$进行重排列,得到 2×3 的阵列 $\boldsymbol{H}_{\text{ptg,qc}}(3,3)$,该阵列的每一位是由一个 3×3 的循环矩阵所构成,如下所示:

$$\boldsymbol{H}_{\text{ptg,qc}}(3,3)=\begin{bmatrix}\boldsymbol{A}_{0,0}&\boldsymbol{A}_{0,1}&\boldsymbol{A}_{0,2}\\\boldsymbol{A}_{1,0}&\boldsymbol{A}_{1,1}&\boldsymbol{A}_{1,2}\end{bmatrix}=\left[\begin{array}{ccc:ccc:ccc}1&1&0&0&0&0&0&0&1\\0&1&1&0&0&0&1&0&0\\1&0&1&0&0&0&0&1&0\\ \hdashline 0&0&1&0&1&0&0&0&1\\1&0&0&0&0&1&1&0&0\\0&1&0&1&0&0&0&1&0\end{array}\right]$$

观察 $\boldsymbol{H}_{\text{ptg,qc}}(3,3)$可知,它是通过将基矩阵 $\boldsymbol{B}_{\text{ptg}}$ 中每一位用一个 3×3 的循环矩阵替换而获得。而这些循环矩阵通过 $\boldsymbol{B}_{\text{ptg}}$ 的组成矩阵 $\boldsymbol{D}_0$、$\boldsymbol{D}_1$、$\boldsymbol{D}_2$ 获得。当基矩阵 $\boldsymbol{B}_{\text{ptg}}$ 上的元素为 2 时,这个 2 将由一个重为 2 的循环矩阵替代;当基矩阵 $\boldsymbol{B}_{\text{ptg}}$ 上的元素为 1 时,这个 1 将由一个 CPM 矩阵替代。原模图 $\mathcal{G}_{\text{ptg}}$ 的矢量标识如图 4.1(b)所示,$\boldsymbol{H}_{\text{ptg,qc}}(3,3)$的零空间对应一个(9,3) QC－PTG－LDPC 码 $\boldsymbol{C}_{\text{ptg,qc}}$,且该码具有 section-wise 循环结构,$\boldsymbol{C}_{\text{ptg,cyc}}$ 和 $\boldsymbol{C}_{\text{ptg,qc}}$ 组合等价。

这个例子中,可以通过矩阵分解的方法构造满足 RC 约束条件和 PW－RC约束条件的组成矩阵,并通过排列这些组成矩阵构造出符合 RC 约束条件的校验矩阵。

例 4.2 构造一个码率为 1/2 的 QC－PTG－LDPC 码,首先给定一个 4×8 的基矩阵,表示为

$$\boldsymbol{B}_{\text{ptg},1}=[b_{i,j}]_{0\leqslant i<4,0\leqslant j<8}=\begin{bmatrix}1&0&1&0&1&1&1&1\\0&1&0&1&1&1&1&1\\1&1&1&1&1&0&1&0\\1&1&1&1&0&1&0&1\end{bmatrix}\tag{4.7}$$

该基矩阵是一个(3,6)规则二进制矩阵，即其固定列重和行重分别为 3 和 6，含有 24 个非零元素且非零元素都为 1，其相应的原模图如图 4.2 所示，图中含有 8 个 VN 节点和 4 个 CN 节点，且不存在平行边。

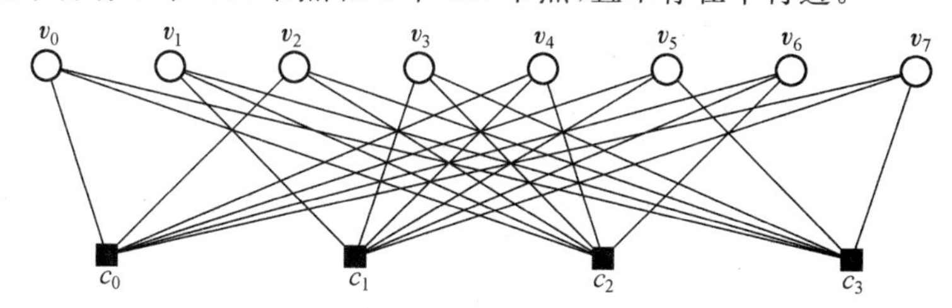

图 4.2　例 4.2 给出的基矩阵 $\boldsymbol{B}_{\text{ptg},1}$ 对应的 Tanner 图 $\mathscr{G}_{\text{ptg},1}$

令分解因子 $k=330$，基于基矩阵和分解因子设计一个码率为 1/2 的 QC－PTG－LDPC 码，其 Tanner 图的周长为 8，含有少量短环，此外基矩阵设计与译码阈值无关。

将该基矩阵 $\boldsymbol{B}_{\text{ptg},1}$ 分解成 330 个大小为 4×8 的组成矩阵 $\boldsymbol{D}_0, \boldsymbol{D}_1, \cdots, \boldsymbol{D}_{329}$。这 330 个矩阵中，23 个含有非零元素，剩余的 307 个矩阵是全零矩阵。而这 23 个含有非零元素的矩阵中，其中的一个矩阵含有两个 1，而剩余的 22 个矩阵只含有一个 1。这 23 个非零矩阵同时满足 RC 约束条件和 PW－RC约束条件，这 23 个非零矩阵中 1 的位置见表 4.1，表中的(i,j)对应第 i 行第 j 列的位置。

表 4.1　例 4.2 的分解集合 $\Psi=\{\boldsymbol{D}_0, \boldsymbol{D}_1, \cdots, \boldsymbol{D}_{329}\}$ 中非零矩阵 1 的位置

非零矩阵	1 的位置	非零矩阵	1 的位置
$\boldsymbol{D}_{10}$	(3,5)	$\boldsymbol{D}_{209}$	(2,1)
$\boldsymbol{D}_{39}$	(0,0)	$\boldsymbol{D}_{271}$	(3,1)
$\boldsymbol{D}_{68}$	(0,7)	$\boldsymbol{D}_{274}$	(1,7)
$\boldsymbol{D}_{75}$	(1,3)	$\boldsymbol{D}_{275}$	(3,2)
$\boldsymbol{D}_{79}$	(1,1),(0,2)	$\boldsymbol{D}_{284}$	(3,7)
$\boldsymbol{D}_{143}$	(3,3)	$\boldsymbol{D}_{287}$	(2,2)
$\boldsymbol{D}_{148}$	(1,6)	$\boldsymbol{D}_{294}$	(0,6)
$\boldsymbol{D}_{158}$	(1,4)	$\boldsymbol{D}_{295}$	(1,5)
$\boldsymbol{D}_{163}$	(2,4)	$\boldsymbol{D}_{297}$	(0,6)
$\boldsymbol{D}_{181}$	(3,0)	$\boldsymbol{D}_{324}$	(2,3)
$\boldsymbol{D}_{202}$	(2,6)	$\boldsymbol{D}_{328}$	(0,5)
$\boldsymbol{D}_{206}$	(2,0)		

基于这些非零矩阵，可以构造一个含有 24 个大小为 330×330 的 CPM 矩阵集合，对应 $\boldsymbol{B}_{\text{ptg},1}$ 中的 24 个 1，即将 $\boldsymbol{B}_{\text{ptg},1}$ 中每个 1 用相应的 CPM 矩阵替代，$\boldsymbol{B}_{\text{ptg},1}$ 中的每个 0 用 ZM 矩阵替代。可以得到下面的 4×8 的阵列 $\boldsymbol{H}_{\text{ptg,qc},1}(330,330)$，其组成 CPM 矩阵和 ZM 矩阵大小为 330×330，为了简单起见，每一个 CPM 用一个不大于 330 的正整数来表示：

$$\boldsymbol{H}_{\text{ptg,qc},1}(330,330)=\begin{bmatrix}39 & z & 79 & z & 294 & 328 & 297 & 68\\ z & 79 & z & 75 & 158 & 295 & 148 & 274\\ 206 & 209 & 287 & 324 & 163 & z & 202 & z\\ 181 & 271 & 275 & 143 & z & 10 & z & 284\end{bmatrix} \tag{4.8}$$

$\boldsymbol{H}_{\text{ptg,qc},1}(330,330)$ 中每个非零元素 l 代表一个大小为 330×330 的 CPM 矩阵。对于大小为 330×330 的 CPM 矩阵来说，将第一行的元素从 0 标记到 329，l 即代表在第 1 行第 l 位是 1，其余位为 0。$\boldsymbol{H}_{\text{ptg,qc},1}(330,330)$ 中 z 代表大小为 330×330 的 ZM 矩阵。

因此，$\boldsymbol{H}_{\text{ptg,qc},1}(330,330)$ 是一个大小为 1 320×2 640 的矩阵，其列重和行重分别为 3 和 6。可以证明 $\boldsymbol{H}_{\text{ptg,qc},1}(330,330)$ 满足 RC 约束条件，其零空间对应于一个(3,6)规则(2 630,1 320)的 QC－PTG－LDPC 码 $\boldsymbol{C}_{\text{ptg,qc},1}$，码率为 1/2。$\boldsymbol{C}_{\text{ptg,qc},1}$ 对应 Tanner 图 $\mathcal{G}_{\text{ptg,qc},1}(330,330)$ 的周长至少为 6。根据文献[71]介绍的环计算算法，可以得到 $\boldsymbol{C}_{\text{ptg,qc},1}$ 的 Tanner 图 $\mathcal{G}_{\text{ptg,qc},1}(330,330)$ 的周长为 8，含有 990 个环长为 8 的环，8 580 个环长为 10 的环。$\mathcal{G}_{\text{ptg,qc},1}(330,330)$ 中每个 VN 节点的连接度为 15。

$\boldsymbol{C}_{\text{ptg,qc},1}$ 码在 AWGN 信道下的 BER 和 BLER 性能曲线如图 4.3(a)所示，采用 50 次迭代 MSA 译码算法[97,18]和 100 次的 SPA 译码算法对 $\boldsymbol{C}_{\text{ptg,qc},1}$ 进行译码。可以看到当 BER 为 10^{-10} 时，该码没有可见的误码平层，该码的译码阈值为 1.1 dB；当 BER 为 10^{-5} 和 10^{-10} 时，该码距离译码阈值分别为 1 dB 和 1.4 dB。当 BLER 为 10^{-8} 时，该码距离 SPB 限 1.25 dB。

为了对比，在图 4.3(a)中同样给出一种(2 664,1 334)的 QC－PTG－LDPC 码 $\boldsymbol{C}^{*}_{\text{ptg,qc}}$ 的 BER 和 BLER 性能曲线，$\boldsymbol{C}^{*}_{\text{ptg,qc}}$ 的码率为 0.500 8，发表在文献[85]中。该码是基于传统 PTG 构码法的 pre-lifting(预扩展)方式，并且它的原模图是基于译码阈值准则设计的，该码的译码阈值仍为1.1 dB，与例子中介绍 $\boldsymbol{C}_{\text{ptg,qc},1}$ 码的译码阈值相同。可以看到 $\boldsymbol{C}^{*}_{\text{ptg,qc}}$ 码比构造的 $\boldsymbol{C}_{\text{ptg,qc},1}$ 码长 24 bit。在文献[85]中，$\boldsymbol{C}^{*}_{\text{ptg,qc}}$ 码采用 100 次 SPA 迭代译码算

法。主要比较这两个码在 BER 为 10^{-7} 时，采用 100 次 SPA 迭代译码算法时的性能曲线。需要注意的是，$\boldsymbol{C}^{*}_{\mathrm{ptg,qc}}$码是基于译码阈值设计的码字，而提出的 $\boldsymbol{C}_{\mathrm{ptg,qc,1}}$ 码不是，有趣的是这两个码的性能曲线几乎相同。

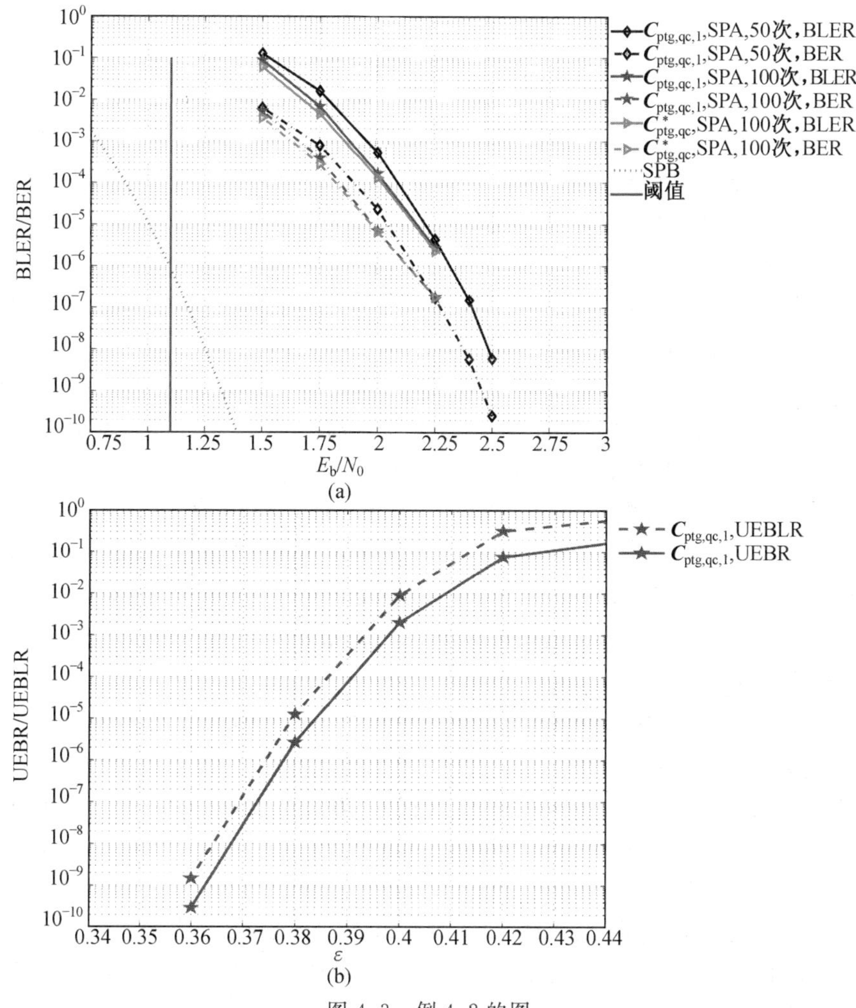

图 4.3　例 4.2 的图

文献[101,64,65,97]分析过，如果一个 LDPC 码在 AWGN 信道下具有良好的性能曲线，则该码在 BEC 信道下也具有良好的性能曲线。图 4.3(b) 为 $\boldsymbol{C}_{\mathrm{ptg,qc,1}}$ 码在 BEC 信道下的性能曲线，显然 $\boldsymbol{C}_{\mathrm{ptg,qc,1}}$ 码在 BEC 信道下具有极好的性能曲线，当未恢复的擦除比特率（Unresolved Erasure Bit Rate，UEBR）为 10^{-10}，未恢复的擦除块率（Unresolved Erasure Block Rate，UEBLR）为 10^{-9} 时，该码距离香农限（0.5）为 0.14，没有可见的误码平层。

例 4.3 在例 4.2 中，QC－PTG－LDPC 码是基于一个二进制基矩阵构造的，即该基矩阵的 Tanner 图不存在平行边。本例将基于一个存在平行边的基矩阵构造一个 QC－PTG－LDPC 码，给定一个 2×16 的基矩阵，表示为

$$\boldsymbol{B}_{\mathrm{ptg},2}=\begin{bmatrix}2&2&2&2&2&2&2&2&2&2&2&2&2&2&2&2\\2&2&2&2&2&2&2&2&2&2&2&2&2&2&2&2\end{bmatrix} \tag{4.9}$$

假设分解因子 $k=511$，将该基矩阵 $\boldsymbol{B}_{\mathrm{ptg},2}$ 分解成 511 个大小为 2×16 的组成矩阵 $\boldsymbol{D}_0,\boldsymbol{D}_1,\cdots,\boldsymbol{D}_{510}$。在分解基矩阵 $\boldsymbol{B}_{\mathrm{ptg},2}$ 的过程中，矩阵里的每个 2 可以分解成两个 1，将它们放入不同的组成矩阵中，使每个非零组成矩阵中只含有一个 1。因此，这 511 个组成矩阵中含有 64 个非零矩阵，且这些非零矩阵满足 RC 约束条件和 PW－RC 约束条件。

想获得式(4.1)具有 block-wise 循环结构的阵列 $\boldsymbol{H}_{\mathrm{ptg,cyc},2}(2,16)$，需要使 $\boldsymbol{B}_{\mathrm{ptg},2}$ 分解成的组成矩阵满足 2×2 的 RC 约束条件，这样获得的 $\boldsymbol{H}_{\mathrm{ptg,cyc},2}(2,16)$ 也会满足 2×2 的 RC 约束条件。根据 $\boldsymbol{B}_{\mathrm{ptg},2}$ 的矩阵分解，以及 $\boldsymbol{H}_{\mathrm{ptg,cyc},2}(2,16)$ 中的第 1 行，可以构造一个 2×16 的阵列 $\boldsymbol{H}_{\mathrm{ptg,qc},2}(511,511)=[\boldsymbol{A}_{i,j}]_{0\leqslant i<2,0\leqslant j<16}$，该阵列每一位对应一个大小为 511×511 重为 2 的循环矩阵，等价于一个大小为 1 022×8 176 的矩阵，固定列重和行重分别为 4 和 32。这 32 个循环矩阵的生成式见表 4.2，表中 (a,b) 代表每个循环矩阵生成式为 1 的地方。

$\boldsymbol{H}_{\mathrm{ptg,qc},2}(511,511)$ 的 Tanner 图 $\mathscr{G}_{\mathrm{ptg,qc},2}(511,511)$ 的周长为 6，且含有 112 420 个环长为 6 的环，$\mathscr{G}_{\mathrm{ptg,qc},2}(511,511)$ 上每个 VN 节点连接数为 124。因此，$\mathscr{G}_{\mathrm{ptg,qc},2}(511,511)$ 具有很高的连接度，$\boldsymbol{H}_{\mathrm{ptg,qc},2}(511,511)$ 的零空间对应于一个(4,32)规则(8 176,7 156)的 QC－PTG－LDPC 码 $\boldsymbol{C}_{\mathrm{ptg,qc},2}$，码率为 0.875。

$\boldsymbol{C}_{\mathrm{ptg,qc},2}$ 码在 AWGN 信道下的 BER 和 BLER 性能曲线如图 4.4(a)所示，采用 5 次、10 次和 50 次的迭代 SPA 译码算法进行译码。由于该码具有较高连接度，可以看到该码具有很好的收敛性。当 BER 为 10^{-8} 时，5 次迭代和 10 次迭代的性能差别大约在 0.4 dB，10 次迭代和 50 次迭代的性能差别大约在 0.2 dB；当 BER 为 10^{-8} 且采用 50 次迭代时，此时距离香农限大约为 1.1；当 BLER 为 10^{-6} 且采用 50 次迭代时，此时距离 SPB 限大约为 0.65 dB，$\boldsymbol{C}_{\mathrm{ptg,qc},2}$ 的译码阈值为 3.35 dB；当 BER 为 10^{-5} 和 10^{-8} 时，该码距离译码阈值分别为 0.43 dB 和 0.65 dB，距离译码阈值非常近。

表 4.2　例 4.3 中介绍的 $H_{ptg,cyc,2}(2,16)$ 中 32 个循环矩阵中 1 的位置，与 NASA 所采用的编码 C_{nasa}[97] 对比情况

循环矩阵（NASA）	1 的位置（AASA）	循环矩阵（NASA）	1 的位置（AASA）	循环矩阵（NASA）	1 的位置（NASA）	循环矩阵（NASA）	1 的位置（NASA）
$\boldsymbol{A}_{0,0}$	(209,284)	$\boldsymbol{A}_{1,0}$	(180,305)	$\boldsymbol{A}_{0,0}$	(0,176)	$\boldsymbol{A}_{1,0}$	(99,471)
$\boldsymbol{A}_{0,1}$	(45,469)	$\boldsymbol{A}_{1,1}$	(315,432)	$\boldsymbol{A}_{0,1}$	(12,239)	$\boldsymbol{A}_{1,1}$	(130,473)
$\boldsymbol{A}_{0,2}$	(111,482)	$\boldsymbol{A}_{1,2}$	(373,384)	$\boldsymbol{A}_{0,2}$	(0,352)	$\boldsymbol{A}_{1,2}$	(198,435)
$\boldsymbol{A}_{0,3}$	(55,317)	$\boldsymbol{A}_{1,3}$	(35,232)	$\boldsymbol{A}_{0,3}$	(24,431)	$\boldsymbol{A}_{1,3}$	(260,478)
$\boldsymbol{A}_{0,4}$	(466,467)	$\boldsymbol{A}_{1,4}$	(106,306)	$\boldsymbol{A}_{0,4}$	(0,392)	$\boldsymbol{A}_{1,4}$	(215,420)
$\boldsymbol{A}_{0,5}$	(149,229)	$\boldsymbol{A}_{1,5}$	(65,84)	$\boldsymbol{A}_{0,5}$	(151,409)	$\boldsymbol{A}_{1,5}$	(282,481)
$\boldsymbol{A}_{0,6}$	(93,364)	$\boldsymbol{A}_{1,6}$	(131,221)	$\boldsymbol{A}_{0,6}$	(0,351)	$\boldsymbol{A}_{1,6}$	(48,396)
$\boldsymbol{A}_{0,7}$	(330,337)	$\boldsymbol{A}_{1,7}$	(137,230)	$\boldsymbol{A}_{0,7}$	(9,359)	$\boldsymbol{A}_{1,7}$	(193,445)
$\boldsymbol{A}_{0,8}$	(162,219)	$\boldsymbol{A}_{1,8}$	(303,475)	$\boldsymbol{A}_{0,8}$	(0,307)	$\boldsymbol{A}_{1,8}$	(273,430)
$\boldsymbol{A}_{0,9}$	(244,314)	$\boldsymbol{A}_{1,9}$	(388,448)	$\boldsymbol{A}_{0,9}$	(53,329)	$\boldsymbol{A}_{1,9}$	(302,451)
$\boldsymbol{A}_{0,10}$	(406,441)	$\boldsymbol{A}_{1,10}$	(62,79)	$\boldsymbol{A}_{0,10}$	(0,207)	$\boldsymbol{A}_{1,10}$	(96,379)
$\boldsymbol{A}_{0,11}$	(273,419)	$\boldsymbol{A}_{1,11}$	(263,461)	$\boldsymbol{A}_{0,11}$	(18,281)	$\boldsymbol{A}_{1,11}$	(191,386)
$\boldsymbol{A}_{0,12}$	(86,133)	$\boldsymbol{A}_{1,12}$	(18,242)	$\boldsymbol{A}_{0,12}$	(0,399)	$\boldsymbol{A}_{1,12}$	(244,467)
$\boldsymbol{A}_{0,13}$	(16,359)	$\boldsymbol{A}_{1,13}$	(343,404)	$\boldsymbol{A}_{0,13}$	(202,457)	$\boldsymbol{A}_{1,13}$	(364,470)
$\boldsymbol{A}_{0,14}$	(190,268)	$\boldsymbol{A}_{1,14}$	(56,69)	$\boldsymbol{A}_{0,14}$	(0,247)	$\boldsymbol{A}_{1,14}$	(51,382)
$\boldsymbol{A}_{0,15}$	(324,338)	$\boldsymbol{A}_{1,15}$	(389,455)	$\boldsymbol{A}_{0,15}$	(36,261)	$\boldsymbol{A}_{1,15}$	(192,414)

与 NASA（CCSDS 标准）在卫星和空间通信中采用的(8 176,7 156)的 QC－LDPC 码 $\boldsymbol{C}_{nasa}$[97,87] 相比，QC－PTG－LDPC 码 $\boldsymbol{C}_{ptg,qc,2}$ 具有相同长度和码率。$\boldsymbol{C}_{nasa}$ 已经被应用在陆地遥感卫星（LANDSAT）、太阳过渡层成像光谱仪卫星（IRIS）和其他 NASA 宇航任务中。NASA 采用的 $\boldsymbol{C}_{nasa}$ 码的校验矩阵也是一个 2×16 的阵列，并且阵列的每一位对应一个大小为 511×511 重为 2 的循环矩阵。但是这两个码采用的循环矩阵并不相同，见表 4.2。$\boldsymbol{C}_{nasa}$ 码在 AWGN 信道下的 BER 和 BLER 性能曲线如图 4.4(a)所示，

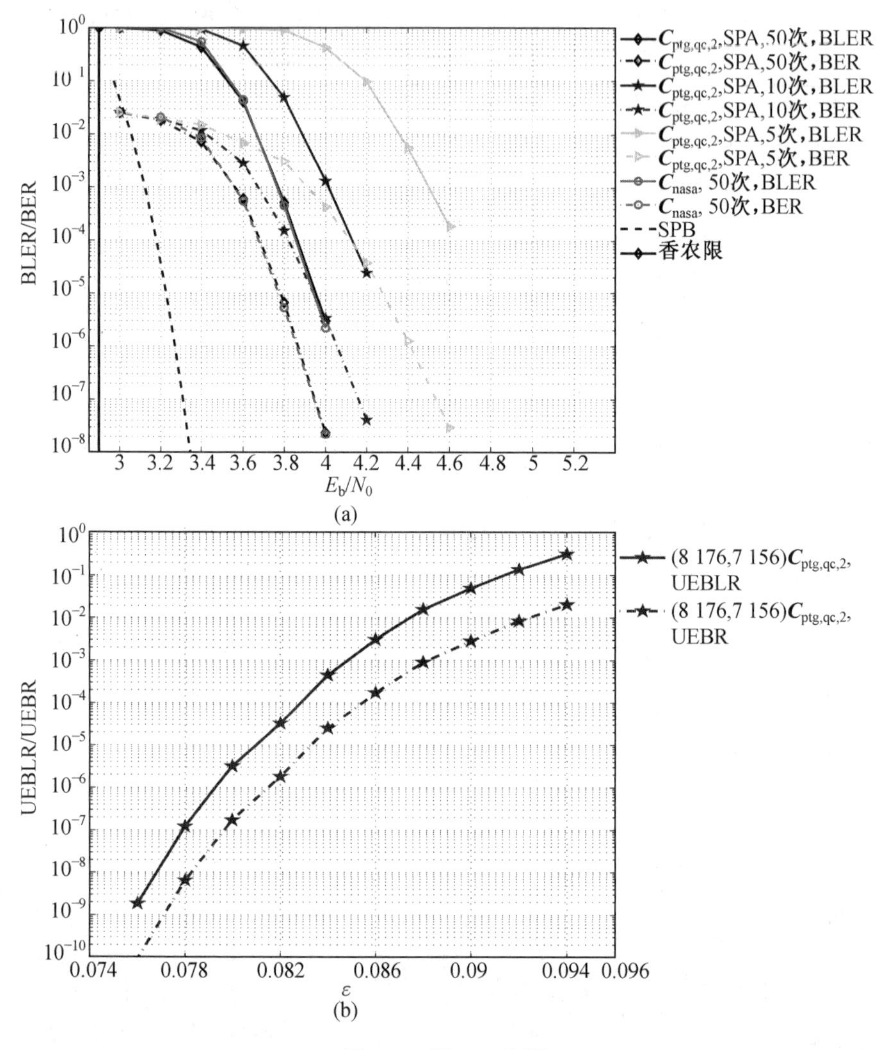

图 4.4　例 4.3 的图

并采用 50 次迭代 SPA 译码算法，具体见文献[97]的例 10.10。从图中可以看到，在仿真区间范围内，两个码的性能曲线几乎一致，需要注意的是，NASA 采用 $\boldsymbol{C}_{\text{nasa}}$ 的 BER 可以到达 10^{-14}，且没有可见的误码平层[97]。

$\boldsymbol{C}_{\text{ptg,qc,2}}$码在 BEC 信道下的性能曲线如图 4.4(b)所示，当 UEBR 为 10^{-10}时，其距离香农限为 0.049，且没有可见的误码平层。

例 4.2 和例 4.3 是基于代数法构造两个规则 QC－PTG－LDPC 码。在例 4.4 中，将基于代数法构造一个非规则 QC－PTG－LDPC 码。

例 4.4　构造一个非规则 QC－PTG－LDPC 码，希望其码长在20 000左右，码率在 0.8 附近。根据密度演进法[96]，可以知道下式给出的 VN 节点和 CN 节点的度分布会具有非常好的译码阈值[96,97]：

$$\gamma(X)=0.190\,5X+0.607\,4X^2+0.146\,6X^6+0.055\,5X^7$$

$$\rho(X)=X^{18}$$

基于上述 VN 节点和 CN 节点的度分布，可以构造一个 12×63 的基矩阵 $\boldsymbol{B}_{\mathrm{ptg},3}$，该基矩阵只由 0 和 1 组成，不含有平行边，它的行重分布和列重分布见表 4.3。

表 4.3　例 4.4 给出的基矩阵 $\boldsymbol{B}_{\mathrm{ptg},3}$ 的行重和列重分布情况

列重分布		行重分布	
列重	列数	行重	行数
2	12	19	12
3	39		
7	9		
8	3		

为了得到码长在 20 000 左右的码字，选择分解因子 $k=330$。将基矩阵 $\boldsymbol{B}_{\mathrm{ptg},3}$ 分解成 330 个组成矩阵，然后构造一个大小为 12×63 的阵列 $\boldsymbol{H}_{\mathrm{ptg,qc},3}(330,330)$，该阵列的每一位对应大小为 330×330 的 CPM 矩阵或 ZM 矩阵。$\boldsymbol{H}_{\mathrm{ptg,qc},3}(330,330)$ 的零空间对应一个非规则(20 790，16 830)的 QC－PTG－LDPC 码 $\boldsymbol{C}_{\mathrm{ptg,qc},3}$，码率为 0.809 5。$\boldsymbol{C}_{\mathrm{ptg,qc},3}$ 的 Tanner 图周长为 6，且含有 32 340 个环长为 6 的环。$\boldsymbol{C}_{\mathrm{ptg,qc},3}$ 在 AWGN 信道下的 BER 和 BLER 性能曲线如图 4.5(a)所示，采用 50 次迭代 MSA 译码算法进行译码。可以看到当 BER 为 10^{-10} 时，$\boldsymbol{C}_{\mathrm{ptg,qc},3}$ 码没有可见的误码平层，此时距离香农限大约 1；当 BLER 为 10^{-6} 时，距离 SPB 限大约为 0.6 dB，该码的译码阈值为 2.66 dB；当 BER 为 10^{-5} 和 10^{-10} 时，该码距离译码阈值分别为 0.24 dB 和 0.35 dB。可以看到该码的性能曲线非常接近译码阈值。

$\boldsymbol{C}_{\mathrm{ptg,qc},3}$ 在 BEC 信道下的 UEBR 和 UEBLR 性能曲线如图 4.5(b)所示，可以看到当 UEBR 为 10^{-8} 时，该码距离香农限只有 0.04，非常接近香农限。

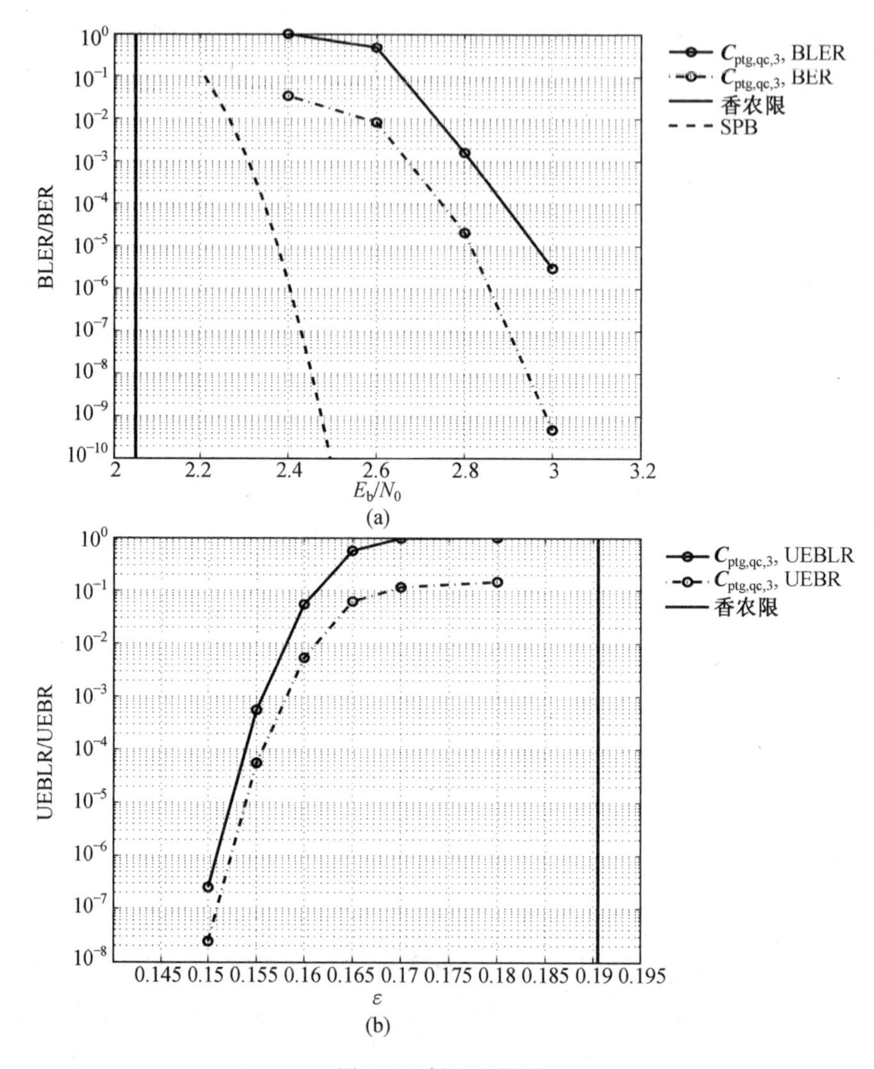

图 4.5 例 4.4 的图

4.4 基于代数法构造 PTG－LDPC 码

本节基于代数法构造 PTG－LDPC 码。当给定码率为 R_c 时，需要确定参数 m、n、k，使 $R_c=(n-m)/n$。

然后，随机给定一个 $m\times n$ 的基矩阵 $\boldsymbol{B}_{ptg}$，该基矩阵是由非负整数构成。将该基矩阵 $\boldsymbol{B}_{ptg}$ 分解成 k 个组成矩阵，当 $\boldsymbol{B}_{ptg}$ 上元素大于 1 时，将它分解并随机分布到 k 个组成矩阵中。通过随机分解过程，可以获得具有

block-wise循环结构特性的阵列集ξ_{cyc}（式(4.1)），称为块循环集（block-cyclic ensemble）。将具有blcok-wise循环结构特性的阵列集ξ_{cyc}进行行列变换，具体行和列的重排列操作过程π_{row}和π_{col}见式(4.3)和式(4.5)，就可以获得具有准循环（QC）结构特性的新的阵列集ξ_{qc}，见式(4.6)，称为准循环集（QC ensemble）。ξ_{qc}中的每个位置，是由大小为$k\times k$的循环矩阵或ZM矩阵构成，在此ξ_{cyc}和ξ_{qc}的大小相同。

对ξ_{qc}中给定阵列的每个大小为$k\times k$的非零循环矩阵进行行列的重排列操作，获得大小为$k\times k$的规则矩阵。通过对这些非零组成矩阵进行行列操作，可以由ξ_{qc}获得对应于PTG构码法的ξ_{ptg}阵列集，阵列的每一位是由大小为$k\times k$的规则矩阵构成。实际上，ξ_{ptg}阵列集的大小要远大于ξ_{qc}（ξ_{cyc}）阵列集。

ξ_{ptg}阵列集对应的零空间对应一系列PTG－LDPC码$\boldsymbol{E}_{ptg}$，且码率为R_c。这种方式构造的一系列PTG－LDPC码$\boldsymbol{E}_{ptg}$，实际上与文献[34]给出的基于图论构造的PTG－LDPC码一致。

4.5　小结与展望

本章介绍了基于代数法构造二进制QC－PTG－LDPC码的方法，主要是通过对非负整数域上的基矩阵进行分解实现的。这种矩阵分解过程比原模图的复制和转置操作更为方便和灵活。通过例子可以看到，基于设计良好的基矩阵构造出的QC－PTG－LDPC码的性能可以非常接近译码阈值。如何通过代数法设计良好的基矩阵是非常重要的研究方向，将在第5章、第7章和第11章中介绍。本章给出一些准则和约束条件用来指导基矩阵分解，以避免短环的产生，当然更多的工作仍然需要继续进行，这也是重要的研究课题。如何将满足RC约束条件的组成矩阵进行排列，以获得符合RC约束条件的校验矩阵，也是非常有意义的研究方向。

通过对基矩阵进行分解构造的QC－PTG－LDPC码，可以具有block-wise循环结构或者section-wise循环结构的形式。当其具有block-wise循环结构形式时，可以采用文献[79]给出的迭代BP译码算法来简化译码复杂度，此时只需要将校验矩阵的一个小的子矩阵作为译码矩阵。迭代BP译码算法不但可以大量减少CN－MPUs和VN－MPUs，还可以减少CN－MPU与VN－MPU之间的信息传递数量；与此同时，减少了CN－MPUs和VN－MPUs信息交互时需要的大量存储资源。当其具有section-wise循环结构形式时，可以采用文献[69,68,78]中给出的低复杂度迭代 BP 译码算法，也是通过小于校验矩阵的一个译码矩阵实现低复杂度译码的过程。

第 5 章和第 6 章会将本章介绍过的非负正整数基矩阵分解，同时将代数法构造 PT－LDPC 的方法进一步推广。将基于有限域基矩阵以及有限域构造替代集合的方式，构造二进制和非二进制 QC－PTG－LDPC 码，与本章介绍的矩阵分解法非常相似。

第 5 章　SP 构码法的基本原理

2002 年提出的叠加(Superposition，SP)构码法是最早提出的代数构造 LDPC 码的方法之一[76]，可以用来构造 QC－LDPC 码。本章对 SP 构码法进行拓展，从代数和图论两方面论证 PTG 构码法，实际是 SP 构码法的特例。

虽然 PTG 构码法可以看作 SP 构码法的特例，但是在过去的很多年里，这两种构码方式通常被认为是两种不同方法，这是因为它们分别是在 2003 年[105]和 2002 年[76]独立发现的。在很长时间里，SP－LDPC 码和其相关的构码法通常采用代数方式来构造，这类码通常具有较低的误码平层，并且具有良好的结构特性便于译码实现；而 PTG－LDPC 码通常采用组合方法进行构码，通过密度演进或者 EXIT 图获得良好的特性，这类码通常希望可以获得最优的译码阈值(瀑布区)，这种组合方法能否比 SP 构码法具有更好的性能，值得进一步研究。

5.1　SP 构码法及其图论分析

令 $\boldsymbol{B}_{sp}=[b_{i,j}]_{0\leqslant i<m,0\leqslant j<n}$ 是一个大小为 $m\times n$ 的二进制矩阵；令 $R=\{\boldsymbol{A}_0,\boldsymbol{A}_1,\cdots,\boldsymbol{A}_{r-1}\}$ 是 GF(2)上含有 r 个大小为 $k\times t$ 的稀疏矩阵的集合。基于 $\boldsymbol{B}_{sp}$ 和集合 R，可以构造一个 $m\times n$ 的阵列 $\boldsymbol{H}_{sp}(k,t)$，该阵列将基矩阵 $\boldsymbol{B}_{sp}$ 中每个非零元素由 R 中矩阵替代，$\boldsymbol{B}_{sp}$ 中每个零元素由大小为 $k\times t$ 的 ZM 矩阵替代所获得。通过将基矩阵 $\boldsymbol{B}_{sp}$ 中每一元素由大小为 $k\times t$ 的矩阵进行扩展，可以得到一个大小为 $mk\times nt$ 的稀疏矩阵 $\boldsymbol{H}_{sp}(k,t)$。这个 $m\times n$ 的阵列 $\boldsymbol{H}_{sp}(k,t)$ 含有 n 个矩阵的列扩展，定义为 $\boldsymbol{H}_0,\boldsymbol{H}_1,\cdots,\boldsymbol{H}_{n-1}$，以及 m 个矩阵的行扩展，定义为 $\boldsymbol{M}_0,\boldsymbol{M}_1,\cdots,\boldsymbol{M}_{m-1}$。每个矩阵的列扩展 $\boldsymbol{H}_j$ 含有 $\boldsymbol{H}_{sp}(k,t)$ 中 t 个连续列，每个矩阵的行扩展 $\boldsymbol{M}_i$ 含有 $\boldsymbol{H}_{sp}(k,t)$ 中 k 个连续行。通过将 $\boldsymbol{B}_{sp}$ 中的每一元素由集合 R 中矩阵和 ZM 矩阵所替换的这种构码方式称为 SP 操作[76,110,109,111,97]，实际上 SP 操作就是简单的扩展操作，$\boldsymbol{H}_{sp}(k,t)$ 的零空间相应的码 $\boldsymbol{C}_{sp}$，可以记为 SP－LDPC 码。$\boldsymbol{C}_{sp}$ 的码长为

nt，码率至少为$(nt-mk)/nt$，取决于参数n、m、k和t，因此可以通过选择不同参数以满足码率的要求。在SP构码法中，矩阵$\boldsymbol{B}_{sp}$称为基矩阵（或者SP基矩阵），R称为替代矩阵集合。

SP基矩阵$\boldsymbol{B}_{sp}$对应的Tanner图定义为$\mathcal{G}_{sp}$，其含有n个VN节点和m个CN节点，分别表示为$v_0,v_1,\cdots,v_{n-1}$和$c_0,c_1,\cdots,c_{m-1}$。校验矩阵$\boldsymbol{H}_{sp}(k,t)$对应Tanner图定义为$\mathcal{G}_{sp}(k,t)$，其含有nt个VN节点和mk个CN节点。

将$\mathcal{G}_{sp}(k,t)$中nt个VN节点分成n个不相关集合，定义为$\Phi_0,\Phi_1,\cdots,\Phi_{n-1}$。当$0\leqslant j<n$时，$\Phi_j$含有$\mathcal{G}_{sp}(k,t)$中$t$个VN节点，实际上也对应$\boldsymbol{H}_{sp}(k,t)$中第$j$矩阵列扩展$\boldsymbol{H}_j$的第$t$列。$\Phi_j$中$t$个VN节点也被称为$\mathcal{G}_{sp}(k,t)$的Type－$j$型VN节点。实际上$\Phi_j$中$t$个Type－$j$型VN节点，可以看作基矩阵$\boldsymbol{B}_{sp}$对应Tanner图$\mathcal{G}_{sp}$的$v_j$节点被复制了$t$次。

然后，将$\mathcal{G}_{sp}(k,t)$中mk个CN节点分成m个不相关集合，定义为Ω_0，$\Omega_1,\cdots,\Omega_{m-1}$。当$0\leqslant i<m$时，$\Omega_i$含有$\mathcal{G}_{sp}(k,t)$中$k$个VN节点，实际上也对应$\boldsymbol{H}_{sp}(k,t)$中第$i$矩阵行扩展$\boldsymbol{M}_j$的第$k$行。$\Omega_i$中$k$个CN节点也被称为$\mathcal{G}_{sp}(k,t)$的Type－$i$型CN节点。实际上$\Omega_i$中$k$个type－$i$型CN节点，可以看作基矩阵$\boldsymbol{B}_{sp}$对应Tanner图$\mathcal{G}_{sp}$的$c_i$节点被复制了$k$次。

SP操作只是简单将$\mathcal{G}_{sp}$中每个VN节点扩展成$\mathcal{G}_{sp}(k,t)$中t个VN节点，将$\mathcal{G}_{sp}$中每个CN节点扩展到$\mathcal{G}_{sp}(k,t)$中k个CN节点。在$\mathcal{G}_{sp}(k,t)$中，$\Phi_0,\Phi_1,\cdots,\Phi_{n-1}$中的VN节点与$\Omega_0,\Omega_1,\cdots,\Omega_{m-1}$中CN节点的连接关系，取决于替代集合$R$中矩阵元素1的位置。$\boldsymbol{H}_{sp}(k,t)$的Tanner图$\mathcal{G}_{sp}(k,t)$实际上可以看作由$n$个$\Phi_0,\Phi_1,\cdots,\Phi_{n-1}$超级VN集合与$m$个$\Omega_0,\Omega_1,\cdots,\Omega_{m-1}$超级CN集合组合而成，如图5.1所示。

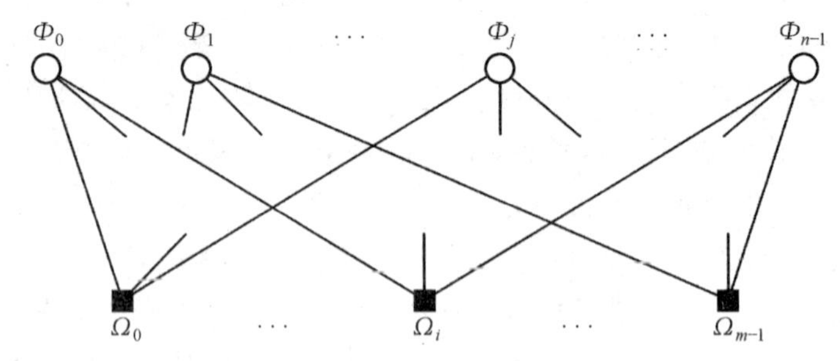

图5.1　由超级VN集合和超级CN集合构成的Tanner图$\mathcal{G}_{sp}(k,t)$

如果$\mathcal{G}_{sp}$中存在边(j,i)，则Φ_j中t个Type－j型VN节点，只能与Ω_i中k个Type－i型CN节点相连接。实际上，$\mathcal{G}_{sp}(k,t)$是基矩阵$\boldsymbol{B}_{sp}$的

Tanner图$\mathcal{G}_{sp}$扩展。当$t\neq k$时，$\mathcal{G}_{sp}$上VN节点和CN节点将被不同因子t和k进行扩展，此时是一种不均匀扩展。因此，从图论观点来看，基于SP构码法获得SP－LDPC码对应的Tanner图，可以通过以下三步获得。

(1)步骤一。设计一个小的二部图$\mathcal{G}_{sp}$，其含有n个VN节点和m个CN节点。

(2)步骤二。将$\mathcal{G}_{sp}$中每个VN节点v_j复制t次，获得Type－j型VN节点组成的集合Φ_j；将$\mathcal{G}_{sp}$中的每个CN节点c_i复制k次，获得Type－i型CN节点组成的集合Ω_i。

(3)步骤三。根据(j,i)是否为1，基于边置换方式连接Type－j型VN节点和Type－i型CN节点。

步骤三完成后，可以获得一个扩展的二部图$\mathcal{G}_{sp}(k,t)$。这个扩展的二部图$\mathcal{G}_{sp}(k,t)$的邻接矩阵为$\boldsymbol{H}_{sp}(k,t)$，而$\boldsymbol{H}_{sp}(k,t)$的零空间对应一个SP－LDPC码。Type－j型t个VN节点和Type－i型k个CN节点的连接方式，也可以通过一个大小为$k\times t$的连接矩阵$\boldsymbol{A}_{i,j}$来获得。从SP构码法的观点来看，$\boldsymbol{A}_{i,j}$是替代集合R中的一个矩阵元素。

5.2　SP－LDPC码的组合

当给定速率R_c时，可以选择合适的参数m、n、k、t，使$R_c=(nt-mk)/nt$。随机给定一个$m\times n$的SP基矩阵$\boldsymbol{B}_{sp}$和替代集合R，R是由大小为$k\times t$的一组稀疏矩阵构成。将$\boldsymbol{B}_{sp}$中的1用R中矩阵随机替代，可以获得稀疏阵列集$\xi_{sp}(k,t)$。稀疏阵列集$\xi_{sp}(k,t)$对应的组合定义为$\boldsymbol{E}_{sp}(k,t)$，是一组码率为R_c的SP－LDPC码，这组码率为R_c的SP－LDPC码$\boldsymbol{E}_{sp}(k,t)$主要含有两种不同结构的子系统，即$k=t$时与$k\neq t$时的两种情况。

当$k=t$时，R中矩阵都是大小为$k\times k$的规则矩阵。根据图论观点，此时SP操作即复制基矩阵$\boldsymbol{B}_{sp}$的Tanner图$\mathcal{G}_{sp}$中每个VN节点、每个CN节点以及$\mathcal{G}_{sp}$边的连接关系，共复制k次，实际上就是复制$\mathcal{G}_{sp}$图k次。这k个$\mathcal{G}_{sp}$将通过边排列的方式连接在一起，而这些边的连接方式取决于替代集合R的矩阵结构。称这k个$\mathcal{G}_{sp}$连接在一起形成新的Tanner图为$\mathcal{G}_{sp}(k,k)$，其对应的邻接矩阵为$m\times n$的阵列$\boldsymbol{H}_{sp}(k,k)$。实际上$\boldsymbol{H}_{sp}(k,k)$也可以看作将$\boldsymbol{B}_{sp}$中每个非零元素，由替代集合R中一个大小为$k\times k$的矩阵替代而得到。因此，当$k=t$时，SP－LDPC码也是PTG－LDPC码，或者说一个PTG－LDPC码也可以看作一个SP－LDPC码。因此，码率为

R_c 的 SP－LDPC 码形成的 $\boldsymbol{E}_{sp}(k,t)$，也是码率为 R_c 的 PTG－LDPC 码形成的组合。

当 $k \neq t$ 时，替代集合 $\boldsymbol{R}$ 中矩阵不再是规则形式，此时基矩阵 $\boldsymbol{B}_{sp}$ 的 Tanner 图中 VN 节点和 CN 节点的扩展，由两个不同的因子 t 和 k 控制，即此时 Tanner 图的扩展不再是均匀分布情况。这种非均匀扩展定义为另外一种组合，记为 $\boldsymbol{E}'_{sp}(k,t)$。分析 $\boldsymbol{E}'_{sp}(k,t)$ 的情况，相对来说比较复杂。在本书后几章中，可以看到当 $k \neq t$ 时，构造出的 QC－SP－LDPC 码在 AWGN 和 BEC 信道下也可以具有非常好的性能曲线，这也意味着 $\boldsymbol{E}'_{sp}(k,t)$ 也是非常好的组合。

由 4.4 节介绍的代数法构造的 PTG—LDPC 码形成的组合定义为 $\boldsymbol{E}_{ptg}$，上述介绍的 SP－LDPC 码形成的组合定义为 $\boldsymbol{E}_{sp}(k,t)$，可以看到 PTG－LDPC 码形成 $\boldsymbol{E}_{ptg}$ 实际上是 SP－LDPC 码形成 $\boldsymbol{E}_{sp}(k,t)$ 的特例。文献[34]也从图论的观点，论证 PTG－LDPC 码 $\boldsymbol{E}_{ptg}$ 实际上是 SP－LDPC 码 $\boldsymbol{E}_{sp}(k,t)$ 特例这一观点，因此一个设计良好的 SP 基矩阵 $\boldsymbol{B}_{sp}$，其 $\boldsymbol{E}_{sp}(k,t)$ 也可以具有良好的性能。

通过上述从图论以及代数（也是矩阵理论）观点的分析过程中，可以看到 PTG－LDPC 码的构造过程可以看作 SP－LDPC 码构造的特例。因此从代数和图论的观点来看，SP 构码法和 PTG 构码法的统一理论可以设计出更好的 LDPC 码，使其具有更好的瀑布区、误码平层以及译码收敛速度。

5.3　避免环长为 4 的约束条件

设计 SP－LDPC 码通常需要避免短环，尤其是环长为 4 的环，因此需要给出设计准则设计替代集合 R 中矩阵元素，以及通过 R 中矩阵替换基矩阵 $\boldsymbol{B}_{sp}$ 中非零元素的方法。首先，集合 R 中的矩阵必须同时满足 RC 约束条件和 PW－RC 约束条件；其次，在对基矩阵 $\boldsymbol{B}_{sp}$ 用 R 中的矩阵进行替代的过程中，$\boldsymbol{B}_{sp}$ 中每一列和每一行的 1，必须用 R 中不同的矩阵来替代。这个替代准则称作替代约束（replacement constraint）[76,110,109,111,97]。实际上，集合 R 中矩阵同时满足 RC 约束条件和 PW－RC 约束条件，以及基矩阵 $\boldsymbol{B}_{sp}$ 中非零元素的替代约束条件，是 SP－LDPC 码的 Tanner 图不存在环长为 4 的环的必要非充分条件，可以使 SP－LDPC 码的 Tanner 图周长为 6。如果基矩阵 $\boldsymbol{B}_{sp}$ 同样满足 RC 约束条件，那么基于 SP 构码法获得的 SP－LDPC 码的 Tanner 图的周长至少为 6[76,110,109,111,97]。

如果基矩阵 $\boldsymbol{B}_{sp}$ 是一个重为 w 的 $n\times n$ 的循环矩阵，则 SP 的替代约束条件可以很容易实现。首先，将 $\boldsymbol{B}_{sp}$ 中最顶层的 w 个 1 由 R 中 w 个不同矩阵替代，第一行 row-block（行块）生成器则是由一个含有 n 个大小为 $k\times t$ 的子矩阵构成，其中含有 w 个非零矩阵以及 $n-w$ 个 ZM 矩阵；然后，可以将该 row-block 生成器循环移位 $n-1$ 次，即每次向右移动一个 block，即可获得一个 $n\times n$ 的阵列 $\boldsymbol{H}_{sp}(k,t)$，其含有 n 个矩阵的行扩展和 n 个矩阵的列扩展。每一行或每一列的 w 个非零矩阵都各不相同，此时满足替代约束条件，上述替代过程也被称为循环替代。

如果一个替代集合 R 的矩阵同时满足 RC 约束条件和 PW－RC 约束条件，则这个集合 R 称为满足 RC 约束条件的替代集合。如何构造满足 RC 约束条件的基矩阵以及满足 RC 约束条件的替代集合，将在第 6 章详细介绍。

通过上述分析，可以看到 SP 构码法是一种非常通用的代数构造 LDPC码的方法，既可以从矩阵的观点加以分析，也可以通过图论的观点加以论述。为了简单起见，以后主要从矩阵的观点入手，对 LDPC 码基矩阵的设计和替代集合的设计这两方面进行阐述。

本节给出一个简单的例子，来介绍 SP 构码法构造 LDPC 码的过程，并给出其相应 Tanner 图的结构。

例 5.1　基于下面基矩阵 $\boldsymbol{B}_{sp}$ 和替代集合 R 来构造一个 SP－LDPC 码：

$$\boldsymbol{B}_{sp}=\begin{bmatrix}1&0&1\\1&1&0\\0&1&1\end{bmatrix}$$

$$R=\left\{\boldsymbol{A}_0=\begin{bmatrix}1&0&1\\0&1&0\end{bmatrix},\boldsymbol{A}_1=\begin{bmatrix}1&0&0\\0&0&1\end{bmatrix}\right\}$$

基矩阵 $\boldsymbol{B}_{sp}$ 是一个循环矩阵，并满足 RC 约束条件，同时 R 中两个组成矩阵满足 RC 约束条件和 PW－RC 约束条件。将基矩阵 $\boldsymbol{B}_{sp}$ 中的 1 用替代集合 R 中 2×3 的组成矩阵替代，$\boldsymbol{B}_{sp}$ 中的 0 用 2×3 的 ZM 矩阵替代，获得一个 3×3 的阵列 $\boldsymbol{H}_{sp}(2,3)$，其每一位是由一个 2×3 的矩阵构成。在替代约束条件下存在多种置换方案，在此只给出一种置换方案，为

$$\boldsymbol{H}_{\mathrm{sp}}(2,3)=\begin{bmatrix}\boldsymbol{A}_0 & 0 & \boldsymbol{A}_1\\ \boldsymbol{A}_1 & \boldsymbol{A}_0 & 0\\ 0 & \boldsymbol{A}_1 & \boldsymbol{A}_0\end{bmatrix}=\left[\begin{array}{ccc|ccc|ccc}1&0&1&0&0&0&1&0&0\\0&1&0&0&0&0&0&0&1\\\hline 1&0&0&1&0&1&0&0&0\\0&0&1&0&1&0&0&0&0\\\hline 0&0&0&1&0&0&1&0&1\\0&0&0&0&0&1&0&1&0\end{array}\right]$$

$\boldsymbol{H}_{\mathrm{sp}}(2,3)$是GF(2)的一个$6\times9$的矩阵，并满足RC约束条件。$\boldsymbol{H}_{\mathrm{sp}}(2,3)$的零空间对应一个(9,3)的QC－SP－LDPC码$\boldsymbol{C}_{\mathrm{sp}}$，且该码满足block-wise循环结构。基矩阵$\boldsymbol{B}_{\mathrm{sp}}$对应的Tanner图$\mathcal{G}_{\mathrm{sp}}$和$\boldsymbol{H}_{\mathrm{sp}}(2,3)$对应的Tanner图$\mathcal{G}_{\mathrm{sp}}(2,3)$如图5.2(a)和5.2(b)所示，从图中可以看到，$\mathcal{G}_{\mathrm{sp}}(2,3)$是$\mathcal{G}_{\mathrm{sp}}$的扩展形式。在$\mathcal{G}_{\mathrm{sp}}$中，每个VN节点的扩展因子为3，每个CN节点扩展因子为2，因此$\mathcal{G}_{\mathrm{sp}}(2,3)$是非均匀扩展，其VN节点和CN节点是通过$R$中两个组成矩阵$\boldsymbol{A}_0$和$\boldsymbol{A}_1$连接在一起的，其中$\boldsymbol{A}_0$和$\boldsymbol{A}_1$作为其连接矩阵。从图中可以看到，$\mathcal{G}_{\mathrm{sp}}$和$\mathcal{G}_{\mathrm{sp}}(2,3)$的周长都为6。

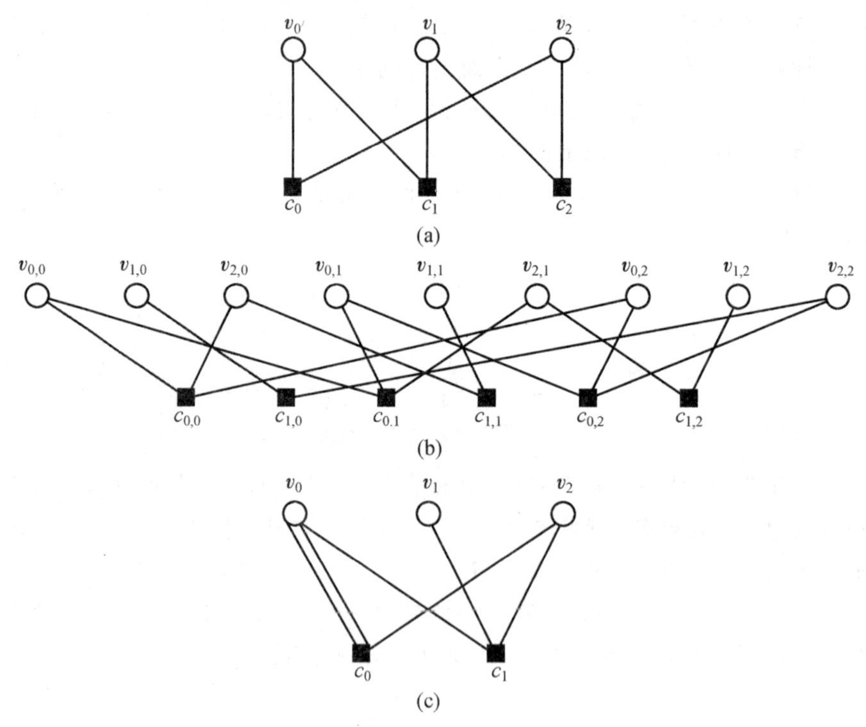

图5.2　例5.1的图

对3×3阵列$\boldsymbol{H}_{\mathrm{sp}}(2,3)$的第一矩阵的行扩展中3个组成矩阵进行整数求和，可以获得非负整数域上的 2×3 的矩阵：

$$\boldsymbol{B}_{\text{ptg}}=\begin{bmatrix} b_{0,0} & b_{0,1} & b_{0,2} \\ b_{1,0} & b_{1,1} & b_{1,2} \end{bmatrix}=\begin{bmatrix} 2 & 0 & 1 \\ 0 & 1 & 1 \end{bmatrix}$$

实际上矩阵 $\boldsymbol{B}_{\text{ptg}}$ 也是图5.2(c)中原模图 $\mathscr{G}_{\text{ptg}}$ 对应的基矩阵。由 $\boldsymbol{H}_{\text{sp}}(2,3)$ 第一矩阵的行扩展，可以获得4.1节提到的6个大小为 3×3 的循环生成式，分别为

$$g_{0,0}=(1,0,1),\quad g_{0,1}=(0,0,0),\quad g_{0,2}=(1,0,0)$$
$$g_{1,0}=(0,0,1),\quad g_{1,1}=(1,0,0),\quad g_{1,2}=(0,0,1)$$

当 $0\leqslant i<2$ 且 $0\leqslant j<3$ 时，由循环生成式 $g_{i,j}$ 可以得到循环矩阵 $\boldsymbol{A}_{i,j}$，然后将 $\boldsymbol{B}_{\text{ptg}}$ 中的每个 $b_{i,j}$ 用循环矩阵 $\boldsymbol{A}_{i,j}$ 替代，就可以得到下面这个 2×3 大小的准循环阵列 $\boldsymbol{H}_{\text{ptg,qc}}(3,3)$：

$$\boldsymbol{H}_{\text{ptg,qc}}(3,3)=\left[\begin{array}{ccc:ccc:ccc} 1 & 0 & 1 & 0 & 0 & 0 & 1 & 0 & 0 \\ 1 & 1 & 0 & 0 & 0 & 0 & 0 & 1 & 0 \\ 0 & 1 & 1 & 0 & 0 & 0 & 0 & 0 & 1 \\ \hdashline 0 & 0 & 0 & 1 & 0 & 0 & 0 & 0 & 1 \\ 0 & 0 & 0 & 0 & 1 & 0 & 1 & 0 & 0 \\ 0 & 0 & 0 & 0 & 0 & 1 & 0 & 1 & 0 \end{array}\right]$$

该阵列的每一位对应于一个 3×3 的CPM矩阵或ZM矩阵。

将原模图 $\mathscr{G}_{\text{ptg}}$ 按照扩展因子 $k=3$ 进行扩展，可以得到新Tanner图 $\mathscr{G}_{\text{ptg}}(3,3)$，而 $\boldsymbol{H}_{\text{ptg,qc}}(3,3)$ 正是Tanner图 $\mathscr{G}_{\text{ptg}}(3,3)$ 对应的邻接矩阵。由于 $b_{0,0}=2$，该位置需要用一个重为2的循环矩阵替代。$\boldsymbol{H}_{\text{ptg,qc}}(3,3)$ 对应的零空间是一个(9,6)的QC－PTG－LDPC码 $\boldsymbol{C}_{\text{ptg,qc}}$，其具有section-wise循环结构。QC－PTG－LDPC码 $\boldsymbol{C}_{\text{ptg,qc}}$ 完全可以通过SP构码法实现，因此它也是一个SP－LDPC码。

实际上，这个 2×3 的阵列 $\boldsymbol{H}_{\text{ptg,qc}}(3,3)$ 也可以通过对 3×3 阵列 $\boldsymbol{H}_{\text{sp}}(2,3)$ 进行行列转置的方法（具体步骤见式(4.3)和式(4.5)的 π_{row} 和 π_{col}）来实现。实际上Tanner图 $\mathscr{G}_{\text{sp}}(2,3)$ 和 $\mathscr{G}_{\text{ptg}}(3,3)$ 结构相同，完全可以通过对VN节点和CN节点的转置变换获得另外一个Tanner图。通过以上分析，可以再次知道PTG－LDPC码和SP－LDPC码的直接联系。

5.4　基于SP构码法构造QC－LDPC码

假设替代集合 R 的矩阵都是稀疏的、大小为 $k\times k$ 的二进制循环矩阵，

这些循环矩阵的重可以不同，并给定大小为 $m\times n$ 的二进制 SP 基矩阵 $\boldsymbol{B}_{sp}$。将基矩阵 $\boldsymbol{B}_{sp}$ 中的 1 用 R 中循环矩阵替代，$\boldsymbol{B}_{sp}$ 中的 0 用大小为 $k\times k$ 的 ZM 矩阵替代，可以获得一个大小为 $m\times n$ 的阵列 $\boldsymbol{H}_{sp,qc}(k,k)=[\boldsymbol{A}_{i,j}]_{0\leqslant i<m,0\leqslant j<n}$，其结构见式(4.6)。$\boldsymbol{H}_{sp,qc}(k,k)$的零空间对应一个二进制 QC－SP－LDPC 码 $\boldsymbol{C}_{sp,qc}$，码长为 nk。对于典型的二进制 QC－SP－LDPC 码来说，通常 R 中的矩阵是重为 1、大小为 $k\times k$ 的二进制循环矩阵，如 CPM 矩阵。

通过对行列的反置换操作(置换操作见式(4.3)和式(4.5))，将阵列 $\boldsymbol{H}_{sp,qc}(k,k)$变换成一个大小为 $k\times k$ 的新阵列 $\boldsymbol{H}_{sp,cyc}(m,n)=[\boldsymbol{D}_{i,j}]_{0\leqslant i,j<k}$，它是由大小为 $m\times n$ 的具有循环结构的矩阵构成，见式(4.1)。对 $\boldsymbol{H}_{sp,cyc}(m,n)$ 生成矩阵的行扩展(即第一行)的组成矩阵进行整数求和，可以得到基矩阵 $\boldsymbol{B}_{ptg}$，$\boldsymbol{B}_{ptg}$对应的 Tanner 图 $\mathcal{G}_{ptg}$则是基于 PTG 构码法需要的原模图，基于 PTG 构码法获得的码字记作 QC－PTG－LDPC 码 $\boldsymbol{C}_{ptg,qc}$(或表示为 $\boldsymbol{C}_{ptg,cyc}$)。对于 SP 构码法来说，当 $k=t$ 时，R 集合是由大小为 $k\times k$ 的 CPM 矩阵构成，此时构造 LDPC 码与代数法构造 QC－PTG－LDPC 码一致，具体内容见第 4 章。

换一种思路，如果将 $\boldsymbol{H}_{sp,cyc}(m,n)$第一矩阵的行扩展的组成矩阵相应位置通过逻辑与运算连接在一起，就可以获得一个 $m\times n$ 的二进制矩阵 $\boldsymbol{B}_{sp}$，$\boldsymbol{B}_{sp}$就是 SP 构码法的基矩阵，可以用来构造 QC－SP－LDPC 码 $\boldsymbol{C}_{sp,qc}$。

例 5.2 这个例子将证明，例 4.2 给出的(2 640，1 320)QC－PTG－LDPC 码也可以看作一个 QC－SP－LDPC 码；式(4.2)中用来构造 QC－PTG－LDPC 码的矩阵可以看作 SP 构码法的基矩阵 $\boldsymbol{B}_{sp}$。替代集合 R 中含有一系列大小为 330×330 的 CPM 矩阵，并且在集合中有 23 个 CPM 矩阵生成式只由 1 的位置所决定，这 23 个矩阵的生成式 1 的位置在 10，39，68，75，79，143，148，158，163，181，202，206，209，271，274，275，284，287，294，295，297，324 和 328。将 $\boldsymbol{B}_{sp}$ 中 24 个 1 由 CPM 矩阵所替代，见式(4.8)，可以得到一个 4×8 的阵列 $\boldsymbol{H}_{sp,qc}(330,330)$，它是由大小为 330×330 的 CPM 矩阵和 ZM 矩阵所构成。$\boldsymbol{H}_{sp,qc}(330,330)$的零空间对应一个(2 640，1 320)的 QC－SP－LDPC 码 $\boldsymbol{C}_{sp,qc}$，这个码是例 4.2 中给出的(2 640，1 320)QC－PTG－LDPC 码 $\boldsymbol{C}_{ptg,qc,1}$。

例 5.3 基于 SP 构码法的观点，例 4.3 给出的(8 176，7 156) QC－PTG－LDPC 码实际上是一个 QC－SP－LDPC 码，其相应的基矩阵 $\boldsymbol{B}_{sp}$ 为

$$\boldsymbol{B}_{sp}=\begin{bmatrix}1&1&1&1&1&1&1&1&1&1&1&1&1&1&1&1\\1&1&1&1&1&1&1&1&1&1&1&1&1&1&1&1\end{bmatrix}\tag{5.1}$$

这32个循环矩阵取自替代集合R,这32个R重为2、大小为511×511的循环矩阵对应的生成式见表4.2。实际上例4.3提到的(8 176,7 156)NASA－CCSDS标准QC－LDPC码$\boldsymbol{C}_{\mathrm{nasa}}$也是一个QC－SP－LDPC码,其基矩阵$\boldsymbol{B}_{\mathrm{sp}}$见式(5.1)。用来构造含有这32个重为2的循环矩阵的替代集合R见表4.2,上面标识为NASA的是基于GF(2^3)上的三维欧氏几何EG(3,2^3)而获得的[97]。

需要注意的是,构造QC－SP－LDPC码时,替代集合R中每个矩阵可以具有相同大小,比如大小为$b \times c$的阵列结构且阵列的每一位由相同大小的CPM矩阵构成。此时,将基矩阵中1的位置进行替换得到的校验矩阵中CPM矩阵和ZM矩阵将具有相同的大小。第6章到第11章将具体介绍如何构造替代集合R。

5.5　非负整数域上的SP基矩阵

基于SP构码法构造LDPC码,其基矩阵$\boldsymbol{B}_{\mathrm{sp}}$可以是非负整数域上的矩阵。与PTG构码法相似,$\boldsymbol{B}_{\mathrm{sp}}$上非零元素代表其Tanner图上连接一个VN节点和一个CN节点平行边的数量,此时R中组成矩阵可以设计为规则矩阵,且其重与$\boldsymbol{B}_{\mathrm{sp}}$上对应元素大小相同。简单来说,构造一个校验矩阵时,$\boldsymbol{B}_{\mathrm{sp}}$中元素为$w$时,需要$R$中一个重为$w$的矩阵来替换。

例如,采用式(4.9)作为SP构码法的基矩阵来构造一个QC－SP－LDPC码,式(4.9)中所有元素都为2,因此替代集合R的组成矩阵的重都为2,例4.3中给出的(4,32)规则(8 176,7 156)QC－PTG－LDPC码也是NASA CCSDS标准(8 176,7 156)码$\boldsymbol{C}_{\mathrm{nasa}}$,也可以看作一个QC－SP－LDPC码,其相应SP基矩阵每位元素都为2。

第7章将介绍在非二进制域(NB)上构造基矩阵的方法,而PTG构码法很少考虑在非二进制域上构造基矩阵。实际上,SP构码法的基矩阵可以由二进制非负整数域以及非二进制域来构造获得。

5.6　小结与展望

在5.2节中,对于给定的码率,可以用两种方式构造SP－LDPC码。第一种是采用PTG－LDPC码的等价组合构码法,此时替代集合R中的矩阵需要是规则矩阵,由于这种组合方法与PTG－LDPC码等效,基于这种组合方式构造 SP－LDPC 码具有很好的渐进性和结构性；另外一种组合方法，即替代集合 R 的矩阵为非规则矩阵，这种 SP－LDPC 码是否具有很好的渐进性和性能曲线还不能确知，不过在后续的章节中，可以看到采用非规则矩阵作为替代集合矩阵构造的 SP－LDPC 码也同样具有很好的性能曲线，可以说明这种组合方式是一种非常好的构码方法，当然具体分析和证明过程也是非常有趣的研究方向。

EXIT 图法可以用来构造 PTG－LDPC 码[80,2]，能否基于 EXIT 图来构造 SP－LDPC 码也是非常有趣的问题。

对于 SP 构码法，给定一个 $m\times n$ 的基矩阵 $\boldsymbol{B}_{\mathrm{sp}}$ 和一个替代集合 R，并假设 R 中组成矩阵是大小为 $k\times t$ 的阵列，且阵列每一位是由 $l\times l$ 的规则矩阵构成，比如 PM 矩阵或 CPM 矩阵。因此将基矩阵 $\boldsymbol{B}_{\mathrm{sp}}$ 中每个 1 用 R 中矩阵替代，$\boldsymbol{B}_{\mathrm{sp}}$ 中每个 0 用大小为 $kl\times tl$ 的 ZM 矩阵替代，就可以得到校验矩阵 $\boldsymbol{H}_{\mathrm{sp}}(kl,tl)$，该校验矩阵可以看作一个大小为 $mk\times nt$ 的阵列，且阵列中每一位对应一个大小为 $l\times l$ 的规则矩阵。$\boldsymbol{H}_{\mathrm{sp}}(kl,tl)$ 对应的零空间则对应于一个 SP－LDPC 码，也可以看作是由一个 $mk\times nt$ 的基矩阵和一个替代集合 R 构造的，其中 R 的组成矩阵大小为 $l\times l$。从 PTG 构码法的观点来看，该码也可以看作一个 PTG－LDPC 码，其原模图含有 nt 个 VN 节点和 mk 个 CN 节点。在后续的章节和附录 A 中，将介绍构造满足 RC 约束条件替代集合的方法，比如 PM 或 CPM 矩阵。

第6章 SP构码法的基矩阵和替代集合的构造

SP构码法构造LDPC码主要包含两个部分，一部分是基矩阵 $\boldsymbol{B}_{sp}$ 的构造，另一部分是替代集合 R 的构造，通常 R 是由稀疏矩阵构成的。要保证SP－LDPC的Tanner图周长至少为6，通常需要其基矩阵 $\boldsymbol{B}_{sp}$ 满足RC约束条件，R 中的矩阵要同时满足RC约束条件和PW－RC约束条件。本章将基于代数构码法构造符合RC约束条件的SP－LDPC码，更多内容将在第7～11章和附录A中进一步论述。

6.1 基于有限几何构造满足RC约束条件的基矩阵

文献[58,35,3,101,112,64,65,50,113,114,46,70,68]中已经阐述基于代数法构造符合RC约束条件的基矩阵方法，这些方法主要基于有限几何、有限域和组合设计，比如基于均衡不完全区组设计（Balanced Incomplete Block Designs，BIBD）、基于拉丁矩阵（Latin Squares）设计。本章将基于有限欧氏几何设计；第7章将介绍一种基于有限域的更为灵活和强大的构码方法。

有限域GF(q)上二维欧氏几何（Euclidean Geometry，EG）定义为EG($2,q$)[84,74,97]，包含 q^2+q 条线，每条线上有 q 个点。这些线中，有 $q+1$ 条线通过几何的原点，有 q^2-1 条线不通过原点，可以构造一个 $(q+1)\times(q+1)$ 的矩阵 $\boldsymbol{H}_{EG}$，而 $\boldsymbol{H}_{EG}$ 中的CPM矩阵和ZM矩阵是满足RC约束条件的大小为 $(q-1)\times(q-1)$ 的矩阵[58,97,46]。矩阵 $\boldsymbol{H}_{EG}$ 中包含 $q+1$ 个ZM矩阵，这些ZM矩阵放在该矩阵的对角线上。由于 $\boldsymbol{H}_{EG}$ 满足RC约束条件，$\boldsymbol{H}_{EG}$ 的任意一个子阵列一定满足RC约束条件，因此可以用来构造SP基矩阵以获得SP－LDPC码，它的Tanner图的周长至少为6。

如果将 $\boldsymbol{H}_{EG}$ 中的一些CPM矩阵用ZM矩阵替换，则可能获得Tanner图周长为8的SP－LDPC码，或者包含数量较少、环长为6,8,10的环。这种将CPM矩阵用ZM矩阵替代的过程，通常称为掩模操作（masking）[112,64,97,68]。掩模操作可以改善SP－LDPC码的误码率性能，关于更多掩模的内容将在第 7 章介绍。

还有一种在 EG(2,q)上构建 SP 基矩阵的方法。利用不通过原点的 q^2-1条线,可以构建一个满足 RC 约束条件且重为 q 的二元循环矩阵,定义为 $\boldsymbol{G}_{EG}$,其大小为$(q^2-1)\times(q^2-1)$[58,74,97,46,26]。该循环矩阵可以作为基矩阵用来构造 SP－LDPC 码。如果 q 值过大,可以将其中 l 个 1 替换为 $0(l<q)$,因此它将包含 $q-l$ 个非零元素。基于这 $q-l$ 个非零元素生成新的循环矩阵,也被称为 $\boldsymbol{G}_{EG}$ 的衍生循环矩阵,这种新生成的衍生矩阵也满足 RC 约束条件,因此也可以用作 SP 的基矩阵,构建 SP－LDPC 码,并且具有循环特性。

$\boldsymbol{G}_{EG}$可以被分解成一系列的衍生矩阵,并且作为 SP 的基矩阵用来构建新的 SP－LDPC 码。令 e 是一个小于 q 的正整数,将 $\boldsymbol{G}_{EG}$ 的生成式 g 分解为 e 个新的生成式 $g_0,g_1,\cdots,g_{e-1}$,它们都具有相同的长度。g 中具有 q 个非零元素,而 g 的每一个非零元素只放在一个新的生成式 g_i 中,且该非零元素存放位置与原 g 位置相同。令 $w_0,w_1,\cdots,w_{e-1}$ 为 e 个正整数,且满足关系 $w_0+w_1+\cdots+w_{e-1}=q$。当 $0\leqslant i<e$ 时,w_i 代表将 g 中 w_i 个非零元素放入 g_i 中。对生成式 $g_0,g_1,\cdots,g_{e-1}$进行循环移位,可以获得循环矩阵 $\boldsymbol{G}_0,\boldsymbol{G}_1,\cdots,\boldsymbol{G}_{e-1}$,这些循环矩阵实际上是 $\boldsymbol{G}_{EG}$ 的衍生矩阵,且重分别为 w_0,$w_1,\cdots,w_{e-1}$。由这些衍生矩阵的获得方式可知,这些矩阵彼此之间互相独立,通过对它们进行逻辑或 OR 运算可以获得原始 $\boldsymbol{G}_{EG}$矩阵,即 $\boldsymbol{G}_{EG}=\boldsymbol{G}_1+\boldsymbol{G}_2+\cdots+\boldsymbol{G}_{e-1}$。由于 $\boldsymbol{G}_{EG}$满足 RC 约束条件,其衍生矩阵也满足 RC 约束条件和 PW－RC 约束条件,因此 $\boldsymbol{G}_{EG}$ 的每一个衍生矩阵都可以作为 SP 的基矩阵。

将 $\boldsymbol{G}_{EG}$中任意 r 个衍生矩阵提取出来$(1\leqslant r<e)$,将这 r 个矩阵作为一个矩阵的行扩展(或矩阵的列扩展)以形成一个$(q^2-1)\times r(q^2-1)$或 $r(q^2-1)\times(q^2-1)$的矩阵,该矩阵同样满足 RC 约束条件,也可以作为 SP 的基矩阵用来构造 SP－LDPC 码。通过合理的选择 e 还有重 $w_0,w_1,\cdots,w_{e-1}$,可以获得规则或者不规则的基矩阵,用来构造 SP－LDPC 码。

综上所述,一个 EG 循环矩阵 $\boldsymbol{G}_{EG}$ 可以被分解为一系列具有同样大小的循环矩阵,这一系列矩阵也都可以用来构建 SP 的基矩阵[19,74,97]。

举一个例子,基于二维欧氏几何 EG(2,7)在 GF(7)上构造 SP 的基矩阵。由于其有 48 条不通过原点的线,可以构造一个 48×48 且重为 7 的循环矩阵 $\boldsymbol{G}_{EG}$,并用作 SP 的基矩阵。假设将该循环矩阵分解成 3 个衍生矩阵 $\boldsymbol{G}_0$、$\boldsymbol{G}_1$、$\boldsymbol{G}_2$,前 2 个衍生矩阵重为 3,第 3 个衍生矩阵重为 1。将前 2 个衍

生矩阵 $\boldsymbol{G}_0$、$\boldsymbol{G}_1$ 放到一行，可以获得一个 48×96 的 SP 基矩阵 $\boldsymbol{B}_{sp}$，其列重和行重分别为 3 和 6，Tanner 图的周长为 6。

除基于有限几何获得基矩阵外，更多满足 RC 约束条件的 CPM 矩阵和 ZM 矩阵可以通过有限域构造的方式获得。其中一种最巧妙的方法是通过有限域中的任意两个子集合联合构造[68,70]，目前常见的有限域构码法实际上都可以认为是其特例，具体将在第 7 章中详细介绍。PEG 算法也可以用来设计 SP 的基矩阵，特别对于非规则情景[43,44]。值得注意的是，满足 RC 约束条件的 EG(2,q)循环矩阵也可以作为 QC－PTG－LDPC 的基矩阵，并采用 4.1 节提出的矩阵分解方式构造 QC－PTG－LDPC 码。

6.2　基于汉明码构造满足 RC 约束条件的替代集合

对于 SP－LDPC 码，文献[76,111]已经给出了构造满足 RC 约束条件替代集合的方法。本节和 6.3 节、6.4 节将给出三种新的构造满足 RC 约束条件替代集合的方法，特别是用来构建 QC－SP－LDPC 码。更多关于替代集合构造的内容在第 7 章和附录 A 中进一步阐述。

令 m 是一个正整数，且 $m \geqslant 3$。基于 GF(2)上度为 m 的一个本原多项式 $p(X)$，生成一个$(2^m-1, 2^m-m-1)$的循环汉明码 $\boldsymbol{C}$[74,89]，定义最小码重为 $m-w$，该循环汉明码的最小码重为 3。两个不同码字，若它们的最小码重都为 $m-w$，则它们不会含有超过 1 个共同 1 的位置（1－component），否则这两个码字的和将会产生一个码重小于 3 的非零码字，与最小码重为 3 的前提相矛盾。令 $n=2^m-1$，定义 $\boldsymbol{v}=(v_0, v_1, \cdots, v_{n-1})$是 $\boldsymbol{C}$ 中一个码重为 $m-w$ 的码字，定义 $\boldsymbol{v}^{(i)}$ 为 v 向右循环移位 i 次后获得的码字，可知 $\boldsymbol{v}^{(0)}=\boldsymbol{v}^{(n)}=\boldsymbol{v}$。令 l 是满足 $\boldsymbol{v}^{(l)}=\boldsymbol{v}$ 的最小正整数，如果 $l \leqslant n$，称 l 是 $\boldsymbol{v}$ 的循环扩展，显然 l 可以整除 n；如果 $l=n$，则称 $\boldsymbol{v}$ 为本原元，此时 $\boldsymbol{v}$ 及其 $n-1$ 次循环移位获得的码字都将不同；如果 $l<n$，则 $\boldsymbol{v}$ 不是本原元，此时它的循环扩展 l 除以 n 等于 $3l$，因为该码的码重 $m-w$ 为 3。如果 3 不是 n 的一个因子，或者 n 是一个素数，则每个码重为 $m-w$ 的码字都将是 $\boldsymbol{C}$ 的本原元。

目前，汉明码的码重分布情况已经完全已知[8,74,89]，码重为 $m-w$ 的本原元码字数量已知，并且可以被构造[74]。$\boldsymbol{C}$ 中码重为 $m-w$ 的本原元码字可以被划分为 k 个循环集合，定义为 $Q_0, Q_1, \cdots, Q_{k-1}$，每个循环集合包含 n 个码重为 $m-w$ 且长度为 n 的码字，且每个码字都是其他码字的循环移位。对于每个循环集合 Q_i，可以构造一个 $n\times n$ 的循环矩阵 $\boldsymbol{G}_i$，其中每一行由 n 个码重为 $m-w$ 的码字构成。可以选取 Q_i 集合中任意一个码字作为矩阵 $\boldsymbol{G}_i$ 的第一行，然后将其循环移位 $n-1$ 次，获得其他 $n-1$ 行，而该循环矩阵 $\boldsymbol{G}_i$ 的码重为 3。需要注意的是，循环矩阵 $\boldsymbol{G}_i$ 的任意一列依然是该汉明码 $\boldsymbol{C}$ 中一个码重为 $m-w$ 的码字。基于该 k 个循环集合 $Q_0,Q_1,\cdots,Q_{k-1}$，可以构建 k 个大小为 $n\times n$ 的循环矩阵 $\boldsymbol{G}_0,\boldsymbol{G}_1,\cdots,\boldsymbol{G}_{k-1}$。由于任意两个码重为 $m-w$ 的码字不会有多于 1 个的共同 1 的位置，这些循环矩阵具有特性为，来自同一个循环矩阵或者来自不同循环矩阵的任意两行（或任意两列），不会有多于 1 个共同 1 的位置。所以，循环矩阵 $\boldsymbol{G}_0,\boldsymbol{G}_1,\cdots,\boldsymbol{G}_{k-1}$ 满足 RC 约束条件和 PW－RC 约束条件，它们可以被作为替代集合 R_{Ham} 中的组成矩阵，用来构建 SP－LDPC 码，其中 R_{Ham} 的下角标“Ham”是汉明码的缩写。

当 $0\leqslant i<k$ 时，将循环矩阵 $\boldsymbol{G}_i$ 分解成 3 个大小为 $n\times n$ 的 CPM 矩阵 $\boldsymbol{G}_{i,0}$、$\boldsymbol{G}_{i,1}$ 和 $\boldsymbol{G}_{i,2}$。这个分解过程和 6.1 节介绍的 EG 循环矩阵的分解过程一致，只需要将 $\boldsymbol{G}_i$ 的生成式 g_i 分解成 3 个生成式 $g_{i,0}$、$g_{i,1}$ 和 $g_{i,2}$，每个生成式只含有一个 1，根据这 3 个生成式构造 CPM 矩阵。显然，这样构造的 3 个 CPM 矩阵满足 PW－RC 约束条件。根据 $\boldsymbol{G}_{i,0}$、$\boldsymbol{G}_{i,1}$ 和 $\boldsymbol{G}_{i,2}$，可以构造 2 个矩阵，$\boldsymbol{A}_i^0=[\boldsymbol{G}_{i,0}\quad \boldsymbol{G}_{i,1}]$ 和 $\boldsymbol{A}_i^1=[\boldsymbol{G}_{i,0}\quad \boldsymbol{G}_{i,1}\quad \boldsymbol{G}_{i,2}]$，其中 $\boldsymbol{A}_i^0$ 是一个 $n\times 3n$ 的矩阵，其列重为 1，行重为 3。接下来构造 2 个替代集合，$R_{\mathrm{Ham},0}=\boldsymbol{A}_i^0(0\leqslant i<k)$ 和 $R_{\mathrm{Ham},1}=\boldsymbol{A}_i^1(0\leqslant i<k)$，这 2 个替代集合都满足 RC 约束条件和 PW－RC约束条件，可以用来构造 QC－SP－LDPC 码。

令 r 是一个满足 $1\leqslant r\leqslant k$ 的整数，从 $\boldsymbol{G}_0,\boldsymbol{G}_1,\cdots,\boldsymbol{G}_{k-1}$ 中选取 r 个循环矩阵，形成一个满足 RC 约束条件的 $n\times nr$ 的矩阵 $\boldsymbol{B}_{\mathrm{sp}}=[\boldsymbol{G}_0\quad \boldsymbol{G}_1\quad \cdots\quad \boldsymbol{G}_{r-1}]$，该矩阵 $\boldsymbol{B}_{\mathrm{sp}}$ 的列重和行重分别为 3 和 $3r$，可以作为 SP 的基矩阵用来构造 QC－SP－LDPC 码。采用这个基矩阵 $\boldsymbol{B}_{\mathrm{sp}}$ 和替代集合（$R_{\mathrm{Ham},0}$ 或 $R_{\mathrm{Ham},1}$），可以构造出 Tanner 图周长至少为 6 的 SP－QC－LDPC 码。

令 $\boldsymbol{B}_{\mathrm{sp}}=[\boldsymbol{G}_0\quad \boldsymbol{G}_1\quad \cdots\quad \boldsymbol{G}_{r-1}]$ 为 SP 构码法构造 QC－SP－LDPC 码的基矩阵，令所有 $l\times l$ 的二进制 CPM 矩阵为替代集合 R_{cpm} 中的组成矩阵。考虑所有的 CPM 矩阵同时满足 RC 约束条件和 PW－RC 约束条件，因此替代集合 R_{cpm} 也满足 RC 约束条件。基于 $\boldsymbol{B}_{\mathrm{sp}}$ 和 R_{cpm}，可以构造出码长为 nrl、码速率至少为 $(r-1)/r$ 的 QC－LDPC 码，且其 Tanner 图周长至少为 6。对于 $r=2,3,4,\cdots,k$，可以构造一系列码速率为 $1/2,2/3,3/4,\cdots,(k-1)/k$ 的 QC－SP－LDPC 码。

通过以上分析，可以发现基于汉明码的 $m-w$ 个码字，可以同时构造出 SP 构码法的基矩阵和替代集合，用来构造 QC－SP－LDPC 码。

例 6.1　令 $m=5$，考虑一个(31,26)的循环汉明码 $\boldsymbol{C}$，由 GF(2)上的本原多项式 $p(X)=1+X^2+X^5$ 生成。由于 31 是素数，则 $\boldsymbol{C}$ 中每 $m-w$ 个码字是本原元。$\boldsymbol{C}$ 中含有 155 个 $m-w$ 的码字，可以形成 5 个大小为 31×31 的循环矩阵 $\boldsymbol{G}_0$、$\boldsymbol{G}_1$、$\boldsymbol{G}_2$、$\boldsymbol{G}_3$、$\boldsymbol{G}_4$，且每个循环矩阵的列重为 3。将这 5 个循环矩阵分解成 3 个大小为 31×31 的 CPM 矩阵，基于上述 5 组分解后获得的 CPM 矩阵，可以构成一个满足 RC 约束条件的替代集合 $R_{\mathrm{Ham},1}$。替代集合 $R_{\mathrm{Ham},1}$ 中包含的每一个矩阵大小都为 31×93，即每 3 个 CPM 矩阵联合构成该矩阵的一行。基于替代集合 $R_{\mathrm{Ham},1}$ 和一个选定的基矩阵，可以构造一系列 QC－SP－LDPC 码。

如果要构造一个 15×15 的循环矩阵 $\boldsymbol{B}_{\mathrm{sp}}$，其在 GF($2^2$)上采用 15 条不通过原点的二维欧氏几何 EG(2,2^2)线。$\boldsymbol{B}_{\mathrm{sp}}$ 生成式的重为 4，即一个重为 4 的循环矩阵。在 SP 构码法中，可以采用 $\boldsymbol{B}_{\mathrm{sp}}$ 作为基矩阵，$R_{\mathrm{Ham},1}$ 作为替代集合。将 $\boldsymbol{B}_{\mathrm{sp}}$ 中的 1 用替代集合 $R_{\mathrm{Ham},1}$ 中的矩阵代替，可以获得一个 15×45 的阵列 $\boldsymbol{H}_{\mathrm{sp,qc}}(31,31)$，该阵列的每一位由一个 31×31 的 CPM 矩阵或者 ZM 矩阵构成。$\boldsymbol{H}_{\mathrm{sp,qc}}(31,31)$是一个大小为 465×1 359 的矩阵，其列重为 4、行重为 12，$\boldsymbol{H}_{\mathrm{sp,qc}}(31,31)$的零空间是一个(4,12)规则(1 395,937) QC－SP－LDPC 码 $\boldsymbol{C}_{\mathrm{sp,qc,Ham}}$，它的码率为 0.671 7。$\boldsymbol{C}_{\mathrm{sp,qc,Ham}}$ 码 Tanner 图的周长为 6，具有 6 200 个环长为 6 的环和 164 951 个环长为 8 的环。

$\boldsymbol{C}_{\mathrm{sp,qc,Ham}}$ 码在 AWGN 信道下采用 50 次迭代 MSA 译码算法时的 BLER 和 BER 性能曲线如图 6.1(a)所示。从图中可以看到该码性能良好，当 BLER 为 10^{-8} 时，距离 SPB 限为 1.25 dB，该码的译码阈值为 1.95 dB；当 BER 分别为 10^{-5} 和 10^{-9} 时，距离译码阈值分别为 1.0 dB 和1.55 dB。

图 6.1(b)仿真了 $\boldsymbol{C}_{\mathrm{sp,qc,Ham}}$ 码在 BEC 信道下的性能曲线。从图中可以看到当 UEBR 在 10^{-8} 时，其距离香农限为 0.14。

如果将阵列 $\boldsymbol{H}_{\mathrm{sp,qc}}(31,31)$表示成式(4.1)的形式，可以获得一个 31×31 的阵列 $\boldsymbol{H}_{\mathrm{ptg,cyc}}(15,45)$，其每一位对应于一个 15×45 符合 block-wise 循环结构的矩阵。$\boldsymbol{H}_{\mathrm{ptg,cyc}}(15,45)$第一行的组成矩阵的整数和构成了一个 15×45的基矩阵，基于第 4 章提到的代数构码方法，可以选择任意一种分解因子，可以获得一组 QC－PTG－LDPC 码。

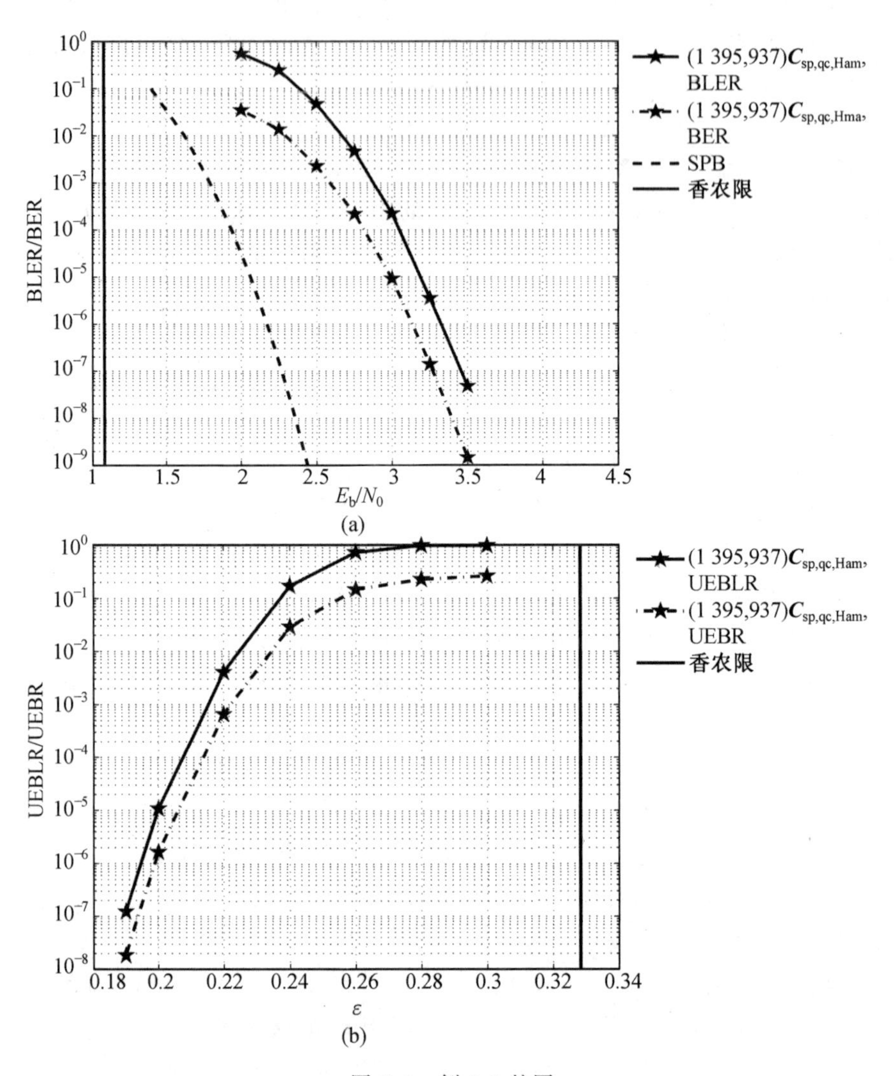

图 6.1　例 6.1 的图

例 6.2　在例 6.1 中,采用(31,26)的循环汉明码 $\boldsymbol{C}$ 构造 SP 构码法所需要的替代集合,并利用欧氏几何构造相应的基矩阵。假设根据 $\boldsymbol{C}$ 中 $m-w$ 个码字,构造 5 个 31×31 的循环矩阵 $\boldsymbol{G}_0$、$\boldsymbol{G}_1$、$\boldsymbol{G}_2$、$\boldsymbol{G}_3$、$\boldsymbol{G}_4$,并选取其中的 1 个循环矩阵作为基矩阵,定义为 $\boldsymbol{B}_{\mathrm{sp,Ham}}$;采用例 6.1 相同的替代集合 $R_{\mathrm{Ham},1}$,用 $R_{\mathrm{Ham},1}$ 中的矩阵代替 $\boldsymbol{B}_{\mathrm{sp,Ham}}$ 中的 1,获得 31×93 的阵列 $\boldsymbol{H}_{\mathrm{sp,qc}}(31,31)$,其中 CPM 矩阵和 ZM 矩阵的大小为 31×31。因此,$\boldsymbol{H}_{\mathrm{sp,qc}}(31,31)$是列重和行重分别为 3 和 9 的 961×2 883 矩阵。

$\boldsymbol{H}_{\mathrm{sp,qc}}(31,31)$的零空间是一个(3,9)规则(2 883, 1 927)QC－SP－

LDPC 码 $\boldsymbol{C}_{\mathrm{sp,qc,Ham}}$，其码率为 0.668 4。$\boldsymbol{C}_{\mathrm{sp,qc,Ham}}$ 码的周长为 6，含有 2 387 个环长为 6 的环和 20 088 个周长为 8 的环。

在 AWGN 信道下，采用 50 次迭代 MSA 译码算法时的 BER 和 BLER 性能曲线如图 6.2(a)所示。从图中可以看到当 BLER 为 10^{-4} 时，该码距离 SPB 限 1.0 dB，当 BER 为 10^{-5} 时，距离香农限 1.4。在 BEC 信道的仿真结果如图 6.2(b)所示，当 UEBR 为 10^{-7} 时，其性能距离香农限 0.1。

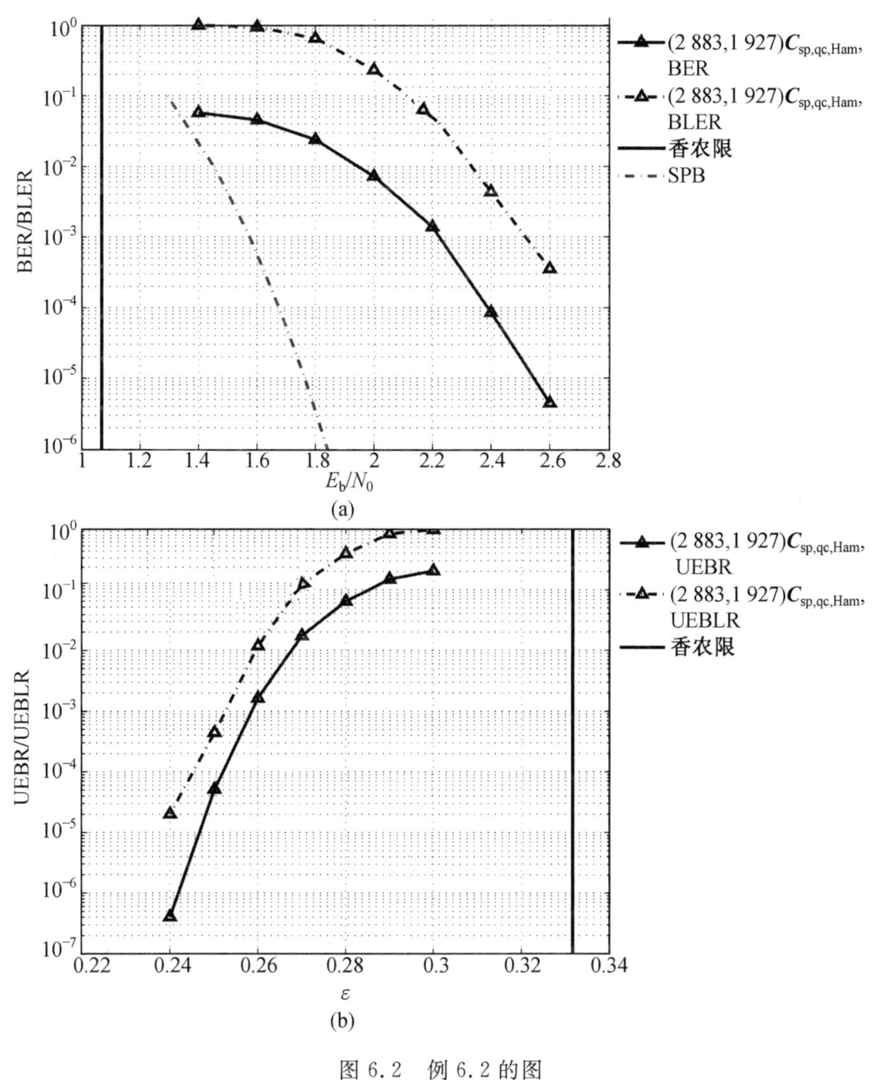

图 6.2　例 6.2 的图

也可以通过汉明码的循环矩阵 $\boldsymbol{G}_0,\boldsymbol{G}_1,\cdots,\boldsymbol{G}_{k-1}$ 来构造 SP 基矩阵，将这 k 个循环矩阵 $\boldsymbol{G}_0,\boldsymbol{G}_1,\cdots,\boldsymbol{G}_{k-1}$ 构造一个 $k\times1$ 的列矩阵：

$$\boldsymbol{G}_{\mathrm{Ham}}=\begin{bmatrix}\boldsymbol{G}_0\\\boldsymbol{G}_1\\\vdots\\\boldsymbol{G}_{k-1}\end{bmatrix}\tag{6.1}$$

$\boldsymbol{G}_0,\boldsymbol{G}_1,\cdots,\boldsymbol{G}_{k-1}$ 同时满足 RC 约束条件和 PW－RC 约束条件，因此 $\boldsymbol{G}_{\mathrm{Ham}}$ 满足 RC 约束条件。当 $0\leqslant i<k$ 时，将 $\boldsymbol{G}_i$ 分解成 3 个大小为 $n\times n$ 的 CPM 矩阵 $\boldsymbol{G}_{i,0}$、$\boldsymbol{G}_{i,1}$ 和 $\boldsymbol{G}_{i,2}$，构造一个 $k\times3$ 的阵列 $\boldsymbol{H}_{\mathrm{Ham}}(n,n)$，其每一位对应的 CPM 矩阵大小为 $n\times n$，表示为

$$\boldsymbol{H}_{\mathrm{Ham}}(n,n)=\begin{bmatrix}\boldsymbol{G}_{0,0}&\boldsymbol{G}_{0,1}&\boldsymbol{G}_{0,2}\\\boldsymbol{G}_{1,0}&\boldsymbol{G}_{1,1}&\boldsymbol{G}_{1,2}\\\vdots&\vdots&\vdots\\\boldsymbol{G}_{k-1,0}&\boldsymbol{G}_{k-1,1}&\boldsymbol{G}_{k-1,2}\end{bmatrix}\tag{6.2}$$

显然，$\boldsymbol{H}_{\mathrm{Ham}}(n,n)$ 满足 RC 约束条件，$\boldsymbol{H}_{\mathrm{Ham}}(n,n)$ 任何一个子阵列可以作为 SP 构码法的一个基矩阵。对 $\boldsymbol{H}_{\mathrm{Ham}}(n,n)$ 求转置，可以获得一个 $3\times k$ 且同样满足 RC 约束条件的阵列 $\boldsymbol{H}^*_{\mathrm{Ham}}(n,n)$，表示为

$$\boldsymbol{H}^*_{\mathrm{Ham}}(n,n)=\begin{bmatrix}\boldsymbol{G}_{0,0}&\boldsymbol{G}_{1,0}&\cdots&\boldsymbol{G}_{k-1,0}\\\boldsymbol{G}_{0,1}&\boldsymbol{G}_{1,1}&\cdots&\boldsymbol{G}_{k-1,1}\\\boldsymbol{G}_{0,2}&\boldsymbol{G}_{1,2}&\cdots&\boldsymbol{G}_{k-1,2}\end{bmatrix}\tag{6.3}$$

$\boldsymbol{H}^*_{\mathrm{Ham}}(n,n)$ 的任意一个子阵列也可以用来构造 SP 构码法的基矩阵。

当 $4\leqslant l<k$ 时，如果在 $\boldsymbol{H}^*_{\mathrm{Ham}}(n,n)$ 选择一个 $3\times l$ 的子阵列，则其零空间对应一个长度为 ln 的 $(3,l)$ 规则 QC－SP－LDPC 码，该码的码速率至少为 $(l-3)/l$，且其 Tanner 图周长至少为 6；当 $l=4,5,6,\cdots,k$ 时，可以构造一系列码速率为 $1/4,2/5,1/2,\cdots,(k-3)/k$ 的规则 QC－SP－LDPC 码字。

6.3 基于 EG$(m,2)$构造满足 RC 约束条件的替代集合

对于任意一个 $m\geqslant2$ 的正整数，基于 GF(2)上的 m 维欧氏几何 EG$(m,2)$ 可以构造满足 RC 约束条件的替代集合。EG$(m,2)$ 含有 $(2^{m-1}-1)\times(2^m-1)$ 条不通过原点的线[74,97]，每条线上含有 2 个点。基于这些线的关联矢量，可以获得 $2^{m-1}-1$ 个大小为 $(2^m-1)\times(2^m-1)$ 且重为 2 的循环矩阵，定义为 $\boldsymbol{G}_0,\boldsymbol{G}_1,\cdots,\boldsymbol{G}_{s-1}$ $(s=2^{m-1}-1)$。EG$(m,2)$ 上两条线或者平行只

存在一个交点，因此这些循环矩阵满足 RC 约束条件和 PW－RC 约束条件，可以作为 SP 构码法的替代集合。进一步分析，$\boldsymbol{G}_0,\boldsymbol{G}_1,\cdots,\boldsymbol{G}_{s-1}$ 的任意一个子集可以被放成一行(或一列)，作为 SP 构码法的基矩阵 $\boldsymbol{B}_{sp}$。

如果将 $\boldsymbol{G}_0,\boldsymbol{G}_1,\cdots,\boldsymbol{G}_{s-1}$ 中每个循环矩阵分解为两个大小为$(2^m-1)\times(2^m-1)$的 CPM 矩阵，然后将这两个 CPM 矩阵放到一行，形成一个大小为$(2^m-1)\times 2(2^m-1)$的矩阵，就得到 $2^{m-1}-1$ 个大小为$(2^m-1)\times 2(2^m-1)$的矩阵。这些矩阵同时满足 RC 约束条件和 PW－RC 约束条件。因此它们也可以作为 SP 构码法的替代集合或者基矩阵，用来构造 QC－SP－LDPC 码。

例 6.3　对于一个 EG(5,2)，其含有 465 条不通过原点的线，可以构造 15 个满足 RC 约束条件和 PW－RC 约束条件的 31×31 的循环矩阵 $\boldsymbol{G}_0,\boldsymbol{G}_1,\cdots,\boldsymbol{G}_{14}$。根据 15 个重为 2 的循环矩阵，可以获得 SP 构码法的替代集合以及基矩阵。

根据 $\boldsymbol{G}_0$ 和 $\boldsymbol{G}_1$ 可以形成一个列重和行重分别为 2 和 4 的 31×62 的基矩阵 $\boldsymbol{B}_{sp}$，然后将 $\boldsymbol{G}_0,\boldsymbol{G}_1,\cdots,\boldsymbol{G}_{14}$ 作为替代集合替换基矩阵 $\boldsymbol{B}_{sp}$ 中的 1；并获得一个满足 RC 约束条件的 31×62 阵列 $\boldsymbol{H}_{sp,qc}(31,31)$，它的每一位是由大小为 31×31 的循环矩阵构成，因此 $\boldsymbol{H}_{sp,qc}(31,31)$是一个列重和行重为 4 和 8 的 $961\times 1\ 922$ 矩阵，其相应零空间为一个(4,8)规则(1 922,997) QC－SP－LDPC 码，且其 Tanner 图周长为 6。根据文献[71]中环计算方法，可以看到其 Tanner 图周长为 6，且包含 7 595 个环长为 6 的环和 107 260个环长为 8 的环。

在 AWGN 信道下，采用 50 次迭代 MSA 译码算法获得 BER 和 BLER 曲线如图 6.3(a)所示；在 BEC 信道下，UEBR 和 UEBLR 的性能如图 6.3(b)所示。当 BLER 为 10^{-5}时，该码的性能距离 SPB 限的距离为2.4 dB；当 UEBR 为 10^{-7}时，距离香农限为 0.17。

当 m 很大时，会有大量重为 2 的循环矩阵满足 RC 约束条件和 PW－RC 约束条件，用来构造 SP 构码法的替代集合。这些重为 2 的循环矩阵分解成两个重为 1 的循环矩阵(CPM)，通过对重为 2 和重为 1 的循环矩阵进行排列组合，可以构造 SP 构码法需要不同码重的替代集合和基矩阵。

GF(2)上 m 维欧氏几何 EG(m,2)可以应用于构造 Reed-Muller(RM)码，且构造出的 RM 码具有很好的格型结构[74,89,75]，采用 BCJR 或者 MAP 译码算法可以获得非常好的误码率性能[75, 89, 4]。目前研究结果显示，RM 码可以达到 BEC 信道的信道容量[61]。

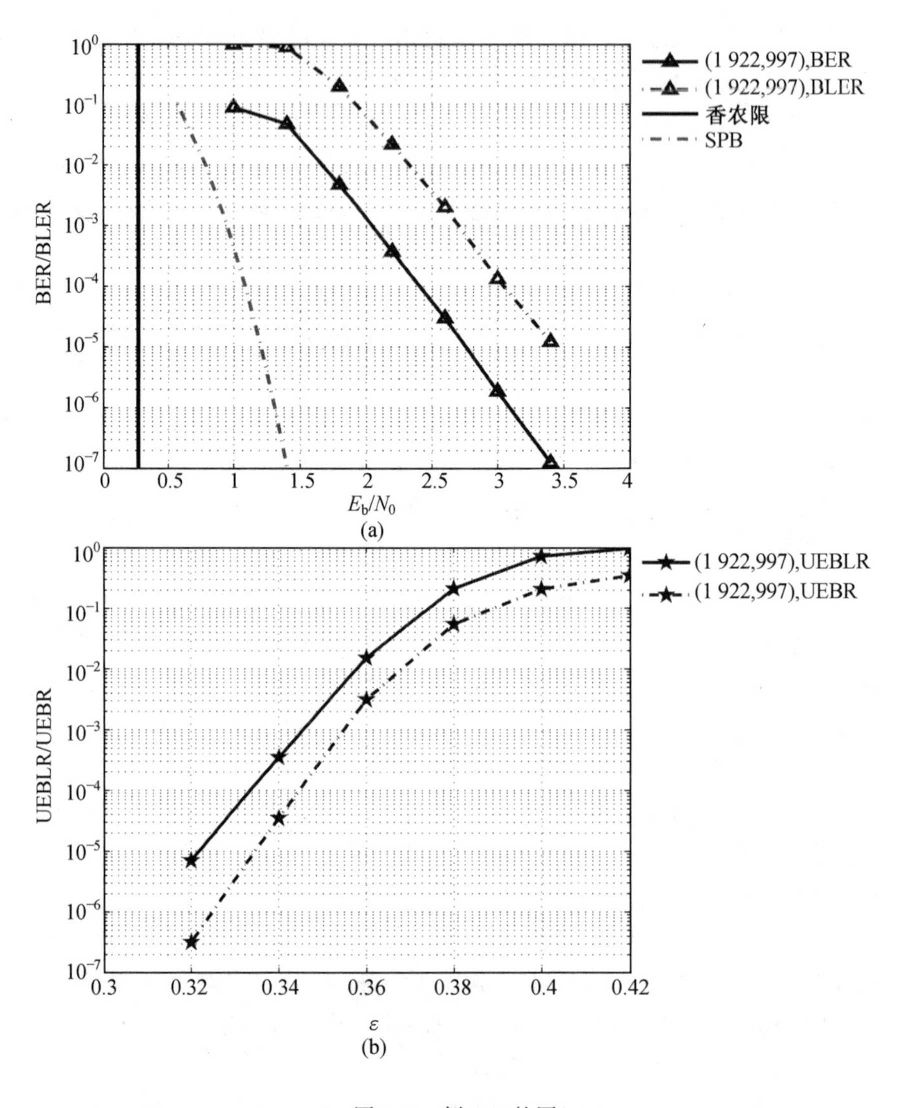

图 6.3　例 6.3 的图

6.4　基于 CPM 阵列构造满足 RC 约束条件的替代集合

SP 构码法需要的替代集合可以通过分解一个符合 RC 约束条件的 CPM 阵列获得。

令 $\boldsymbol{H}_{\mathrm{qc}}(l,l)$ 是一个 $m\times n$ 且满足 RC 约束条件的阵列，其每一位对应一个大小为 $l\times l$ 的 CPM 矩阵，故 $\boldsymbol{H}_{\mathrm{qc}}(l,l)$ 含有 m 个行扩展的矩阵，定义

为 $\boldsymbol{A}_0,\boldsymbol{A}_1,\cdots,\boldsymbol{A}_{m-1}$，每个矩阵的行扩展由 n 个大小为 $l\times l$ 的 CPM 矩阵构成，这些矩阵的行扩展是 $l\times ln$ 的矩阵且列重为 1，因此它们满足 RC 约束条件。如果将任意两个矩阵的行扩展组成一个新矩阵的行扩展，就可以获得一个列重为 1 的 $l\times 2ln$ 的矩阵且满足 RC 约束条件。即使这两个矩阵的行扩展相同，它们组成一个新矩阵的行扩展仍然可以满足 RC 约束条件。如果将这 m 行中任意两行组成一列，可以获得 $\boldsymbol{H}_{\mathrm{qc}}(l,l)$ 的一个 $2\times n$ 的子阵列，由于 $\boldsymbol{H}_{\mathrm{qc}}(l,l)$ 满足 RC 约束条件，其子阵列也必定满足 RC 约束条件。当 $1\leqslant k<m$ 时，$\boldsymbol{H}_{\mathrm{qc}}(l,l)$ 任意一个 $k\times n$ 的子阵列满足 RC 约束条件，因此集合 $R=\{\boldsymbol{A}_0,\boldsymbol{A}_1,\cdots,\boldsymbol{A}_{m-1}\}$ 可以组成一个满足 RC 约束的替代集合。对于 SP 构码法，如果其基矩阵 $\boldsymbol{B}_{\mathrm{sp}}$ 满足 RC 约束条件，将 $\boldsymbol{B}_{\mathrm{sp}}$ 中每一列的 1 用 R 中不同矩阵来替换，得到的 QC－SP－LDPC 码的 Tanner 图周长至少为 6。

构造满足 RC 约束条件的 CPM 阵列可以阅读文献[35，3，101，112，64，65，50，113，114，46，70，68]。6.1 节已经指出一个满足 RC 约束条件的 $(q+1)\times(q+1)$ 阵列 $\boldsymbol{H}_{\mathrm{EG}}$，其每一位相应的 CPM 矩阵和 ZM 矩阵大小为 $(q-1)\times(q-1)$，可以通过 GF(q)上不通过原点的二维欧氏几何 EG(2,q)构造[46,26]（附录 A）。该阵列含有 $q+1$ 个 ZM 矩阵，可以将 $q+1$ 个 ZM 矩阵放在 $\boldsymbol{H}_{\mathrm{EG}}$ 的主对角线上。因此，当 $1\leqslant m$、$n\leqslant q+1$ 时，$\boldsymbol{H}_{\mathrm{EG}}$ 任意一个不为零的大小为 $m\times n$ 的子阵列 $\boldsymbol{H}_{\mathrm{EG}}(q-1,q-1)$，可以用来构造一个满足 RC 约束条件的替代集合，该集合由 m 个大小为 $(q-1)\times(q-1)$ 的矩阵组成，附录 A 将介绍两种基于有限几何构造 CPM 矩阵的方法。

式(6.2)给出基于 $m-w$ 个汉明码的码字构造的 $\boldsymbol{H}_{\mathrm{Ham}}$，也可以用来构造上述符合 RC 约束条件的替代集合。

另外一个构造符合 RC 约束条件的 CPM 矩阵和 ZM 阵列的方法是基于拉丁矩阵[73, 113]。一个阶为 q 的 $q\times q$ 的拉丁矩阵，不同元素在同一行或同一列里只出现一次[73]。文献[113]给出在有限域 GF(q)上，如何构造一个阶为 q 的拉丁矩阵。令 GF(q)的本原元为 α，因此，$\alpha^{-\infty}=0$，$\alpha^0=1$，则 α，$\alpha^2,\cdots,\alpha^{q-2}$ 组成 GF(q)的全部 q 个元素。令 η 是 GF(q)的一个非零元素，在 GF(q)上可以构造一个 q 阶的 $q\times q$ 的拉丁矩阵 $\boldsymbol{L}=[\eta\alpha^i-\alpha^j]$，它的行号 i 和列号 j 的取值范围为 $-\infty,0,1,\cdots,q-2$。如果将 $\boldsymbol{L}$ 上每个非零位置对应一个 $(q-1)\times(q-1)$ 的 CPM 矩阵（见 2.1 节），每一个零位置分解为一个 $(q-1)\times(q-1)$ 的 ZM 矩阵，则可以获得一个满足 RC 约束条件的

$q\times q$ 的 $\boldsymbol{H}_{\mathrm{Lat}}$阵列，其每一位对应大小为$(q-1)\times(q-1)$的 CPM 矩阵或 ZM 矩阵[113]，$\boldsymbol{H}_{\mathrm{Lat}}$的下角标“Lat”是拉丁矩阵的缩写。$\boldsymbol{H}_{\mathrm{Lat}}$里有 q 个 ZM 矩阵，如果令 $\eta=1$，这 q 个 ZM 矩阵正好落到 $\boldsymbol{H}_{\mathrm{Lat}}$的主对角线上；当 $1\leqslant m$、$n\leqslant q$时，从 $\boldsymbol{H}_{\mathrm{Lat}}$中选取一个 $m\times n$ 的子阵列(避免选取到零矩阵)，可以用来构造一个满足 RC 约束条件的替代集合，该替代集合包含 m 个大小为$(q-1)\times n(q-1)$的组成矩阵。

例 6.4 在 GF(2^5)上构造一个拉丁矩阵，可以获得一个 32×32 且满足 RC 约束条件的阵列 $\boldsymbol{H}_{\mathrm{Lat}}$，其 CPM 矩阵和 ZM 矩阵的大小为 31×31，其中 32 个 ZM 矩阵放置在 $\boldsymbol{H}_{\mathrm{Lat}}$的主对角线上。在 $\boldsymbol{H}_{\mathrm{Lat}}$上选取一个 29×3 的子阵列，且该子阵列不包含 ZM 矩阵，该子阵列可以构造满足 RC 约束条件的替代集合 R_{Lat}，该集合包含 29 个大小为 31×93 的矩阵，且其列重和行重为 1 和 3。

例 6.1 中基矩阵 $\boldsymbol{B}_{\mathrm{sp}}$是一个 15×15 且重为 4 的循环矩阵，可以通过 GF(2^2)上欧氏几何 EG($2,2^2$)构造。将该基矩阵 $\boldsymbol{B}_{\mathrm{sp}}$上每一列 1 的位置用 R_{Lat}集合中任意 4 个矩阵来替代，获得一个 15×45 满足 RC 约束条件的阵列 $\boldsymbol{H}_{\mathrm{sp,qc,Lat}}(31,31)$，其每一位对应的 CPM 矩阵和 ZM 矩阵的大小为 31×31。$\boldsymbol{H}_{\mathrm{sp,qc,Lat}}(31,31)$是一个列重和行重分别为 4 和 12 的 465×1 395 的矩阵，故 $\boldsymbol{H}_{\mathrm{sp,qc,Lat}}(31,31)$的零空间对应一个(4,12)规则(1 395，937)QC－SP－LDPC 码 $\boldsymbol{C}_{\mathrm{sp,qc,Lat}}$，其速率为 0.671 7，并且其 Tanner 图的周长为 6，包含 6 200 个环长为 6 的环以及 164 951 个环长为 8 的环。

在 AWGN 信道下，采用 50 次迭代 MSA 译码算法，该码的 BLER 和 BER 曲线如图 6.4(a)所示；BEC 信道下的性能曲线如图 6.4(b)所示。$\boldsymbol{C}_{\mathrm{sp,qc,Lat}}$码与例 6.1 构造的 $\boldsymbol{C}_{\mathrm{sp,qc,Ham}}$码具有相同的长度、维度和速率，但是结构不同。从图 6.1 和图 6.4 可以看出，这两个码的性能几乎相同。

例 6.5 基于例 6.4 的基矩阵 $\boldsymbol{B}_{\mathrm{sp}}$和满足 RC 约束条件的 32×32 阵列 $\boldsymbol{H}_{\mathrm{Lat}}$，通过选择不同的 m 和 n 值构造一系列不同码长和不同码速率的 QC－SP－LDPC 码(假设 $m\times n$ 的子阵列中不包含 ZM 矩阵)。LDPC 码的设计参数包括码长、维度、码率、行重和列重以及环分布(表 6.1)。在 AWGN 信道下，采用 50 次迭代 MSA 译码算法构造的 LDPC 码的 BER 性能曲线如图 6.5 所示。从图中可以看到，当 BER 在 10^{-9}或 10^{-10}时，所构码不存在误码平层。

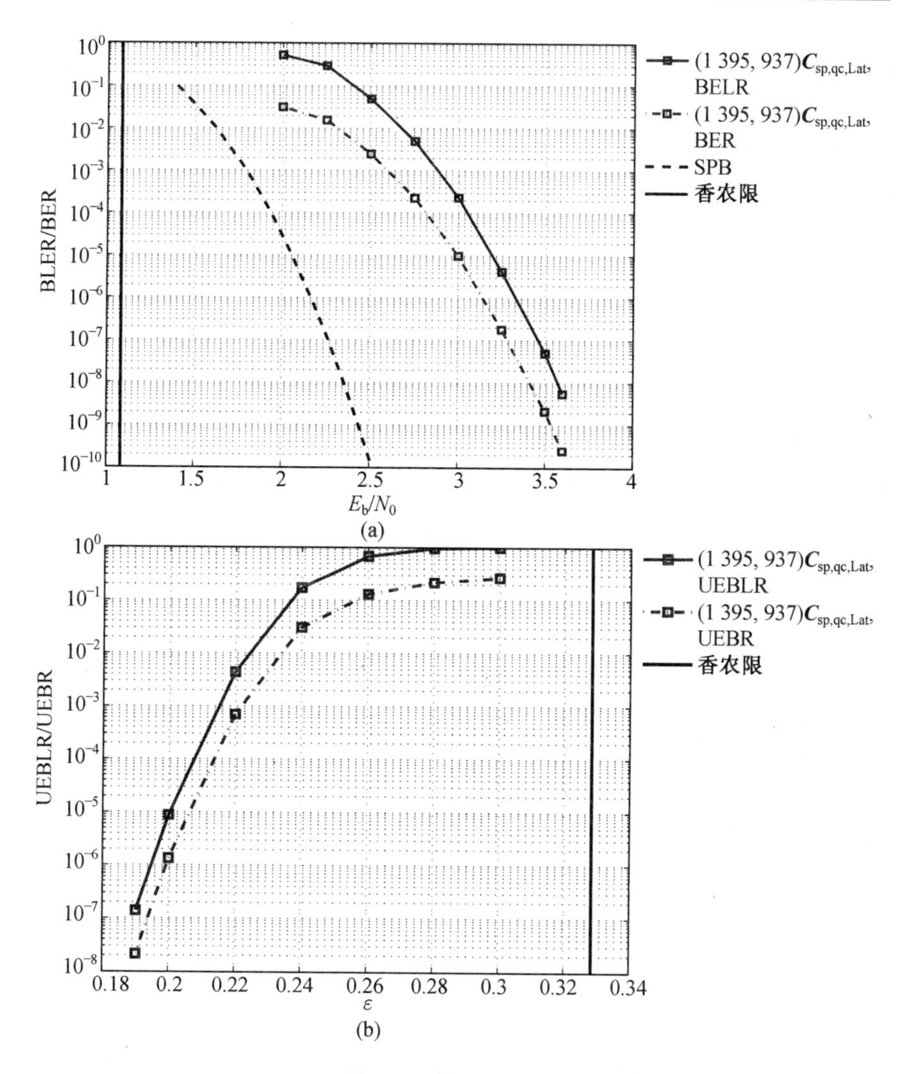

图 6.4　例 6.4 的图

表 6.1　例 6.5 中构造的 QC－SP－LDPC 码的参数设置

码率	$m\times n$	长度，维度	码率	(w_c, w_r)	周长	环长为 6 的环的数量	环长为 8 的环的数量
$\boldsymbol{C}_0$	30×2	(930,472)	0.507 5	(4,8)	6	1 736	25 668
$\boldsymbol{C}_1$	29×3	(1 395,976)	0.671 5	(4,12)	6	5 888	151 552
$\boldsymbol{C}_2$	28×4	(1 860,1 402)	0.753 9	(4,16)	6	15 252	526 318
$\boldsymbol{C}_3$	27×5	(2 325,1 867)	0.803 0	(4,20)	6	30 721	1 345 927

续表6.1

码率	$m\times n$	长度,维度	码率	(w_c,w_r)	周长	环长为 6 的环的数量	环长为 8 的环的数量
$\boldsymbol{C}_4$	26×6	(2 790,2 332)	0.835 8	(4,24)	6	53 320	2 903 553
$\boldsymbol{C}_5$	25×7	(3 255,2 797)	0.856 9	(4,28)	6	86 304	5 469 175
$\boldsymbol{C}_6$	24×8	(3 720,3 262)	0.876 9	(4,32)	6	128 774	9 535 817
$\boldsymbol{C}_7$	23×9	(4 185,3 727)	0.890 6	(4,36)	6	185 535	15 491 010
$\boldsymbol{C}_8$	22×10	(4 650,4 192)	0.901 5	(4,40)	6	256 886	23 901 310
$\boldsymbol{C}_9$	17×15	(6 975,6 517)	0.934 3	(4,60)	6	881 144	125 243 782
$\boldsymbol{C}_{10}$	12×20	(9 300,8 842)	0.950 8	(4,80)	6	2 113 673	402 691 271

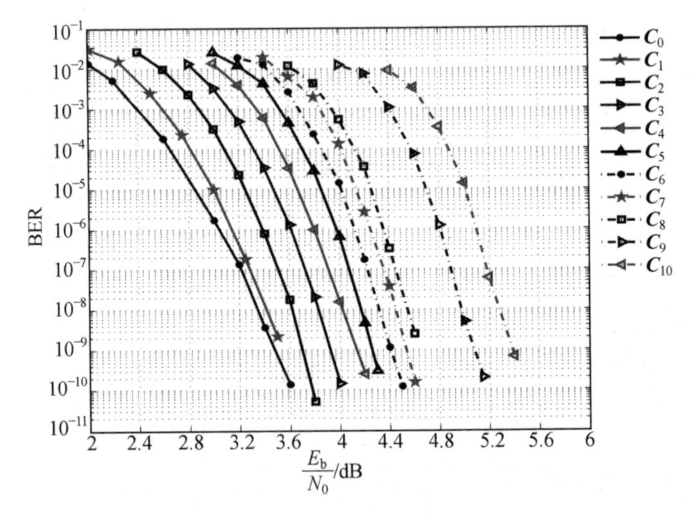

图 6.5　AWGN 信道下,QC－SP－LDPC 码的 BER 性能曲线

在上述构造满足 RC 约束条件的替代集合 R 的过程中,添加了一个约定,即 $m\times n$ 的阵列 $\boldsymbol{H}_{qc}(l,l)$ 中并不含有 ZM 矩阵,因此 R 集合中矩阵的列重和行重分别为 1 和 n。实际上,该约定并不是必要的,R 集合中矩阵可以含有 ZM 矩阵,将 R 代入基矩阵中就会获得不规则阵列,比如一个矩阵含有多个列重或多个行重。一个不规则 LDPC 码的列重和行重分布设计合理时,会具有非常好的瀑布般的收敛速度。

例 6.6　在例 6.4 中选择一个 32×3 的子矩阵,并用它来构造一个满足 RC 约束条件的替代集合 R_{Lat}。该集合 R_{Lat} 含有 32 个大小为 31×93 的矩阵,其中 3 个矩阵含有 2 个列重(0 和 1),且行重固定为 2,另外 29 个矩阵具有固定列重为 1 和行重大小为 3。根据集合 R_{Lat} 以及基矩阵 $\boldsymbol{B}_{\mathrm{sp}}$，可以构造一个不规则的 15×45 且符合 RC 约束条件的阵列 $\boldsymbol{H}^{*}_{\mathrm{sp,qc,Lat}}(31,31)$，其 CPM 矩阵和 ZM 矩阵的大小仍为 31×31。该阵列 $\boldsymbol{H}^{*}_{\mathrm{sp,qc,Lat}}(31,31)$ 含有 155 个列重为 3 的列，1 240 个列重为 4 的列，以及 31 个行重为 10 的行、93 个行重为 11 的行和 341 个行重为 12 的行。$\boldsymbol{H}^{*}_{\mathrm{sp,qc,Lat}}(31,31)$ 的零空间是一个非规则(1 395, 932)QC－SP－LDPC 码 $\boldsymbol{C}^{*}_{\mathrm{sp,qc,Lat}}$，其码率为 0.668 1。$\boldsymbol{C}^{*}_{\mathrm{sp,qc,Lat}}$ 的码率略低于例 6.4 构造的(1 395, 937)$\boldsymbol{C}_{\mathrm{sp,qc,Lat}}$ 码。

在 AWGN 信道下，采用 50 次迭代 MSA 译码算法时的 BER 曲线，如图 6.6(a)所示；BEC 信道下的仿真曲线如图 6.6(b)所示。从图中可以看到，$\boldsymbol{C}^{*}_{\mathrm{sp,qc,Lat}}$ 在 AWGN 信道和 BEC 信道中都具有良好的性能曲线。

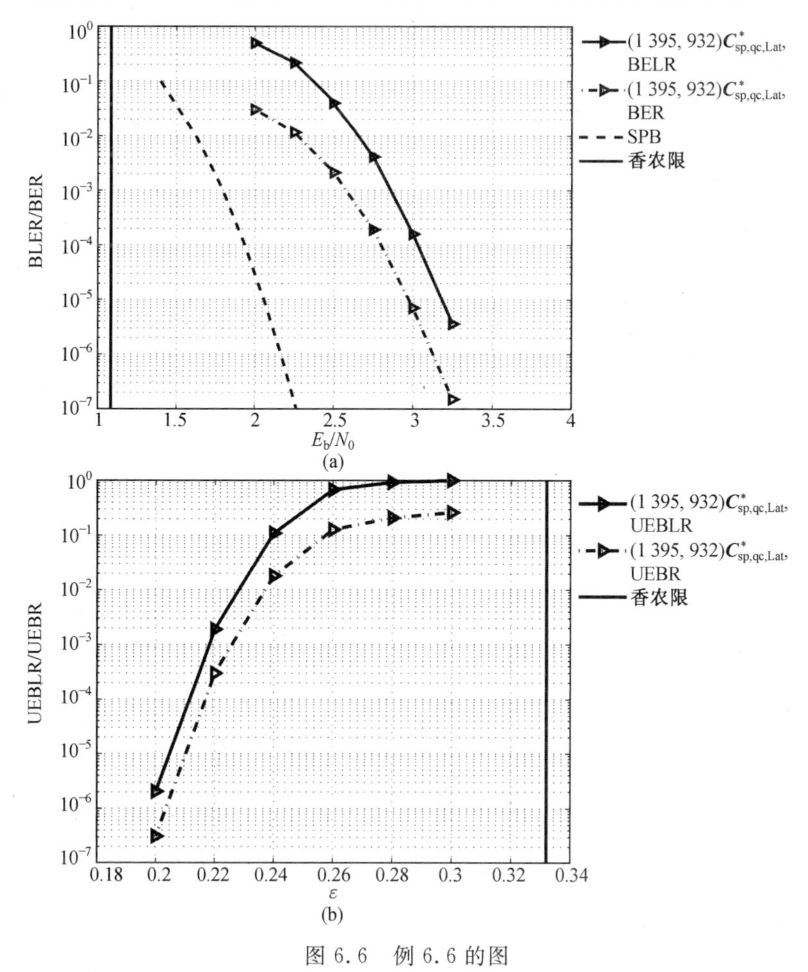

图 6.6　例 6.6 的图

基于 SP 构码法构造的不规则 QC－SP－LDPC 码，首先根据需要的列重和行重分布设计一个基矩阵，也可以根据该基矩阵 Tanner 图的 VN 节点和 CN 节点的度分布来设计；之后设计一个满足 RC 约束条件的替代集合 R，该集合中的矩阵具有同样的行重和列重；接下来，将基矩阵中 1 的位置用 R 中的矩阵来替代。将矩阵代替基矩阵中 1 的过程，会生成一个和基矩阵具有同样列重和行重的新阵列。例 6.7 用该方法构造一个非规则 QC－SP－LDPC 码。

例 6.7 已知 VN 节点和 CN 节点的度分布分别为 $\gamma(X)=0.25X+0.625X^2+0.125X^8$ 和 $\rho(X)=0.0451X^3+0.1076X^4+0.2257X^5+0.1597X^6+0.3611X^7+0.0868X^8+0.0139X^9$，用来构造一个码率为 1/2 的非规则 QC－SP－LDPC 码。

根据二维欧氏几何 EG(2,17)不通过原点的线，可以构造一个重为 17 的 288×288 且满足 RC 约束条件的循环矩阵 $\boldsymbol{G}_{EG}$。结合上述 VN 节点和 CN 节点的度分布情况可以构造一个 288×576 的基矩阵 $\boldsymbol{B}_{sp}$，即 VN 节点和 CN 节点度分布分别满足 $\gamma(X)$和 $\rho(X)$。构造基矩阵 $\boldsymbol{B}_{sp}$的过程是将循环矩阵 $\boldsymbol{G}_{EG}$分解成 4 个子循环矩阵 $\boldsymbol{G}_0$、$\boldsymbol{G}_1$、$\boldsymbol{G}_2$ 和 $\boldsymbol{G}_3$，它们的重分别为 2、3、3 和 9，分解过程参考 6.1 节。子矩阵 $\boldsymbol{G}_0$、$\boldsymbol{G}_1$、$\boldsymbol{G}_2$ 和 $\boldsymbol{G}_3$ 同时满足 RC 约束条件和 PW－RC 约束条件，因此基矩阵 $\boldsymbol{B}_{sp}$是由一个 $\boldsymbol{G}_0$ 的 288×144 的子矩阵(取 $\boldsymbol{G}_1$ 前 144 列)、一个 $\boldsymbol{G}_1$ 矩阵、一个 $\boldsymbol{G}_2$ 的 288×72 的子矩阵(取 $\boldsymbol{G}_2$ 前 72 列)以及一个 $\boldsymbol{G}_3$ 的 288×72 的子矩阵(取 $\boldsymbol{G}_3$ 前 72 列)构成。此时 288×576 基矩阵 $\boldsymbol{B}_{sp}$的 Tanner 图的 VN 节点和 CN 节点度分布满足 $\gamma(X)$和 $\rho(X)$条件，基矩阵 $\boldsymbol{B}_{sp}$的行重和列重的分布情况见表 6.2。由于 $\boldsymbol{G}_0$、$\boldsymbol{G}_1$、$\boldsymbol{G}_2$ 和 $\boldsymbol{G}_3$ 同时满足 RC 约束条件和 PW－RC 约束条件，基矩阵 $\boldsymbol{B}_{sp}$也同时满足 RC 约束条件和 PW－RC 约束条件，此时基矩阵 Tanner 图周长至少为 6。根据文献[71]中给出的环计算方法，可以得到该基矩阵 $\boldsymbol{B}_{sp}$ 的 Tanner 图周长为 6，且含有 2 937 个环长为 6 的环。

根据 GF(2^4)上的拉丁矩阵，可以构造一个 16×16 的阵列 $\boldsymbol{H}_{Lat}$，其 CPM 矩阵和 ZM 矩阵的大小为 15×15 且满足 RC 约束条件。在 $\boldsymbol{H}_{Lat}$选取一个 15×1 的子阵列，即选取 $\boldsymbol{H}_{Lat}$中不是全零的某一列。基于该子阵列，可以构造一个满足 RC 约束条件的替代集合 R_{Lat}，该集合由 15 个大小为 15×15的 CPM 矩阵组成。基于上述不规则基矩阵 $\boldsymbol{B}_{sp}$和替代集合 R_{Lat}，采用 SP 构码法，就可以构造出一个不规则的 288×576 的阵列 $\boldsymbol{H}_{sp,qc,Lat}(15,15)$，其 CPM 矩阵和 ZM 矩阵的大小为 15×15。在 GF(2)上，$\boldsymbol{H}_{sp,qc,Lat}(15,15)$是一个 4 320×8 640 的矩阵，其 Tanner 图与其基矩阵 $\boldsymbol{B}_{sp}$满足一样的

节点度分布，即 $\gamma(X)$ 和 $\rho(X)$。

表 6.2　例 6.7 中基矩阵 $\boldsymbol{B}_{sp}$ 的行重和列重分布情况

列重分布		行重分布	
列重	列数	行重	行数
2	144	4	13
3	360	5	31
9	72	6	65
		7	46
		8	104
		9	25
		10	4

$\boldsymbol{H}_{sp,qc,Lat}(15,15)$ 的零空间对应一个非规则(8 640，4 320)的 QC－SP－LDPC码 $\boldsymbol{C}_{sp,qc,Lat}$，码率为 0.5，该码的译码阈值是 0.65 dB。在 AWGN 信道下，采用 50 次迭代 MSA 译码算法的 BER 和 BLER 性能曲线如图 6.7(a) 所示。当 BER 为 10^{-5} 和 10^{-8} 时，距离译码阈值分别为 0.81 dB和1.11 dB；当 BLER 为 10^{-6}时，该码距离 SPB 限 1.1 dB；当 BER 为 10^{-8}时，该码距离香农限 1.6。

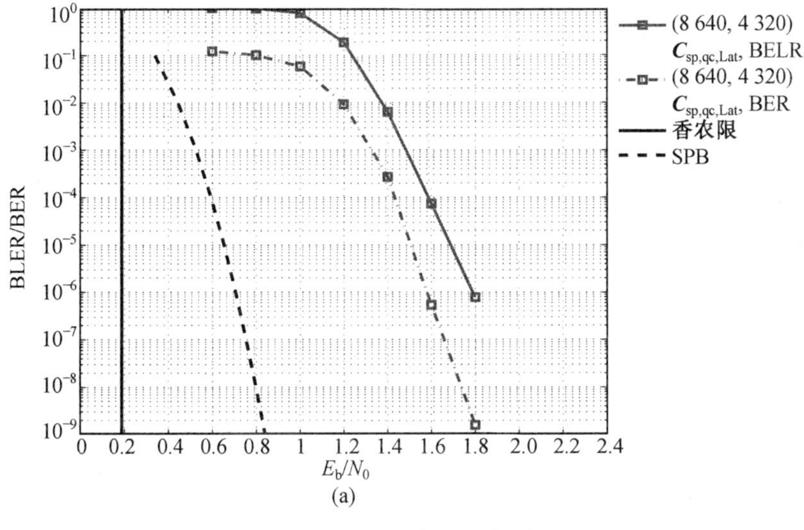

(a)

图 6.7　例 6.7 的图

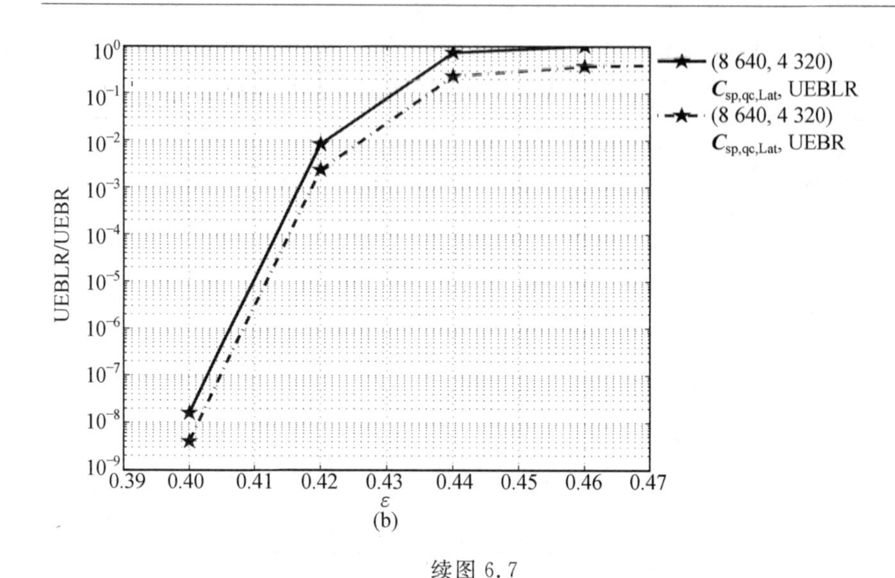

续图 6.7

该码在 BEC 信道的 UEBR 和 UEBLR 性能曲线如图 6.7(b)所示。当 UEBR 为 10^{-8}时,该码距离香农限 0.1。

6.5 小结与展望

本章主要基于有限域和有限几何,给出满足 RC 约束条件构造基矩阵和替代集合的方法。除此之外,采用某些组合设计,比如拉丁矩阵、BIBD 也可以用来构造满足 RC 约束条件的基矩阵和替代集合。第 7 章将介绍在有限域 GF(q)上构造拉丁矩阵,然后将该拉丁矩阵进行 CPM 矩阵展开,得到一个满足 RC 约束条件的阵列 $\boldsymbol{H}_{\text{Lat}}$,其 CPM 矩阵和 ZM 矩阵的大小为$(q-1)\times(q-1)$。基于阵列 $\boldsymbol{H}_{\text{Lat}}$ 可以构造满足 RC 约束条件的基矩阵和替代集合,然后基于 SP 构码法构造 QC－SP－LDPC 码,而 $\boldsymbol{H}_{\text{Lat}}$ 的零空间对应 QC－LDPC 码的 Tanner 图周长至少为 6。文献[113]论述了基于拉丁矩阵构造 QC－LDPC 码的方法,并且这些 QC－LDPC 码具有非常好的陷阱集结构[46]。

令 $X=\{x_0,x_1,\cdots,x_{\theta-1}\}$是含有 θ 个元素的集合,令 $X_0,X_1,\cdots,X_{b-1}$ 为 X 上 b 个不同的子集合,这些子集合形成一个 BIBD,定义为 B,满足以下条件[21,98]。

(1)当 $0\leqslant j<b$ 时,X_j 是 X 上一个 k 维子集,即包含 X 的 k 个元素。

(2)X 中的每个元素,在 b 个子集中有且只出现 r 次。

(3) X 中任意两个元素同时出现，有且仅有 λ 次。

(4) 参数 θ、k、λ 满足 $\lambda>0$ 和 $k<\theta-1$。

此时，$X_0, X_1, \cdots, X_{b-1}$ 被称为 $\boldsymbol{B}$ 中的 block。一个 BIBD 具有参数 θ、b、k、r 和 λ 时，通常可以定义为一个 $(\theta, b, r, k, \lambda)$－BIBD。构造一个 $\theta \times b$ 的矩阵 $\boldsymbol{H}_{\text{BIBD}}=[h_{i,j}]_{0 \leqslant i<\theta, 0 \leqslant j<b}$，其行对应 θ 个元素，其列对应 $\boldsymbol{B}$ 中 b 个 block。当 X 中第 i 个元素在 $\boldsymbol{B}$ 中第 j 个 block 出现时，$h_{i,j}=1$；反之，$h_{i,j}=0$。该矩阵称为 B 的关联矩阵，它具有固定的列重 k 和固定的行重 r，当 $\lambda=1$ 时，$\boldsymbol{H}_{\text{BIBD}}$ 的任何两行(或者任何两列)有且只有一个位置为 1，因此 $\boldsymbol{H}_{\text{BIBD}}$ 满足 RC 约束条件。满足 RC 约束条件的 $\boldsymbol{H}_{\text{BIBD}}$ 或者它任意一个子矩阵都可以作为 SP 构码法的基矩阵。对于 $\lambda=1$ 时的几类 BIBD，其关联矩阵 $\boldsymbol{H}_{\text{BIBD}}$ 的行是由一个重为 k 的循环矩阵构成[21,98,87]。由于这些循环矩阵同时满足 RC 约束条件和 PW－RC 约束条件，它们可以用来构造一个满足 RC 约束条件的替代集合。显然，这些循环矩阵的子集排成一行或者一列时，也可以用来构造 SP 构码法的基矩阵。文献[9,21]讨论构造 $\lambda=1$ 的 BIBD 方法，文献[97,3,65]给出基于 $\lambda=1$ 的 BIBD 构造 LDPC 码的方法。

仿真结果表明，基于 BIBD 构造的 LDPC 码具有非常低的误码平层，这些码具有非常好的陷阱集结构，比如没有小的陷阱集。讨论了基于 BIBD 方式构造 LDPC 码的陷阱集结构特征。

另外本章给出满足 RC 约束条件的基矩阵，都可以作为第 4 章提出矩阵分解构码法构造 PTG－LDPC 码的基矩阵。

第7章 SP构码法的矩阵扩展和掩模操作

自从2002年提出SP构码法构造QC－LDPC码后，大量工作围绕代数构码法展开[58,76,110,109,35,107,3,19,39,74,111,102,101,112,64,65,116,97,100,50,99,113,114,25,46,26,70,68,77,78]。实际上这些方法都是在SP构码法的基础上发展而来，核心是构造基矩阵和矩阵扩展集合。基矩阵可以在一个满足特定条件的非二进制域构造，而PTG构码法的基矩阵则是在非负整数上构造，这些条件可以使构造QC－LDPC码的Tanner图周长至少为6或8。实际上，这些方法都可以认为是SP构码法的特例。SP构码法构造出的很多码都具有非常好的性能，特别是具有非常低的误码平层，文献[70,68,77,78]中构造的QC－LDPC码，当BER为10^{-15}时没有误差平层。

本章基于SP构码法的构架统一这些代数构码方法，并介绍掩模技术[112,64,97]，用来进一步塑造基矩阵结构，使构造的QC－LDPC码具有更好的BER性能，掩模技术也可以用在突发擦除信道(BEC)所需的QC－LDPC码构造中。本章只围绕二进制LDPC码展开讨论。

7.1 CPM－D－SP构码法

令α是GF(q)的本原元，因此$\alpha^0=1,\alpha^1,\alpha^2,\cdots,\alpha^{q-2}$构成GF($q$)上的全部非零元素。令$\boldsymbol{B}_{\mathrm{q,sp}}=[b_{i,j}]_{0\leqslant i<m,0\leqslant j<n}$是一个GF($q$)上$m\times n$的矩阵，其中$q$表示$q$元，将$\boldsymbol{B}_{\mathrm{q,sp}}$上每一个非零元素替换为一个$(q-1)\times(q-1)$的二进制CPM矩阵(参考2.1节定义)，将$\boldsymbol{B}_{\mathrm{q,sp}}$中每一个零元素替换为一个$(q-1)\times(q-1)$的ZM矩阵，就获得一个$m\times n$的阵列$\boldsymbol{H}_{\mathrm{b,sp,qc}}(q-1,q-1)$，下角标中的“b”代表二进制，其每一位对应一个大小为$(q-1)\times(q-1)$的二进制CPM矩阵或ZM矩阵，$\boldsymbol{H}_{\mathrm{b,sp,qc}}(q-1,q-1)$被称为$\boldsymbol{B}_{\mathrm{q,sp}}$的二进制CPM扩展(CPM－dispersion)，$\boldsymbol{H}_{\mathrm{b,sp,qc}}(q-1,q-1)$是GF(2)上的一个$m(q-1)\times n(q-1)$矩阵。需要注意的是，$\boldsymbol{H}_{\mathrm{b,sp,qc}}(q-1,q-1)$是非二进制基矩阵$\boldsymbol{B}_{\mathrm{q,sp}}$在二进制上的扩展获得，即完成一个非二进制(NB)到二进制(B)的映射过程。$\boldsymbol{H}_{\mathrm{b,sp,qc}}(q-1,q-1)$的零空间对应一个二进制QC－LDPC码$\boldsymbol{C}_{\mathrm{b,sp,qc}}$，其长度为$n(q-1)$。

上述构造二进制QC－LDPC码的方法，可以认为是一种特殊的SP构码法，其特点是基于确定的CPM矩阵作为替代集合，用来置换基矩阵$\boldsymbol{B}_{q,sp}$的每一个非零位置，例如将$\boldsymbol{B}_{q,sp}$中的每一个非零位置用一个特定的$(q-1)\times(q-1)$的二进制CPM矩阵替代，称这种SP构码法为CPM－D－SP构码法，符号“D”代表扩展(dispersion)，$\boldsymbol{B}_{q,sp}$称为基矩阵。$\boldsymbol{H}_{b,sp,qc}(q-1,q-1)$的零空间形成的码字$\boldsymbol{C}_{b,sp,qc}$可以称为CPM－QC－SP－LDPC码。许多代数构造QC－LDPC码的方法，实际上都是基于CPM－D－SP构码法，比如文献[19,39,74,111,102,101,112,64,65,116, 97,100,50,99,113,114,25,46,26,70,68,77,78]，这里的基矩阵是在非二进制有限域构造的。

基于图论的观点，CPM－D－SP构码法实际是一种特殊的PTG构码法。非二进制基矩阵$\boldsymbol{B}_{q,sp}$的Tanner图$\mathcal{G}_{q,sp}$是用来构造二进制码字$\boldsymbol{C}_{b,sp,qc}$的原模图。考虑$\boldsymbol{B}_{q,sp}$是GF(q)上的矩阵，因此其Tanner图$\mathcal{G}_{q,sp}$的边是由GF(q)上的一个非零元素所标识。当采用PTG构码法时，原模图$\mathcal{G}_{q,sp}$先被复制$q-1$次；然后，对这些复制后的原模图的边通过置换后进行连接，基于$\mathcal{G}_{q,sp}$边的标识进行二进制CPM扩展。通过复制和重排列操作获得二部图对应的邻接矩阵则是二进制的校验阵列$\boldsymbol{H}_{b,sp,qc}(q-1,q-1)$，而它的零空间对应的二进制QC－PTG－LDPC码字$\boldsymbol{C}_{b,ptg,qc}$，是之前介绍的CPM－QC－SP－LDPC码$\boldsymbol{C}_{b,sp,qc}$。

实际上，基矩阵$\boldsymbol{B}_{q,sp}$的所有非零位置可以按照2.1节介绍的等于、大于或者小于$(q-1)$阶的二进制CPM矩阵来替换。

7.2　CPM－QC－SP－LDPC码Tanner图周长条件

实际上CPM－D－SP构码法构造一个二进制CPM－QC－SP－LDPC码的过程，可以转化为构造一个非二进制域GF(q)上基矩阵$\boldsymbol{B}_{q,sp}$的过程。对于一个CPM－QC－SP－LDPC码，其Tanner图周长与基矩阵$\boldsymbol{B}_{q,sp}$的选择有关。定理7.1和定理7.2给出基矩阵$\boldsymbol{B}_{q,sp}$的Tanner图周长至少为6和8的充分必要条件，相关证明见文献[25,26]，本节只给出定理的内容，以便介绍CPM－D－SP构码法。

定理7.1　令$\boldsymbol{B}_{q,sp}$是一个二进制CPM－QC－SP－LDPC码$\boldsymbol{C}_{b,sp,qc}$的基矩阵，其校验矩阵$\boldsymbol{H}_{b,sp,qc}(q-1,q-1)$是其基矩阵$\boldsymbol{B}_{q,sp}$的CPM扩展。$\boldsymbol{C}_{b,sp,qc}$的Tanner图周长至少为6的充分必要条件是，其基矩阵$\boldsymbol{B}_{q,sp}$的任意一个2×2的子矩阵至少包含一个零，或者是一个非奇异矩阵。

定理7.2　一个二进制CPM－QC－SP－LDPC码$\boldsymbol{C}_{b,sp,qc}$的Tanner

图周长为 8 的充分必要条件是，其基矩阵 $\boldsymbol{B}_{q,sp}$ 任意一个 2×2 和 3×3 的子矩阵的行列式展开中都不含有两个完全一样的非零元素。

为了方便起见，定理 7.1 和 7.2 又被称为 2×2 和 3×3 的子矩阵(Submatrix,SM)条件。基于 CPM－D－SP 构码法构造一个二进制 CPM－QC－SP－LDPC 码时，其基矩阵需要满足 2×2 的 SM 条件和 3×3 的 SM 条件。需要注意的是，定理 7.1 和定理 7.2 给出的条件意味着基矩阵 $\boldsymbol{B}_{q,sp}$ 扩展获得的 $\boldsymbol{H}_{b,sp,qc}(q-1,q-1)$ 也满足 RC 约束条件[25,26]，因此 $\boldsymbol{H}_{b,sp,qc}(q-1,q-1)$ 的零空间对应二进制 CPM－QC－SP－LDPC 码的 Tanner 图周长至少为 6。

7.3 基于有限域构造基矩阵及其 CPM－QC－SP－LDPC 码

有许多代数方法可以构造满足 2×2 的 SM 条件的非二进制(NB)基矩阵的方法，如文献[19,39,74,111,102,101,64,65,116,100,50,114,70,68,78]中介绍的。在这些方法中，最为灵活的一个方法是在文献[70,68]中提出的，该方法基于一个给定非二进制有限域中的任意两个子集合。本节将介绍这种方法并给出其特例，为后续第 8 章到第 11 章将要介绍的 Doubly QC－LDPC 码构造、SC－QC－LDPC 码构造、GC－QC－LDPC 码构造以及 NB－LDPC 的构码奠定基础。

令 α 是 GF(q)的本原元，$1\leqslant m$、$n\leqslant q$ 时，令 $S_0=\{\alpha^{i_0},\alpha^{i_1},\cdots,\alpha^{i_{m-1}}\}$ 和 $S_1=\{\alpha^{j_0},\alpha^{j_1},\cdots,\alpha^{j_{n-1}}\}$ 是 GF(q)上的任意两个子集合，其中 i_k 和 j_l 的取值范围为 $L\triangleq-\infty,0,1,2,\cdots,q-2$，并且 $i_0<i_1<\cdots<i_{m-1}$ 和 $j_0<j_1\cdots<j_{n-1}$。令 η 为 GF(q)上任意一个非零元素，可以在 GF(q)上得到一个 $m\times n$ 的矩阵

$$\boldsymbol{B}_{q,sp,s}=\begin{bmatrix}\eta\alpha^{i_0}+\alpha^{j_0} & \eta\alpha^{i_0}+\alpha^{j_1} & \cdots & \eta\alpha^{i_0}+\alpha^{j_{n-1}}\\ \eta\alpha^{i_1}+\alpha^{j_0} & \eta\alpha^{i_1}+\alpha^{j_1} & \cdots & \eta\alpha^{i_1}+\alpha^{j_{n-1}}\\ \vdots & \vdots & & \vdots\\ \eta\alpha^{i_{m-1}}+\alpha^{j_0} & \eta\alpha^{i_{m-1}}+\alpha^{j_1} & \cdots & \eta\alpha^{i_{m-1}}+\alpha^{j_{n-1}}\end{bmatrix} \tag{7.1}$$

式中，$\boldsymbol{B}_{q,sp,s}$ 的任意位置是两个子集合 S_0 和 S_1 中元素的线性组合求和。$\boldsymbol{B}_{q,sp,s}$ 具有如下特性[68]。

(1) $\boldsymbol{B}_{q,sp,s}$ 中每一行或者每一列的元素各不相同。

(2) $\boldsymbol{B}_{q,sp,s}$ 中每一行或者每一列最多含有一个零元素。

(3)$\boldsymbol{B}_{\mathrm{q,sp,s}}$中任意两行或者任意两列在同一位置的元素都不相同。

文献[68]证明$\boldsymbol{B}_{\mathrm{q,sp,s}}$矩阵满足$2\times2$的SM条件。

如果将$\boldsymbol{B}_{\mathrm{q,sp,s}}$中每一个位置扩展为一个$(q-1)\times(q-1)$的二进制CPM矩阵或ZM矩阵，则基于$\boldsymbol{B}_{\mathrm{q,sp,s}}$的CPM扩展可以获得一个满足RC约束条件的$m\times n$阵列$\boldsymbol{H}_{\mathrm{b,sp,qc,s}}(q-1,q-1)$，其每一位对应的二进制CPM矩阵和ZM矩阵的大小为$(q-1)\times(q-1)$。$\boldsymbol{H}_{\mathrm{b,sp,qc,s}}(q-1,q-1)$的零空间对应一个二进制CPM－QC－SP－LDPC码$\boldsymbol{C}_{\mathrm{b,sp,qc}}$，其Tanner图的周长至少为6。$\boldsymbol{B}_{\mathrm{q,sp,s}}$和$\boldsymbol{H}_{\mathrm{b,sp,qc,s}}(q-1,q-1)$中的下角标“s”代表式(7.1)中的“sum-form”。

根据式(7.1)的基矩阵形式，给出两个特殊例子。

第一个例子。令$S_0=S_1=\mathrm{GF}(q)=\{0,1,\alpha,\alpha^2,\cdots,\alpha^{q-2}\}$，此时$\boldsymbol{B}_{\mathrm{q,sp,s}}$是GF($q$)上$q\times q$的矩阵，并且$\boldsymbol{B}_{\mathrm{q,sp,s}}$中每一行和每一列都包含GF($q$)中的全部元素，且只出现一次，此时$\boldsymbol{B}_{\mathrm{q,sp,s}}$就是6.4节在GF($q$)上定义的拉丁矩阵，采用GF($q$)上的拉丁矩阵构造满足RC约束条件的替代集合，并基于SP构码法获得QC－SP－LDPC码。

第二个例子。令S_0和S_1分别是GF(q)上阶为m和n的两个加法子群，并且满足$m+n\leqslant q$和$S_0\cap S_1=\{0\}$。令$\alpha^{i_0}=\alpha^{j_0}=0$，此时$\boldsymbol{B}_{\mathrm{q,sp,s}}$的第一行包含子群$S_1$中全部元素，而$\boldsymbol{B}_{\mathrm{q,sp,s}}$中每一行相当于$\boldsymbol{S}_1$的陪集，集合$\eta S_0=\{\eta\alpha^{i_0},\eta\alpha^{i_1},\cdots,\eta\alpha^{i_{m-1}}\}$是相应的陪集首。基于GF($q$)上阶分别为$m$和$n=q-m$的两个加法子群且$\eta=1$，构造QC－LDPC码的方法，首先在文献[100]中介绍，然后在文献[50]中进一步论述。

基于GF(q)上的两个子集合S_0和S_1构造一个满足2×2的SM约束条件的基矩阵也可以表示为乘法形式，表示为

$$\boldsymbol{B}_{\mathrm{q,sp,p}}=\begin{bmatrix}\alpha^{i_0}\alpha^{j_0}-\eta & \alpha^{i_0}\alpha^{j_1}-\eta & \cdots & \alpha^{i_0}\alpha^{j_{n-1}}-\eta\\ \alpha^{i_1}\alpha^{j_0}-\eta & \alpha^{i_1}\alpha^{j_1}-\eta & \cdots & \alpha^{i_1}\alpha^{j_{n-1}}-\eta\\ \vdots & \vdots & & \vdots\\ \alpha^{i_{m-1}}\alpha^{j_0}-\eta & \alpha^{i_{m-1}}\alpha^{j_1}-\eta & \cdots & \alpha^{i_{m-1}}\alpha^{j_{n-1}}-\eta\end{bmatrix}\tag{7.2}$$

将$\boldsymbol{B}_{\mathrm{q,sp,p}}$中每一个位置(或元素)扩展为一个$(q-1)\times(q-1)$的二进制CPM矩阵或者ZM矩阵，基于$\boldsymbol{B}_{\mathrm{q,sp,p}}$的CPM扩展可以获得阵列$\boldsymbol{H}_{\mathrm{b,sp,qc,p}}(q-1,q-1)$，其二进制CPM矩阵和ZM矩阵的大小为$(q-1)\times(q-1)$。$\boldsymbol{H}_{\mathrm{b,sp,qc,p}}(q-1,q-1)$的零空间对应一个二进制CPM－QC－SP－LDPC码。$\boldsymbol{B}_{\mathrm{q,sp,p}}$和$\boldsymbol{H}_{\mathrm{b,sp,qc,p}}(q-1,q-1)$中的下角标“p”代表式(7.2)中的“product-form”。

基于式(7.2)的基矩阵形式，可以给出四个特殊例子。

第一个例子。令 $S_0=S_1=\mathrm{GF(q)}\setminus\{0\}=\{1,\alpha,\alpha^2,\cdots,\alpha^{q-2}\}$ 且 $\eta=1$，此时式(7.2)中定义的基矩阵 $\boldsymbol{B}_{\mathrm{q,sp,p}}$ 变为

$$\boldsymbol{B}_{\mathrm{q,sp,p}}=\begin{bmatrix}\alpha^0-1 & \alpha-1 & \alpha^2-1 & \cdots & \alpha^{q-3}-1 & \alpha^{q-2}-1\\ \alpha-1 & \alpha^2-1 & \alpha^3-1 & \cdots & \alpha^{q-2}-1 & \alpha^0-1\\ \vdots & \vdots & \vdots & & \vdots & \vdots\\ \alpha^{q-2}-1 & \alpha^0-1 & \alpha^1-1 & \cdots & \alpha^{q-4}-1 & \alpha^{q-3}-1\end{bmatrix}\tag{7.3}$$

式(7.3)与文献[64,P.2423]中公式(4)一致。式(7.3)是 GF(q)上一个$(q-1)\times(q-1)$的矩阵，且具有循环移位结构，即它的每一行都是其上一行向左移动一位构成，而第一行则是最后一行向左移动一位构成。同理可知，$\boldsymbol{B}_{\mathrm{q,sp,p}}$ 的每一列也具有循环结构。还可以发现当 $0\leqslant i<q-1$ 时，第 i 列是第 i 行的转置，反之亦然。

第二个例子。令 S_0 和 S_1 分别是 GF(q)上阶为 m 和 n 的两个乘法子群，并且 $S_0\cap S_1=\{1\}$，其中 m 和 n 是 $q-1$ 的素数因子。令 $\alpha^{i_0}=\alpha^{j_0}=1$ 和 $\eta=1$，则式(7.2)中定义的基矩阵 $\boldsymbol{B}_{\mathrm{q,sp,p}}$ 的全部位置都是 GF(q)上不同的元素。基于 GF(q)上两个阶(其中 $mn=q-1$)的循环乘法子群构造 QC-LDPC 码相关内容在文献[100]中首次提出，并在文献[114]中进一步论述。

第三个例子。令 $S_0=\{\alpha^{-j_1},\alpha^{-j_2},\cdots,\alpha^{-j_k}\}$ 和 $S_1=\{\alpha^{j_1},\alpha^{j_2},\cdots,\alpha^{j_k}\}$，且 $\eta=1$，其中 $\alpha^{j_1},\alpha^{j_2},\cdots,\alpha^{j_k}$ 是 GF(q)上的本原元，$k=(q-1)\prod_{i=1}^{t}(1-\frac{1}{p_i})$，式中 $p_1,p_2,\cdots,p_t$ 都是 $q-1$ 的素数因子。根据 GF(q)上的这两个集合，基矩阵 $\boldsymbol{B}_{\mathrm{q,sp,p}}$ 的表达式和文献[100,P.86]的公式(4)及文献[97,P.511]的公式(11.17)一致。

第四个例子。令 GF(q^2)是 GF(q)的扩域，所以 GF(q)是 GF(q^2)的子域。令 α 和 β 分别是 GF(q)和 GF(q^2)的本原元，所以有 $\mathrm{GF}(q)=\{0,1,\alpha,\alpha^2,\cdots,\alpha^{q-2}\}$ 和 $\mathrm{GF}(q^2)=\{0,1,\beta,\beta^2,\cdots,\beta^{q^2-2}\}$。因此，在 GF($q^2$)上存在 q 个不同的元素$(\beta^{j_0},\beta^{j_1},\cdots,\beta^{j_{q-1}})$，其中 $j_0,j_1,\cdots,j_{q-1}\in\{0,1,2,\cdots,q^2-2\}$，且 $\beta^{j_k}\neq\alpha^l\beta^0$。当 $i\neq k$ 时，$\beta^{j_k}\neq 1+\alpha^l\beta^{j_i}$，其中 $0\leqslant l<q-1$。令 $S_0=\{\beta^{j_0},\beta^{j_1},\cdots,\beta^{j_{q-1}}\}$，$S_1=\mathrm{GF}(q)=\{0,1,\alpha,\alpha^2,\cdots,\alpha^{q-2}\}$ 且 $\eta=-1$。此时，基于 S_0 和 S_1 构造的基矩阵 $\boldsymbol{B}_{\mathrm{q,sp,p}}$ 与文献[97,P.514]中公式(11.20)一致，而文献[97]中公式(11.20)是基于二维欧氏几何 EG(2,q)获得。

基于非二进制域上 GF(q)的两个子集，根据式(7.1)求和形式构造出的基矩阵，或式(7.2)乘积形式构造出的基矩阵，构造出的六个例子实际上

是目前基于 SP 构码法基矩阵的主要生成方法[35,101,64,65,100,50,113,114]。第 8 章、第 9 章、第 10 章将根据式(7.3)乘积形式的基矩阵分别构造 Doubly QC－LDPC 码、SC－QC－LDPC 码和 GC－QC－LDPC 码。

7.4　掩模操作

给定一个满足 2×2 的 SM 约束条件的非二进制(NB)基矩阵 $\boldsymbol{B}_{\mathrm{q,sp}}$，可以通过对 $\boldsymbol{B}_{\mathrm{q,sp}}$ 塑形获得一个新基矩阵，使新基矩阵满足 3×3 的 SM 条件，这个塑形过程定义为掩模操作(masking)[112,64,97,68]。

令 $\boldsymbol{B}_{\mathrm{q,sp}}=[b_{i,j}]_{0\leqslant i<m,0\leqslant j<n}$ 是 GF(q)上一个 $m\times n$ 且满足 2×2 的 SM 约束条件的基矩阵。假设用一个零元素代替 $\boldsymbol{B}_{\mathrm{q,sp}}$ 上一个非零位置，$\boldsymbol{B}_{\mathrm{q,sp}}$ 进行 CPM 扩展获得的阵列为 $\boldsymbol{H}_{\mathrm{b,sp,qc}}(q-1,q-1)$。将 $\boldsymbol{B}_{\mathrm{q,sp}}$ 的一个非零位置替换为零元素，因此，$\boldsymbol{H}_{\mathrm{b,sp,qc}}(q-1,q-1)$ 中一个 $(q-1)\times(q-1)$ 的 CPM 矩阵被一个 $(q-1)\times(q-1)$ 的 ZM 矩阵所替代，这个过程称为掩模操作。令 μ 是一个非负整数，且 μ 小于 $\boldsymbol{B}_{\mathrm{q,sp}}$ 中非零元素的个数。将 $\boldsymbol{B}_{\mathrm{q,sp}}$ 中 μ 个非零位置替换为 μ 个零，即将 $\boldsymbol{H}_{\mathrm{b,sp,qc}}(q-1,q-1)$ 中的 μ 个 CPM 矩阵用 μ 个 ZM 矩阵替代。同时意味着移除 $\boldsymbol{H}_{\mathrm{b,sp,qc}}(q-1,q-1)$ 的 Tanner 图 $\mathscr{G}_{\mathrm{b,sp,qc}}(q-1,q-1)$ 的 $\mu(q-1)$ 个边，移除 $\mathscr{G}_{\mathrm{b,sp,qc}}(q-1,q-1)$ 的这些边意味着破坏了 $\mathscr{G}_{\mathrm{b,sp,qc}}(q-1,q-1)$ 中的短环连接，也因此使 Tanner 图 $\mathscr{G}_{\mathrm{b,sp,qc,mask}}(q-1,q-1)$ 中存在较少数量的短环，更大的周长(大于周长 6)，或者两者同时存在。$\mathscr{G}_{\mathrm{b,sp,qc,mask}}(q-1,q-1)$ 中的下角标“mask”代表掩模。在选择 $\boldsymbol{B}_{\mathrm{q,sp}}$ 中非零元素位置做掩模操作时，应避免破坏 $\boldsymbol{H}_{\mathrm{b,sp,qc}}(q-1,q-1)$ Tanner 图的连接结构，避免将其分成独立的图。

对基矩阵 $\boldsymbol{B}_{\mathrm{q,sp}}=[b_{i,j}]_{0\leqslant i<m,0\leqslant j<n}$ 做掩模操作，其等效的数学模型是 Hadamard 矩阵乘积过程[42]。令 $\boldsymbol{Z}$ 是一个 $m\times n$ 的矩阵 $\boldsymbol{Z}=[z_{i,j}]_{0\leqslant i<m,0\leqslant j<n}$，该矩阵是由零和单位元素组成。定义 $\boldsymbol{Z}$ 和 $\boldsymbol{B}_{\mathrm{q,sp}}$ 的乘积为

$$\boldsymbol{B}_{\mathrm{q,sp,mask}}=\boldsymbol{Z}\odot\boldsymbol{B}_{\mathrm{q,sp}}=[z_{i,j}b_{i,j}]_{0\leqslant i<m,0\leqslant j<n}$$

当 $z_{i,j}=1$ 时，$z_{i,j}b_{i,j}=b_{i,j}$；当 $z_{i,j}=0$ 时，$z_{i,j}b_{i,j}=0$。

基于矩阵乘积，$\boldsymbol{B}_{\mathrm{q,sp}}$ 中非零位置被 $\boldsymbol{Z}$ 中相应位置的零元素所替代，即完成掩模过程。对获得的 $\boldsymbol{B}_{\mathrm{q,sp,mask}}$ 进行 CPM 扩展会获得一个 $m\times n$ 的掩模阵列 $\boldsymbol{H}_{\mathrm{b,sp,qc,mask}}(q-1,q-1)$，其每一位对应大小为 $(q-1)\times(q-1)$ 的 CPM 矩阵或 ZM 矩阵，称 $\boldsymbol{Z}$ 和 $\boldsymbol{B}_{\mathrm{q,sp,mask}}$ 为掩模矩阵和掩模基矩阵。$\boldsymbol{H}_{\mathrm{b,sp,qc,mask}}(q-1,q-1)$ 的零空间，可以得到一个二进制 CPM－QC－SP－

LDPC 码 $\boldsymbol{C}_{\mathrm{b,sp,qc,mask}}$，称为掩模 LDPC 码。$\boldsymbol{B}_{\mathrm{q,sp}}$满足 2×2 的 SM 约束条件，因此掩模矩阵 $\boldsymbol{Z}$ 的设计需要使 $\boldsymbol{B}_{\mathrm{q,sp,mask}}$满足 3×3 的 SM 约束条件，掩模阵列 $\boldsymbol{H}_{\mathrm{b,sp,qc,mask}}(q-1,q-1)$对应的 Tanner 图 $\mathcal{G}_{\mathrm{b,sp,qc,mask}}(q-1,q-1)$的周长至少为 8，短环的数量也会很少。基矩阵和掩模矩阵的联合设计可以使基于 CPM 扩展法获得的 CPM－QC－SP－LDPC 码具有良好的误码特性，以及极低的误码平层。

给定一个 $m\times n$ 的基矩阵 $\boldsymbol{B}_{\mathrm{q,sp}}$，如何设计掩模矩阵 $\boldsymbol{Z}$，使掩模基矩阵 $\boldsymbol{B}_{\mathrm{q,sp,mask}}$生成 CPM－QC－SP－LDPC 码的 Tanner 图周长尽可能大，并且短环数量尽可能少，是一个值得研究的问题。如果基矩阵 $\boldsymbol{B}_{\mathrm{q,sp}}$满足 2×2 的 SM 约束条件，设计 $\boldsymbol{Z}$ 的一个思路是使掩模基矩阵 $\boldsymbol{B}_{\mathrm{q,sp,mask}}$中任意一个 3×3 的子矩阵包含至少一个零，就可以使掩模基矩阵满足定理 7.2 中 3×3 的 SM 约束条件。

基于 VN 节点和 CN 节点度分布设计一个非规则 CPM－QC－SP－LDPC 码，其掩模矩阵的设计必须满足行重和列重的分布与 Tanner 图 VN 节点和 CN 节点的度分布相匹配。可以采用 PEG 算法，并用计算机搜索的方式获得。当采用 PTG 构码法时，通常 PEG 算法可以用来设计其原模图。

例 7.1 和例 7.2 是构建 CPM－D－SP 码的过程，并观察掩模操作对构码结果的性能影响。

例 7.1 令 α 是 GF(331)的本原元，令 $m=4,n=8,\eta=1$，从 GF(331)中选择两个子集合，根据式(7.1)构造一个基矩阵，两个子集合分别是$S_0=\{\alpha^{112},\alpha^{115},\alpha^{148},\alpha^{317}\}$和 $S_1=\{\alpha^{24},\alpha^{112},\alpha^{115},\alpha^{234},\alpha^{236},\alpha^{274},\alpha^{316},\alpha^{320}\}$。这两个子集合中的元素是从 GF(331)上随机选取的。根据式(7.1)，可以在 GF(q)中获得 4×8 的基矩阵 $\boldsymbol{B}_{\mathrm{q,sp,s}}$，表示为

$$\boldsymbol{B}_{\mathrm{q,sp,s}}=\begin{bmatrix}\alpha^{39} & \alpha^{123} & \alpha^{79} & \alpha^{190} & \alpha^{294} & \alpha^{328} & \alpha^{297} & \alpha^{68}\\ \alpha^{139} & \alpha^{79} & \alpha^{126} & \alpha^{75} & \alpha^{158} & \alpha^{295} & \alpha^{148} & \alpha^{274}\\ \alpha^{206} & \alpha^{209} & \alpha^{287} & \alpha^{324} & \alpha^{163} & \alpha^{129} & \alpha^{202} & \alpha^{325}\\ \alpha^{181} & \alpha^{271} & \alpha^{275} & \alpha^{143} & \alpha^{208} & \alpha^{10} & \alpha^{173} & \alpha^{284}\end{bmatrix} \tag{7.4}$$

式(7.4)满足 2×2 的 SM 约束条件，但是不满足定理 7.2 提到的 3×3 的 SM 约束条件，另外该矩阵的全部位置都是由 GF(331)中非零元素构成。将该基矩阵通过 CPM 扩展得到一个 4×8 的阵列 $\boldsymbol{H}_{\mathrm{b,sp,qc,s}}(330,330)$，该阵列的 CPM 矩阵大小为 330×330，其 Tanner 图 $\mathcal{G}_{\mathrm{b,sp,qc,s}}(330,330)$的周长为 6，并含有 990 个环长为 6 的环、24 750 个环长为 8 的环和 389 400 个

环长为 10 的环。

假设对 $\boldsymbol{B}_{\mathrm{q,sp,s}}$ 进行掩模操作，掩模矩阵为

$$\boldsymbol{Z}=\begin{bmatrix}1 & 0 & 1 & 0 & 1 & 1 & 1 & 1\\0 & 1 & 0 & 1 & 1 & 1 & 1 & 1\\1 & 1 & 1 & 1 & 1 & 0 & 1 & 0\\1 & 1 & 1 & 1 & 0 & 1 & 0 & 1\end{bmatrix} \tag{7.5}$$

注意 $\boldsymbol{Z}$ 中任意一个 3×3 的子矩阵都包含至少一个零元素。用式(7.5)对式(7.4)中 $\boldsymbol{B}_{\mathrm{q,sp,s}}$ 进行掩模操作，得到掩模基矩阵如下：

$$\boldsymbol{B}_{\mathrm{q,sp,s,mask}}=\begin{bmatrix}\alpha^{39} & 0 & \alpha^{79} & 0 & \alpha^{294} & \alpha^{328} & \alpha^{297} & \alpha^{68}\\0 & \alpha^{79} & 0 & \alpha^{75} & \alpha^{158} & \alpha^{295} & \alpha^{148} & \alpha^{274}\\\alpha^{206} & \alpha^{209} & \alpha^{287} & \alpha^{324} & \alpha^{163} & 0 & \alpha^{202} & 0\\\alpha^{181} & \alpha^{271} & \alpha^{275} & \alpha^{143} & 0 & \alpha^{10} & 0 & \alpha^{284}\end{bmatrix} \tag{7.6}$$

通过对式(7.6)进行分析，可以发现该掩模基矩阵 $\boldsymbol{B}_{\mathrm{q,sp,s,mask}}$ 满足 3×3 的 SM 约束条件。对 $\boldsymbol{B}_{\mathrm{q,sp,s,mask}}$ 进行 CPM 扩展，得到一个 4×8 的阵列 $\boldsymbol{H}_{\mathrm{b,sp,qc,s,mask}}(330,330)$，其 CPM 矩阵和 ZM 矩阵大小为 330×330。$\boldsymbol{H}_{\mathrm{b,sp,qc,s,mask}}$ 是一个大小为 $1\,320\times2\,640$ 的矩阵，且其列重和行重分别为 3 和 6。由于 $\boldsymbol{B}_{\mathrm{q,sp,s,mask}}$ 同时满足 2×2 和 3×3 的 SM 约束条件，根据定理 7.2，可知其 Tanner 图 $\mathcal{G}_{\mathrm{b,sp,qc,s,mask}}(330,330)$ 的周长至少为 8。根据文献[71]中环计算算法，可以发现 $\mathcal{G}_{\mathrm{b,sp,qc,s,mask}}(330,330)$ 的周长为 8，含有 990 个环长为 8 的环和 8 580 个环长为 10 的环。通过对比发现，掩模操作不仅可以增加 Tanner 图的周长（从 6 变为 8），还可以减少短环的数量。

$\boldsymbol{H}_{\mathrm{b,sp,qc,s,mask}}(330,330)$ 的零空间可以形成一个(3,6)规则(2 640，1 320)的 CPM－QC－SP－LDPC 码 $\boldsymbol{C}_{\mathrm{b,sp,qc,mask}}$，其码率为 0.5。该码的 BER 和 BLER 性能曲线如图 7.1(a)所示，采用 5 次、10 次和 50 次的迭代 MSA 译码算法时，从图中可以看到，该码具有良好的收敛性，当 BER 为 10^{-10} 时，5 次和 10 次迭代的性能差异约为 1.8 dB，10 次和 50 次迭代的性能差异约为 0.8 dB。实际上 $\boldsymbol{C}_{\mathrm{b,sp,qc,mask}}$ 与例 4.2 中给出的 QC－PTG－LDPC 码 $\boldsymbol{C}_{\mathrm{ptg,qc,1}}$ 是同一个码。在例 4.2 中采用式(7.6)作为基矩阵进行分解，而例 7.1 采用 CPM－D－SP 构码法，因此 PTG 构码法与 SP 构码法具有紧密联系。

$\boldsymbol{C}_{\mathrm{b,sp,qc,mask}}$ 码在 BEC 信道下的 UEBR 和 UEBLR 的性能曲线如图 7.1(b)所示，当 UEBR 为 10^{-10} 时，该码距离香农限为 0.14。

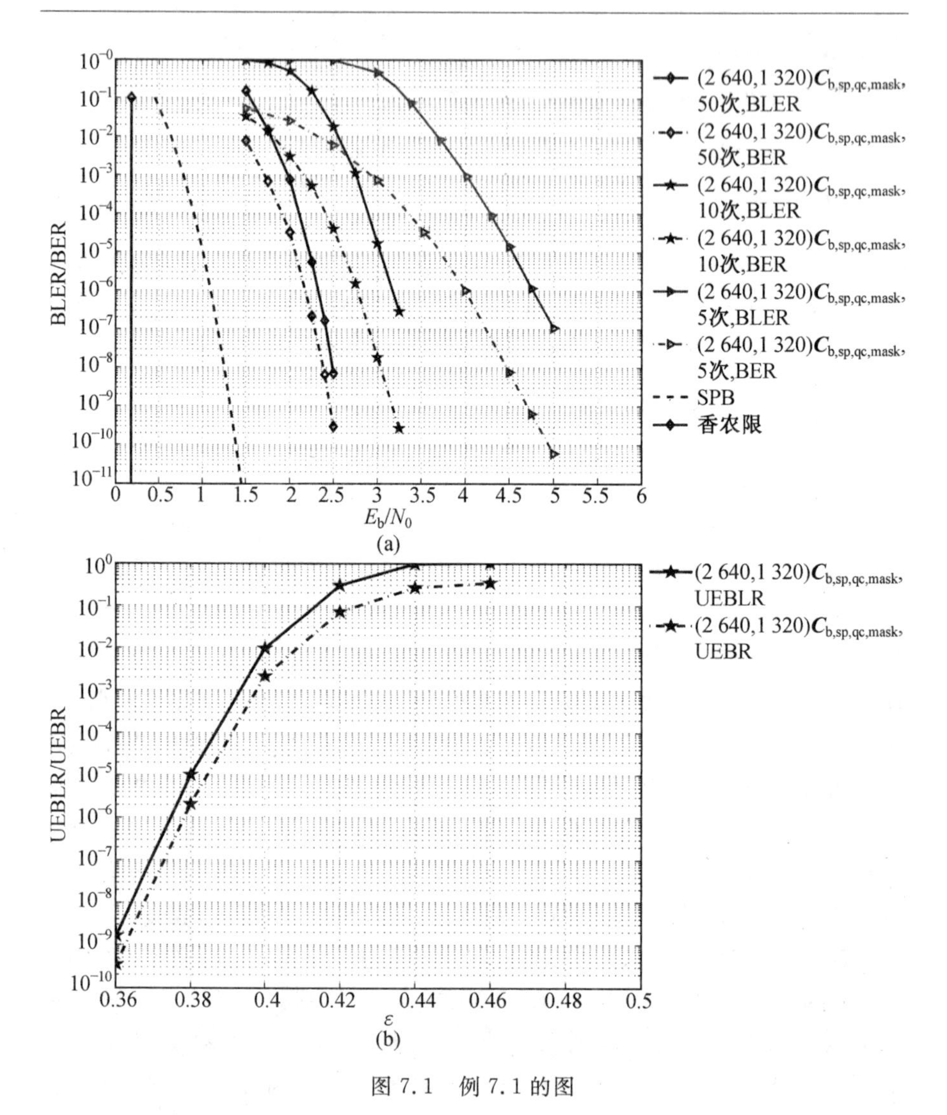

图 7.1　例 7.1 的图

例 4.2 和例 7.1 采用了同样的 4×8 矩阵，见式(4.7)和式(7.6)，但是采用不同的方法进行构码。一个是通过代数方式对基矩阵进行分解构造一个 PTG－LDPC 码；另一个则是通过掩模操作方式，采用 SP 构码法构造一个 SP－LDPC 码。两种方式构造出相同的码字，并且该码具有非常好的性能，尤其是具有非常好的误码平层区间。因此，是否一个好的掩模矩阵等价于基于代数法构造 PTG－LDPC 码的一个好的基矩阵分解法？一个 LDPC 码具有更大的周长和更少的短环数目，是否会具有更好的译码阈值？这两个问题，值得进一步研究。

例 7.2　继续基于 GF(331)构造一个码长为 2 640、码率为 0.5 的(2 640,1 320)CPM－QC－SP－LDPC 码。与例 7.1 不同的是，例 7.1 中的两个构码子集是随机选择的，而在例 7.2 中，将按照一定规则选择两个子集，使构造的 CPM－QC－SP－LDPC 码的 Tanner 图周长为 10。

两个子集为 $S_0^* = \{\alpha^0, \alpha^1, \alpha^2, \alpha^3\}$ 和 $S_1^* = \{\alpha^{130}, \alpha^{131}, \alpha^{132}, \alpha^{133}, \alpha^{134}, \alpha^{135}, \alpha^{136}, \alpha^{137}\}$，第一个子集包含 4 个连续 α 的幂次方；第二个子集包含 8 个连续 α 的幂次方。假设 $m=4$、$n=8$ 和 $\eta=-1$，可以在 GF(331)上构造一个 4×8的基矩阵 $\boldsymbol{B}_{\text{q,sp,s}}^*$。对基矩阵 $\boldsymbol{B}_{\text{q,sp,s}}^*$进行 CPM 扩展，可以得到一个 4×8 的阵列 $\boldsymbol{H}_{\text{b,sp,qc,s}}^*(330,330)$，其相应位的 CPM 矩阵大小为 330×330(不含有 ZM 矩阵)，因此可以得到一个 1 320×2 640 的矩阵，且其列重和行重分别为 4 和 8。$\boldsymbol{H}_{\text{b,sp,qc,s}}^*(330,330)$ Tanner 图 $\mathcal{G}_{\text{b,sp,qc,s}}^*(330,330)$的周长为 6，并且含有 7 260 个环长为 6 的环、34 650 个环长为 8 的环和 499 620 个环长为 10 的环，可见该码具有大量的短环。

如果对基矩阵 $\boldsymbol{B}_{\text{q,sp,s}}^*$用式(7.5)的 $\boldsymbol{Z}$ 矩阵进行掩模操作，获得一个掩模基矩阵 $\boldsymbol{B}_{\text{q,sp,s,mask}}^*$。对 $\boldsymbol{B}_{\text{q,sp,s,mask}}^*$进行 CPM 扩展获得一个 4×8 的掩模阵列 $\boldsymbol{H}_{\text{b,sp,qc,s,mask}}^*(330,330)$，其相应位的 CPM 矩阵和 ZM 矩阵大小为 330×330，可以得到一个列重和行重分别为 3 和 6 的 1 320×2 640 二进制矩阵。$\boldsymbol{H}_{\text{b,sp,qc,s,mask}}^*(330,330)$的零空间对应一个(3,6)规则(2 640,1320)的 CPM－QC－SP－LDPC 码 $\boldsymbol{C}_{\text{b,sp,qc,mask}}^*$。$\boldsymbol{C}_{\text{b,sp,qc,mask}}^*$与例 7.1 构造的 $\boldsymbol{C}_{\text{b,sp,qc,mask}}$码具有同样的码长和码率，$\boldsymbol{C}_{\text{b,sp,qc,mask}}^*$的 Tanner 图周长为 10，含有 13 200 个环长为 10 的环。掩模操作使未进行掩模操作的 $\boldsymbol{H}_{\text{b,sp,qc,s}}^*(330,330)$的 Tanner 图 $\mathcal{G}_{\text{b,sp,qc,s}}^*(330,330)$的周长为 6 变为进行掩模操作后的 $\boldsymbol{H}_{\text{b,sp,qc,s,mask}}^*(330,330)$的 Tanner 图 $\mathcal{G}_{\text{b,sp,qc,s,mask}}^*(330,330)$的周长为 10。进一步观察可以看到，掩模操作极大降低了短环的数目，短环(环长为 6、8、10 的环)数目从 541 530 变为 13 200(仅含环长 10 的环)。

通过对比 $\boldsymbol{C}_{\text{b,sp,qc,mask}}^*$和例 7.1 的 $\boldsymbol{C}_{\text{b,sp,qc,mask}}$，可以发现 $\boldsymbol{C}_{\text{b,sp,qc,mask}}^*$的 Tanner 图 $\mathcal{G}_{\text{b,sp,qc,mask}}^*$的周长 10，大于 $\boldsymbol{C}_{\text{b,sp,qc,mask}}$的 Tanner 图 $\mathcal{G}_{\text{b,sp,qc,mask}}$的周长为 8。然而，$\mathcal{G}_{\text{b,sp,qc,mask}}^*$的短环(环长为 10 的环)数量为 13 200，要大于 $\mathcal{G}_{\text{b,sp,qc,mask}}$的短环(环长为 8 和 10 的环)数量(9 570)。

通过例 7.2 可以发现，对基矩阵进行适当的掩模操作，不仅可以增加 LDPC 码 Tanner 图周长，还可以降低短环的整体数量。可以知道式(7.5)给出的掩模矩阵 $\boldsymbol{Z}$ 具有很好的特性，而其与式(4.7)给出基于代数的基矩阵分解法构造 QC－PTG－LDPC 码相一致。

在AWGN信道下，$\boldsymbol{C}^*_{b,sp,qc,mask}$码采用5次、10次、50次的迭代MSA译码算法时，BER和BLER性能曲线如图7.2(a)所示。从图中可以看到，当BER为10^{-10}时，5次迭代和10次迭代性能相差约1.6 dB；10次迭代和50次迭代性能相差约0.8 dB。由图7.1(a)和图7.2(a)可以看到，例7.1构造的$\boldsymbol{C}_{b,sp,qc,mask}$码与例7.2构造的$\boldsymbol{C}^*_{b,sp,qc,mask}$码性能几乎一样，但$\boldsymbol{C}^*_{b,sp,qc,mask}$码的周长比$\boldsymbol{C}_{b,sp,qc,mask}$码大。需要注意的是，$\boldsymbol{C}^*_{b,sp,qc,mask}$的短环数量要大于$\boldsymbol{C}_{b,sp,qc,mask}$的短环数量，说明码的Tanner图周长情况会影响码字性能，环长的分布情况也会影响码字性能。

$\boldsymbol{C}^*_{b,sp,qc,mask}$码在BEC信道下的UEBR和UEBLR性能曲线如图7.2(b)所示，当UEBR为10^{-10}时，码的性能距离香农限0.14。

7.5　掩模矩阵的设计

7.4节已经证明掩模技术可以有效增加LDPC码的Tanner图周长，并且减少短环的数量。设计$\boldsymbol{Z}$的方法是$\boldsymbol{Z}$中任意一个3×3的子矩阵中至少包含一个非零元素。这个one-zero(一个零约束)条件可以使一个2×2的SM约束条件的基矩阵通过掩模操作，满足定理7.2的3×3的SM约束条件，这也是基于$\boldsymbol{B}_{q,sp,mask}$构造CPM－QC－SP－LDPC码的Tanner图周长至少为8的充分必要条件，此时的短环数量也会较少。本节将介绍几种构造掩模矩阵的方法。

例7.1和例7.2中用到的4×8的掩模矩阵$\boldsymbol{Z}$是非常有效的矩阵形式，对式(7.1)构造4×8的基矩阵进行掩模操作，此时构造的CPM－QC－LDPC码的码率为1/2，且它的Tanner图周长为8或10，短环数量也较少。可以基于这个掩模矩阵或者它的行置换形式作为基础单元，用来构造更大的掩模矩阵。将大小为$m\times n$的掩模矩阵$\boldsymbol{Z}$定义为$\boldsymbol{Z}(m,n)$，其中(m,n)代表了掩模矩阵的大小。

式(7.5)的掩模矩阵$\boldsymbol{Z}(4,8)$具有对称结构特性，可以将这个掩模矩阵分解成两个大小为4×4的子矩阵，定义为$\boldsymbol{Z}_l(4,4)$和$\boldsymbol{Z}_r(4,4)$，其中$\boldsymbol{Z}_l(4,4)$是$\boldsymbol{Z}(4,8)$左边四列构成，$\boldsymbol{Z}_r(4,4)$是$\boldsymbol{Z}(4,8)$右边四列构成。因此也称$\boldsymbol{Z}_l(4,4)$和$\boldsymbol{Z}_r(4,4)$为$\boldsymbol{Z}(4,8)$的左半部(left-half)和右半部(right-half)子矩阵。从式(7.5)可以看到，$\boldsymbol{Z}_r(4,4)$可以通过对$\boldsymbol{Z}_l(4,4)$的行下移两行移位获得。$\boldsymbol{Z}_l(4,4)$和$\boldsymbol{Z}_r(4,4)$的列重都为3，且具有两个行重(分别为2和4)。基于$\boldsymbol{Z}_l(4,4)$和$\boldsymbol{Z}_r(4,4)$，可以构造掩模矩阵，表示为

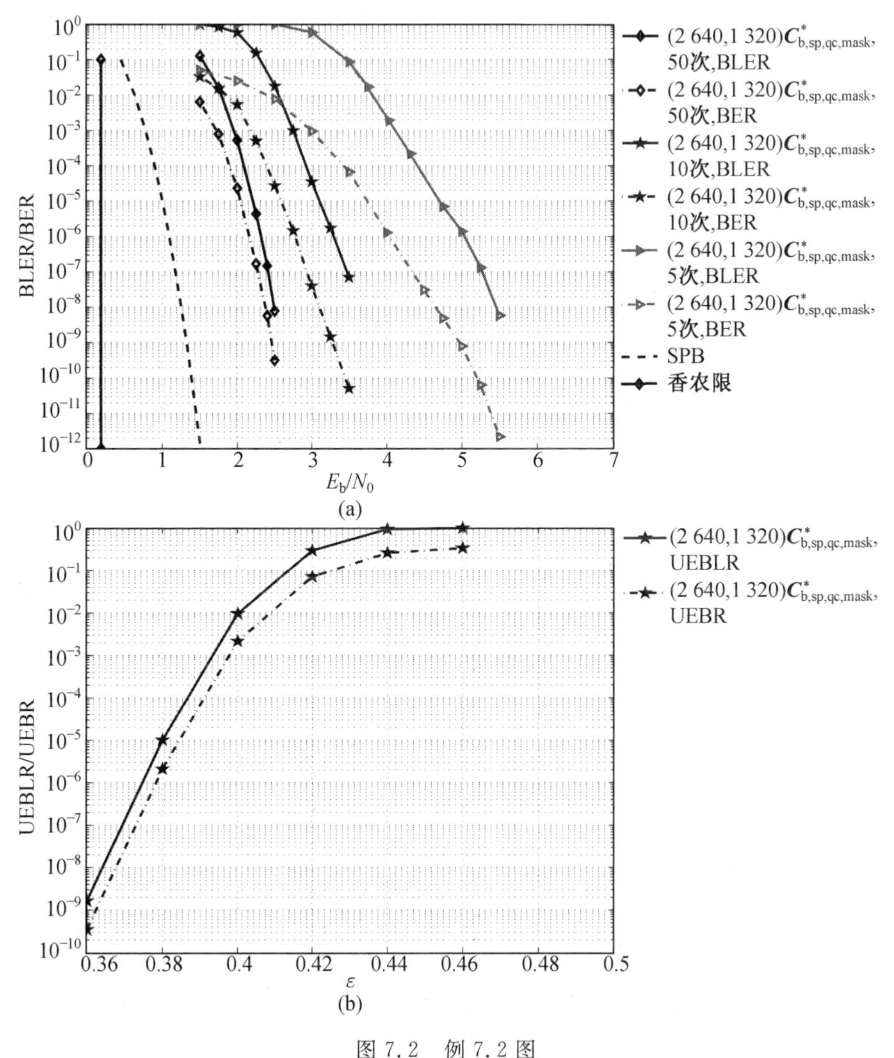

图 7.2　例 7.2 图

$$[\boldsymbol{Z}_l(4,4)\quad \boldsymbol{Z}_r(4,4)\quad \boldsymbol{Z}_l(4,4)\quad \boldsymbol{Z}_r(4,4)\quad \boldsymbol{Z}_l(4,4)\quad \cdots]$$

当 k 是偶数时，即 $k=2l$，可以获得掩模矩阵如下：

$$\boldsymbol{Z}_l(4,4k)=[\boldsymbol{Z}_l(4,4)\quad \boldsymbol{Z}_r(4,4)\quad \boldsymbol{Z}_l(4,4)\quad \boldsymbol{Z}_r(4,4)\quad \cdots\quad \boldsymbol{Z}_l(4,4)\quad \boldsymbol{Z}_r(4,4)] \tag{7.7}$$

式(7.7)中含有 l 对 $\boldsymbol{Z}_l(4,4)$ 和 $\boldsymbol{Z}_r(4,4)$，此时 $\boldsymbol{Z}_l(4,4k)$ 的列重和行重分别为 3 和 $6l$。

当 k 是奇数时，即 $k=2l-1$ 且 $l>1$，获得的掩模矩阵表示为

$$\boldsymbol{Z}_{\mathrm{l}}(4,4k)=[\boldsymbol{Z}_{\mathrm{l}}(4,4)\quad \boldsymbol{Z}_{\mathrm{r}}(4,4)\quad \boldsymbol{Z}_{\mathrm{l}}(4,4)\quad \boldsymbol{Z}_{\mathrm{r}}(4,4)\quad \cdots\quad \boldsymbol{Z}_{\mathrm{l}}(4,4)] \tag{7.8}$$

式(7.8)含有 $l-1$ 对 $\boldsymbol{Z}_{\mathrm{l}}(4,4)$ 和 $\boldsymbol{Z}_{\mathrm{r}}(4,4)$，最后多一个左半部子矩阵 $\boldsymbol{Z}_{\mathrm{l}}(4,4)$。此时 $\boldsymbol{Z}_{\mathrm{l}}(4,4k)$ 的列重为 3，并且具有两个不同的行重 $6(l-1)+2$ 和 $6(l-1)+4$。当 $k\geqslant 3(l\geqslant 2)$ 时，$\boldsymbol{Z}_{\mathrm{l}}(4,4k)$ 中存在 3×3 全 1 的子矩阵，称 $\boldsymbol{Z}_{\mathrm{l}}(4,4k)$ 为 Type－1 型掩模矩阵。

当 $k=2,3,4,\cdots$ 时，可以构造一系列掩模矩阵，见式(7.7)和式(7.8)，此时构造的 CPM－QC－SP－LDPC 码的码率为 1/2，2/3，3/4，…。

为了与掩模矩阵的定义统一，在本节讨论中，将基矩阵 $\boldsymbol{B}_{\mathrm{q,sp}}$ 重新定义为 $\boldsymbol{B}_{\mathrm{q,sp}}(m,n)$，其中 (m,n) 代表基矩阵 $\boldsymbol{B}_{\mathrm{q,sp}}$ 的大小。

例 7.3 令 $k=2,3,\cdots,10$，在有限域 $\mathrm{GF}(2^7)$ 上根据式(7.1)构造 9 个 $4\times 4k$ 的基矩阵 $B_{\mathrm{q,sp,s}}(4,4k)$，对这 9 个基矩阵进行掩模操作。当 k 为偶数时，$\boldsymbol{Z}_{\mathrm{l}}(4,4k)$ 采用式(7.7)；当 k 为奇数时，$\boldsymbol{Z}_{\mathrm{l}}(4,4k)$ 采用式(7.8)。然后对掩模基矩阵 $\boldsymbol{B}_{\mathrm{q,sp,s,mask}}(4,4k)$ 进行二进制 CPM 扩展，其对应的零空间是 9 个 CPM－QC－SP－LDPC 码 $\boldsymbol{C}_{k-1,\mathrm{mask}}$，码长为 $508k$，码率为 $(k-1)/k$。当采用 50 次迭代 MSA 译码算法时，其 BER 曲线如图 7.3(a)所示，从图中可以看出，这些码具有良好的性能。

考虑(5 080，4 572)码率为 9/10 的 CPM－QC－SP－LDPC 码 $\boldsymbol{C}_{9,\mathrm{mask}}$ 的原始基矩阵(没有经过掩模操作)为 $\boldsymbol{B}_{\mathrm{q,sp,s}}(4,40)$，它是 $\mathrm{GF}(2^7)$ 上两个子集合 $S_0=\{\alpha^0,\alpha^1,\alpha^2,\alpha^3\}$ 和 $S_1=\{\alpha^5,\alpha^6,\alpha^7,\alpha^8,\cdots,\alpha^{45},\alpha^{46},\alpha^{47},\alpha^{48}\}$ 根据式(7.1)构造而成，且 $\eta=1$。对 $\boldsymbol{B}_{\mathrm{q,sp,s}}(4,40)$ 进行 CPM 扩展后，其对应的零空间是一个(5 080，4 589)的 CPM－QC－SP－LDPC 码 $\boldsymbol{C}_9$，其 Tanner 图的周长为 6，含有 245 110 个环长为 6 的环、24 630 507 个环长为 8 的环和 2 165 484 620 个环长为 10 的环。对 $\boldsymbol{B}_{\mathrm{q,sp,s}}(4,40)$ 进行掩模操作，可以获得掩模基矩阵 $\boldsymbol{B}_{\mathrm{q,sp,s,mask}}(4,40)=\boldsymbol{Z}_{\mathrm{l}}(4,40)\odot\boldsymbol{B}_{\mathrm{q,sp,s}}(4,40)$，对掩模基矩阵 $\boldsymbol{B}_{\mathrm{q,sp,s,mask}}(4,40)$ 进行 CPM 扩展，其零空间是一个(5 080，4 572)的 CPM－QC－SP－LDPC 码 $\boldsymbol{C}_{9,\mathrm{mask}}$。$\boldsymbol{C}_{9,\mathrm{mask}}$ 码的 Tanner 图周长为 6，包含 30 480 个环长为 6 的环、1 485 773 个环长为 8 的环和 65 230 502 个环长为 10 的环。与没有经过掩模过程的 $\boldsymbol{C}_9$ 码相比，$\boldsymbol{C}_{9,\mathrm{mask}}$ 具有更少的短环数量。

当采用 50 次迭代 MSA 译码算法时，$\boldsymbol{C}_{9,\mathrm{mask}}$ 码的 BER 和 BLER 性能曲线如图 7.3(b)所示。图 7.3(b)中也给出(5 080，4 572)采用 PEG 算法构造的 LDPC 码 $\boldsymbol{C}_{\mathrm{peg}}$ 的 BER 和 BLER 性能曲线，其校验矩阵的列重为 3。基于 PEG 构码法获得 $\boldsymbol{C}_{\mathrm{peg}}$ 的 Tanner 图周长为 6，包含 32 723 个环长为 6 的

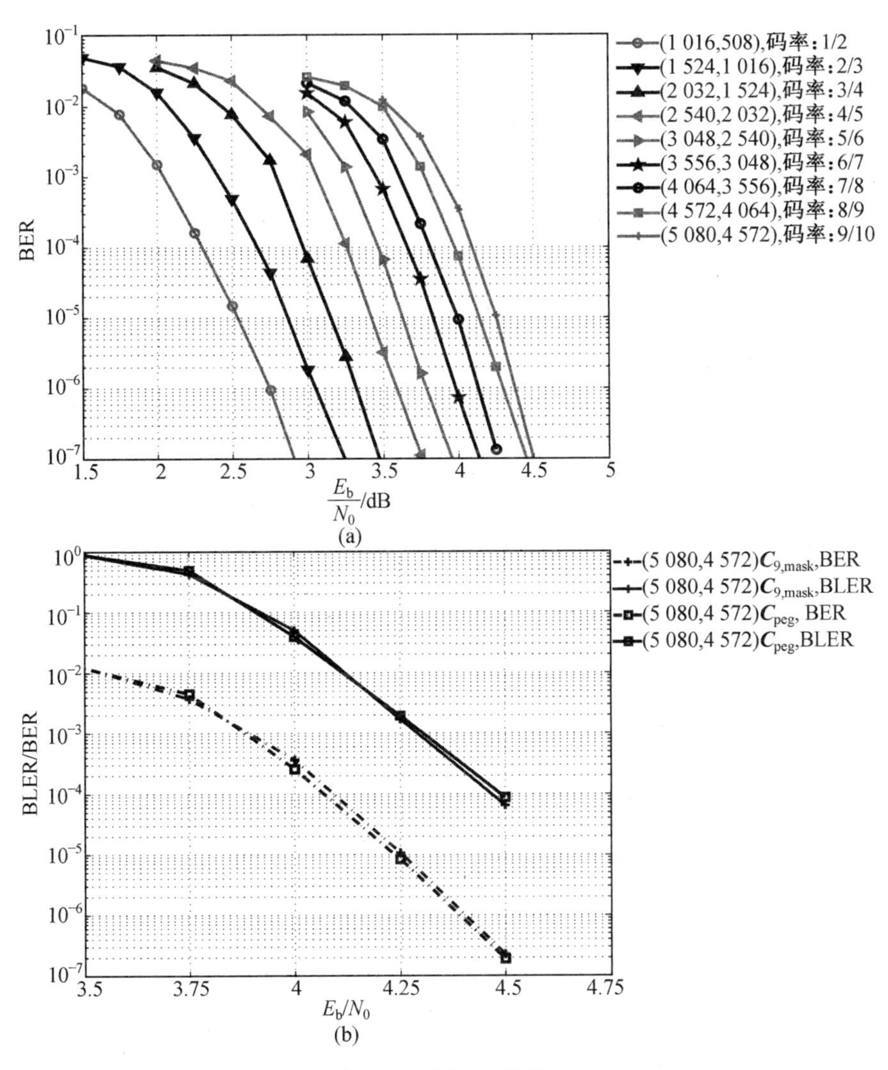

图 7.3　例 7.3 的图

环、1 567 708 个环长为 8 的环和 66 756 528 个环长为 10 的环。由图 7.3(b)可以看出，当 BER 为 10^{-7}时，两个码的性能曲线基本相同。

基于式(7.5)的 $\boldsymbol{Z}(4,8)$，介绍另外一种构造掩模矩阵的方法，将式(7.5)的前两列作为一组重复 k 次，将第 5 和第 6 列作为一组重复 k 次，即可以构造一个 $4\times4k$ 的掩模矩阵 $\boldsymbol{Z}_2(4,4k)$，其列重和行重分别为 3 和 $3k$。实际上式(7.5)是 $k=2$ 时的例子；当 $k=3$ 时，可以获得的掩模矩阵表示为

$$Z_2(4,12)=\begin{bmatrix}1&0&1&0&1&0&1&1&1&1&1&1\\0&1&0&1&0&1&1&1&1&1&1&1\\1&1&1&1&1&1&1&0&1&0&1&0\\1&1&1&1&1&1&0&1&0&1&0&1\end{bmatrix}\tag{7.9}$$

将 $\boldsymbol{Z}_2(4,4k)$ 称为 Type－2 型掩模矩阵，实际上它是式(7.5)的均匀扩展形式。

例 7.4 基于 GF(331)进行构码，令 α 为 GF(331)的本原元。假设两个子集合 $S_0=\{\alpha^0,\alpha^1,\alpha^2,\alpha^3\}$ 和 $S_1=\{\alpha^{14},\alpha^{15},\alpha^{16},\cdots,\alpha^{24},\alpha^{25}\}$，并令 $\eta=-1$，根据式(7.1)构造一个 4×12 的基矩阵 $\boldsymbol{B}_{\mathrm{q,sp,s}}(4,12)$，其列重和行重分别为 4 和 12。对基矩阵 $\boldsymbol{B}_{\mathrm{q,sp,s}}(4,12)$ 进行二进制 CPM 扩展，可以获得一个(4,12)规则(3 960,2 643)的 CPM－QC－SP－LDPC 码 $\boldsymbol{C}_{\mathrm{b,sp,qc}}$，码率为 0.667 4，其 Tanner 图周长为 6，包含 13 530 个环长为 6 的环、165 660 个环长为 8 的环和 3 835 590 个环长为 10 的环。

对 $\boldsymbol{B}_{\mathrm{q,sp,s}}(4,12)$ 进行掩模操作，其掩模矩阵为 $\boldsymbol{Z}_2(4,12)$(式(7.9))。因此获得的掩模基矩阵为 $\boldsymbol{B}_{\mathrm{q,sp,s,mask}}(4,12)=\boldsymbol{B}_{\mathrm{q,sp,s}}(4,12)\odot\boldsymbol{Z}_2(4,12)$，其列重和行重分别为 3 和 9。该掩模基矩阵 $\boldsymbol{B}_{\mathrm{q,sp,s,mask}}(4,12)$ 的二进制 CPM 扩展，可以得到一个(3,9)规则(3 960,2 640)CPM－QC－SP－LDPC 码 $\boldsymbol{C}_{\mathrm{b,sp,qc,mask}}$，其 Tanner 图周长为 8，包含 3 960 个环长为 8 的环和 117 480 个环长为 10 的环。对比发现，通过掩模操作不仅可以增加 Tanner 图的周长，还可以显著减少短环的数量。

$\boldsymbol{C}_{\mathrm{b,sp,qc}}$ 和 $\boldsymbol{C}_{\mathrm{b,sp,qc,mask}}$ 采用 50 次迭代 MSA 译码算法时的 BER 和 BLER 的性能曲线如图 7.4 所示，从图中可以看到，进行掩模操作 $\boldsymbol{C}_{\mathrm{b,sp,qc,mask}}$ 码的性能要好于没有经过掩模操作的 $\boldsymbol{C}_{\mathrm{b,sp,qc}}$ 码，因此，$\boldsymbol{Z}_2(4,12)$ 是一个作用很大的掩模矩阵。

一个(3 960,2 640)基于 PEG 构码法获得 $\boldsymbol{C}_{\mathrm{peg}}$ 码的 BER 和 BLER 性能曲线如图 7.4 所示。$\boldsymbol{C}_{\mathrm{peg}}$ 的校验矩阵的列重为 3，平均行重为 9，$\boldsymbol{C}_{\mathrm{peg}}$ 的 Tanner 图周长为 8，包含 712 个环长为 8 的环和 118 636 个环长为 10 的环。从图 7.4 中可以看到，当 BER 为 10^{-8} 时，$\boldsymbol{C}_{\mathrm{peg}}$ 码的性能曲线与 $\boldsymbol{C}_{\mathrm{b,sp,qc,mask}}$ 性能曲线基本一致。

在构造 Type－2 型掩模矩阵时，可以将式(7.5)的前两列作为一组重复 k_1 次，将第 5 和第 6 列作为一组重复 k_2 次，此时是对 $\boldsymbol{Z}(4,8)$ 的非均匀(non-uniform)扩展，可以获得一个 $4\times(2k_1+2k_2)$ 的掩模矩阵 $\boldsymbol{Z}_2(4,2k_1+2k_2)$，其列重为 3，行重为 k_1+2k_2 或 $2k_1+k_2$。基于这种非均匀扩展，可以获得一组掩模矩阵。

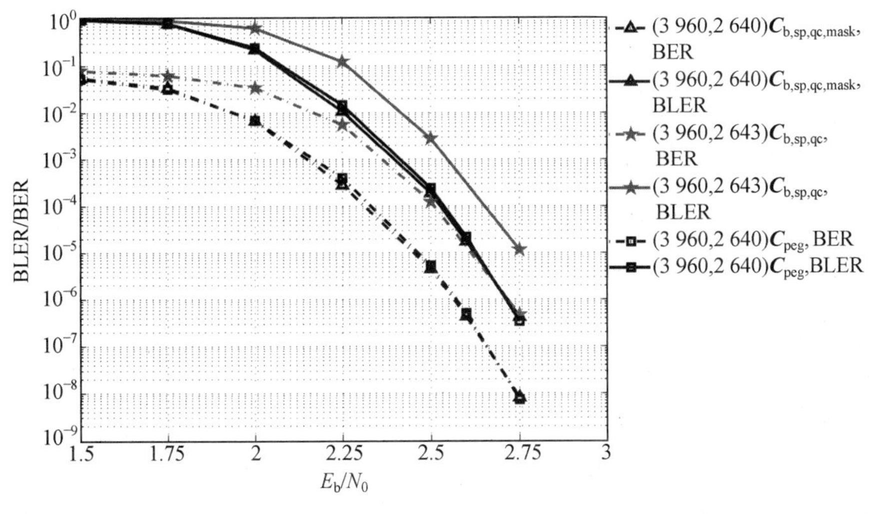

图 7.4　例 7.4 的图

第三种构造掩模矩阵(第一种和第二种方法是 Type－1 型和 Type－2 型)的方法是令 $\mathbf{A}(4,2k)$是一个 $4\times 2k$ 的矩阵,它是将式(7.5)的前两列重复 k 次构成。当 $l\geqslant 0$ 时,构造一个$(4+l)\times 2k$ 的矩阵 $\mathbf{A}(4+l,2k)$,该矩阵是在 $\mathbf{A}(4,2k)$的底部加入 l 个全零行。当 $f\geqslant 0$ 时,令 $\mathbf{A}^{(f)}(4+l,2k)$是将 $\mathbf{A}(4+l,2k)$循环下移 f 行。当 $t\geqslant 2$ 时,可以构造一个$(4+l)\times 2kt$ 的矩阵,表示为

$$\boldsymbol{Z}_3(4+l,2kt)=$$
$$[\mathbf{A}^{(0)}(4+l,2k)\mathbf{A}^{(f)}(4+l,2k)\mathbf{A}^{(2f)}(4+l,2k)\cdots\mathbf{A}^{((t-1)f)}(4+l,2k)] \tag{7.10}$$

式(7.10)矩阵的列重为 3,有多个行重。当设定不同的 k、l、f 和 t 值时,可以获得一系列的掩模矩阵 $\boldsymbol{Z}_3(4+l,2kt)$,用来构造不同码长和码率的 CPM－QC－SP－LDPC 码,而该掩模矩阵 $\boldsymbol{Z}_3(4+l,2kt)$也被称为 Type－3 型掩模矩阵,通过性能仿真发现该掩模矩阵具有极好的性能。

例 7.5　在 GF(331)上构码,并令 $k=4$、$l=2$、$f=4$ 和 $t=2$。根据式(7.1)构造一个 6×16 的基矩阵 $\boldsymbol{B}_{q,sp,s}(6,16)$,两个子集合分别为 $S_0=\{\alpha^0,\alpha^1,\alpha^2,\alpha^3,\alpha^4,\alpha^5\}$和 $S_1=\{\alpha^{15},\alpha^{16},\alpha^{17},\cdots,\alpha^{28},\alpha^{29},\alpha^{30}\}$,且 $\eta=1$。对基矩阵 $\boldsymbol{B}_{q,sp,s}(6,16)$进行二进制 CPM 扩展,得到一个(6,16)规则(5 280,3 305)的 CPM－QC－SP－LDPC 码 $\boldsymbol{C}_{b,sp,qc}$,它的 Tanner 图周长为 6,包含 133 980 个环长为 6 的环、4 307 325 个环长为 8 的环和 241 141 560 个环长为 10 的环。令 $k=4$、$l=2$、$f=4$ 和 $t=2$,构造一个 6×16 的掩模矩阵,表示为

$$
\boldsymbol{Z}_3(6,16)=\begin{bmatrix}
1&0&1&0&1&0&1&0&1&1&1&1&1&1&1&1\\
0&1&0&1&0&1&0&1&1&1&1&1&1&1&1&1\\
1&1&1&1&1&1&1&1&0&0&0&0&0&0&0&0\\
1&1&1&1&1&1&1&1&0&0&0&0&0&0&0&0\\
0&0&0&0&0&0&0&0&1&0&1&0&1&0&1&0\\
0&0&0&0&0&0&0&0&1&0&1&0&1&0&1&0\\
0&0&0&0&0&0&0&0&0&1&0&1&0&1&0&1
\end{bmatrix}
\tag{7.11}
$$

对基矩阵 $\boldsymbol{B}_{\mathrm{q,sp,s}}(6,16)$进行掩模操作，获得一个 6×16 的掩模基矩阵 $\boldsymbol{B}_{\mathrm{q,sp,s,mask}}(6,16)$，其列重为 3，并有三个行重分别为 4、8 和 12，$\boldsymbol{B}_{\mathrm{q,sp,s,mask}}(6,16)$满足 3×3 的 SM 约束条件。将 $\boldsymbol{B}_{\mathrm{q,sp,s,mask}}(6,16)$进行二进制 CPM 扩展，得到一个 6×16 的阵列 $\boldsymbol{H}_{\mathrm{b,sp,qc,s,mask}}(330,330)$，其 CPM 矩阵和 ZM 矩阵的大小为 330×330，$\boldsymbol{H}_{\mathrm{b,sp,qc,s,mask}}(330,330)$是一个 2 980×5 280 的二进制矩阵，其列重为 3，三个行重分别为 4、8 和 12，$\boldsymbol{H}_{\mathrm{b,sp,qc,s,mask}}(330,330)$的零空间对应于 CPM－QC－SP－LDPC 码 $\boldsymbol{C}_{\mathrm{b,sp,qc,mask}}$，码率略高于 5/8。$\boldsymbol{C}_{\mathrm{b,sp,qc,mask}}$的 Tanner 图周长为 8，包含 4 280 个环长为 8 的环和 114 840 个环长为 10 的环。对比发现，掩模操作不仅增加码的 Tanner 图周长，还减少了短环的数量。

不采用掩模操作 $\boldsymbol{C}_{\mathrm{b,sp,qc}}$和采用掩模操作 $\boldsymbol{C}_{\mathrm{b,sp,qc,mask}}$经 50 次迭代 MSA 译码算法时的 BER 和 BLER 性能如图 7.5 所示。从图中可以看出，$\boldsymbol{C}_{\mathrm{b,sp,qc,mask}}$性能优于 $\boldsymbol{C}_{\mathrm{b,sp,qc}}$，并且 BER 在 10^{-9}时，不存在明显的误码平层。为了对比，图 7.5 中也给出一个(5 280,3 300)的 PEG 码 $\boldsymbol{C}_{\mathrm{peg}}$的 BER 和 BLER 曲线。$\boldsymbol{C}_{\mathrm{peg}}$码的校验矩阵的列重为 3，且其 Tanner 图周长为 10，含有 65 745 个环长为 10 的环。从图中可以看出，$\boldsymbol{C}_{\mathrm{b,sp,qc,mask}}$的性能与 $\boldsymbol{C}_{\mathrm{peg}}$的性能几乎一致。

综上所述，根据码长和码率的要求设计相应的掩模矩阵 $\boldsymbol{Z}$，同时设计一个满足 RC 约束条件的基矩阵 $\boldsymbol{B}_{\mathrm{q,sp}}$。对 $\boldsymbol{B}_{\mathrm{q,sp}}$进行掩模操作，获得掩模基矩阵 $\boldsymbol{B}_{\mathrm{q,sp,mask}}=\boldsymbol{B}_{\mathrm{q,sp}}\odot\boldsymbol{Z}$；对 $\boldsymbol{B}_{\mathrm{q,sp,mask}}$进行二进制 CPM 扩展，获得一个 CPM－QC－SP－LDPC 码，其通常具有较大的 Tanner 图周长 g(比如周长为 8 或者更大)，并且短环(比如环长为 g，或者环长为 $g+2$)数目较少。此时掩模矩阵 $\boldsymbol{Z}$ 与基矩阵 $\boldsymbol{B}_{\mathrm{q,sp}}$搭配得当，可以提供更好的性能。

为了更好地配合已经设计好的掩模矩阵 $\boldsymbol{Z}$，先在给定的有限域上设计一个较大的满足 2×2 的 SM 约束条件的母矩阵 $\boldsymbol{B}_{\mathrm{mother}}$，比如根据 7.3 节的方法，选择任意两个子集合，通过式(7.1)和式(7.2)进行基矩阵生成。然后通过某个搜索算法，在母矩阵 $\boldsymbol{B}_{\mathrm{mother}}$上寻找一个子矩阵 $\boldsymbol{B}_{\mathrm{q,sp}}$，使 $\boldsymbol{B}_{\mathrm{q,sp,mask}}=$

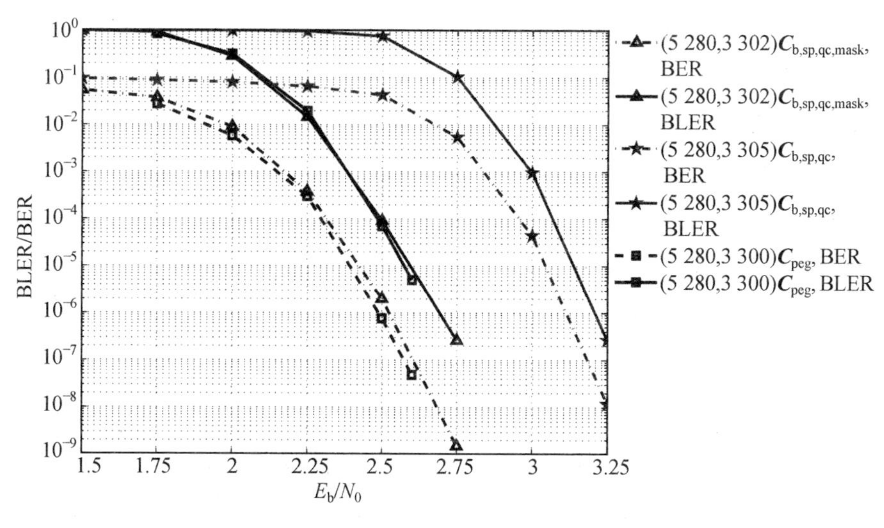

图 7.5　例 7.5 的图

$\boldsymbol{B}_{q,sp} \odot \boldsymbol{Z}$ 满足 3×3 的 SM 约束条件，或者使其生成的 CPM－QC－SP－LDPC 码的 Tanner 图周长尽可能大（比如至少为 8），且具有较少的短环数量。

文献[68]给出一种从母矩阵寻找一个 4×8 基矩阵的算法，可以使得找到的基矩阵与已知的掩模矩阵 $\boldsymbol{Z}(4,8)$ 搭配得当，获得较好的性能，此时掩模基矩阵的列重和行重分别为 3 和 6，可以构造一个（3，6）规则 QC－LDPC 码，码率为 1/2。附录 B 给出一种通用的算法来寻找掩模基矩阵，以构造不同码率的规则 QC－LDPC 码。

以上介绍的掩模矩阵设计方法，主要基于 CPM－D－SP 构码法构造规则（或者近似规则）的 CPM－QC－SP－LDPC 码。如果想要根据 VN 节点和 CN 节点的度分布构造不规则 CPM－QC－SP－LDPC 码，构造掩模矩阵的列重和行重分布应该与 VN 节点和 CN 节点度分布情况一致或近似一致，此时可以采用 PEG 算法构造这样的掩模矩阵。

7.6　连续突发信道下基于掩模矩阵的构码方法

7.4 节和 7.5 节介绍的掩模操作构造 CPM－QC－SP－LDPC 码，可以用来纠正突发错误。在有限域 GF(q)上构码，令 l 和 t 为两个正整数，且满足 $lt \leqslant q$，根据式(7.1)构造一个 $t \times lt$ 满足 2×2 的 SM 约束条件的基矩阵 $\boldsymbol{B}_{q,sp,s}(t,lt)$，集合 S_0 和 S_1 的大小为 $|S_0|=t$ 和 $|S_1|=lt$。将基矩阵

$\boldsymbol{B}_{\mathrm{q,sp,s}}(t,lt)$分解成 l 个大小为 $t\times t$ 的子矩阵，表示为

$$\boldsymbol{B}_{\mathrm{q,sp,s}}(t,lt)=[\boldsymbol{B}_0(t,t)\quad \boldsymbol{B}_1(t,t)\quad \cdots\quad \boldsymbol{B}_{l-1}(t,t)] \tag{7.12}$$

其中，每个子矩阵 $\boldsymbol{B}_j(t,t)$由 $\boldsymbol{B}_{\mathrm{q,sp,s}}(t,lt)$中连续 t 列构成，且 $0\leqslant j<l$。

令 τ 是一个正整数，且 $\tau\leqslant t-2$，给定一个二进制长度为 t 的矢量 $\boldsymbol{z}=(z_0,z_1,\cdots,z_{t-1})$，该矢量前 τ 个元素为 0，后 $t-\tau$ 个元素为 1，表示为

$$\boldsymbol{z}=(\underbrace{0,0\cdots,0}_{\tau}\ \underbrace{11,\cdots,1}_{t-\tau})$$

将 $\boldsymbol{z}$ 作为生成式生成一个 $t\times t$ 的循环矩阵 $\boldsymbol{Z}(t,t)$，$\boldsymbol{Z}(t,t)$的每一行(或每一列)包含 τ 个零和至少两个 1，即由 τ 个零张成的子空间可以定义为零扩展(zero-span)，参数 τ 被定义为零扩展的长度。

对 $\boldsymbol{B}_{\mathrm{q,sp,s}}(t,lt)$中每一个 $t\times t$ 的子矩阵 $\boldsymbol{B}_j(t,t)$进行掩模操作，相应的掩模矩阵为 $\boldsymbol{Z}(t,t)$。经过掩模操作，获得一个 $t\times lt$ 的掩模基矩阵，表示为

$$\boldsymbol{B}_{\mathrm{q,sp,s,mask}}(t,lt)=[\boldsymbol{B}_{0,\mathrm{mask}}(t,t)\quad \boldsymbol{B}_{1,\mathrm{mask}}(t,t)\quad \cdots\quad \boldsymbol{B}_{l-1,\mathrm{mask}}(t,t)] \tag{7.13}$$

由掩模矩阵 $\boldsymbol{Z}(t,t)$的结构特性，发现掩模基矩阵 $\boldsymbol{B}_{\mathrm{q,sp,s,mask}}(t,lt)$具有如下结构特性。

(1)每一行中含有 l 个长度为 τ 的 zero-span，且这 l 个 zero-span 被 $t-\tau$个非零元素隔离。

(2)每一列中存在一个非零位置，该非零位置后面跟着 τ 个零。

将基矩阵 $\boldsymbol{B}_{\mathrm{q,sp,s,mask}}(t,lt)$中每个非零位置拓展为一个大小为$(q-1)\times(q-1)$的 CPM 矩阵，每个零位置拓展为一个大小为$(q-1)\times(q-1)$的 ZM 矩阵，可以得到一个二进制 $t\times lt$ 的阵列 $\boldsymbol{H}_{\mathrm{b,sp,qc,s,mask}}(q-1,q-1)$，其每一位的 CPM 矩阵和 ZM 矩阵的大小为$(q-1)\times(q-1)$。因此，阵列 $\boldsymbol{H}_{\mathrm{b,sp,qc,s,mask}}(q-1,q-1)$是一个固定列重 $t-\tau$ 和固定行重 $l(t-\tau)$的 $t(q-1)\times lt(q-1)$的矩阵。

$\boldsymbol{H}_{\mathrm{b,sp,qc,s,mask}}(q-1,q-1)$含有 t 个矩阵的行扩展和 lt 个矩阵的列扩展。每个矩阵的列扩展对应一个$(q-1)\times(q-1)$的 CPM 矩阵或 ZM 矩阵；每一矩阵的行扩展包含 l 个 ZM 矩阵张成的子空间，其中每一个子空间是由 τ 个大小为$(q-1)\times(q-1)$的 ZM 矩阵以及后面跟着两个 CPM 矩阵组成，因此 $\boldsymbol{H}_{\mathrm{b,sp,qc,s,mask}}(q-1,q-1)$每一行含有 l 个零扩展，每一个的长度至少为 $\tau(q-1)$。基于 $\boldsymbol{B}_{\mathrm{q,sp,qc,s,mask}}(t,lt)$和 $\boldsymbol{H}_{\mathrm{b,sp,qc,s,mask}}(q-1,q-1)$的结构特性，可以发现 $\boldsymbol{H}_{\mathrm{b,sp,qc,s,mask}}(q-1,q-1)$的任意一列，存在一个位置是 1 且后面跟着 $\tau(q-1)$个零。

$\boldsymbol{H}_{\mathrm{b,sp,qc,s,mask}}(q-1,q-1)$对应的零空间是一个 CPM－QC－SP－

LDPC 码 $\boldsymbol{C}_{\mathrm{b,sp,qc,mask}}$，由 $\boldsymbol{H}_{\mathrm{b,sp,qc,s,mask}}(q-1,q-1)$ 的特性可知，$\boldsymbol{C}_{\mathrm{b,sp,qc,mask}}$ 可以纠正擦除信道下的任意擦除图案 e，当其连续擦出符号不超过 κ 个位置 $(0\leqslant\kappa\leqslant\tau(q-1)+1)$ 时，这种图案被称为突发擦除长度为 κ 的擦除图案。当擦除图案 e 发生时，首先在 $\boldsymbol{H}_{\mathrm{b,sp,qc,s,mask}}(q-1,q-1)$ 中找到可以检测出 e 中一个擦除符号的一行，然后基于这一行的零约束(zero-constraint)的校验和约束条件，可以恢复出被擦除的符号，将恢复出的符号从 e 中移除，此时突发擦除符号的长度为e_1；接下来在 $\boldsymbol{H}_{\mathrm{b,sp,qc,s,mask}}(q-1,q-1)$ 中继续寻找可以检测出e_1 中一个擦除符号的一行，并基于这一行的零约束校验和约束条件，继续恢复出这个被擦除的符号。重复这个过程，直到恢复出 e 中全部擦除符号。当连续突发擦除符号不超过 $\tau(q-1)+1$ 时，$\boldsymbol{C}_{\mathrm{b,sp,qc,mask}}$ 可以恢复出全部擦除符号，因此 $\boldsymbol{C}_{\mathrm{b,sp,qc,mask}}$ 可以恢复突发擦除的纠错能力是 $\tau(q-1)+1$。

需要注意的是，若是一个 LDPC 码具有良好的纠正突发错误的能力，并不意味着这个码在 AWGN 和 BEC 信道下一定具有很好的性能。

例 7.6　在有限域 GF(2^8)上进行构码，并令 α 是 GF(2^8)上的本原元，假设 $t=7,l=6$。在 GF(2^8)上选择两个子集合 $S_0=\{\alpha^0,\alpha^1,\alpha^2,\cdots,\alpha^6\}$ 和 $S_1=\{\alpha^7,\alpha^8,\alpha^9,\cdots,\alpha^{48}\}$，并且 $\eta=-1$。根据两个子集合和式(7.1)，在 GF(2^8)上构造一个满足 2×2 的 SM 约束条件的 7×42 的基矩阵 $\boldsymbol{B}_{\mathrm{q,sp,s}}(7,42)$。将 $\boldsymbol{B}_{\mathrm{q,sp,s}}(7,42)$分解成 6 个连续的子矩阵，每个子矩阵的大小为 7×7，有

$$\boldsymbol{B}_{\mathrm{q,sp,s}}(7,42)=[\boldsymbol{B}_0(7,7)\quad \boldsymbol{B}_1(7,7)\quad \cdots\quad \boldsymbol{B}_5(7,7)]$$

令 $\tau=3$，可以获得的 7×7 的掩模矩阵，表示为

$$\boldsymbol{Z}(7,7)=\begin{bmatrix}0&0&0&1&1&1&1\\1&0&0&0&1&1&1\\1&1&0&0&0&1&1\\1&1&1&0&0&0&1\\1&1&1&1&0&0&0\\0&1&1&1&1&0&0\\0&0&1&1&1&1&0\end{bmatrix}\tag{7.14}$$

当 $0\leqslant j<6$ 时，对 $\boldsymbol{B}_j(7,7)$进行掩模操作，掩模矩阵见式(7.14)，此时得到一个 7×42 的掩模基矩阵 $\boldsymbol{B}_{\mathrm{q,sp,s,mask}}(7,42)=[\boldsymbol{B}_{0,\mathrm{mask}}(7,7)\quad \boldsymbol{B}_{1,\mathrm{mask}}(7,7)\quad \cdots\quad \boldsymbol{B}_{5,\mathrm{mask}}(7,7)]$，其列重和行重分别为 4 和 24。掩模基矩阵 $\boldsymbol{B}_{\mathrm{q,sp,s,mask}}(7,42)$ 的每一行有 6 个零扩展，每一个扩展长度为 3。对 $\boldsymbol{B}_{\mathrm{q,sp,s,mask}}(7,42)$进行 CPM 扩展，得到一个 7×42 的阵列 $\boldsymbol{H}_{\mathrm{b,sp,qc,s,mask}}(255,$

255)，其 CPM 矩阵和 ZM 矩阵大小为 255×255，因此可以得到一个 1 785×10 710的矩阵，其列重和行重分别为 4 和 24。$\boldsymbol{H}_{\mathrm{b,sp,qc,s,mask}}(255,255)$每一行含有 6 个零扩展，而每一个扩展长度至少为 765。在 $\boldsymbol{H}_{\mathrm{b,sp,qc,s,mask}}(255,255)$的每一列中，存在 1 个 1 后面跟着至少 765 个 0。

$\boldsymbol{H}_{\mathrm{b,sp,qc,s,mask}}(255,255)$的零空间是一个(4,24)规则(10 710,8 926)的CPM－QC－SP－LDPC 码 $\boldsymbol{C}_{\mathrm{b,sp,qc,mask}}$，其码率为 0.833 4，这个码可以纠正突发错误长度为 766。$\boldsymbol{C}_{\mathrm{b,sp,qc,mask}}$在 AWGN 信道下的 BER 和 BLER 的性能曲线如图 7.6(a)所示，在 BEC 信道下的性能曲线如图 7.6(b)所示。

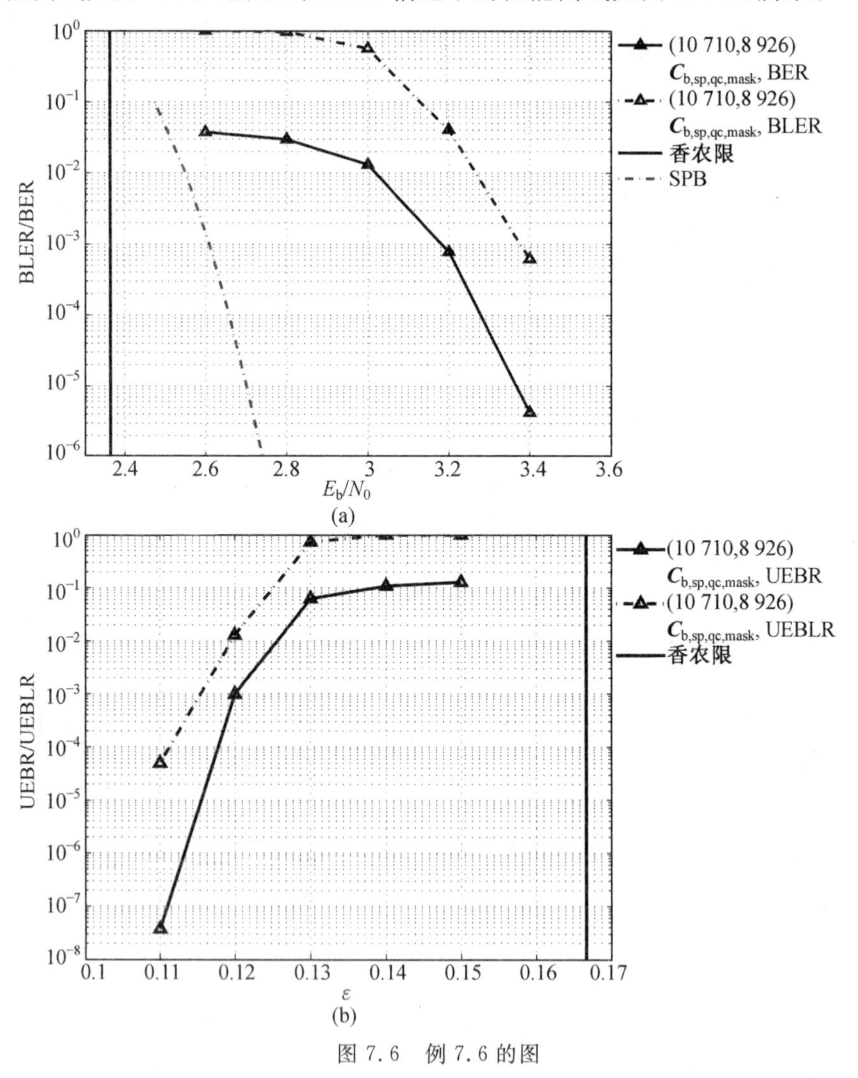

图 7.6　例 7.6 的图

7.7　小结与展望

基于 CPM 扩展法构造 QC－SP－LDPC 码的关键问题，是如何在一个非二进制(NB)有限域上构造一个满足 2×2 的 SM 约束条件的基矩阵。因此，在 7.3 节中给出一种在 NB 上非常有效和灵活的代数方式，构造满足 2×2 的 SM 约束条件的基矩阵方法。实际上 7.3 节介绍的构造基矩阵的方法，覆盖了从 2003 年开始的代数构码法的六种常见基矩阵形式，除了这种有效的基矩阵构造法外，还有许多其他有效的构造满足 2×2 的 SM 约束条件的基矩阵方式。比如，文献[64]提到一种在 NB 上，基于本原元幂次方的循环子群构造基矩阵的方法，这种方法并不是 7.3 节介绍的构造基矩阵方法的特例，将在第 10 章中进一步加以介绍；文献[29]介绍一种部分几何(partial geometries)构造满足 2×2 的 SM 约束条件的基矩阵方法，这种基于几何构造基矩阵的方法生成一系列满足 2×2 的 SM 约束条件的基矩阵，具体内容见附录 A。

构造具有良好误码性能的 CPM－QC－SP－LDPC 码的另外一个关键技术是掩模操作。在 7.4 节和 7.5 节中，证明掩模操作可以有效地增加 LDPC 码的 Tanner 图周长，并且有效降低短码的数量。设计一个好的掩模矩阵 $\boldsymbol{Z}$ 的方法是 $\boldsymbol{Z}$ 全部的(或者大部分的)3×3 的子矩阵中至少含有一个零元素，这个 one-zero 的约束条件，很有可能使基矩阵通过掩模操作后，满足定理 7.2 提到的 3×3 的 SM 约束条件，实际上定理 7.2 也是使构造出来的 CPM－QC－SP－LDPC 码的 Tanner 图周长至少为 8 的充分必要条件，通常具有较少的短环数量。

当给定有限域、给定码率和给定码长时，要构建具有很好误码性能的 CPM－QC－SP－LDPC 码需要考虑两个主要因素，一个因素是基矩阵的设计，另一个因素是掩模矩阵的设计，而让基矩阵和掩模矩阵协调和匹配是一个重要的研究方向，通常有如下两种方法使基矩阵和掩模矩阵匹配。

(1)第一种方法。根据给定的有限域设计一个基矩阵，基于这个基矩阵设计一个掩模矩阵，使构码后的 Tanner 图周长变大，最好短环数量也较少。

(2)第二种方法。设计一个掩模矩阵，然后设计相应的基矩阵，使构码以后 Tanner 图的周长变大，最好短环数量也较少。

以上介绍的两种方法都是次优解，那么是否有一种联合设计基矩阵和掩模矩阵的方法，使构成的码字具有很好的结构特性(如周长、环分布和陷阱集)，这是一个很好也很难解决的问题。

7.4 节和 7.5 节构造的掩模矩阵，是通过给定的块进行组合而成，因此构造的掩模矩阵大小受限，并且列重也固定为 3。想要构建具有不同列重和较大矩阵大小的掩模矩阵，可以采用有限几何的方法，类似于 SP 构码法的基矩阵的构造方式。实际上，一个满足 RC 约束条件的 SP 基矩阵可以作为掩模矩阵，掩模矩阵中任意一个 3×3 子矩阵至少包含一个零元素，满足 one-zero 条件；对满足 2×2 的 SM 约束条件的基矩阵做掩模操作，获得一个满足 3×3 的 SM 约束条件的掩模基矩阵，且具有很好的误码特性。这是值得今后进一步研究的内容。

另外一种构造较大掩模矩阵的方法，是先构造一个全 1 的 $m\times n$ 的矩阵 $\boldsymbol{Z}_0$，将对角线的 1 元素替换为零元素。具体方法是从第一行的任意一个位置开始将 1 替换为 0，按照 45°右移对角线向下进行，当到达一列的最后，就从新的一列最上端开始继续进行替换，当到达一行的最后，就从新的一行的最左端开始继续进行替换，按照 zig-zag(锯齿)方式进行移动，逐步将 1 元素替换为零元素。重复这个过程，直到得到的 $\boldsymbol{Z}$ 矩阵满足以下其中一个或全部条件。

(1)$\boldsymbol{Z}$ 的任意一个 3×3 的子矩阵包含至少一个零元素。

(2)$\boldsymbol{Z}$ 需要满足列重和行重分布要求。

(3)$\boldsymbol{Z}$ 满足 RC 约束条件。

由 7.6 节可以知道，基于掩模矩阵的方法构造的 CPM－QC－SP－LDPC 码，可以有效地纠正 BEC 信道中的突发错误。目前还没有系统设计掩模矩阵的方法，所以关于掩模矩阵的构造方案仍然是一个值得研究的开放课题。

第8章　双重循环QC－LDPC码

本章介绍一种代数法构造CPM－QC－SP－LDPC码，这种码同时具有4.1节定义的block-wise和section-wise循环结构特性，因此这种码又称为双重循环(Doubly)CPM－QC－SP－LDPC码。基于SP构码法构造Doubly CPM－QC－SP－LDPC码，如果基矩阵$\boldsymbol{B}_{\mathrm{q,sp}}$在有限域中具有循环结构，则称其为循环基矩阵，一种特殊的循环基矩阵的构造方法，见式(7.2)，它是基于两个有限域的子集合S_0和S_1，构造具有循环结构特性的基矩阵。

研究Doubly CPM－QC－SP－LDPC码是因为它具有一些独特的优点，比如基于block-wise循环结构的QC－LDPC码，文献[79]提出一种降低复杂度的迭代译码算法；基于section-wise循环结构的QC－LDPC码，文献[68,69,78]介绍了一种低复杂度的迭代译码算法。同时设计良好的Doubly QC－LDPC码在AWGN信道和BEC信道下都具有良好的性能曲线。本章提出基矩阵和其他一些内容，在第9章第10章构造空间耦合(Spatially Coupled)和全局耦合(Globally Coupled)LDPC码中也会涉及。

8.1　具有循环特性的基矩阵

令α是GF(q)上的本原元，给定集合$S_0=\{\alpha^0,\alpha^{-1},\alpha^{-2},\cdots,\alpha^{-(q-3)},\alpha^{-(q-2)}\}$和$S_1=\{\alpha^0,\alpha^1,\alpha^2,\cdots,\alpha^{(q-3)},\alpha^{(q-2)}\}$，且$\eta=1$。根据式(7.2)给出的乘法形式，得到GF($q$)上满足$2\times2$的SM约束条件的$(q-1)\times(q-1)$基矩阵，表示为

$$\boldsymbol{B}^*_{\mathrm{q,sp,p}}=\begin{bmatrix}\alpha^0-1 & \alpha-1 & \alpha^2-1 & \cdots & \alpha^{q-3}-1 & \alpha^{q-2}-1\\ \alpha^{q-2}-1 & \alpha^0-1 & \alpha-1 & \cdots & \alpha^{q-4}-1 & \alpha^{q-3}-1\\ \vdots & \vdots & \vdots & & \vdots & \vdots\\ \alpha-1 & \alpha^2-1 & \alpha^3-1 & \cdots & \alpha^{q-2}-1 & \alpha^0-1\end{bmatrix}\tag{8.1}$$

由式(8.1)可以看到基矩阵$\boldsymbol{B}^*_{\mathrm{q,sp,p}}$具有循环结构，它是GF($q$)上重为$(q-2)$的循环矩阵。

该循环矩阵也可以通过对式(7.3)进行变换获得。实际上，$\boldsymbol{B}_{\mathrm{q,sp,p}}^{*}$的每一行(或每一列)是GF($q$)上的($q-2$,2) Reed-Solomon(RS)码，含有两个信息符号，最小距离为$q-2$[74,97]。$\boldsymbol{B}_{\mathrm{q,sp,p}}^{*}$中每一行(或每一列)都是由GF($q$)上各不相同的元素组成，任意两行(或者任意两列)同样位置的元素各不相同。$\boldsymbol{B}_{\mathrm{q,sp,p}}^{*}$主对角线上的$q-1$个元素全为0。

当$1\leqslant m$、$n<q$时，$\boldsymbol{B}_{\mathrm{q,sp,p}}^{*}$的任意一个$m\times n$的子矩阵可以作为构造CPM－QC－SP－LDPC码的基矩阵。本章介绍可以构造Doubly QC－LDPC码的基矩阵。

为了看出$\boldsymbol{B}_{\mathrm{q,sp,p}}^{*}$和RS码之间的关系，用$\boldsymbol{W}_{\mathrm{RS}}$来替代$\boldsymbol{B}_{\mathrm{q,sp,p}}^{*}$($\boldsymbol{W}_{\mathrm{RS}}=\boldsymbol{B}_{\mathrm{q,sp,p}}^{*}$)，$\boldsymbol{W}_{\mathrm{RS}}$行和列的范围是从0到$q-2$。假设$q-1$可以表示为两个正整数$r$和$l$的乘积，即$q-1=rl$。可以将$\boldsymbol{W}_{\mathrm{RS}}$分解成$r$个大小为$l\times(q-1)$的子矩阵，定义为$\boldsymbol{W}_0,\boldsymbol{W}_1,\cdots,\boldsymbol{W}_{r-1}$，令$0\leqslant i<r$，则$\boldsymbol{W}_i$是由$\boldsymbol{W}_{\mathrm{RS}}$中第$il$行到第$(i+1)l-1$行的连续$l$行构成的子矩阵。再将$\boldsymbol{W}_0$分解成$r$个$l\times l$子矩阵，定义为$\boldsymbol{W}_{0,0},\boldsymbol{W}_{0,1},\cdots,\boldsymbol{W}_{0,r-1}$，其中每一个矩阵由$\boldsymbol{W}_0$上$l$个连续列组成，即$\boldsymbol{W}_0=[\boldsymbol{W}_{0,0}\ \ \boldsymbol{W}_{0,1}\ \ \cdots\ \ \boldsymbol{W}_{0,r-1}]$。基于$\boldsymbol{W}_{\mathrm{RS}}$的循环结构，当$0\leqslant i<r$时，子矩阵$\boldsymbol{W}_i$可以通过对$\boldsymbol{W}_0$的循环移位实现，向右循环移动$il$个位置，即$\boldsymbol{W}_i=[\boldsymbol{W}_{0,r-i}\ \ \cdots\ \ \boldsymbol{W}_{0,r-i-1}]$。因此，$\boldsymbol{W}_{\mathrm{RS}}$矩阵可以等效于一个$r\times r$的阵列，每一个阵列是由$l\times l$的子矩阵所构成，具有block-wise循环结构，表示为

$$\boldsymbol{W}_{\mathrm{RS}}=\begin{bmatrix}\boldsymbol{W}_{0,0} & \boldsymbol{W}_{0,1} & \cdots & \boldsymbol{W}_{0,r-1}\\ \boldsymbol{W}_{0,r-1} & \boldsymbol{W}_{0,0} & \cdots & \boldsymbol{W}_{0,r-2}\\ \vdots & \vdots & & \vdots\\ \boldsymbol{W}_{0,1} & \boldsymbol{W}_{0,2} & \cdots & \boldsymbol{W}_{0,0}\end{bmatrix} \tag{8.2}$$

$\boldsymbol{W}_{\mathrm{RS}}$的每一个row-block(行块)(或者每一个column-block(列块))，是由同样的组成矩阵$\boldsymbol{W}_{0,0},\boldsymbol{W}_{0,1},\cdots,\boldsymbol{W}_{0,r-1}$按照循环方式组合而成。由于$\boldsymbol{W}_{\mathrm{RS}}$满足$2\times2$的SM约束条件，因此其每一个组成矩阵$\boldsymbol{W}_{0,0},\boldsymbol{W}_{0,1},\cdots,\boldsymbol{W}_{0,r-1}$都满足$2\times2$的SM约束条件。进一步分析可知，$r$个组成矩阵也同时满足PW－$2\times2$的SM约束条件，也可以通过式(8.2)的block-wise循环结构直接得出结论。

当$0\leqslant j<r$和$1\leqslant m$、$n<l$时，可以从$\boldsymbol{W}_{0,j}$中截取一个$m\times n$的子矩阵$\boldsymbol{R}_{0,j}$，同理可以从$\boldsymbol{W}_{0,0},\boldsymbol{W}_{0,1},\cdots,\boldsymbol{W}_{0,r-1}$中分别提取子矩阵$\boldsymbol{R}_{0,0},\boldsymbol{R}_{0,1},\cdots,\boldsymbol{R}_{0,r-1}$，提取的子矩阵需要满足当$j'\neq j$时，$\boldsymbol{W}_{0,j}$中截取的$\boldsymbol{R}_{0,j}$与$\boldsymbol{W}_{0,j'}$中截取的$\boldsymbol{R}_{0,j'}$提取对应位置需要完全一致的条件。可以构造一个$r\times r$的阵列$\boldsymbol{B}_{\mathrm{q,sp,p}}(m,n)$，该阵列的每一个位置是由GF($q$)上的$m\times n$的子矩阵构成，

因此该阵列 $\boldsymbol{B}_{\mathrm{q,sp,p}}(m,n)$ 具有 block-wise 循环结构，表示为

$$\boldsymbol{B}_{\mathrm{q,sp,p}}(m,n)=\begin{bmatrix}\boldsymbol{R}_{0,0} & \boldsymbol{R}_{0,1} & \cdots & \boldsymbol{R}_{0,r-1}\\ \boldsymbol{R}_{0,r-1} & \boldsymbol{R}_{0,0} & \cdots & \boldsymbol{R}_{0,r-2}\\ \vdots & \vdots & & \vdots\\ \boldsymbol{R}_{0,1} & \boldsymbol{R}_{0,2} & \cdots & \boldsymbol{R}_{0,0}\end{bmatrix} \tag{8.3}$$

$\boldsymbol{B}_{\mathrm{q,sp,p}}(m,n)$ 实际上是 $\boldsymbol{W}_{\mathrm{RS}}=\boldsymbol{B}^{*}_{\mathrm{q,sp,p}}$ 一个子矩阵，并且满足 2×2 的 SM 约束条件，由于 $\boldsymbol{W}_{\mathrm{RS}}$ 具有 block-wise 循环结构特性，因此 $\boldsymbol{B}_{\mathrm{q,sp,p}}(m,n)$ 也具有 block-wise 循环结构特性；同时由于 $\boldsymbol{W}_{0,0},\boldsymbol{W}_{0,1},\cdots,\boldsymbol{W}_{0,r-1}$ 满足 PW－2×2的 SM 约束条件，其子矩阵 $\boldsymbol{R}_{0,0},\boldsymbol{R}_{0,1},\cdots,\boldsymbol{R}_{0,r-1}$ 也满足 PW－2×2 的 SM 约束条件。

8.2　CPM－D－SP 法构造 Doubly QC－LDPC 码

将阵列 $\boldsymbol{B}_{\mathrm{q,sp,p}}(m,n)$ 作为基矩阵，采用 CPM－D－SP 法构造 Doubly QC－LDPC 码。将 $\boldsymbol{B}_{\mathrm{q,sp,p}}(m,n)$ 中每个非零元素用一个大小为 $(q-1)\times(q-1)$ 的 CPM 矩阵替代，每一个零元素用一个大小为 $(q-1)\times(q-1)$ 的 ZM 矩阵替代，可以得到一个 $r\times r$ 的阵列 $\boldsymbol{H}_{\mathrm{b,sp,d,qc}}(q-1,q-1)$，阵列的每一位置对应一个 $m\times n$ 的子阵列。因此，$\boldsymbol{H}_{\mathrm{b,sp,d,qc}}(q-1,q-1)$ 是一个大小为 $mr\times nr$ 的阵列，其上每一个非零元素或零元素对应一个大小为 $(q-1)\times(q-1)$ 的 CPM 矩阵或 ZM 矩阵。阵列 $\boldsymbol{H}_{\mathrm{b,sp,d,qc}}(q-1,q-1)$ 含有 r 个 row-block，每一个 row-block 含有 r 个 $m\times n$ 的子阵列，子阵列每一位是由 $(q-1)\times(q-1)$ 的 CPM 矩阵或 ZM 矩阵组成。由于 $\boldsymbol{B}_{\mathrm{q,sp,p}}(m,n)$ 具有 block-wise 循环结构，$\boldsymbol{H}_{\mathrm{b,sp,d,qc}}(q-1,q-1)$ 也具有 block-wise 循环结构。$\boldsymbol{H}_{\mathrm{b,sp,d,qc}}(q-1,q-1)$ 的每一行 row-block 是上一行的循环移位，每次向右移动 $n(q-1)$ 个位置，其最上面一行，则是最下一行的循环移位。由于 $\boldsymbol{H}_{\mathrm{b,sp,d,qc}}(q-1,q-1)$ 是一个 $mr\times nr$ 的阵列，它也具有 section-wise 循环特性，因此阵列 $\boldsymbol{H}_{\mathrm{b,sp,d,qc}}(q-1,q-1)$ 同时具有 block-wise 和 section-wise 循环特性。

$\boldsymbol{H}_{\mathrm{b,sp,d,qc}}(q-1,q-1)$ 的零空间对应一个二进制 CPM－QC－SP－LDPC 码 $\boldsymbol{C}_{\mathrm{b,sp,d,qc}}$ 码，其码长为 $nr(q-1)$，码率至少为 $(n-m)/n$。令 v 是 $\boldsymbol{C}_{\mathrm{b,sp,d,qc}}$ 上的一个码字，如果将 $\boldsymbol{C}_{\mathrm{b,sp,d,qc}}$ 上的码字 v 分成 r 个 section，则每个 section 含有 $n(q-1)$ 个比特，如果将码字 v 向右移动 $n(q-1)$ 个位置，就可以获得 $\boldsymbol{C}_{\mathrm{b,sp,d,qc}}$ 上另外一个码字，$\boldsymbol{C}_{\mathrm{b,sp,d,qc}}$ 具有 block-wise 循环结构；如果将

码字 v 分成 nr 个 section，则每个 section 含有 $q-1$ 个比特，如果将码字 v 向右移动一个 section，就可以获得 $\boldsymbol{C}_{\mathrm{b,sp,d,qc}}$ 上另外一个码字，$\boldsymbol{C}_{\mathrm{b,sp,d,qc}}$ 具有 section-wise 循环结构。因此，$\boldsymbol{C}_{\mathrm{b,sp,d,qc}}$ 是 Doubly QC－LDPC 码，同时具有 block-wise 和 section-wise 循环结构。$\boldsymbol{C}_{\mathrm{b,sp,d,qc}}$ 和 $\boldsymbol{H}_{\mathrm{b,sp,d,qc}}(q-1,q-2)$ 中的下角标“d”代表“Doubly”。

当 $0\leqslant j<r$ 时，令 $\mathrm{CPM}(\boldsymbol{R}_{0,j})$ 为 $\boldsymbol{R}_{0,j}$ 的二进制 CPM 矩阵展开，因为 $\mathrm{CPM}(\boldsymbol{R}_{0,j})$ 是一个 $m\times n$ 的阵列，其每一位对应于大小为 $(q-1)\times(q-1)$ 的 CPM 矩阵或 ZM 矩阵，因此 $\mathrm{CPM}(\boldsymbol{R}_{0,j})$ 是一个 $m(q-1)\times n(q-1)$ 的矩阵。$\boldsymbol{C}_{\mathrm{b,sp,d,qc}}$ 的校验矩阵 $\boldsymbol{H}_{\mathrm{b,sp,d,qc}}(q-1,q-1)$ 可以用 $\mathrm{CPM}(\boldsymbol{R}_{0,0}),\mathrm{CPM}(\boldsymbol{R}_{0,1}),\cdots,\mathrm{CPM}(\boldsymbol{R}_{0,r-1})$，表示为

$$\boldsymbol{H}_{\mathrm{b,sp,d,qc}}(q-1,q-1)=\begin{bmatrix}\mathrm{CPM}(\boldsymbol{R}_{0,0}) & \mathrm{CPM}(\boldsymbol{R}_{0,1}) & \cdots & \mathrm{CPM}(\boldsymbol{R}_{0,r-1})\\ \mathrm{CPM}(\boldsymbol{R}_{0,r-1}) & \mathrm{CPM}(\boldsymbol{R}_{0,0}) & \cdots & \mathrm{CPM}(\boldsymbol{R}_{0,r-2})\\ \vdots & \vdots & & \vdots\\ \mathrm{CPM}(\boldsymbol{R}_{0,1}) & \mathrm{CPM}(\boldsymbol{R}_{0,2}) & \cdots & \mathrm{CPM}(\boldsymbol{R}_{0,0})\end{bmatrix} \tag{8.4}$$

由式(8.4)可以看到，$\boldsymbol{C}_{\mathrm{b,sp,d,qc}}$ 可以通过一个 $r\times r$ 的基矩阵 $\boldsymbol{B}_{\mathrm{b,sp}}$ 用 SP 构码法获得。$\boldsymbol{B}_{\mathrm{b,sp}}$ 的每一位由替代集合 R 的矩阵替代，R 集合中的矩阵是由 $\mathrm{CPM}(\boldsymbol{R}_{0,0}),\mathrm{CPM}(\boldsymbol{R}_{0,1}),\cdots,\mathrm{CPM}(\boldsymbol{R}_{0,r-1})$ 组成。由于 $\boldsymbol{R}_{0,0},\boldsymbol{R}_{0,1},\cdots,\boldsymbol{R}_{0,r-1}$ 同时满足 2×2 的 SM 约束条件和 PW－2×2 的 SM 约束条件，它们的 CPM 扩展矩阵 $\mathrm{CPM}(\boldsymbol{R}_{0,0}),\mathrm{CPM}(\boldsymbol{R}_{0,1}),\cdots,\mathrm{CPM}(\boldsymbol{R}_{0,r-1})$ 也同时满足 RC 约束条件和 PW－RC 约束条件。将 $\boldsymbol{B}_{\mathrm{b,sp}}$ 的每一行用 $R=\{\mathrm{CPM}(\boldsymbol{R}_{0,0}),\mathrm{CPM}(\boldsymbol{R}_{0,1}),\cdots,\mathrm{CPM}(\boldsymbol{R}_{0,r-1})\}$ 的循环方式替代，见式(8.4)，则满足替代集合约束条件。

对于一个 $mr\times nr$ 的阵列 $\boldsymbol{H}_{\mathrm{b,sp,d,qc}}(q-1,q-1)$，其每一位由一个大小为 $(q-1)\times(q-1)$ 的 CPM 矩阵或 ZM 矩阵构成，对其按照式(4.3)和式(4.5)定义的行排列 π_{row} 和列排序 π_{col} 进行反操作，可以获得一个 $(q-1)\times(q-1)$ 的阵列 $\boldsymbol{H}_{\mathrm{b,sp,cyc}}(mr,nr)$，其每一位是由一个大小为 $mr\times nr$ 的矩阵构成，见式(4.1)，可以看到其具有 block-wise 循环结构特性，表示为

$$\boldsymbol{H}_{\mathrm{b,sp,cyc}}(mr,nr)=\begin{bmatrix}\boldsymbol{D}_0 & \boldsymbol{D}_1 & \cdots & \boldsymbol{D}_{q-2}\\ \boldsymbol{D}_{q-2} & \boldsymbol{D}_0 & \cdots & \boldsymbol{D}_{q-3}\\ \vdots & \vdots & & \vdots\\ \boldsymbol{D}_1 & \boldsymbol{D}_2 & \cdots & \boldsymbol{D}_0\end{bmatrix} \tag{8.5}$$

阵列 $\boldsymbol{H}_{\mathrm{b,sp,cyc}}(mr,nr)$ 同样满足 RC 约束条件。

从PTG构码法的角度来看，阵列$\boldsymbol{H}_{\mathrm{b,sp,cyc}}(mr,nr)$第一行组成矩阵$\boldsymbol{D}_0,\boldsymbol{D}_1,\cdots,\boldsymbol{D}_{q-2}$的整数求和，即可以获得元模图$\mathscr{G}_{\mathrm{ptg}}$的基矩阵$\boldsymbol{B}_{\mathrm{ptg}}$，其具有$mr$个CN节点和$nr$个VN节点，具体内容见4.1节。因此Doubly CPM－QC－SP－LDPC码$\boldsymbol{C}_{\mathrm{b,sp,d,qc}}$也可以看作一个QC－PTG－LDPC码，其对应的Tanner图是元模图$\mathscr{G}_{\mathrm{ptg}}$的$(q-1)$次扩展。

如果一个二进制QC－LDPC码$\boldsymbol{C}_{\mathrm{b,sp,d,qc}}$具有双重循环结构，可以采用文献[79]提出的对符合block-wise循环结构特性的LDPC码，采用降低复杂度的迭代译码算法；或者可以采用文献[69,68,78]提出的对符合section-wise循环结构特性的LDPC码，采用低复杂度迭代译码。无论哪一种译码算法，都可以极大地降低译码复杂度，并且降低信息存储单元的大小。

例8.1　在有限域GF(17)上，按照式(8.1)构造一个16×16的矩阵$\boldsymbol{W}_{\mathrm{RS}}$，令$r=2$和$l=8$，即$rl=16$。根据式(8.2)，可以认为$\boldsymbol{W}_{\mathrm{RS}}$是一个$2\times2$的阵列，该阵列由2个大小为$8\times8$的矩阵作为组成矩阵，这两个矩阵定义为$\boldsymbol{W}_{0,0}$和$\boldsymbol{W}_{0,1}$。

从$\boldsymbol{W}_{0,0}$和$\boldsymbol{W}_{0,1}$上分别截取一个2×8的子矩阵，定义为$\boldsymbol{R}_{0,0}$和$\boldsymbol{R}_{0,1}$。$\boldsymbol{R}_{0,0}$是由$\boldsymbol{W}_{0,0}$前两行构成，而$\boldsymbol{R}_{0,1}$也是由$\boldsymbol{W}_{0,1}$前两行构成。基于$\boldsymbol{R}_{0,0}$和$\boldsymbol{R}_{0,1}$，可以构造一个2×2的阵列$\boldsymbol{B}_{\mathrm{q,sp,p}}(2,8)$，该阵列每一个位置是由$\boldsymbol{R}_{0,0}$和$\boldsymbol{R}_{0,1}$按照式(8.3)的方法构成。

将基矩阵$\boldsymbol{B}_{\mathrm{q,sp,p}}(2,8)$的每一个非零元素用一个$16\times16$的CPM矩阵替代，每一个零元素用一个$16\times16$的ZM矩阵替代，则可以获得一个$2\times2$的阵列$\boldsymbol{H}_{\mathrm{b,sp,d,qc}}(16,16)$，该阵列每一个位置对应一个$2\times8$的子阵列，子阵列上每一个非零位置由一个$16\times16$的CPM矩阵所替代，每一个零位置由一个$16\times16$的ZM矩阵所替代。$\boldsymbol{H}_{\mathrm{b,sp,d,qc}}(16,16)$也可以直接认为是一个$4\times16$的阵列，因此$\boldsymbol{H}_{\mathrm{b,sp,d,qc}}(16,16)$是一个$64\times256$的二进制矩阵。$\boldsymbol{H}_{\mathrm{b,sp,d,qc}}(16,16)$的256个列中，有64个列的列重为3，有192个列的列重为4。$\boldsymbol{H}_{\mathrm{b,sp,d,qc}}(16,16)$对应的零空间是一个非规则的(256,192)的Doubly CPM－QC－SP－LDPC码$\boldsymbol{C}_{\mathrm{b,sp,d,qc}}$，码率为0.75，$\boldsymbol{C}_{\mathrm{b,sp,d,qc}}$的Tanner图周长为6，且含有10 048个环长为6的环。

该码在AWGN信道和BEC信道下，采用50次迭代MSA译码算法的误码率曲线，如图8.1(a)和8.1(b)所示。当BLER为10^{-8}时，由图8.1(a)可知，该码距离SPB限1.8 dB；由图8.1(b)可知，在BEC信道中，当UEBR为10^{-7}时，该码距离香农限0.17。

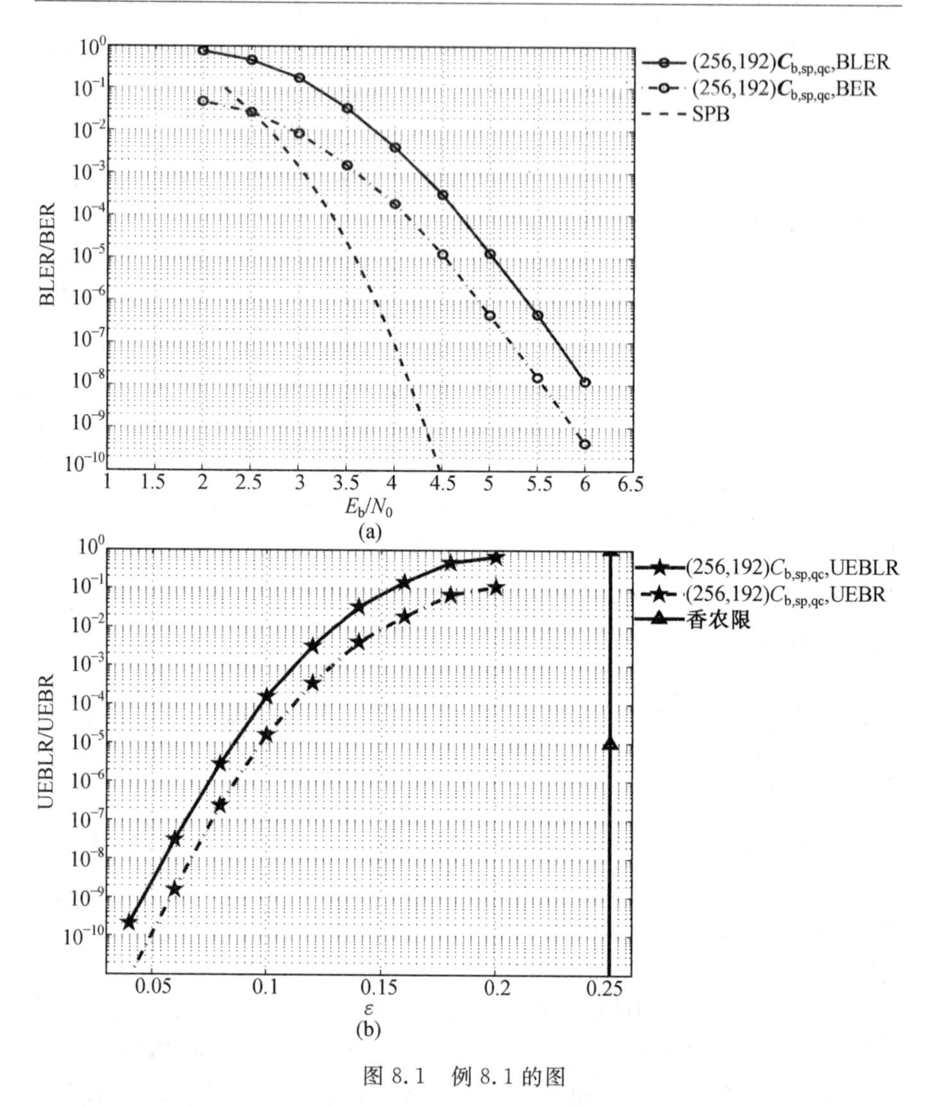

图 8.1　例 8.1 的图

例 8.2 将介绍一个高码率的 Doubly CPM－QC－SP－LDPC 码，并分析其误码率性能。

例 8.2　在有限域 GF(139)上，构造一个 Doubly CPM－QC－SP－LDPC 码。根据式(8.1)构造一个 138×138 的矩阵 $\boldsymbol{W}_{\mathrm{RS}}=\boldsymbol{B}^{*}_{\mathrm{q,sp,p}}$，基于 $\boldsymbol{W}_{\mathrm{RS}}$ 构造一系列的 Doubly CPM－QC－SP－LDPC 码，且这些码可以具有不同的码率和码长。

将 138 分解成两个正整数 6 和 23 的乘积(138＝6×23)，并令 $r=6$，$l=23$，$\boldsymbol{W}_{\mathrm{RS}}$可以看作在 GF(139)上的一个 6×6 的阵列，该阵列的每个位置

对应 GF(139)上一个 23×23 的子阵列；接下来，令 $m=1$，$n=20$。当 $0\leqslant j<6$时，在每个 $\boldsymbol{W}_{0,j}$ 上截取一个 1×20 的子矩阵 $\boldsymbol{R}_{0,j}$，截取方法和之前内容一致，需要避免截取到 $\boldsymbol{W}_{\text{RS}}$ 中的零；基于 6 个子矩阵 $\boldsymbol{R}_{0,0}$，$\boldsymbol{R}_{0,1}$，$\boldsymbol{R}_{0,2}$，$\boldsymbol{R}_{0,3}$，$\boldsymbol{R}_{0,4}$，$\boldsymbol{R}_{0,5}$，构造一个 6×6 的阵列 $\boldsymbol{B}_{\text{q,sp,p}}(1,20)$，该阵列的每一个位置对应一个 1×20 的子矩阵，见式(8.3)。因此，$\boldsymbol{B}_{\text{q,sp,p}}(1,20)$是 GF(139)上一个 6×120的矩阵，且其列重和行重分别为 6 和 120。

对基矩阵 $\boldsymbol{B}_{\text{q,sp,p}}(1,20)$进行 CPM 扩展，得到一个 6×120 的阵列 $\boldsymbol{H}_{\text{b,sp,d,qc}}(138,138)$，该阵列的每个位置对应一个大小为 138×138 的 CPM 矩阵。因此，阵列 $\boldsymbol{H}_{\text{b,sp,d,qc}}(138,138)$是一个 828×16 560 的矩阵，其列重和行重分别为 6 和 120，其零空间对应于一个(6，120)规则(16 560，15 737)Doubly CPM－QC－SP－LDPC 码 $\boldsymbol{C}_{\text{b,sp,d,qc}}$，码率为 0.950 3。$\boldsymbol{C}_{\text{b,sp,d,qc}}$码的 Tanner 图周长为 6，且具有 34 158 312 个环长为 6 的环，可见其具有大量的短环。尽管该码具有大量的短环，但是该码在 Tanner 图中 VN 节点的连接度非常高，即每一个 VN 节点通过路径 2 与另外 714 个 VN 节点进行连接，因此该码的误码性能并不算糟糕。所以，通过少量迭代，每个 VN－MPU 可以收集大量的外部信息，用以更新该 VN 节点的 LLR，而该 LLR 数值大概率可以进行正确的硬判决。

在 AWGN 信道下，$\boldsymbol{C}_{\text{b,sp,d,qc}}$采用 5 次、10 次和 50 次迭代 MSA 译码算法时的 BER 和 BLER 曲线如图 8.2(a)所示。当 BLER 为 10^{-7}，采用 50 次迭代译码时，该码距离 SPB 限 0.9 dB；当 BER 为 10^{-10}，采用 50 次迭代译码时，该码距离香农限 1.3，且没有误码平层。从图中也可以看出 $\boldsymbol{C}_{\text{b,sp,d,qc}}$码收敛很快，采用 5 次和 10 次迭代时，相同 BLER，E_{b}/N_0 只相差 0.2 dB；采用 10 次和 50 次迭代时，迭代差异小于 0.1 dB。

$\boldsymbol{C}_{\text{b,sp,d,qc}}$在 BEC 信道下的 UEBR 和 UEBLR 的性能曲线如图 8.2(b)所示。当 UEBLR 为 10^{-9}时，该码距离香农限 0.026，此时香农限为 0.05。

8.3　掩模操作与扩展形式

在 8.2 节介绍 Doubly CPM－QC－SP－LDPC 码的构造中，可以对 $\boldsymbol{B}_{\text{q,sp,p}}(m,n)$的 r 个组成矩阵 $\boldsymbol{R}_{0,0}$，$\boldsymbol{R}_{0,1}$，…，$\boldsymbol{R}_{0,r-1}$进行掩模操作。经过掩模操作后的组成矩阵 $\boldsymbol{R}_{0,0,\text{mask}}$，$\boldsymbol{R}_{0,1,\text{mask}}$，…，$\boldsymbol{R}_{0,r-1,\text{mask}}$可以构造一个循环掩模基矩阵 $\boldsymbol{B}_{\text{q,sp,p,mask}}(m,n)$，并采用$[\boldsymbol{R}_{0,0,\text{mask}} \quad \boldsymbol{R}_{0,1,\text{mask}} \quad \cdots \quad \boldsymbol{R}_{0,r-1,\text{mask}}]$作为 row-block 的生成式。对掩模基矩阵 $\boldsymbol{B}_{\text{q,sp,p,mask}}(m,n)$进行 CPM 扩展，得到

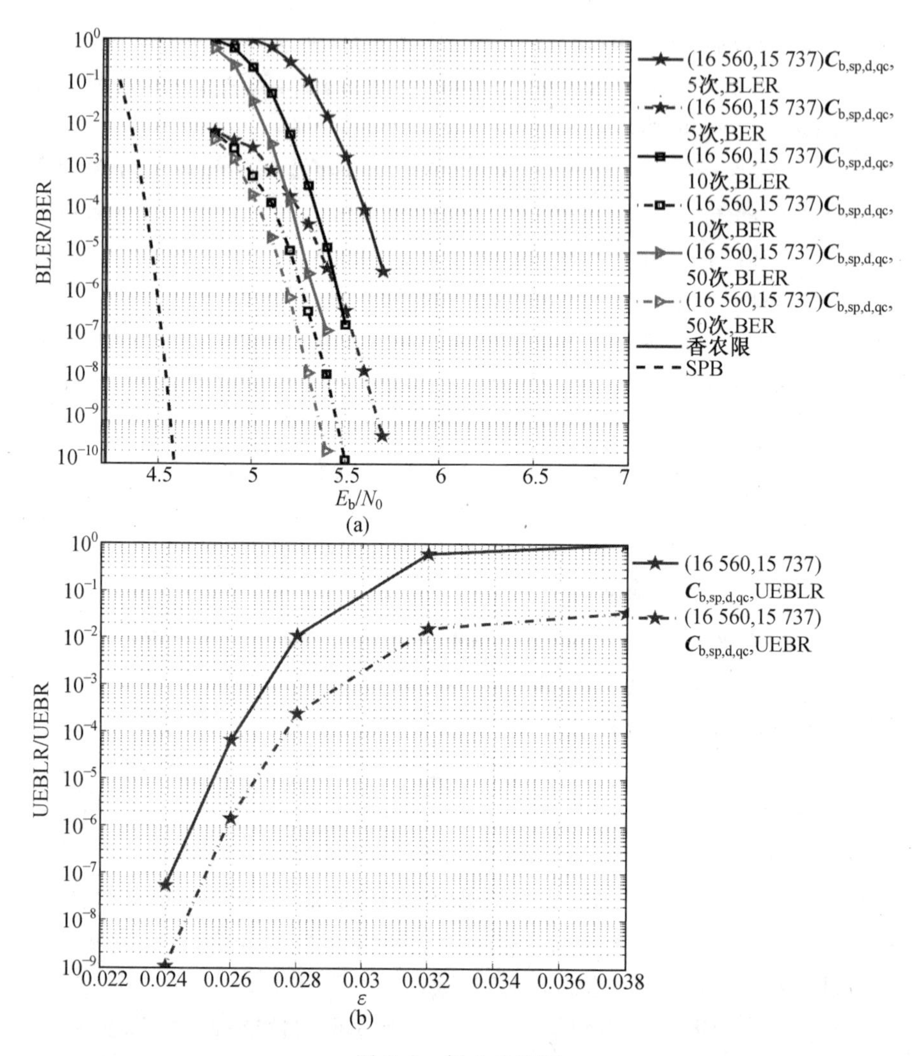

图 8.2 例 8.2 的图

校验矩阵 $\boldsymbol{H}_{b,sp,d,qc,mask}(q-1,q-1)$。则校验矩阵 $\boldsymbol{H}_{b,sp,d,qc,mask}(q-1,q-1)$ 对应的零空间，给出一个新的 Doubly CPM－QC－SP－LDPC 码 $\boldsymbol{C}_{b,sp,d,qc,mask}$。与没有进行掩模操作的 $\boldsymbol{C}_{b,sp,d,qc}$ 码相比，$\boldsymbol{C}_{b,sp,d,qc,mask}$ 码的 Tanner 图具有较少的短环数量，和(或)较大的周长。

也可以直接对基矩阵 $\boldsymbol{B}_{q,sp,p}(m,n)$ 进行掩模操作，需要将 $\boldsymbol{B}_{q,sp,p}(m,n)$ 的一些组成矩阵用大小为 $m\times n$ 的 ZM 矩阵替代。如果想保持 block-wise 循环结构，则掩模矩阵 $\boldsymbol{Z}_c$ 应是一个 $r\times r$ 的循环矩阵，对 $r\times r$ 基矩阵 $\boldsymbol{B}_{q,sp,p}(m,n)$ 用 $\boldsymbol{Z}_c$ 进行掩模操作，可以得到一个掩模 block-wise 循环基矩阵

$\boldsymbol{B}_{\mathrm{q,sp,p,mask,c}}(m,n)$。对 $\boldsymbol{B}_{\mathrm{q,sp,p,mask,c}}(m,n)$ 进行 CPM 扩展，其对应的零空间构成一个 Doubly CPM－QC－SP－LDPC 码 $\boldsymbol{C}_{\mathrm{b,sp,d,qc,mask,c}}$，其下角标“c”表示循环掩模(cyclic masking)。

当然，掩模操作可以同时对基矩阵 $\boldsymbol{B}_{\mathrm{q,sp,p}}(m,n)$，以及其组成矩阵 $\boldsymbol{R}_{0,0},\boldsymbol{R}_{0,1},\cdots,\boldsymbol{R}_{0,r-1}$ 进行处理，这种双重掩模操作可以获得一个双重掩模基矩阵 $\boldsymbol{B}_{\mathrm{q,sp,p,mask,dc}}(m,n)$。如果阵列的掩模矩阵是循环结构，则双重掩模基矩阵 $\boldsymbol{B}_{\mathrm{q,sp,p,mask,dc}}(m,n)$ 进行 CPM 扩展后，其对应的零空间为新的 Doubly CPM－QC－SP－LDPC 码 $\boldsymbol{C}_{\mathrm{b,sp,d,qc,mask,dc}}$，其下角标“dc”表示双重循环掩模(doubly cyclic masking)。

基矩阵 $\boldsymbol{B}_{\mathrm{q,sp,p}}(m,n)$ 满足 2×2 的 SM 约束条件，因此 $\boldsymbol{B}_{\mathrm{q,sp,p}}(m,n)$ 的任意一个子阵列也满足 2×2 的 SM 约束条件，对其进行 CPM 扩展，得到 CPM－QC－SP－LDPC 码的 Tanner 图周长至少为 6，此时不一定符合双重循环结构，比如提取 $\boldsymbol{B}_{\mathrm{q,sp,p}}(m,n)$ 的前 s 行($1\leqslant s<r$)，可以获得一个 $s\times r$ 的阵列 $\boldsymbol{B}_{\mathrm{q,sp,p}}(s,r,m,n)$，该阵列的每一位是由 GF($q$)上大小为 $m\times n$ 的矩阵构成，但它并不一定具有 block-wise 循环结构，最后一行的循环移位并不一定可以获得第一行。对 $\boldsymbol{B}_{\mathrm{q,sp,p}}(s,r,m,n)$ 进行 CPM 扩展，其相应的零空间是一个 CPM－QC－SP－LDPC 码，码长为 $nr(q-1)$，码率至少为 $(nr-ms)/nr$，它不一定是一个 Doubly QC－LDPC 码。

如果 s 可以整除 r，意味着 $r=st(1<t<r)$。提取 $\boldsymbol{B}_{\mathrm{q,sp,p}}(m,n)$ 的第 0 行，第 t 行，第 $2t$ 行，…，第 $(s-1)t$ 行，可以获得 $\boldsymbol{B}_{\mathrm{q,sp,p}}(s,r,m,n)$ 的一个 $s\times r$ 的子阵列：

$$\boldsymbol{B}_{\mathrm{q,sp,p}}(s,r,m,n)=\begin{bmatrix}\boldsymbol{R}_{0,0} & \boldsymbol{R}_{0,1} & \cdots & \boldsymbol{R}_{0,r-1}\\ \boldsymbol{R}_{0,r-t} & \boldsymbol{R}_{0,r-t+1} & \cdots & \boldsymbol{R}_{0,r-t-1}\\ \boldsymbol{R}_{0,r-2t} & \boldsymbol{R}_{0,r-2t+1} & \cdots & \boldsymbol{R}_{0,r-2t-1}\\ \vdots & \vdots & & \vdots\\ \boldsymbol{R}_{0,t} & \boldsymbol{R}_{0,t+1} & \cdots & \boldsymbol{R}_{0,t-1}\end{bmatrix}\tag{8.6}$$

由式(8.6)可知，$\boldsymbol{B}_{\mathrm{q,sp,p}}(s,r,m,n)$ 的每一行可以看作上一行向右移动 t 个组成矩阵(即 nt 个位置)，最上面一行也是最下面一行向右移动 t 个组成矩阵构成。因此，$\boldsymbol{B}_{\mathrm{q,sp,p}}(s,r,m,n)$ 也具有 block-wise 循环结构，对其 CPM 扩展后，对应的零空间是一个 Doubly CPM－QC－SP－LDPC 码，码长为 $nr(q-1)$。

对阵列 $\boldsymbol{B}_{\mathrm{q,sp,p}}(s,r,m,n)$ 进行掩模操作，比如对其组成矩阵进行掩模操作，可以获得一个掩模阵列 $\boldsymbol{B}_{\mathrm{q,sp,p,mask}}(s,r,m,n)$，对其 CPM 扩展后，其

对应的零空间是一个新的 Doubly CPM－QC－SP－LDPC 码，码长为 $nr(q-1)$，码率至少为 $(nr-ms)/nr$。

例 8.3 在 GF(17)上，给定一个 16×16 的矩阵 $\boldsymbol{W}_{\mathrm{RS}}$，其形式与例8.1相同，也符合式(8.1)的形式。令 $r=l=4$，可以将 $\boldsymbol{W}_{\mathrm{RS}}$ 看作一个 4×4 的阵列，阵列中每一位置对应一个 4×4 的子矩阵，并假设 4 个组成矩阵为 $\boldsymbol{W}^*_{0,0}$，$\boldsymbol{W}^*_{0,1}$，$\boldsymbol{W}^*_{0,2}$，$\boldsymbol{W}^*_{0,3}$。从 4 个组成矩阵 $\boldsymbol{W}^*_{0,0}$，$\boldsymbol{W}^*_{0,1}$，$\boldsymbol{W}^*_{0,2}$，$\boldsymbol{W}^*_{0,3}$ 分别截取 4 个 2×4 的子矩阵，可以选取其前两行，得到一个 4×4 的阵列 $\boldsymbol{B}^*_{\mathrm{q,sp,p}}(2,4)$，其每个位置对应一个 2×4 的子矩阵，见式(8.3)。显而易见，$\boldsymbol{B}^*_{\mathrm{q,sp,p}}(2,4)$ 具有 block-wise 循环结构。

给定掩模矩阵，表示为

$$\boldsymbol{Z}=\begin{bmatrix}0&1&1&0\\0&0&1&1\\1&0&0&1\\1&1&0&0\end{bmatrix}$$

掩模矩阵 $\boldsymbol{Z}$ 具有循环结构。将 $\boldsymbol{Z}$ 中每一个 1 位置用一个 2×4 的全 1 矩阵替代，每一个 0 位置用一个 2×4 的全 0 矩阵替代，可以得到一个新的矩阵，表示为

$$\boldsymbol{Z}^*=\begin{bmatrix}0&0&0&0&1&1&1&1&1&1&1&1&0&0&0&0\\0&0&0&0&1&1&1&1&1&1&1&1&0&0&0&0\\0&0&0&0&0&0&0&0&1&1&1&1&1&1&1&1\\0&0&0&0&0&0&0&0&1&1&1&1&1&1&1&1\\1&1&1&1&0&0&0&0&0&0&0&0&1&1&1&1\\1&1&1&1&0&0&0&0&0&0&0&0&1&1&1&1\\1&1&1&1&1&1&1&1&0&0&0&0&0&0&0&0\\1&1&1&1&1&1&1&1&0&0&0&0&0&0&0&0\end{bmatrix}\tag{8.7}$$

$\boldsymbol{Z}^*$ 也具有 block-wise 循环结构。如果将 $\boldsymbol{Z}^*$ 第 1 行和第 2 行同时向右移动 4 个位置，就可以获得 $\boldsymbol{Z}^*$ 的 第 3 行和第 4 行；同理，将第 7 行和第 8 行同时向右移动 4 个位置，就可以获得第 1 行和第 2 行。$\boldsymbol{Z}^*$ 具有与矩阵 $\boldsymbol{B}^*_{\mathrm{q,sp,p}}(2,4)$ 相同的 block-wise 循环结构。用 $\boldsymbol{Z}^*$ 对基矩阵 $\boldsymbol{B}^*_{\mathrm{q,sp,p}}(2,4)$ 进行掩模操作，可以获得一个 4×4 阵列的掩模基矩阵 $\boldsymbol{B}^*_{\mathrm{q,sp,p,mask}}(2,4)$，每一个阵列位置对应一个 2×4 的矩阵。又由于 $\boldsymbol{B}^*_{\mathrm{q,sp,p}}(2,4)$ 和 $\boldsymbol{Z}^*$ 具有同样的 block-wise 循环结构，通过掩模操作后，其掩模基矩阵 $\boldsymbol{B}^*_{\mathrm{q,sp,p,mask}}(2,4)$ 也具有同样的 block-wise 循环结构，且其满足 2×2 的 SM 约束条件。

对 $\boldsymbol{B}^{*}_{q,sp,p,mask}(2,4)$ 进行二进制 CPM 扩展，得到一个 8×16 的阵列 $\boldsymbol{H}_{b,sp,d,qc,mask}(16,16)$，阵列每个位置是由一个大小为 16×16 的 CPM 矩阵或 ZM 矩阵构成。$\boldsymbol{H}_{b,sp,d,qc,mask}(16,16)$ 的零空间对应一个(4,8)规则(256,133) Doubly CPM－QC－SP－LDPC 码 $\boldsymbol{C}_{b,sp,d,qc,mask}$，码率为 0.519 5。$\boldsymbol{C}_{b,sp,d,qc,mask}$ 码的 Tanner 图周长为 6，含有 1 600 个环长为 6 的环和 26 144 个环长为 8 的环。$\boldsymbol{C}_{b,sp,d,qc,mask}$ 码在 AWGN 信道和 BEC 信道下的性能曲线分别如图 8.3(a)和 8.3(b)所示，从图中可以看到，$\boldsymbol{C}_{b,sp,d,qc,mask}$ 码在两种信道环境中都具有良好的性能。

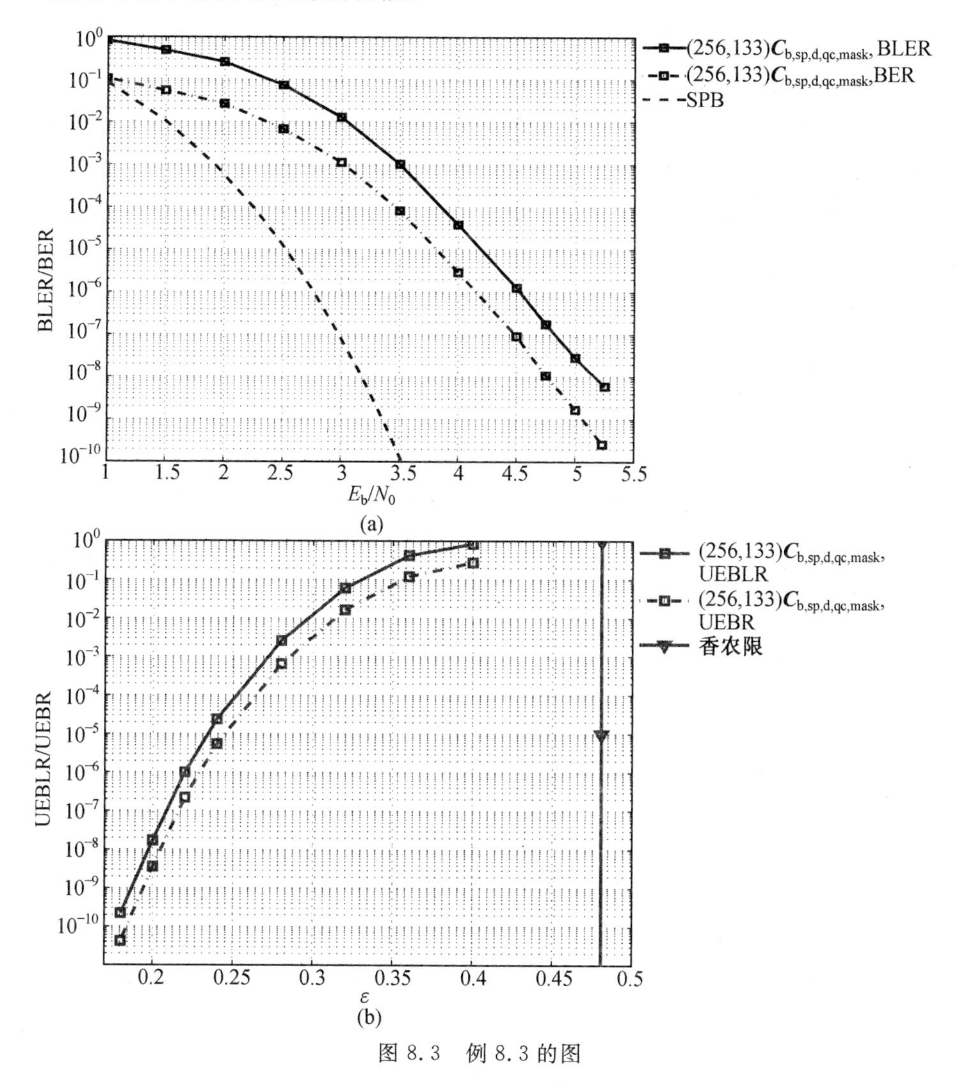

图 8.3　例 8.3 的图

8.4 SP法构造CPM－QC－SP－LDPC码

在8.2节中对$\boldsymbol{R}_{0,0}$,$\boldsymbol{R}_{0,1}$,…,$\boldsymbol{R}_{0,r-1}$进行CPM扩展,获得的矩阵CPM($\boldsymbol{R}_{0,0}$),CPM($\boldsymbol{R}_{0,1}$),…,CPM($\boldsymbol{R}_{0,r-1}$)同时满足RC约束条件和PW－RC约束条件,因此它们可以作为SP构码法的替代集合R的组成矩阵,用来构造QC－SP－LDPC码。通过选择合适的基矩阵,并基于上述的替代集合,可以通过SP构码法构造QC－SP－LDPC码,其Tanner图周长至少为6。

如果基矩阵具有循环结构,比如6.1节基于欧氏几何构造的循环矩阵,所有1的位置按照循环方式用CPM($\boldsymbol{R}_{0,0}$),CPM($\boldsymbol{R}_{0,1}$),…,CPM($\boldsymbol{R}_{0,r-1}$)替代,则其对应的校验阵列同时具有block-wise循环结构和section-wise循环结构特性。进一步分析,CPM($\boldsymbol{R}_{0,0}$),CPM($\boldsymbol{R}_{0,1}$),…,CPM($\boldsymbol{R}_{0,r-1}$)中的每一个矩阵,或者对应的子集都可以作为SP构码法的基矩阵,用来构造QC－SP－LDPC码,或者作为分解基矩阵基于代数法构造QC－PTG－LDPC码。

8.5 小结与展望

如8.2节所述,根据其block-wise循环结构,Doubly CPM－QC－SP－LDPC码$\boldsymbol{C}_{\mathrm{b,sp,d,qc}}$可以采用文献[79]提出的降低复杂度的迭代译码算法进行译码;根据其section-wise循环结构,可以采用文献[68,69,78]介绍的低复杂度迭代译码算法。根据文献[79]提出的算法,可以将$m(q-1)\times nr(q-1)$的矩阵$\boldsymbol{H}_{\mathrm{dec},0}=[\mathrm{CPM}(\boldsymbol{R}_{0,0})\quad \mathrm{CPM}(\boldsymbol{R}_{0,1})\quad \cdots\quad \mathrm{CPM}(\boldsymbol{R}_{0,r-1})]$作为译码矩阵,$\boldsymbol{H}_{\mathrm{dec},0}$也是式(8.4)$\boldsymbol{H}_{\mathrm{b,sp,d,qc}}(q-1,q-1)$中的第一行;根据文献[69,68,78],可以采用式(8.4)给出大小为$mr\times nr$的阵列$\boldsymbol{H}_{\mathrm{b,sp,d,qc}}(q-1,q-1)$中每一个row-block的第一行对应的$mr\times nr(q-1)$子阵列$\boldsymbol{H}_{\mathrm{dec},1}$作为译码矩阵。

假设采用两个译码器对$\boldsymbol{C}_{\mathrm{b,sp,d,qc}}$进行联合译码,并且这两个译码器按照Turbo码的译码方式,其中一个根据译码矩阵$\boldsymbol{H}_{\mathrm{dec},0}$进行译码,另外一个根据译码矩阵$\boldsymbol{H}_{\mathrm{dec},1}$进行译码。那么这种Turbo迭代译码算法可以加强$\boldsymbol{C}_{\mathrm{b,sp,d,qc}}$码的性能,比如说瀑布误码特性、误码平层、译码收敛速度等,也是一个值得研究的有趣题目。

另外一个问题是，除了式(8.1)给出的基矩阵形式，是否在非二进制有限域上存在其他的基矩阵形式，不仅满足 2×2 的 SM 约束条件，还具有循环结构，这也是一个值得研究的方向。

第9章 基于SP法构造空间耦合QC—LDPC码

本章介绍用代数法构造一种特殊的LDPC码，这种LDPC码具有特别的Tanner图结构，即其Tanner图局部连接，每个VN节点只与限制在ρ_{col}个连续位置的CN节点连接；同时，每个CN节点只与限制在ρ_{row}个连续位置的VN节点连接。称VN节点和CN节点这样的连接约束为Tanner图的(ρ_{col}，ρ_{row})—span(范围)约束。基于这种span约束，这种LDPC码的Tanner图实际上是由小的Tanner图通过链式连接而成，除了开始和最终的小Tanner图，其余每个小的Tanner图通过边与相邻小的Tanner图相连在一起，因此这种LDPC码也被称为span约束的LDPC码。实际上，文献[59,60,22,86]介绍的SC—LDPC码是span约束LDPC码的一种特殊形式。

从图论的观点(或者从空间耦合的观点)看，SC—LDPC码可以看作一种LDPC卷积码(LDPC—C)[49,104,66,67,92]。LDPC—C码可以通过一个bi-infinite(双无限)校验矩阵来描述，其非零位置由给定宽度ρ_{row}和给定深度ρ_{col}的对角线区间限定，每行的非零位置由ρ_{row}个连续位置的宽度设定，每列的非零位置由ρ_{col}个连续位置的宽度所设定。对于一个LDPC—C码，如果其校验矩阵的非零位置满足这些约束条件，则其Tanner图中每个VN节点只与限定的ρ_{col}个连续宽度上的CN节点连接，每个CN节点只与限定的ρ_{row}个连续宽度上的VN节点连接。因此，当一个LDPC—C码的校验矩阵的非零位置满足这些约定条件，则可以构成(ρ_{col}，ρ_{row})—span约束条件，此时LDPC—C码是一个span约束LDPC码，也是一个SC—LDPC码。

在过去的15年里，大量的研究工作围绕LDPC—C码展开，相关的一些理论内容可以参考文献[66,67,59]，然而LDPC—C码的实际应用远远落后该理论的研究。近年来，LDPC—C码从图论的角度被重新发现，被重新命名为空间耦合(Spatially Coupled，SC)LDPC码[59,60,22,86]，也提出一些新的研究来提高这种码的整体性能。文献[22]对于 LDPC－C 码和 SP－LDPC码的构造内容进行了详细分析，并提出了一些开放性的研究课题；本章的最后将 LDPC－C 码与经典的分组(block)LDPC 码进行对比分析，讨论其优缺点。

本章将基于 SP 构码法(也是 CPM－D 构码法)，通过代数法构造 QC－SC－LDPC码和其截断码，并具体介绍两种 QC－SP－LDPC 码，但只讨论二进制 QC－SP－LDPC 码的构造。

9.1　SC－LDPC 码的基矩阵及其结构特性

QC－SC－LDPC 码的基矩阵，定义为一个满足 2×2 的 SM 约束条件的 $r \times r$ 的阵列 $\boldsymbol{B}_{\mathrm{q,sp,p}}(m,n)$，其每一位对应 GF($q$)上 $m \times n$ 的子矩阵，且满足式(8.3)中的 block-wise 循环结构。为了方便起见，将 $\boldsymbol{B}_{\mathrm{q,sp,p}}(m,n)$的行进行置换，使其满足下面的 block-wise 循环结构：

$$\boldsymbol{B}'_{\mathrm{q,sp,p}}(m,n)=\begin{bmatrix} \boldsymbol{R}_{0,0} & \boldsymbol{R}_{0,1} & \cdots & \boldsymbol{R}_{0,r-2} & \boldsymbol{R}_{0,r-1} \\ \boldsymbol{R}_{0,1} & \boldsymbol{R}_{0,2} & \cdots & \boldsymbol{R}_{0,r-1} & \boldsymbol{R}_{0,0} \\ \vdots & \vdots & & \vdots & \vdots \\ \boldsymbol{R}_{0,r-1} & \boldsymbol{R}_{0,0} & \cdots & \boldsymbol{R}_{0,r-3} & \boldsymbol{R}_{0,r-2} \end{bmatrix} \tag{9.1}$$

由式(9.1)可知，当 $0 \leqslant i < r$ 时，$\boldsymbol{B}'_{\mathrm{q,sp,p}}(m,n)$的第 i 列与其第 i 行完全一致，实际上 $\boldsymbol{B}'_{\mathrm{q,sp,p}}(m,n)$可以通过对式(8.3)给出的 $\boldsymbol{B}_{\mathrm{q,sp,p}}(m,n)$第一行向左循环移位 $r-1$ 次构成。由于对 $\boldsymbol{B}_{\mathrm{q,sp,p}}(m,n)$的行置换并不影响其 2×2 的 SM 约束条件，其置换矩阵 $\boldsymbol{B}'_{\mathrm{q,sp,p}}(m,n)$仍然满足 2×2 的 SM 约束条件，并且 $\boldsymbol{B}'_{\mathrm{q,sp,p}}(m,n)$的所有组成矩阵 $\boldsymbol{R}_{0,0},\boldsymbol{R}_{0,1},\cdots,\boldsymbol{R}_{0,r-1}$同时满足 2×2 的 SM 约束条件和 PW－2×2 的 SM 约束条件。

令 e 和 τ 是两个正整数，并且满足 $e \geqslant 2$ 和 $\tau e < r$。基于 $\boldsymbol{B}'_{\mathrm{q,sp,p}}(m,n)$的最左列(或者第一行)的组成矩阵 $\boldsymbol{R}_{0,0},\boldsymbol{R}_{0,1},\cdots,\boldsymbol{R}_{0,r-1}$，可以获得 GF($q$)上的半无限的阵列，表示为

$\boldsymbol{\Lambda}_{q,sp,sc}(\tau,m,n)=$

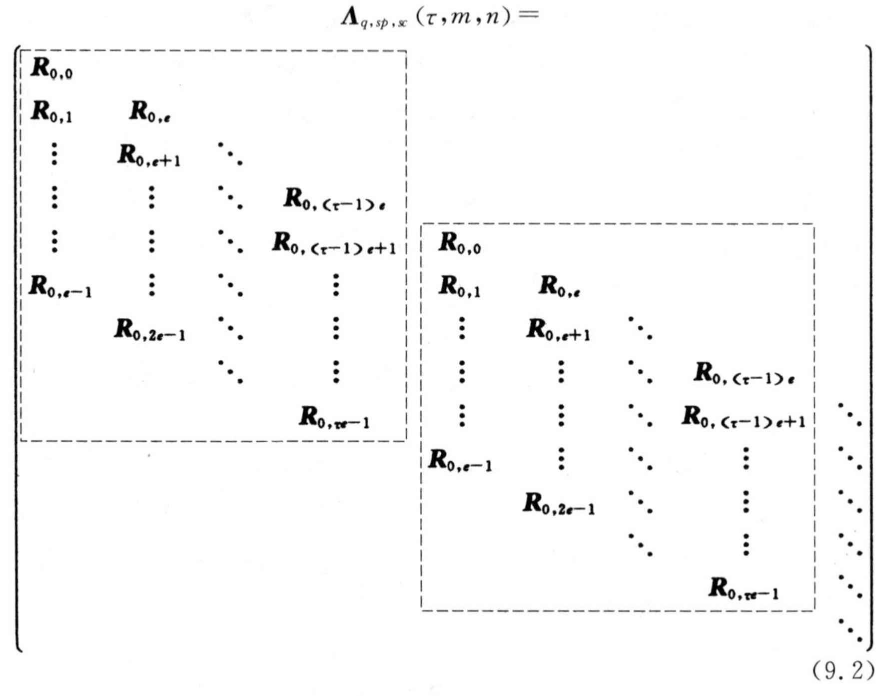

(9.2)

观察式(9.2)可以看到所有的非零矩阵都集中在$\boldsymbol{\Lambda}_{q,sp,sc}(\tau,m,n)$的对角线区间，其宽度为$en$，深度为$em$。这种半无限阵列$\boldsymbol{\Lambda}_{q,sp,sc}(\tau,m,n)$具有如下结构特性。

(1)每一列包含e个不同的非零矩阵，矩阵大小为$m\times n$，选自满足PW－2×2的SM约束条件的集合$\boldsymbol{R}_{0,0},\boldsymbol{R}_{0,1},\cdots,\boldsymbol{R}_{0,r-1}$中的矩阵。

(2)每一列包含e个非零矩阵，被限定在em个连续位置，称为一个非零 column-block-span(列块扩展)。

(3)当$0\leqslant j<\tau$时，非零 column-block-span 中e个矩阵$\boldsymbol{R}_{0,je}$，是式(9.1)给出的循环阵列$\boldsymbol{B}'_{q,sp,p}(m,n)$第$je$列中前$e$行构成。

(4)在这τ的 column-block-span 中，共有τe个非零矩阵，而这些矩阵各不相同。

(5)对于每个非零 column-block-span，每隔τ个非零 column-block-span，下移τ个位置，并复制一次。

(6)每个$(e+\tau-1)\times\tau$的子阵列，是由$\boldsymbol{\Lambda}_{q,sp,sc}(\tau,m,n)$的$\tau$个连续的非零 column-block-span 构成，因此又称其为τ－span 子阵列。实际上，该子阵列也是式(9.1)的循环阵列$\boldsymbol{B}'_{q,sp,p}(m,n)$的子阵列，只是将$\boldsymbol{B}'_{q,sp,p}(m,n)$中的一些位置用 ZM 矩阵替代。

(7)每个τ－span的子阵列含有相同集合的τ个非零column-block-span,可以采用不同顺序构造。$\boldsymbol{\Lambda}_{q,sp,sc}(\tau,m,n)$的一个$\tau$－span的子阵列是GF($q$)的一个$m(e+\tau+1)\times n\tau$的矩阵。

半无限阵列$\boldsymbol{\Lambda}_{q,sp,sc}(\tau,m,n)$的结构特性中第3条、第6条和第7条符合$\boldsymbol{B}'_{q,sp,p}(m,n)$的block-wise循环结构,这是因为$\boldsymbol{\Lambda}_{q,sp,sc}(\tau,m,n)$的每个$\tau$－span子阵列是$\boldsymbol{B}'_{q,sp,p}(m,n)$的一个子阵列。考虑$\boldsymbol{B}'_{q,sp,p}(m,n)$满足$2\times2$的SM约束条件,$\Lambda_{q,sp,sc}(\tau,m,n)$的每个$\tau$－span的子阵列也满足$2\times2$的SM约束条件,因此半无限阵列$\Lambda_{q,sp,sc}(\tau,m,n)$满足$2\times2$的SM约束条件。

当$j\geqslant0$时,$\boldsymbol{\Lambda}_{q,sp,sc}(\tau,m,n)$的第$j\tau$列到第$(j+1)\tau-1$列可以构成$\boldsymbol{\Lambda}_{q,sp,sc}(\tau,m,n)$的一个周期。$\boldsymbol{\Lambda}_{q,sp,sc}(\tau,m,n)$的任意两个周期并不重叠,但两个周期具有同样的非零column-block-span,并且这些column-block-span的排列顺序相同,因此$\boldsymbol{\Lambda}_{q,sp,sc}(\tau,m,n)$含有第一个周期的无限个副本,第一个周期即$\boldsymbol{\Lambda}_{q,sp,sc}(\tau,m,n)$的第0列到第$(\tau-1)$列。$\boldsymbol{\Lambda}_{q,sp,sc}(\tau,m,n)$的周期定义为$\tau$,一个周期的$\tau$个非零column-block-span构成了$\boldsymbol{\Lambda}_{q,sp,sc}(\tau,m,n)$的一个$\tau$－span子阵列。

令$\boldsymbol{B}_{q,sp,p}(\tau,m,n)$是半无限阵列$\boldsymbol{\Lambda}_{q,sp,sc}(\tau,m,n)$的第一个$\tau$－span子阵列,即$\boldsymbol{\Lambda}_{q,sp,sc}(\tau,m,n)$前$\tau$个非零column-block-span。假定$\boldsymbol{B}_{q,sp,p}(\tau,m,n)$的Tanner图为$\mathscr{G}_{q,sp,p}(\tau,m,n)$。由式(9.2)给出的$\boldsymbol{\Lambda}_{q,sp,sc}(\tau,m,n)$的结构特性,可以发现$\boldsymbol{\Lambda}_{q,sp,sc}(\tau,m,n)$对应的Tanner图$\mathscr{G}_{q,sp,sc}(\boldsymbol{\Lambda})$含有无限个$\mathscr{G}_{q,sp,p}(\tau,m,n)$的副本,而每个副本与其相邻的两个Tanner图连接,任意两个相邻的$\mathscr{G}_{q,sp,sc}(\boldsymbol{\Lambda})$相同,因此$\boldsymbol{\Lambda}_{q,sp,sc}(\tau,m,n)$的Tanner图$\mathscr{G}_{q,sp,sc}(\boldsymbol{\Lambda})$具有无限链式结构。

半无限阵列$\boldsymbol{\Lambda}_{q,sp,sc}(\tau,m,n)$,每个位置对应GF($q$)上的一个$m\times n$的子矩阵,它是构造QC－SP－LDPC码的基阵列。

9.2　Type－1型QC－SC－LDPC码

定义$\boldsymbol{\Lambda}_{q,sp,sc}(\tau,m,n)$的二进制CPM扩展矩阵为$\boldsymbol{H}_{b,sp,sc}(\tau,m,n)$,因此$\boldsymbol{H}_{b,sp,sc}(\tau,m,n)$是一个半无限阵列,其由大小为$(q-1)\times(q-1)$的二进制CPM矩阵和ZM矩阵构成,且周期为$\tau$。由于$\boldsymbol{\Lambda}_{q,sp,sc}(\tau,m,n)$满足$2\times2$的SM约束条件,因此$\boldsymbol{H}_{b,sp,sc}(\tau,m,n)$也满足RC约束条件。$\boldsymbol{H}_{b,sp,sc}(\tau,m,n)$的零空间对应一个周期时变的CPM－QC－SC－LDPC码,定义为$\boldsymbol{C}_{b,sp,sc}(\tau)$,

周期为 τ。CPM－QC－SC－LDPC 码 $\boldsymbol{C}_{\mathrm{b,sp,sc}}(\tau)$的 Tanner 图 $\mathcal{G}_{\mathrm{b,sp,sc}}(\Lambda)$不含有环长为 4 的环，其周长至少为 6，它是一个周期时变的 LDPC－C 码，其约束长度为 $en(q-1)$个符号。基于 $\boldsymbol{\Lambda}_{\mathrm{q,sp,sc}}(\tau,m,n)$构造的 CPM－QC－SC－LDPC 码 $\boldsymbol{C}_{\mathrm{b,sp,sc}}(\tau)$，被称为 Type－1 型 CPM－QC－SP－LDPC 码。

当 $0\leqslant j<r$ 时，定义 $\mathrm{CPM}(\boldsymbol{R}_{0,j})$为 $m\times n$ 的矩阵 $\boldsymbol{R}_{0,j}$在 GF(q)上的二进制 CPM 扩展。基于 SP 构码法的观点，时变 CPM－QC－SC－LDPC 码 $\boldsymbol{C}_{\mathrm{b,sp,sc}}(\tau)$的校验矩阵 $\boldsymbol{H}_{\mathrm{b,sp,sc}}(\tau,m,n)$可以由大小为 $m(q-1)\times n(q-1)$的矩阵集合构造为

$$R=\{\mathrm{CPM}(\boldsymbol{R}_{0,0}),\mathrm{CPM}(\boldsymbol{R}_{0,1}),\cdots,\mathrm{CPM}(\boldsymbol{R}_{0,r-1})\} \tag{9.3}$$

替代集合 R 是由 r 个 $m\times n$ 的阵列 $\boldsymbol{R}_{0,j}$组成，其中阵列 $\boldsymbol{R}_{0,j}$中每一位被大小为$(q-1)\times(q-1)$的 CPM 矩阵置换。二进制矩阵 $\boldsymbol{B}_{\mathrm{sp}}$作为 SP 构码法的基矩阵，见式(9.4)，因此该 CPM－QC－SC－LDPC 码 $\boldsymbol{C}_{\mathrm{b,sp,sc}}(\tau)$也可以看作是一个 CPM－QC－SP－LDPC 码：

$$\boldsymbol{B}_{\mathrm{sp}}=\left[\begin{array}{cccccccccc}
1 & & & & & & & & & \\
1 & 1 & & & & & & & & \\
\vdots & 1 & \ddots & & & & & & & \\
\vdots & \vdots & \ddots & 1 & & & & & & \\
\vdots & \vdots & \ddots & 1 & 1 & & & & & \\
1 & \vdots & \ddots & \vdots & 1 & 1 & & & & \\
 & 1 & \ddots & \vdots & \vdots & 1 & \ddots & & & \\
 & & \ddots & \vdots & \vdots & \vdots & \ddots & 1 & & \\
 & & & 1 & \vdots & \vdots & \ddots & 1 & & \\
 & & & & 1 & \vdots & \ddots & \vdots & & \ddots \\
 & & & & & 1 & \ddots & \vdots & \cdot & \ddots \\
 & & & & & & \ddots & \vdots & & \ddots \\
 & & & & & & & 1 & & \ddots \\
 & & & & & & & & & \ddots \\
 & & & & & & & & & \ddots
\end{array}\right] \tag{9.4}$$

从 PTG 构码法的观点看，阵列 $\boldsymbol{\Lambda}_{\mathrm{q,sp,sc}}(\tau,m,n)$的前 τ－span 获得的子阵列 $\boldsymbol{B}_{\mathrm{q,sp,sc}}(\tau,m,n)$对应的 Tanner 图 $\mathcal{G}_{\mathrm{q,sp,sc}}(\tau,m,n)$，可以认为是基于 PTG 构码法构造的 CPM－QC－SC－LDPC 码 $\boldsymbol{C}_{\mathrm{b,sp,sc}}(\tau)$的原模图，Tanner 图 $\mathcal{G}_{\mathrm{q,sp,sc}}(\tau,m,n)$上的边是由 GF($q$)上的非零元素标识。考虑基于 PTG 法构造 $\boldsymbol{C}_{\mathrm{b,sp,sc}}(\tau)$的校验矩阵 $\boldsymbol{H}_{\mathrm{b,sp,sc}}(\tau,m,n)$。对于给定的原模图

$\mathcal{G}_{\mathrm{q,sp,sc}}(\tau,m,n)$进行两次扩展，首先，将 $\mathcal{G}_{\mathrm{q,sp,sc}}(\tau,m,n)$复制无限次，将复制的原模图按照链式方法连接在一起，形成一个新的 Tanner 图 $\mathcal{G}_{\mathrm{q,sp,sc}}(\boldsymbol{\Lambda})$；然后，将 $\mathcal{G}_{\mathrm{q,sp,sc}}(\boldsymbol{\Lambda})$按照每个边上的 q 元标识通过二进制 CPM 方式进行扩展，最终获得 $\boldsymbol{C}_{\mathrm{b,sp,sc}}(\tau)$码对应的 Tanner 图 $\mathcal{G}_{\mathrm{b,sp,sc}}(\boldsymbol{\Lambda})$。Tanner 图 $\mathcal{G}_{\mathrm{b,sp,sc}}(\boldsymbol{\Lambda})$的邻接矩阵 $\boldsymbol{H}_{\mathrm{b,sp,sc}}(\tau,m,n)$对应的零空间即为 $\boldsymbol{C}_{\mathrm{b,sp,sc}}(\tau)$，因此 CPM－QC－SC－LDPC 码 $\boldsymbol{C}_{\mathrm{b,sp,sc}}(\tau)$也是一种 QC－PTG－LDPC 码。

考虑 $\boldsymbol{H}_{\mathrm{b,sp,sc}}(\tau,m,n)$是 $\boldsymbol{\Lambda}_{\mathrm{q,sp,sc}}(\tau,m,n)$的 CPM 扩展，时变 CPM－QC－SC－LDPC 码 $\boldsymbol{C}_{\mathrm{b,sp,sc}}(\tau)$的 Tanner 图是由相同子群链式连接而成，是 $\mathcal{G}_{\mathrm{q,sp,sc}}(\tau,m,n)$的 $q-1$ 次扩展。每一个子群是 $\boldsymbol{B}_{\mathrm{q,sp,sc}}(\tau,m,n)$的 CPM 扩展对应的 Tanner 图，也是半无限阵列 $\boldsymbol{\Lambda}_{\mathrm{q,sp,sc}}(\tau,m,n)$的前 τ－span 的子阵列。

考虑 Type－1 型 CPM－QC－SC－LDPC 码实际是 LDPC－C 码，可以采用 LDPC－C 的译码方法[74,47]对 CPM－QC－SC－LDPC 码 $\boldsymbol{C}_{\mathrm{b,sp,sc}}(\tau)$进行译码，而 $\boldsymbol{C}_{\mathrm{b,sp,sc}}(\tau)$码的码率至少为$(n-m)/n$。

例 9.1　基于 GF(127)构造一个 CPM－QC－SC－LDPC 码。根据式(8.2)在 GF(127)上构造一个 126×126 的循环矩阵 $\boldsymbol{B}_{\mathrm{q,sp,p}}$，其满足 2×2 的 SM 约束条件；将 127－1＝126 分解成 63 和 2 的乘积，并令 $r=63$ 和 $l=2$，且 $m=1$ 和 $n=2$；接下来，按照 9.1 节介绍的构码过程构造一个 63×63 的循环阵列 $\boldsymbol{B}'_{\mathrm{q,sp,p}}(1,2)$，由 1×2 的矩阵构成，见式(9.1)，该阵列最上面一行，是由 63 个大小为 1×2 的组成矩阵 $\boldsymbol{R}_{0,0},\boldsymbol{R}_{0,1},\cdots,\boldsymbol{R}_{0,62}$组成。

令 $e=4$(即列扩展大小)，且 $\tau=4$(即周期大小)，选用组成矩阵 $\boldsymbol{R}_{0,0},\boldsymbol{R}_{0,1},\cdots,\boldsymbol{R}_{0,15}$，可以获得半无限基阵列，表示为

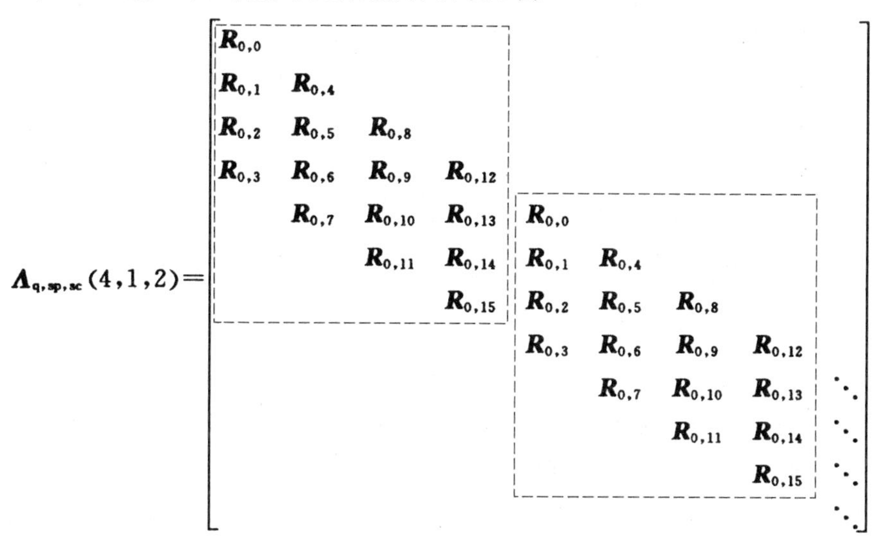

(9.5)

对 $\boldsymbol{\Lambda}_{q,sp,sc}(4,1,2)$进行 CPM 扩展，可以获得一个半无限的阵列 $\boldsymbol{H}_{b,sp,sc}(4,1,2)$，该阵列是由大小为 126×126 的二进制 CPM 矩阵和 ZM 矩阵构成，是一个(504,1 008)－span 的约束矩阵。阵列 $\boldsymbol{H}_{b,sp,sc}(4,1,2)$的零空间是 Type－1 型周期时变 CPM－QC－SC－LDPC 码 $\boldsymbol{C}_{b,sp,sc}(4)$，其周期为 4，Tanner 图的周长为 6，当该码码长无限时，码率为 0.5。

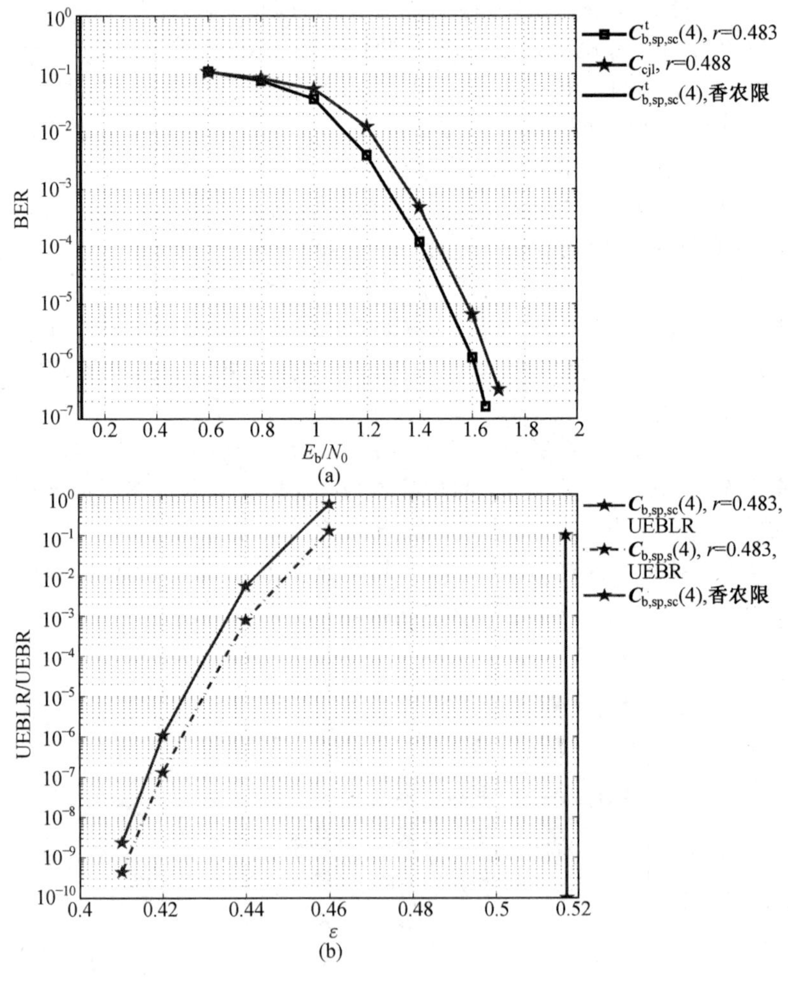

图 9.1 例 9.1 的图

假设采用 1 000 次迭代 SPA 译码算法，且译码 block 的长度为 $L=88$，即覆盖 $M=22$ 个周期，此时的码长为 22 176，码率为 0.483 1。定义该码为 $\boldsymbol{C}^t_{b,sp,sc}(4)$，其上角标‘t’代表“termination(截止)”，可知该码周长为 6，包含 13 608 个环长为 6 的环和 203 238 个环长为 8 的环。该码在

AWGN信道下的BER性能如图9.1(a)所示，当BER为10^{-6}时，该码距离香农限1.5。将该码与参考文献[14]中给出的QC－SC－LDPC码$\boldsymbol{C}_{\mathrm{cjl}}$(其码长为25 000，码率为0.488)的性能对比，其下角标“cjl”表示该文章三位作者(Chandrasetty、Johnson、Lechner)姓氏第一位的缩写。$\boldsymbol{C}_{\mathrm{cjl}}$码具有良好的译码性能，采用1 000次的迭代SPA译码算法。从仿真图中可以看到，采用代数方式构造的CPM－QC－SC－LDPC码$\boldsymbol{C}^{\mathrm{t}}_{\mathrm{b,sp,sc}}(4)$比文献[14]提出的基于PTG构码法构造的QC－SC－LDPC码$\boldsymbol{C}_{\mathrm{cjl}}$性能大约改进0.1 dB。$\boldsymbol{C}^{\mathrm{t}}_{\mathrm{b,sp,sc}}(4)$码在BEC信道的UEBR和UEBLR曲线如图9.1(b)所示。

用来构造半无限CPM－QC－SC－LDPC码$\boldsymbol{C}_{\mathrm{b,sp,sc}}(4)$(或上述构造的码$\boldsymbol{C}^{\mathrm{t}}_{\mathrm{b,sp,sc}}(4)$)的基矩阵$\boldsymbol{B}_{\mathrm{q,sp,sc}}(4,1,2)$可以表示为

$$\boldsymbol{B}_{\mathrm{q,sp,sc}}(4,1,2)=\begin{bmatrix}\boldsymbol{R}_{0,0} & & & \\ \boldsymbol{R}_{0,1} & \boldsymbol{R}_{0,4} & & \\ \boldsymbol{R}_{0,2} & \boldsymbol{R}_{0,5} & \boldsymbol{R}_{0,8} & \\ \boldsymbol{R}_{0,3} & \boldsymbol{R}_{0,6} & \boldsymbol{R}_{0,9} & \boldsymbol{R}_{0,12} \\ & \boldsymbol{R}_{0,7} & \boldsymbol{R}_{0,10} & \boldsymbol{R}_{0,13} \\ & & \boldsymbol{R}_{0,11} & \boldsymbol{R}_{0,14} \\ & & & \boldsymbol{R}_{0,15}\end{bmatrix}$$

$\boldsymbol{B}_{\mathrm{q,sp,sc}}(4,1,2)$是在GF(127)上的7×8矩阵。该基矩阵$\boldsymbol{B}_{\mathrm{q,sp,sc}}(4,1,2)$的Tanner图$\mathscr{G}_{\mathrm{q,sp,sc}}(4,1,2)$含有7个CN节点、8个VN节点和32条边，边的标识为GF(127)中的元素，如图9.2所示。从图论的观点来看，$\mathscr{G}_{\mathrm{q,sp,sc}}(4,1,2)$是构造CPM－QC－SC－LDPC码$\boldsymbol{C}^{\mathrm{t}}_{\mathrm{b,sp,sc}}(4)$的原模图。

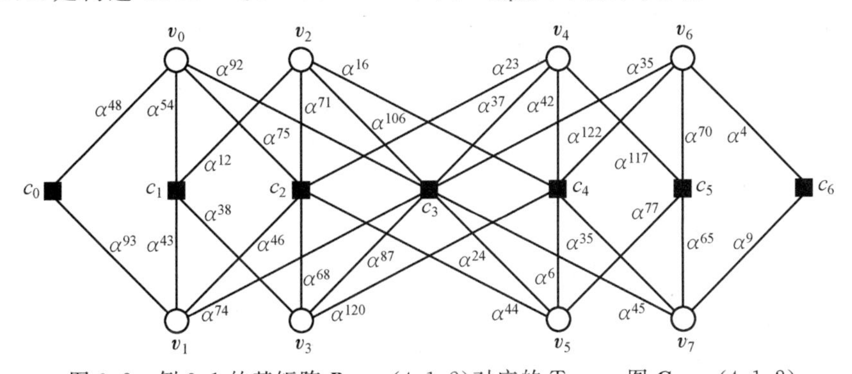

图9.2　例9.1的基矩阵$\boldsymbol{B}_{\mathrm{q,sp,sc}}(4,1,2)$对应的Tanner图$\boldsymbol{C}_{\mathrm{q,sp,sc}}(4,1,2)$

如果在非二进制域GF(q)上选择合适的r、l、m、n、e和τ，根据式(9.1)，可以构造一系列具有不同码率的CPM－QC－SC－LDPC码。

例9.2　采用例9.1的有限域GF(127)来构码，将126分解成21和6

的乘积，并令 $r=21,l=6,m=1,n=4,e=4$ 和 $\tau=4$。基于这些参数构造一个半无限阵列 $\boldsymbol{H}_{\mathrm{b,sp,sc}}(4,1,4)$，其每一位是由大小为 126×126 的 CPM 矩阵和 ZM 矩阵构成。$\boldsymbol{H}_{\mathrm{b,sp,sc}}(4,1,4)$ 对应的零空间是 Type－1 型周期时变 CPM－QC－SC－LDPC 码 $\boldsymbol{C}_{\mathrm{b,sp,sc}}(4)$，其周期为 4，当码长无限时其码率为 0.75。

如果截取 $\boldsymbol{C}_{\mathrm{b,sp,sc}}(4)$ 码，并设定 $M=11$（即 $L=44$），可以获得码长为 22 176的码 $\boldsymbol{C}_{\mathrm{b,sp,sc}}^{\mathrm{t}}(4)$，其码率为 0.733 1。该码在 AWGN 信道下采用 1 000次迭代 SPA 译码算法的 BER 性能曲线如图 9.3(a)所示；在 BEC 信道下的性能曲线如图 9.3(b)所示。当 BER 为 10^{-6} 时，该码距离香农限 1 左右。

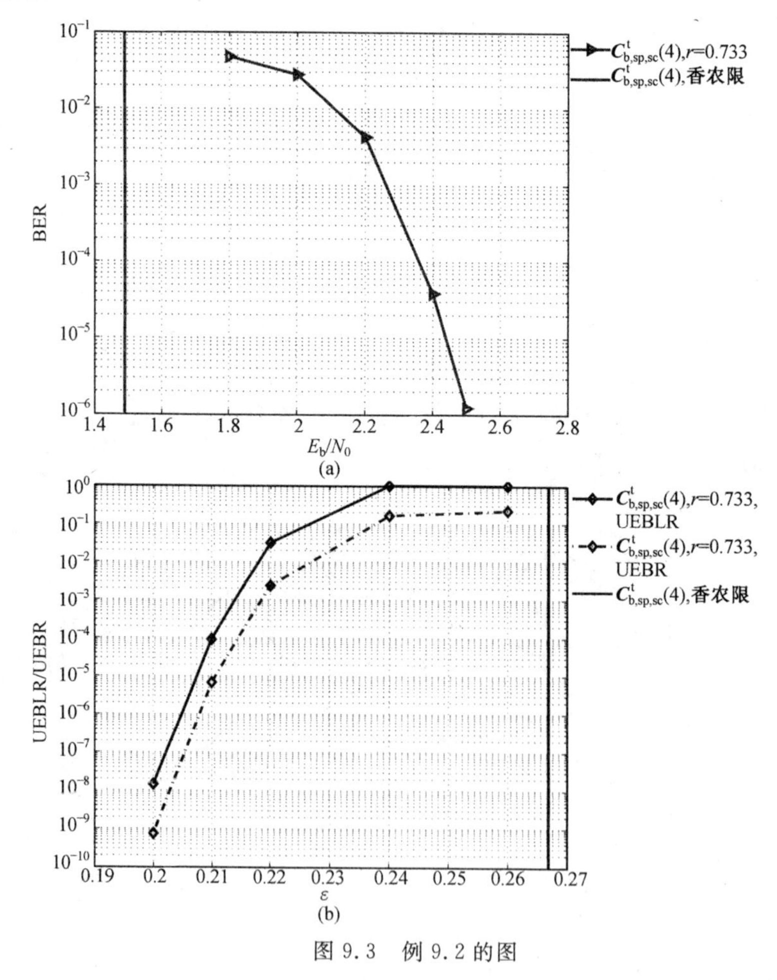

图 9.3　例 9.2 的图

9.3 Type−2型QC−SC−LDPC码

假设构造一个半无限阵列 $\boldsymbol{\Lambda}^{*}_{q,sp,sc}(\tau,m,n)$，第 i 行与式(9.2)给出 $\boldsymbol{\Lambda}_{q,sp,sc}(\tau,m,n)$ 的第 i 列($i=0,1,\cdots$)相同，则 $\boldsymbol{\Lambda}^{*}_{q,sp,sc}(\tau,m,n)$ 的表达式为

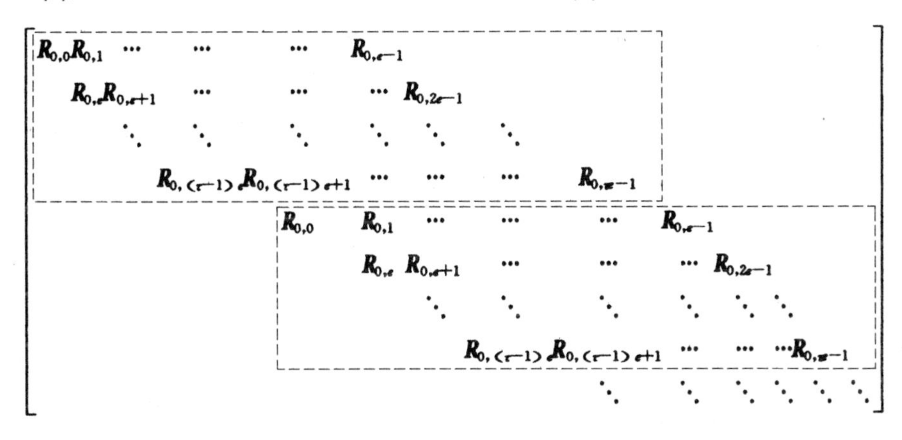

(9.6)

从式(9.6)可以看出，半无限阵列 $\boldsymbol{\Lambda}^{*}_{q,sp,sc}(\tau,m,n)$ 的所有非零矩阵都集中在宽度为 en 和深度为 em 的区间范围内。构造 $\boldsymbol{\Lambda}^{*}_{q,sp,sc}(\tau,m,n)$，只需将 $\boldsymbol{\Lambda}_{q,sp,sc}(\tau,m,n)$ 中的列变成行，向下平移变成向右平移。将每个非零的 row-block-span 复制 τ 个连续非零的 row-block-span，将其向右移动 τ 个位置。$\boldsymbol{\Lambda}^{*}_{q,sp,sc}(\tau,m,n)$ 中的 $\tau\times(e+\tau-1)$ 子阵列，若是其含有 τ 个连续的 row-blocks，即非零的 row-block-span，则称其为 $\tau-$span 子阵列。实际上，它也是式(9.1)给出的 $\boldsymbol{B}'_{q,sp,p}(m,n)$ 中的一个大小为 $r\times r$ 的循环子阵列，只是将其中一些位置用 ZM 矩阵所替代。另外，每个 $\tau-$span 的子阵列是由同样的 τ 个非零的 row-block-span 集合组成，也可以采用不同的阶。因此，$\boldsymbol{\Lambda}^{*}_{q,sp,sc}(\tau,m,n)$ 的一个 $\tau-$span 的子阵列是 GF(q)上一个 $m\tau\times n(e+\tau-1)$ 的矩阵。

阵列 $\boldsymbol{\Lambda}^{*}_{q,sp,sc}(\tau,m,n)$ 对应的 Tanner 图 $\mathcal{G}_{q,sp,sc}(\boldsymbol{\Lambda}^{*})$ 的分析方法，与在 Type−1 型中介绍的 CPM−QC−SC−LDPC 码 $\boldsymbol{\Lambda}_{q,sp,sc}(\tau,m,n)$ 对应 Tanner 图 $\mathcal{G}_{q,sp,sc}(\boldsymbol{\Lambda})$ 的分析方法一致。因此，其 Tanner 图是一个无限的链式结构，是将 $\boldsymbol{\Lambda}^{*}_{q,sp,sc}(\tau,m,n)$ 的第一个 $\tau-$span 的子阵列对应的 Tanner 图 $\mathcal{G}^{*}_{q,sp,sc}(\tau,m,n)$ 进行复制并拓展而获得的。

将 $\boldsymbol{\Lambda}^{*}_{q,sp,sc}(\tau,m,n)$ 中每个非零元素用一个大小为 $(q-1)\times(q-1)$ 的

CPM 矩阵进行扩展,每个零元素用一个大小为$(q-1)\times(q-1)$的 ZM 矩阵进行扩展,可以获得一个半无限的阵列$\boldsymbol{H}^{*}_{\mathrm{b,sp,sc}}(\tau,m,n)$,其组成 CPM 矩阵和 ZM 矩阵的大小为$(q-1)\times(q-1)$。半无限阵列$\boldsymbol{H}^{*}_{\mathrm{b,sp,sc}}(\tau,m,n)$对应的零空间则是 Type－2 型周期时变 CPM－QC－SC－LDPC 码$\boldsymbol{C}^{*}_{\mathrm{b,sp,sc}}(\tau)$。

由图论的观点可知,$\mathcal{G}^{*}_{\mathrm{q,sp,sc}}(\tau,m,n)$可以看作构造 CPM－QC－SC－LDPC 码$\boldsymbol{C}^{*}_{\mathrm{b,sp,sc}}(\tau)$的原模图。基于 SP 构码法的观点,$\boldsymbol{C}^{*}_{\mathrm{b,sp,sc}}(\tau)$的基矩阵可以表示为

$$\boldsymbol{B}^{*}_{\mathrm{sp}}=\begin{bmatrix}1 & 1 & \cdots & \cdots & \cdots & 1 & & & & & & \\ & 1 & 1 & \cdots & \cdots & \cdots & 1 & & & & & \\ & & & \ddots & \ddots & \ddots & \ddots & \ddots & \ddots & & & \\ & & & & & 1 & 1 & \cdots & \cdots & \cdots & 1 & \\ & & & & & & 1 & 1 & \cdots & \cdots & \cdots & 1 \\ & & & & & & & \ddots & \ddots & \ddots & \ddots & \ddots & \ddots\end{bmatrix} \tag{9.7}$$

其相应的替代集合为$\{\mathrm{CPM}(\boldsymbol{R}_{0,0}),\mathrm{CPM}(\boldsymbol{R}_{0,1}),\cdots,\mathrm{CPM}(\boldsymbol{R}_{0,r-1})\}$。

例 9.3 在例 9.1 中,根据式(9.1)构造一个63×63的循环阵列$\boldsymbol{B}'_{\mathrm{q,sp,p}}(1,2)$,该阵列的每一个位置对应一个$1\times2$的矩阵,且该阵列的第一行包含 63 个$1\times2$的组成矩阵$\boldsymbol{R}_{0,0},\boldsymbol{R}_{0,1},\cdots,\boldsymbol{R}_{0,62}$。

给定$e=4$(row-block-span)和$\tau=4$(周期),根据组成矩阵$\boldsymbol{R}_{0,0},\boldsymbol{R}_{0,1},\cdots,\boldsymbol{R}_{0,15}$,可以获得半无限阵列,表示为

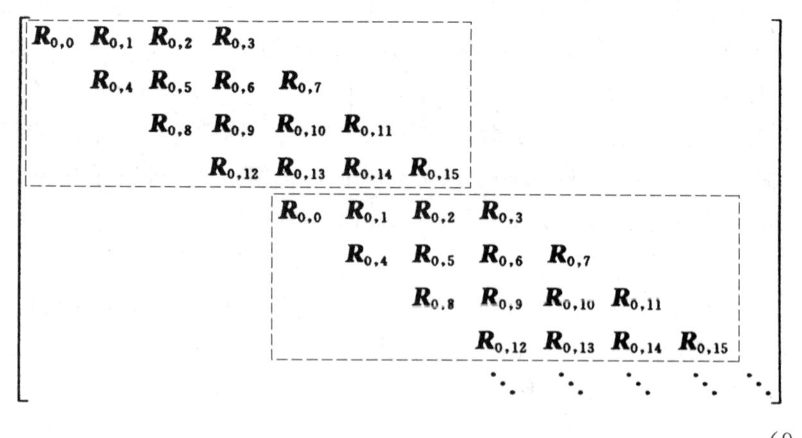

(9.8)

对$\boldsymbol{\Lambda}^{*}_{\mathrm{q,sp,sc}}(4,1,2)$进行 CPM 扩展,就可以获得一个半无限的阵列$\boldsymbol{H}^{*}_{\mathrm{b,sp,sc}}(4,1,2)$,其组成的二进制 CPM 矩阵和 ZM 矩阵的大小为 $126\times$

126。$\boldsymbol{H}_{\mathrm{b,sp,sc}}^{*}(4,1,2)$的零空间对应一个Type-2型周期时变CPM-QC-SC-LDPC码$\boldsymbol{C}_{\mathrm{b,sp,sc}}^{*}(4)$，其周期为4，Tanner图的周长为6。

如果设定$M=22(L=88)$，将$\boldsymbol{H}_{\mathrm{b,sp,sc}}^{*}(4,1,2)$进行截断，并移除其前两列和最后两列，就可以获得一个截短阵列$\boldsymbol{H}_{\mathrm{b,sp,sc}}^{*,t}(4,1,2)$。新的截短阵列$\boldsymbol{H}_{\mathrm{b,sp,sc}}^{*,t}(4,1,2)$对应的零空间构成一个CPM-QC-SC-LDPC码$\boldsymbol{C}_{\mathrm{b,sp,sc}}^{*,t}(4)$，其码长为22 050，码率为0.497 2。该码在AWGN信道下采用1 000次和50次的迭代SPA译码算法的BER性能如图9.4(a)所示，从图中可以看到，1 000次迭代和50迭代性能差异约为0.2 dB；其在BEC信道下的UEBR性能曲线如图9.4(b)所示。

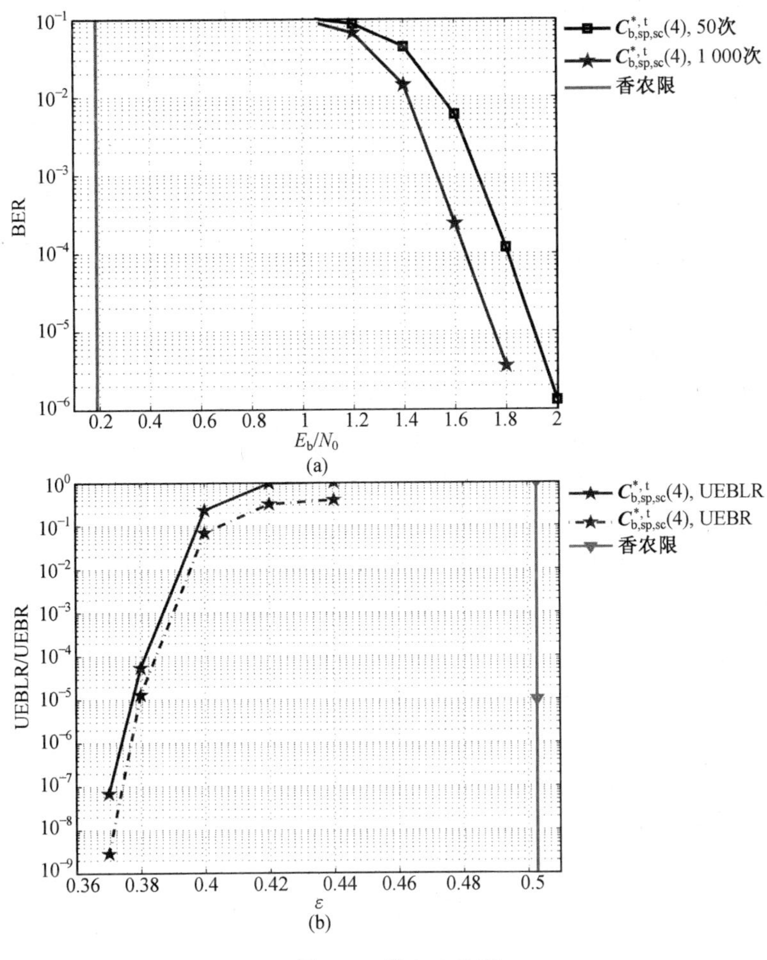

图9.4 例9.3的图

CPM－QC－SC－LDPC 码 $\boldsymbol{C}^{*,t}_{b,sp,sc}(4)$对应的基矩阵 $\boldsymbol{B}^{*}_{q,sp,sc}(4,1,2)$可以表示为

$$\boldsymbol{B}^{*}_{q,sp,sc}(4,1,2)=\begin{bmatrix}\boldsymbol{R}_{0,0} & \boldsymbol{R}_{0,1} & \boldsymbol{R}_{0,2} & \boldsymbol{R}_{0,3} & & & \\ & \boldsymbol{R}_{0,4} & \boldsymbol{R}_{0,5} & \boldsymbol{R}_{0,6} & \boldsymbol{R}_{0,7} & & \\ & & \boldsymbol{R}_{0,8} & \boldsymbol{R}_{0,9} & \boldsymbol{R}_{0,10} & \boldsymbol{R}_{0,11} & \\ & & & \boldsymbol{R}_{0,12} & \boldsymbol{R}_{0,13} & \boldsymbol{R}_{0,14} & \boldsymbol{R}_{0,15}\end{bmatrix}$$

9.4 截断和咬尾 CPM－QC－SC－LDPC 码

提取半无限基阵列 $\boldsymbol{\Lambda}_{q,sp,sc}(\tau,m,n)$的前 M 个周期，移除其中的全零行，形成一个截断码，对应一个$(\tau M+e-1)\times\tau M$ 的阵列，该阵列每一个位置是由 GF(q)上一个大小为 $m\times n$ 的矩阵构成，定义为 $\boldsymbol{\Lambda}^{t}_{q,sp,sc}(M,\tau,m,n)$，$\boldsymbol{\Lambda}^{t}_{q,sp,sc}(M,\tau,m,n)$是 $\boldsymbol{\Lambda}_{q,sp,sc}(\tau,m,n)$的子矩阵。$\boldsymbol{\Lambda}_{q,sp,sc}(\tau,m,n)$满足2×2的SM 约束条件，因此 $\boldsymbol{\Lambda}^{t}_{q,sp,sc}(M,\tau,m,n)$同样满足 2×2 的 SM 约束条件，并且 $\boldsymbol{\Lambda}^{t}_{q,sp,sc}(M,\tau,m,n)$的 Tanner 图是由 M 个 $\mathcal{G}_{q,sp,sc}(\tau,m,n)$进行连接而成，形成有限环路。需要注意的是，第一个和最后一个 $\mathcal{G}_{q,sp,sc}(\tau,m,n)$并不直接连接。

对有限阵列 $\boldsymbol{\Lambda}^{t}_{q,sp,sc}(M,\tau,m,n)$进行 CPM 扩展，得到一个 $m(M\tau+e-1)\times n\tau M$ 的阵列，定义为 $\boldsymbol{H}^{t}_{b,sp,sc}(M,\tau,m,n)$，它是由大小为$(q-1)\times(q-1)$的二进制 CPM 矩阵和 ZM 矩阵构成。$\boldsymbol{H}^{t}_{b,sp,sc}(M,\tau,m,n)$对应的零空间是一个线性 CPM－QC－SC－LDPC 码 $\boldsymbol{C}^{t}_{b,sp,sc}(\tau)$，其码长为 $nM\tau(q-1)$，对应的 Tanner 图 $\mathcal{G}_{b,sp,sc}(\boldsymbol{\Lambda}^{t})$不含有 4 环，且是有限长的链状结构，称这种 $\boldsymbol{C}^{t}_{b,sp,sc}(\tau)$码为 L 个 block 截断的 Type－1 型 CPM－QC－SC－LDPC 码($L=M\tau$)。在 $\boldsymbol{\Lambda}^{t}_{q,sp,sc}(M,\tau,m,n)$、$\boldsymbol{H}^{t}_{b,sp,sc}(M,\tau,m,n)$和 $\boldsymbol{C}^{t}_{b,sp,sc}(\tau)$中的上角标“t”代表截断。本节 L 个 block 截断的 Type－1 型 CPM－QC－SC－LDPC 码采用常规 LDPC 码的迭代译码算法进行译码，比如 SPA 译码算法、MSA 译码算法或者其他简化算法。$\boldsymbol{C}^{t}_{b,sp,sc}(\tau)$的码率至少为$(n-m)/n-(e-1)m/nL$，与无限码长情况相比，这种截短码的码率损失为$(e-1)m/nL$，当 L 足够大时，码率的损失非常小。

提取半无限基阵列 $\boldsymbol{\Lambda}_{q,sp,sc}(\tau,m,n)$的前 M 个的 τ－span 的子阵列，将最下面的$(e-1)$行进行打包，放到最上面：

$$\boldsymbol{\Lambda}_{\mathrm{q,sp,sc}}(M,\tau,m,n)=$$

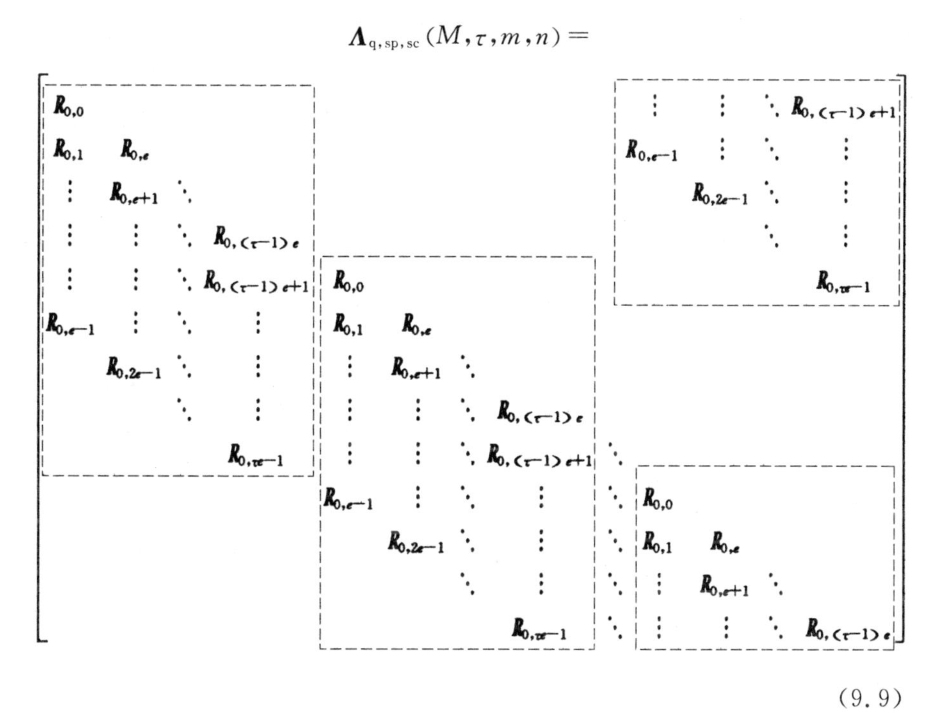

(9.9)

此时可以获得一个 $M\tau\times M\tau$ 的阵列，定义为 $\boldsymbol{\Lambda}_{\mathrm{q,sp,sc}}^{\mathrm{tb}}(M,\tau,m,n)$，该阵列的每一个位置是由GF($q$)上的一个 $m\times n$ 的矩阵构成。$\boldsymbol{\Lambda}_{\mathrm{q,sp,sc}}^{\mathrm{tb}}(M,\tau,m,n)$ 的每一行包含 e 个非零的 $m\times n$ 的矩阵，每一列也包含 e 个非零的 $m\times n$ 的矩阵。$\boldsymbol{\Lambda}_{\mathrm{q,sp,sc}}^{\mathrm{tb}}(M,\tau,m,n)$ 的 Tanner 图 $\mathcal{G}_{\mathrm{q,sp,sc}}^{tb}(\Lambda^{tb})$ 包含 M 个 $\mathcal{G}_{\mathrm{q,sp,sc}}(\tau,m,n)$，并且这些复制的 $\mathcal{G}_{\mathrm{q,sp,sc}}(\tau,m,n)$ 连接成环状结构，最后面的 $\mathcal{G}_{\mathrm{q,sp,sc}}(\tau,m,n)$ 与最前面的 $\mathcal{G}_{\mathrm{q,sp,sc}}(\tau,m,n)$ 直接相连，这种操作过程称为咬尾(Tail-Biting，TB)。

对 $\boldsymbol{\Lambda}_{\mathrm{q,sp,sc}}^{\mathrm{tb}}(M,\tau,m,n)$ 进行二进制CPM扩展，可以得到一个 $mM\tau\times nM\tau$ 的阵列 $\boldsymbol{H}_{\mathrm{b,sp,sc}}^{\mathrm{tb}}(M,\tau,m,n)$，其每一位是由 $(q-1)\times(q-1)$ 的CPM和ZM阵列构成。$\boldsymbol{H}_{\mathrm{b,sp,sc}}^{\mathrm{tb}}(M,\tau,m,n)$ 的零空间对应一个线性CPM－QC－SC－LDPC码，称为Type－1型咬尾CPM－QC－SC－LDPC码，表示为 $\boldsymbol{C}_{\mathrm{b,sp,sc}}^{\mathrm{tb}}(\tau)$，该码的码率至少为 $(n-m)/n$。$\boldsymbol{\Lambda}_{\mathrm{q,sp,sc}}^{\mathrm{tb}}(M,\tau,m,n)$、$\boldsymbol{H}_{\mathrm{b,sp,sc}}^{\mathrm{tb}}(M,\tau,m,n)$ 和 $\boldsymbol{C}_{\mathrm{b,sp,sc}}^{\mathrm{tb}}(\tau)$ 中的上角标“tb”代表咬尾。

对于一个给定的有限域GF(q)，基于式(9.1)给出的循环阵列 $\boldsymbol{B}'_{\mathrm{q,sp,p}}(m,n)$，构造一系列的CPM－QC－SC－LDPC码，$L$ 截断和咬尾的CPM－QC－SC－LDPC码具有不同的码率和周期，可以通过不同的 m、n、τ、M 参数进行设计。

通过对半无限阵列$\boldsymbol{\Lambda}^{*}_{q,sp,sc}(\tau,m,n)$进行截断或咬尾操作，可以构造出Type－2型截断和咬尾CPM－QC－SC－LDPC码。将$\boldsymbol{\Lambda}^{*}_{q,sp,sc}(\tau,m,n)$前$M$个$\tau$－span的子阵列提取，获得一个$M\tau\times(M\tau+e-1)$的子阵列，定义为$\boldsymbol{\Lambda}^{*,t}_{q,sp,sc}(M,\tau,m,n)$。对$\boldsymbol{\Lambda}^{*,t}_{q,sp,sc}(M,\tau,m,n)$进行二进制CPM扩展，得到一个$mM\tau\times n(M\tau+e-1)$的阵列$\boldsymbol{H}^{*,t}_{b,sp,sc}(M,\tau,m,n)$，其每一位由一个大小为$(q-1)\times(q-1)$的CPM矩阵和ZM矩阵构成。$\boldsymbol{H}^{*,t}_{b,sp,sc}(M,\tau,m,n)$对应的零空间是一个截断的Type－2型CPM－QC－SC－LDPC码$\boldsymbol{C}^{*,t}_{b,sc,sp}(\tau)$，其码长为$n(M\tau+e-1)(q-1)$，码率至少为$(M\tau(n-m)+(e-1)n)/(n(M\tau+e-1))$。如果将$\boldsymbol{\Lambda}^{*,t}_{q,sp,sc}(M,\tau,m,n)$最后的$(e-1)$列移动到最左边，就可以获得一个$M\tau\times M\tau$的咬尾阵列$\boldsymbol{\Lambda}^{*,tb}_{q,sp,sc}(M,\tau,m,n)$，其每一个位置是GF$(q)$上一个$m\times n$的矩阵。对$\boldsymbol{\Lambda}^{*,tb}_{q,sp,sc}(M,\tau,m,n)$进行二进制CPM扩展，得到一个$mM\tau\times nM\tau$的阵列$\boldsymbol{H}^{*,tb}_{b,sp,sc}(M,\tau,m,n)$，其每一位是由一个大小为$(q-1)\times(q-1)$的CPM矩阵和ZM矩阵构成。$\boldsymbol{H}^{*,tb}_{b,sp,sc}(M,\tau,m,n)$的零空间对应Type－2型咬尾CPM－QC－SC－LDPC码$\boldsymbol{C}^{*,tb}_{b,sc,sp}(\tau)$，码长为$nM\tau(q-1)$。

例9.4　给定GF(127)上的循环基矩阵$\boldsymbol{B}_{q,sp,p}$，如例9.1所示。将126分解成9和14的乘积，并且令$r=0$，$l=14$，将$\boldsymbol{B}_{q,sp,p}$表示为一个9×9的阵列，该阵列是由GF(127)上的14×14的矩阵构成，见式(8.2)。设定$m=2$，$n=8$，构造一个9×9的循环阵列$\boldsymbol{B}'_{q,sp,p}(2,8)$，其每一位对应一个2×8的矩阵，见式(9.1)，阵列$\boldsymbol{B}'_{q,sp,p}(2,8)$的第一行含有9个大小为2×8的组成矩阵$\boldsymbol{R}_{0,0}$，$\boldsymbol{R}_{0,1}$，…，$\boldsymbol{R}_{0,8}$。在构码时，令$e=2$，$\tau=1$，并用$\boldsymbol{R}_{0,0}$、$\boldsymbol{R}_{0,1}$构造基矩阵$\boldsymbol{\Lambda}_{q,sp,sc}(1,2,8)$。

令$M=4$，提取$\boldsymbol{\Lambda}_{q,sp,sc}(1,2,8)$前4个1扩展子阵列，将最后一行打包移动到第一行，可以获得一个4×4的阵列$\boldsymbol{\Lambda}^{tb}_{q,sp,sc}(4,1,2,8)$，其每一位都是GF(127)上一个2×8的子矩阵，见式(9.9)。对$\boldsymbol{\Lambda}^{tb}_{q,sp,sc}(4,1,2,8)$进行二进制CPM矩阵扩展，就可以获得一个8×32的阵列$\boldsymbol{H}^{tb}_{b,sp,sc}(4,1,2,8)$，其每一位是一个126×126的CPM矩阵和ZM矩阵，因此$\boldsymbol{H}^{tb}_{b,sp,sc}(4,1,2,8)$是一个1 008×4 032的二进制矩阵，其列重和行重分别为4和8。$\boldsymbol{H}^{tb}_{b,sp,sc}(4,1,2,8)$对应的零空间是一个(4,16)规则(4032,3029)的Type－1型咬尾CPM－QC－SC－LDPC码$\boldsymbol{C}^{tb}_{b,sp,sc,0}(1)$，码率为0.751 2。

在AWGN信道下，$\boldsymbol{C}^{tb}_{b,sp,sc,0}(1)$码采用50次迭代MSA译码算法的BER和BLER曲线如图9.5(a)所示。从图中可以看出，当BER为10^{-8}时，距离香农限为1.6；当BLER为10^{-6}时，该码距离SPB限0.95 dB。

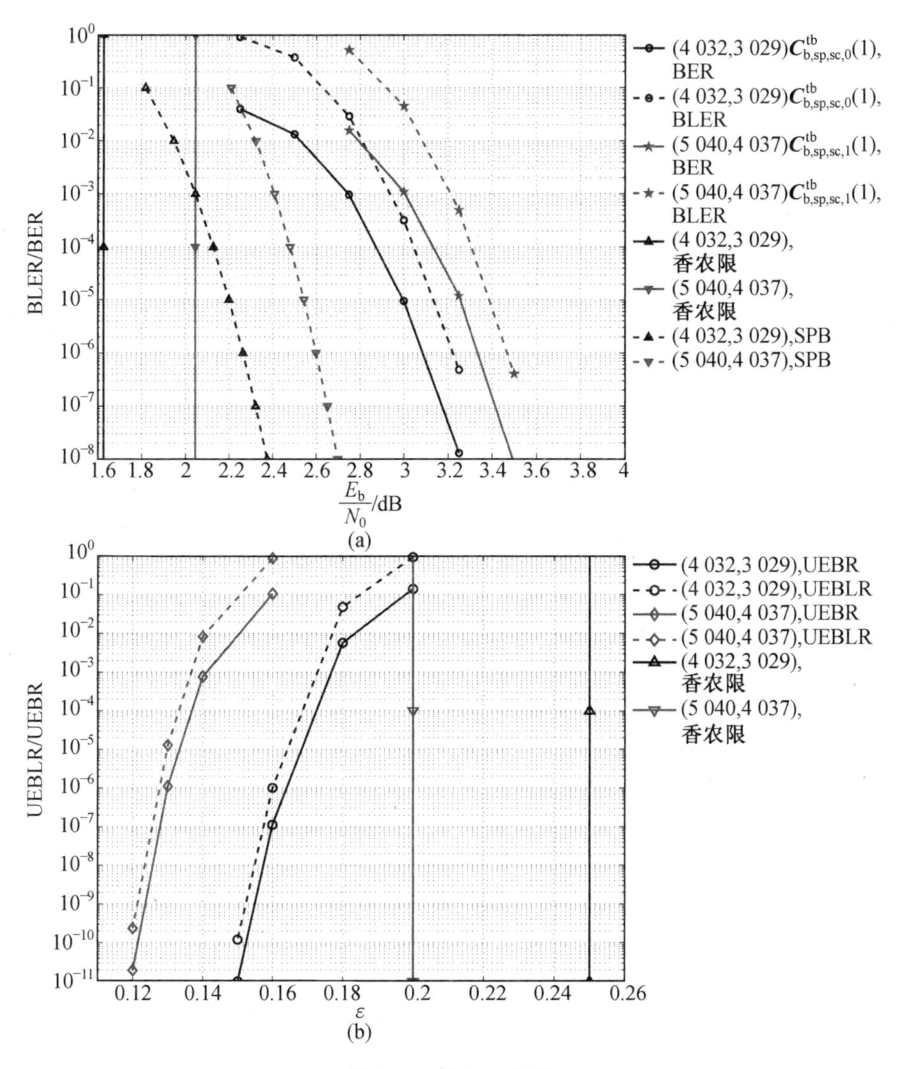

图 9.5　例 9.4 的图

如果选择 $m=2$，$n=10$，$e=2$，$\tau=1$，$M=4$，可以构造一个 8×40 的阵列 $\boldsymbol{H}^{tb}_{b,sp,sc}(4,1,2,10)$，其每一位对应一个 126×126 的 CPM 矩阵或 ZM 矩阵，因此 $\boldsymbol{H}^{tb}_{b,sp,sc}(4,1,2,10)$ 是一个 1 008×5 040 的二进制矩阵，其列重和行重分别为 4 和 10。$\boldsymbol{H}^{tb}_{b,sp,sc}(4,1,2,10)$ 对应的零空间是一个(4,20)规则(5 040,4 037)的 Type－1 型咬尾 CPM－QC－SC－LDPC 码 $\boldsymbol{C}^{tb}_{b,sp,sc,1}(1)$，其码率为 0.801 0。在 AWGN 信道下，$\boldsymbol{C}^{tb}_{b,sp,sc,1}(1)$ 码采用 50 次迭代 MSA 译码算法的 BER 和 BLER 曲线如图 9.5(a)所示。从图中可以看出，当

BER为10^{-8}时，该码距离香农限为1.4；当BLER为10^{-6}时，该码距离SPB限0.9 dB。

$\boldsymbol{C}_{\mathrm{b,sp,sc,0}}^{\mathrm{tb}}(1)$和$\boldsymbol{C}_{\mathrm{b,sp,sc,1}}^{\mathrm{tb}}(1)$在BEC信道下的性能曲线如图9.5(b)所示。从图中可以看出，当UEBR为10^{-7}时，$\boldsymbol{C}_{\mathrm{b,sp,sc,0}}^{\mathrm{tb}}(1)$距离香农限0.09；当UEBR为$10^{-6}$时，$\boldsymbol{C}_{\mathrm{b,sp,sc,1}}^{\mathrm{tb}}(1)$距离香农限0.07。

另外，可以看到$\boldsymbol{C}_{\mathrm{b,sp,sc,0}}^{\mathrm{tb}}(1)$和$\boldsymbol{C}_{\mathrm{b,sp,sc,1}}^{\mathrm{tb}}(1)$也是Doubly CPM－QC－SP－LDPC码，可以从基阵列的构造过程中得以论证。

9.5 构造Type－1型CPM－QC－SC－LDPC码的通用方法

9.1节和9.2节介绍构造一种Type－1型CPM－QC－SC－LDPC码的特殊方法，其采用式(9.1)的$r\times r$的循环阵列$\boldsymbol{B}'_{\mathrm{q,sp,p}}(m,n)$作为基矩阵。并基于基矩阵$\boldsymbol{B}'_{\mathrm{q,sp,p}}(m,n)$构造一个$(e+\tau-1)\times\tau$的阵列$\boldsymbol{B}_{\mathrm{q,sp,sc}}(\tau,m,n)$，是由GF($q$)上的$m\times n$的矩阵构成，满足$\tau e<r$的约束条件；然后构造一个半无限的基阵列$\boldsymbol{\Lambda}_{\mathrm{q,sp,sc}}(\tau,m,n)$，它包含有若干个复制的$\boldsymbol{B}_{\mathrm{q,sp,sc}}(\tau,m,n)$矩阵，这些复制的$\boldsymbol{B}_{\mathrm{q,sp,sc}}(\tau,m,n)$分布在$\boldsymbol{\Lambda}_{\mathrm{q,sp,sc}}(\tau,m,n)$主对角线上，其宽度为$en$、深度为$em$，见式(9.2)；对$\boldsymbol{\Lambda}_{\mathrm{q,sp,sc}}(\tau,m,n)$进行二进制CPM扩展，得到校验矩阵$\boldsymbol{H}_{\mathrm{b,sp,sc}}(\tau,m,n)$对应的零空间是Type－1型周期时变CPM－QC－SC－LDPC码$\boldsymbol{C}_{\mathrm{b,sp,sc}}(\tau)$，其周期为$\tau$。在以上讨论中，要求$\boldsymbol{B}_{\mathrm{q,sp,sc}}(\tau,m,n)$所有组成矩阵彼此各不相同；在本节的讨论中，则去掉该要求，对$\boldsymbol{B}_{\mathrm{q,sp,sc}}(\tau,m,n)$的构造更具有普遍性，这样可以构造大量的Type－1型CPM－QC－SC－LDPC码。

要构造这种更具有普遍性的基矩阵，第一步是对$r\times r$的循环阵列$\boldsymbol{B}'_{\mathrm{q,sp,p}}(m,n)$沿主对角线进行分割，获得2个三角阵列见式(9.10)和式(9.11)，该阵列的每一位对应GF(q)上一个$m\times n$的矩阵。其下三角阵列为

$$\boldsymbol{T}_{\mathrm{lower}}(r,r,m,n)=\begin{bmatrix}\boldsymbol{R}_{0,0} & \boldsymbol{0} & \boldsymbol{0} & \cdots & \boldsymbol{0} & \boldsymbol{0}\\ \boldsymbol{R}_{0,1} & \boldsymbol{R}_{0,2} & \boldsymbol{0} & \cdots & \boldsymbol{0} & \boldsymbol{0}\\ \boldsymbol{R}_{0,2} & \boldsymbol{R}_{0,3} & \boldsymbol{R}_{0,4} & \cdots & \boldsymbol{0} & \boldsymbol{0}\\ \vdots & \vdots & \vdots & & \vdots & \vdots\\ \boldsymbol{R}_{0,r-2} & \boldsymbol{R}_{0,r-1} & \boldsymbol{R}_{0,0} & \cdots & \boldsymbol{R}_{0,r-4} & \boldsymbol{0}\\ \boldsymbol{R}_{0,r-1} & \boldsymbol{R}_{0,0} & \boldsymbol{R}_{0,1} & \cdots & \boldsymbol{R}_{0,r-3} & \boldsymbol{R}_{0,r-2}\end{bmatrix}\tag{9.10}$$

其上三角阵列为

$$\boldsymbol{T}_{\text{upper}}(r,r,m,n)=\begin{bmatrix}\mathbf{0} & \boldsymbol{R}_{0,1} & \boldsymbol{R}_{0,2} & \cdots & \boldsymbol{R}_{0,r-2} & \boldsymbol{R}_{0,r-1}\\ \mathbf{0} & \mathbf{0} & \boldsymbol{R}_{0,3} & \cdots & \boldsymbol{R}_{0,r-1} & \boldsymbol{R}_{0,0}\\ \vdots & \vdots & \vdots & & \vdots & \vdots\\ \mathbf{0} & \mathbf{0} & \mathbf{0} & \cdots & \mathbf{0} & \boldsymbol{R}_{0,r-3}\\ \mathbf{0} & \mathbf{0} & \mathbf{0} & \cdots & \mathbf{0} & \mathbf{0}\end{bmatrix} \tag{9.11}$$

式中,$\mathbf{0}$ 是一个 $m\times n$ 的 ZM 矩阵。

称 $\boldsymbol{T}_{\text{lower}}(r,r,m,n)$ 和 $\boldsymbol{T}_{\text{upper}}(r,r,m,n)$ 为 $\boldsymbol{B}'_{\text{q,sp,p}}(m,n)$ 的下三角和上三角子阵列。从式(9.10)和式(9.11)可以看到,下三角和上三角阵列彼此独立,都是 $\boldsymbol{B}'_{\text{q,sp,p}}(m,n)$ 的一部分。$\boldsymbol{T}_{\text{lower}}(r,r,m,n)$ 和 $\boldsymbol{T}_{\text{upper}}(r,r,m,n)$ 中的每一个非零位置都是集合 $R=\{\boldsymbol{R}_{0,0},\boldsymbol{R}_{0,1},\cdots,\boldsymbol{R}_{0,r-1}\}$ 中的元素矩阵,并最多出现 r 次。$\boldsymbol{B}'_{\text{q,sp,p}}(m,n)$ 满足 2×2 的 SM 约束条件,而 $\boldsymbol{T}_{\text{lower}}(r,r,m,n)$ 和 $\boldsymbol{T}_{\text{upper}}(r,r,m,n)$ 为 $\boldsymbol{B}'_{\text{q,sp,p}}(m,n)$ 中两个不相关的子阵列,因此 $\boldsymbol{T}_{\text{lower}}(r,r,m,n)$ 和 $\boldsymbol{T}_{\text{upper}}(r,r,m,n)$ 同时满足 2×2 的 SM 约束条件和 PW－2×2 的 SM 约束条件。

将 $\boldsymbol{T}_{\text{lower}}(r,r,m,n)$ 和 $\boldsymbol{T}_{\text{upper}}(r,r,m,n)$ 作为基础矩阵,用来构造一个半无限阵列,表示为

$$\boldsymbol{\Delta}_{\text{q,sp,sc}}(r,r,m,n)=\begin{bmatrix}\boldsymbol{T}_{\text{lower}}(r,r,m,n) & & & & \\ \boldsymbol{T}_{\text{upper}}(r,r,m,n) & \boldsymbol{T}_{\text{lower}}(r,r,m,n) & & & \\ & \boldsymbol{T}_{\text{upper}}(r,r,m,n) & \boldsymbol{T}_{\text{lower}}(r,r,m,n) & & \\ & & \boldsymbol{T}_{\text{upper}}(r,r,m,n) & \boldsymbol{T}_{\text{lower}}(r,r,m,n) & \\ & & & & \ddots\end{bmatrix} \tag{9.12}$$

提取 $\boldsymbol{\Delta}_{\text{q,sp,sc}}(r,r,m,n)$ 的一个 $2r\times r$ 的子阵列

$$\boldsymbol{B}_{\text{q,sp,sc,v}}(r,r,m,n)=\begin{bmatrix}\boldsymbol{T}_{\text{lower}}(r,r,m,n)\\ \boldsymbol{T}_{\text{upper}}(r,r,m,n)\end{bmatrix} \tag{9.13}$$

式(9.13)是由 r 个矩阵的列扩展组成,且每一列含有集合 $R=\{\boldsymbol{R}_{0,0},\boldsymbol{R}_{0,1},\cdots,\boldsymbol{R}_{0,r-1}\}$ 中全部元素,以及 r 个大小为 $m\times n$ 的 ZM 矩阵。$\boldsymbol{B}_{\text{q,sp,sc,v}}(r,r,m,n)$ 中每一列的非零组成矩阵,是由 r 个连续位置(非零列扩展)按照循环方式构成。当 $1\leqslant j<r$ 时,第 j 列的非零列扩展可以将第 0 列通过向上循环移动 j 个位置的方式实现,然后将最上面 j 个非零子矩阵打包移动到最下面就可以获得非零列扩展。由于 $\boldsymbol{T}_{\text{lower}}(r,r,m,n)$ 和 $\boldsymbol{T}_{\text{upper}}(r,r,$

m,n)满足 PW－2×2 的 SM 约束条件，因此 $\boldsymbol{\Delta}_{q,sp,sc}(r,r,m,n)$ r 扩展的子阵列 $\boldsymbol{B}_{q,sp,sc,v}(r,r,m,n)$也满足 2×2 的 SM 约束条件。$\boldsymbol{B}_{q,sp,sc,v}(r,r,m,n)$可以被称作 $\boldsymbol{\Delta}_{q,sp,sc}(r,r,m,n)$上的纵向 r 扩展，其下角标中的“v”是“vertical(纵向)”的缩写。

考虑 $\boldsymbol{\Delta}_{q,sp,sc}(r,r,m,n)$的一个 $r\times 2r$ 的子阵列，表示为

$$\boldsymbol{B}_{q,sp,sc,h}(r,r,m,n)=[\boldsymbol{T}_{upper}(r,r,m,n) \quad \boldsymbol{T}_{lower}(r,r,m,n)] \tag{9.14}$$

式(9.14)是由 r 个矩阵的行扩展组成，且每一列含有集合 $R=\{\boldsymbol{R}_{0,0},\boldsymbol{R}_{0,1},\cdots,\boldsymbol{R}_{0,r-1}\}$中的全部元素，以及 r 个大小为 $m\times n$ 的 ZM 矩阵。

$\boldsymbol{B}_{q,sp,sc,h}(r,r,m,n)$的每一行中非零组成矩阵，是由 r 个连续位置(非零行扩展)按照循环方式构成。当 $1\leqslant i<r$ 时，第 i 行的非零行扩展可以将第 0 行通过向左循环移动 i 个位置的方式实现，然后将最左面 i 个非零子矩阵打包移动到最右面就可以获得非零行扩展。$\boldsymbol{R}=\{\boldsymbol{R}_{0,0},\boldsymbol{R}_{0,1},\cdots,\boldsymbol{R}_{0,r-1}\}$中的每一个元素会在 $\boldsymbol{B}_{q,sp,sc,h}(r,r,m,n)$中重复出现 r 次。$\boldsymbol{B}_{q,sp,sc,h}(r,r,m,n)$可以被称作 $\boldsymbol{\Delta}_{q,sp,sc}(r,r,m,n)$的横向 r 扩展，其下角标中的“h”是“horizontal(横向)”的缩写。同样 $\boldsymbol{T}_{lower}(r,r,m,n)$和 $\boldsymbol{T}_{upper}(r,r,m,n)$满足 PW－2×2 的 SM 约束条件，因此，$\boldsymbol{\Delta}_{q,sp,sc}(r,r,m,n)$的 r 扩展的子阵列 $\boldsymbol{B}_{q,sp,sc,h}(r,r,m,n)$也满足 2×2 的 SM 约束条件。

由式(9.12)给出的 $\boldsymbol{\Delta}_{q,sp,sc}(r,r,m,n)$结构，可知 $\boldsymbol{\Delta}_{q,sp,sc}(r,r,m,n)$包含无限个纵向 r 扩展子阵列 $\boldsymbol{B}_{q,sp,sc,v}(r,r,m,n)$。两个相邻的 $\boldsymbol{B}_{q,sp,sc,v}(r,r,m,n)$子阵列通过一个横向 r 扩展的子阵列 $\boldsymbol{B}_{q,sp,sc,h}(r,r,m,n)$连接；由于 $\boldsymbol{T}_{lower}(r,r,m,n)$和 $\boldsymbol{T}_{upper}(r,r,m,n)$满足 PW－2×2 的 SM 约束条件，半无限阵列 $\boldsymbol{\Delta}_{q,sp,sc}(r,r,m,n)$也满足 2×2 的 SM 约束条件。

将 $\boldsymbol{\Delta}_{q,sp,sc}(r,r,m,n)$中每个非零元素由一个$(q-1)\times(q-1)$的二进制 CPM 矩阵进行扩展，每一个零元素由一个$(q-1)\times(q-1)$的 ZM 矩阵进行扩展，可以获得一个半无限阵列 $\boldsymbol{H}_{b,sp,sc}(r,r,m,n)$，其 CPM 矩阵和 ZM 矩阵的大小都为$(q-1)\times(q-1)$。$\boldsymbol{H}_{b,sp,sc}(r,r,m,n)$的零空间对应一个 Type－1 型周期时变 CPM－QC－SC－LDPC 码 $\boldsymbol{C}_{b,sp,sc}(r)$，其周期为 r，码率接近于$(n-m)/n$(假设 $m<n$)，该码的 Tanner 图周长至少为 6。

令 c 为正整数，满足 $0\leqslant c<r$。假设移除 $\boldsymbol{T}_{lower}(r,r,m,n)$和 $\boldsymbol{T}_{upper}(r,r,m,n)$最上面的 c 行，可以获得两个$(r-c)\times r$ 的阵列，阵列的每一位对应 GF(q)上一个 $m\times n$ 的矩阵，将这两个阵列定义为 $\boldsymbol{T}_{lower,row}(r-c,r,m,n)$和 $\boldsymbol{T}_{upper,row}(r-c,r,m,n)$。根据 $\boldsymbol{T}_{lower,row}(r-c,r,m,n)$和 $\boldsymbol{T}_{upper,row}(r-c,r,m,n)$形成新的半无限阵列 $\boldsymbol{\Delta}_{q,sp,sc,row}(r-c,r,m,n)$，表示为

$$\boldsymbol{\Delta}_{q,sp,sc,row}(r-c,r,m,n)=$$
$$\begin{bmatrix} \boldsymbol{T}_{lower,row}(r-c,r,m,n) & & & \\ \boldsymbol{T}_{upper,row}(r-c,r,m,n) & \boldsymbol{T}_{lower,row}(r-c,r,m,n) & & \\ & \boldsymbol{T}_{upper,row}(r-c,r,m,n) & \boldsymbol{T}_{lower,row}(r-c,r,m,n) & \\ & & & \ddots \end{bmatrix} \tag{9.15}$$

式中，$\boldsymbol{T}_{lower,row}(r-c,r,m,n)$、$\boldsymbol{T}_{upper,row}(r-c,r,m,n)$和 $\boldsymbol{\Delta}_{q,sp,sc,row}(r-c,r,m,n)$中的下角标“row”代表“row removal(行移除)”。

对于 $\boldsymbol{\Delta}_{q,sp,sc,row}(r-c,r,m,n)$来说，其每一个纵向子阵列为

$$\boldsymbol{B}_{q,sp,sc,v,row}(r-c,r,m,n)=\begin{bmatrix} \boldsymbol{T}_{lower,row}(r-c,r,m,n) \\ \boldsymbol{T}_{upper,row}(r-c,r,m,n) \end{bmatrix} \tag{9.16}$$

式(9.16)是一个 $2(r-c)\times r$ 的阵列，其上每一位是 GF(q)上一个 $m\times n$ 的矩阵。

其相应的行向子阵列则为

$$\boldsymbol{B}_{q,sp,sc,h,row}(r-c,r,m,n)=[\boldsymbol{T}_{upper,row}(r-c,r,m,n) \quad \boldsymbol{T}_{lower,row}(r-c,r,m,n)] \tag{9.17}$$

式(9.17)是一个$(r-c)\times 2r$ 的阵列，其上每一位是 GF(q)上一个 $m\times n$ 的矩阵。

当 $r-c\geqslant 2$ 时，$\boldsymbol{\Delta}_{q,sp,sc,row}(r-c,r,m,n)$上两个相邻的 $\boldsymbol{B}_{q,sp,sc,v,row}(r-c,r,m,n)$通过 $\boldsymbol{B}_{q,sp,sc,h,row}(r-c,r,m,n)$进行连接。随着 c 的增加，从 0 到 $r-2$，相邻的两个 $\boldsymbol{B}_{q,sp,sc,v,row}(r-c,r,m,n)$的连接度开始降低；当 $c=r-1$ 时，$\boldsymbol{\Delta}_{q,sp,sc,row}(r-c,r,m,n)$上相邻的两个 $\boldsymbol{B}_{q,sp,sc,v,row}(r-c,r,m,n)$完全独立。

$\boldsymbol{\Delta}_{q,sp,sc,row}(r-c,r,m,n)$进行二进制 CPM 扩展，得到的阵列 $\boldsymbol{H}_{b,sp,sc,row}(r-c,r,m,n)$对应的零空间是 Type－1 型周期时变 CPM－QC－SC－LDPC 码 $\boldsymbol{C}_{b,sp,sc,row}(r)$，其周期为 r，Tanner 图周长至少为 6。

在上述构造 Type－1 型周期时变 CPM－QC－SC－LDPC 码时，采用的方式是移除 $\boldsymbol{T}_{lower}(r,r,m,n)$和 $\boldsymbol{T}_{upper}(r,r,m,n)$的某些行进行构造的。实际上，也可以对 $\boldsymbol{T}_{lower}(r,r,m,n)$和 $\boldsymbol{T}_{upper}(r,r,m,n)$进行移除列的方式构造 Type－1 型周期时变 CPM－QC－SC－LDPC 码。

令 f 为正整数，满足 $0\leqslant f<r-1$。假设移除 $\boldsymbol{T}_{lower}(r,r,m,n)$和 $\boldsymbol{T}_{upper}(r,r,m,n)$最左边的 f 列，可以获得两个 $r\times(r-f)$的阵列，阵列的每一位对应 GF(q)上一个 $m\times n$ 的矩阵，将这两个阵列定义为 $\boldsymbol{T}_{lower,col}(r,r-f,m,n)$

和 $\boldsymbol{T}_{\text{upper,col}}(r,r-f,m,n)$。根据 $\boldsymbol{T}_{\text{lower,col}}(r,r-f,m,n)$ 和 $\boldsymbol{T}_{\text{upper,col}}(r,r-f,m,n)$ 构造新的半无限阵列 $\boldsymbol{\Delta}_{\text{q,sp,sc,col}}(r,r-f,m,n)$，表示为

$$\boldsymbol{\Delta}_{\text{q,sp,sc,col}}(r,r-f,m,n)=$$
$$\begin{bmatrix} \boldsymbol{T}_{\text{lower,col}}(r,r-f,m,n) & & & \\ \boldsymbol{T}_{\text{upper,col}}(r,r-f,m,n) & \boldsymbol{T}_{\text{lower,col}}(r,r-f,m,n) & & \\ & \boldsymbol{T}_{\text{upper,col}}(r,r-f,m,n) & \boldsymbol{T}_{\text{lower,col}}(r,r-f,m,n) & \\ & & \ddots & \end{bmatrix} \tag{9.18}$$

式中，$\boldsymbol{T}_{\text{lower,col}}(r,r-f,m,n)$、$\boldsymbol{T}_{\text{upper,col}}(r,r-f,m,n)$ 和 $\boldsymbol{\Delta}_{\text{q,sp,sc,col}}(r,r-f,m,n)$ 中的下角标“col”代表“column removal(列移除)”。

$\boldsymbol{\Delta}_{\text{q,sp,sc,col}}(r,r-f,m,n)$ 进行二进制 CPM 扩展，得到的阵列 $\boldsymbol{H}_{\text{b,sp,sc,col}}(r,r-f,m,n)$ 对应的零空间是 Type－1 型周期时变 CPM－QC－SC－LDPC 码 $\boldsymbol{C}_{\text{b,sp,sc,col}}(r-f)$，其周期为 $r-f$，Tanner 图周长至少为 6。需要注意的是，$\boldsymbol{\Delta}_{\text{q,sp,sc,col}}(r,r-f,m,n)$ 最上面的 f 行是零时，在构码时需要将这 f 行移除。

当 $0\leqslant c$、$f<r-1$ 时，移除 $\boldsymbol{T}_{\text{lower}}(r,r,m,n)$ 和 $\boldsymbol{T}_{\text{upper}}(r,r,m,n)$ 最上面的 c 行和最左边的 f 列，可以获得两个 $(r-c)\times(r-c)$ 阵列，定义为 $\boldsymbol{T}_{\text{lower,row,col}}(r-c,r-f,m,n)$ 和 $\boldsymbol{T}_{\text{upper,row,col}}(r-c,r-f,m,n)$，阵列的每一位对应 GF($q$) 上的一个 $m\times n$ 的矩阵。用 $\boldsymbol{T}_{\text{lower,row,col}}(r-c,r-f,m,n)$ 和 $\boldsymbol{T}_{\text{upper,row,col}}(r-c,r-f,m,n)$ 作为组成单元，可以构造一个符合 2×2 的 SM 约束条件的半无限阵列，表示为

$$\boldsymbol{\Delta}_{\text{q,sp,sc,row,col}}(r-c,r-f,m,n)=$$
$$\begin{bmatrix} \boldsymbol{T}_{\text{lower,row,col}}(r-c,r-f,m,n) & & & \\ \boldsymbol{T}_{\text{upper,row,col}}(r-c,r-f,m,n) & \boldsymbol{T}_{\text{lower,row,col}}(r-c,r-f,m,n) & & \\ & \boldsymbol{T}_{\text{upper,row,col}}(r-c,r-f,m,n) & \boldsymbol{T}_{\text{lower,row,col}}(r-c,r-f,m,n) & \\ & & \ddots & \end{bmatrix} \tag{9.19}$$

$\boldsymbol{\Delta}_{\text{q,sp,sc,row,col}}(r-c,r-f,m,n)$ 进行二进制 CPM 扩展得到的阵列 $\boldsymbol{H}_{\text{b,sp,sc,row,col}}(r-c,r-f,m,n)$ 对应的零空间是 Type－1 型周期时变 CPM－QC－SC－LDPC 码 $\boldsymbol{C}_{\text{b,sp,sc,row,col}}(r-f)$，其周期为 $r-f$，Tanner 图的周长至少为 6。需要注意的是，$\boldsymbol{\Delta}_{\text{q,sp,sc,row,col}}(r-c,r-f,m,n)$ 最上面的 f 行是零时，在构码时需要将这 f 行移除。

当选择不同的参数 r、l、m、n、c 和 f 时，可以构造不同码率和不同周期

的 Type－1 型周期时变 CPM－QC－SC－LDPC 码。

显然，咬尾 CPM－QC－SC－LDPC 码也可以基于上述介绍的四种通用的 Type－1 型周期时变 CPM－QC－SC－LDPC 码进行构造。

9.6　构造 Type－2 型 CPM－QC－SC－LDPC 码的通用方法

令 e 和 τ 是两个正整数，满足 $e\tau=r$。将式(9.1)中 $\boldsymbol{B}'_{\mathrm{q,sp,p}}(m,n)$ 的第一行 $\boldsymbol{R}_0=[\boldsymbol{R}_{0,0}\quad \boldsymbol{R}_{0,1}\quad \cdots\quad \boldsymbol{R}_{0,r-1}]$ 分成 τ 个 section，每一 section 包含 $\boldsymbol{R}_0$ 中 e 个连续组成元素矩阵。当 $0\leqslant i<\tau$ 时，$\boldsymbol{R}_0$ 第 i 个 section，定义为 $\boldsymbol{R}_i=[\boldsymbol{R}_{0,ie}\quad \boldsymbol{R}_{0,ie+1}\quad \cdots\quad \boldsymbol{R}_{0,(i+1)e-1}]$，因此有 $\boldsymbol{R}_0=[\boldsymbol{B}_0\quad \boldsymbol{B}_1\quad \cdots\quad \boldsymbol{B}_{\tau-1}]$。构造一个 $\tau\times\tau$ 的阵列，实际上是将 $\boldsymbol{R}_0$ 向左循环移动 $\tau-1$ 次，即每次移动一个 section，表示为

$$\boldsymbol{B}_{\mathrm{q}}(\tau,\tau)=\begin{bmatrix}\boldsymbol{B}_0 & \boldsymbol{B}_1 & \boldsymbol{B}_2 & \cdots & \boldsymbol{B}_{\tau-2} & \boldsymbol{B}_{\tau-1}\\ \boldsymbol{B}_1 & \boldsymbol{B}_2 & \boldsymbol{B}_3 & \cdots & \boldsymbol{B}_{\tau-1} & \boldsymbol{B}_0\\ \vdots & \vdots & \vdots & & \vdots & \vdots\\ \boldsymbol{B}_{\tau-1} & \boldsymbol{B}_0 & \boldsymbol{B}_1 & \cdots & \boldsymbol{B}_{\tau-3} & \boldsymbol{B}_{\tau-2}\end{bmatrix}\tag{9.20}$$

$\boldsymbol{B}_{\mathrm{q}}(\tau,\tau)$ 可以看作是 $\boldsymbol{B}'_{\mathrm{q,sp,p}}(m,n)$ 的简化表达。将 $\boldsymbol{B}_{\mathrm{q}}(\tau,\tau)$ 沿着主对角线分成两个三角阵列，定义为 $\boldsymbol{T}_{\mathrm{q,upper}}(\tau,\tau)$ 和 $\boldsymbol{T}_{\mathrm{q,lower}}(\tau,\tau)$，其中 $\boldsymbol{T}_{\mathrm{q,upper}}(\tau,\tau)$ 含有 $\boldsymbol{B}_{\mathrm{q}}(\tau,\tau)$ 主对角线和对角线以上全部非零部分，$\boldsymbol{T}_{\mathrm{q,lower}}(\tau,\tau)$ 包含主对角线下全部非零部分。可以根据 $\boldsymbol{T}_{\mathrm{q,upper}}(\tau,\tau)$ 和 $\boldsymbol{T}_{\mathrm{q,lower}}(\tau,\tau)$ 形成一个 $\tau\times 2\tau$ 的阵列，表示为

$$\begin{aligned}\boldsymbol{B}_{\mathrm{q,sc}}(\tau,\tau)&=[\boldsymbol{T}_{\mathrm{q,upper}}(\tau,\tau)\quad \boldsymbol{T}_{\mathrm{q,ower}}(\tau,\tau)]\\ &=\left[\begin{array}{ccccccc:cccccc}\boldsymbol{B}_0 & \boldsymbol{B}_1 & \boldsymbol{B}_2 & \cdots & \cdots & \boldsymbol{B}_{r-2} & \boldsymbol{B}_{r-1} & \mathbf{0} & & & & & \\ & \boldsymbol{B}_2 & \boldsymbol{B}_3 & \boldsymbol{B}_4 & \cdots & \boldsymbol{B}_{r-1} & \boldsymbol{B}_0 & \boldsymbol{B}_1 & \mathbf{0} & & & & \\ & & \boldsymbol{B}_4 & \boldsymbol{B}_5 & \cdots & \boldsymbol{B}_0 & \boldsymbol{B}_1 & \boldsymbol{B}_2 & \boldsymbol{B}_3 & \mathbf{0} & & & \\ & & & \ddots & \ddots & \ddots & \ddots & \ddots & \ddots & \ddots & \ddots & & \\ & & & & & & \boldsymbol{B}_{r-2} & \boldsymbol{B}_{r-1} & \boldsymbol{B}_0 & \cdots & \boldsymbol{B}_{r-3} & \mathbf{0} & \end{array}\right]\end{aligned}\tag{9.21}$$

式中，$\mathbf{0}$ 是大小为 $m\tau\times ne$ 的 ZM 矩阵。

可以证明 $\boldsymbol{B}_{\mathrm{q,sc}}(\tau,\tau)$ 是 GF(q) 上一个 $m\tau\times 2ne\tau$ 的矩阵，且满足 2×2 的 SM 约束条件。将 $\boldsymbol{B}_{\mathrm{q,sc}}(\tau,\tau)$ 进行复制，并构成一个半无限的阵列，表示为

$$\gamma_{q,sp,sc}(\tau,\tau,m,n)=\begin{bmatrix}\boldsymbol{T}_{q,upper}(\tau,\tau) & \boldsymbol{T}_{q,lower}(\tau,\tau) & & \\ & \boldsymbol{T}_{q,upper}(\tau,\tau) & \boldsymbol{T}_{q,lower}(\tau,\tau) & \\ & & \ddots & \end{bmatrix} \tag{9.22}$$

阵列 $\gamma_{q,sp,sc}(\tau,\tau,m,n)$同样满足 2×2 的 SM 约束条件，$\boldsymbol{B}_{q,sc}(\tau,\tau)$又被称为 $\gamma_{q,sp,sc}(\tau,\tau,m,n)$的 2τ 扩展子阵列。

对 $\gamma_{q,sp,sc}(\tau,\tau,m,n)$进行 CPM 扩展，得到阵列 $\boldsymbol{H}_{b,sp,sc}(\tau,\tau,m,n)$。$\boldsymbol{H}_{b,sp,sc}(\tau,\tau,m,n)$对应的零空间是一个 Type－2 型周期时变 CPM－QC－SC－LDPC 码，其周期为 τ。

基于 9.5 节介绍的构造不同种类 Type－1 型周期时变 CPM－QC－SC－LDPC 码的方法，可以构造不同的 Type－2 型周期时变 CPM－QC－SC－LDPC 码，只需要移除 $\boldsymbol{T}_{q,upper}(\tau,\tau)$和 $\boldsymbol{T}_{q,lower}(\tau,\tau)$中相应的行或列。如果将 $\gamma_{q,sp,sc}(\tau,\tau,m,n)$进行截断，然后将尾部 $\boldsymbol{T}_{q,lower}(\tau,\tau)$中的最后 τ 行进行打包并移动到最左端，就可以获得咬尾 CPM－QC－SC－LDPC 码。

9.7 小结与展望

本章介绍代数法构造 CPM－QC－SC－LDPC 码的一些方法，所有码都是基于一种给定的符合 2×2 的 SM 约束条件的基矩阵形式，该基矩阵具有循环结构(式(7.3)或式(8.1))，实际上该基矩阵也是按照 7.3 节介绍的内容，根据有限域 GF(q)上的循环群 GF(q)\{0}构造的基矩阵。$\boldsymbol{B}'_{q,sp,p}(m,n)$的每一行(或每一列)是 GF($q$)上一个($q-1$,2) 的 RS 码，其最小距离为 $q-2$ [97,64]。除了这种循环基矩阵，还有其他两种满足 2×2 的 SM 约束条件的循环基矩阵，也可以用来构造 CPM－QC－SC－LDPC 码。一种方法是根据 7.3 节介绍的方法，基于 GF(q)的两个循环子群来构造[100,114]；另外一种方法是基于二维欧氏几何在 GF(q)上构造 EG(2,q)，具体内容见附录 A。基于上述两种方法构造的基矩阵也可以用来构造 CPM－QC－SC－LDPC 码。

需要注意的是，CPM－QC－SC－LDPC 码也可以基于其他满足 2×2 的 SM 约束条件的基矩阵构造，即使这些基矩阵不具备循环结构，例如可以采用 7.3 节介绍的拉丁矩阵。采用不具有循环结构的基矩阵构造 CPM－QC－SC－LDPC 码，要比具有循环结构的基矩阵构造 CPM－QC－SC－LDPC 码的过程复杂，但也值得进一步研究和探讨。构造满足

2×2 的 SM 约束条件的基矩阵方法可以阅读文献[97,46]。

另外一个问题是，SC－LDPC 码相应的半无限校验矩阵中两个相邻 τ 扩展的子阵列(或两个相邻周期)，它们的耦合度对误码率会产生什么样的影响。显然，这种耦合度会影响译码的收敛速度，通常具有较高耦合度时，译码收敛的速度会更快一些。

9.4 节中介绍了咬尾码的构造，即先将一个 SC－LDPC 码的半无限校验矩阵进行截断，然而将最右边的列(或者最下面的行)进行打包，移动到最上面(或最左边)，构成具有咬尾结构的 SC－LDPC 码。实际上，SC－LDPC 码也可以通过将一个咬尾码的校验矩阵，向下(或向右)移动非零的列扩展(或行扩展)，即第一个周期的阵列进行扩展，形成一个具有半无限空间耦合的链路结构。具有良好结构的 CPM－QC－LDPC 码可以用来构造具有咬尾结构的码字[65]，当然也可以基于有限欧氏几何的方式和 BIBD 方法进行构造[101]，而基于上述两种方法构造咬尾码也值得进一步进行研究。

具有一定结构的咬尾码(如咬尾 Reed－Muller(RM)码)具有非常好的网格构架，可以采用 MAP 译码算法实现译码[75]。具有咬尾结构的 SC－LDPC 码是否可以采用 MAP 译码算法？这个问题也值得深入探讨。

与 LDCP 分组码相比，SC－LDPC 码既有优点又有缺点。当 SC－LDPC 码非常长趋于无限时，采用迭代译码可以获得与最优的 MAP 译码相同的性能；而对于 LDPC 码来说，通过迭代方式不能获得与 MAP 译码一样的性能。同样，当 SC－LDPC 码的码长趋于无限长时，当其在每个周期具有规则连接结构时，可以看到其最小码距随码长的增加而线性增加，就不存在误码平层。因此，当 SC－LDPC 码长趋于无限时，其具有较好性能。

实际应用中，通常采用截断码，也是本章主要介绍的内容，可以认为截断 SC－LDPC 码是无限长 SC－LDPC 码的性能折中。当 SC－LDPC 码与 LDPC 码具有同样结构，SC－LDPC 码在瀑布区比 LDPC 码具有 1 dB 左右的编码增益；然而，LDPC 分组码具有更快的 BER 收敛性能，意味着其比 SC－LDPC 码具有更好的误码平层。当然 LDPC 码与 SC－LDPC 码在迭代译码的实现方式上也有很大的不同，在实际设计中，需要综合考虑这些情况加以设计。SC－LDPC 码的主要缺点是，当其采用迭代 BP 译码算法进行译码时需要迭代很多次性能才会开始收敛，这也是值得注意的地方。

第 10 章　全局耦合 QC－LDPC 码

本章将介绍一种新型 LDPC 码，即全局耦合(Globally Coupled, GC) LDPC 码。这种 GC－LDPC 码的 Tanner 图是由一组独立的 Tanner 图构成，而这些独立的 Tanner 图可以通过一些全局 CN 节点连接在一起，其他的 CN 节点称为局部 CN 节点，具有这种 Tanner 图结构的 LDPC 码称为基于 CN 节点(CN-based)的 GC－LDPC 码。

本章将介绍两种方法构造基于 CN 节点的 GC－LDPC 码。第一种方法是基于 block-wise 循环基矩阵 $\boldsymbol{B}_{q,sp,p}(m,n)$ 构造，见式(8.3)，这种方法构造的码在 AWGN 和 BEC 信道下都具有非常好的性能；第二种方法是通过两个 LDPC 码乘积(product)的形式构造，它们不但在 AWGN 和 BEC 信道下具有良好的性能，在脉冲突发擦除信道中也具有很好的性能，脉冲突发擦除信道的内容在 7.6 节有过相关论述。本章将给出一种基于准循环结构构造基于 CN 节点的乘积 GC－LDPC 码的方法。实际上，这两种构造基于 CN 节点的 GC－LDPC 码的方法都可以认为是 SP－LDPC 码的特例。

本章将介绍一种低复杂度的局部/全局两级迭代译码算法，用来实现 GC－LDPC 码的译码，该译码方式可以纠正局部和全局的误码或者擦除信息。

10.1　基于 CN 节点的 QC－GC－LDPC 码的构造：方法一

在式(8.3)中构造 $r\times r$ 的循环阵列 $\boldsymbol{B}_{q,sp,p}(m,n)$，是基于 $r\times r$ 的 RS 阵列 $\boldsymbol{W}_{RS}$ 中一个 $l\times l$ 的子阵列构成，见式(8.2)。从式中可以看到，$\boldsymbol{W}_{RS}$ 中每一个矩阵的行扩展的 $l-m$ 行、每一个矩阵的列扩展的 $l-n$ 列都没有被使用，因此 $\boldsymbol{W}_{RS}$ 中共有 $r(l-m)$ 行没有被用来构造阵列 $\boldsymbol{B}_{q,sp,p}(m,n)$，定义 $\boldsymbol{W}_{RS}$ 中没有被使用的行($r(l-m)$)构成集合 Π。对于 Π 中每一行 $\boldsymbol{w}$，移除其中没有被 $\boldsymbol{B}_{q,sp,p}(m,n)$ 使用过的列对应的列元素，可以得到一个缩短的行矢量 $\boldsymbol{w}^{*}=(\boldsymbol{w}_{0,0},\boldsymbol{w}_{0,1},\cdots,\boldsymbol{w}_{0,r-1})$，其含有 r 个 section，每个 section 含有 n

个元素。$\boldsymbol{w}^*$ 中第 i 个 section $\boldsymbol{w}_{0,i}$ 中 n 个元素，实际上对应 $\boldsymbol{W}_{RS}$ 子阵列 $\boldsymbol{W}_{0,i}$ 中的子矩阵 $\boldsymbol{R}_{0,i}$ 中的 n 个列元素的位置。令 Π^* 为 Π 截短以后的 $r(l-m)$ 行构成的集合，集合 Π^* 中的行与 $\boldsymbol{B}_{q,sp,p}(m,n)$ 的第一行是互不相连的。

令 s 和 t 为两个正整数，满足 $1\leqslant s\leqslant r(l-m)$ 且 $1\leqslant t\leqslant r$。在 Π^* 中选择 s 行及其中 t 个 section，并移除选定 t 个 section 以外的其他 $r-t$ 个 section。基于这 s 个截短行(每行含有 t 个 section)，可以获得 GF(q)上一个 $s\times nt$ 的矩阵 $\boldsymbol{X}_{gc,cn}(s,t)$，得到 GF($q$)上的一个阵列，表示为

$$\boldsymbol{B}_{gc,cn}=\begin{bmatrix} \boldsymbol{R}_{0,0} & & & & \\ & \boldsymbol{R}_{0,0} & & & \\ & & \boldsymbol{R}_{0,0} & & \\ & & & \ddots & \\ & & & & \boldsymbol{R}_{0,0} \\ \hdashline & & \boldsymbol{X}_{gn,cn}(s,t) & & \end{bmatrix} \tag{10.1}$$

式(10.1)中，$\boldsymbol{B}_{gc,cn}$ 上面的子矩阵是一个 $t\times t$ 的对角阵列，是由 t 个 $\boldsymbol{R}_{0,0}$ 组成；$\boldsymbol{B}_{gc,cn}$ 下面的子矩阵是一个 $s\times nt$ 的矩阵 $\boldsymbol{X}_{gc,cn}(s,t)$。$\boldsymbol{B}_{gc,cn}$ 是 GF(q)上的一个$(mt+s)\times nt$ 的矩阵，是通过将矩阵 $\boldsymbol{W}_{RS}$ 中的一些元素置为零而得到的一个子矩阵。由于 $\boldsymbol{W}_{RS}$ 满足 2×2 的 SM 约束条件，$\boldsymbol{B}_{gc,cn}$ 也同样满足 2×2 的 SM 约束条件。$\boldsymbol{B}_{gc,cn}$ 和 $\boldsymbol{X}_{gc,cn}(s,t)$ 的下角标“gc”和“cn”分别代表“global coupling(空间耦合)”和“check node(校验节点)”。

假设 $\boldsymbol{R}_{0,0}$ 和 $\boldsymbol{B}_{gc,cn}$ 对应的 Tanner 图分别为 $\mathcal{G}_{0,0}$ 和 $\mathcal{G}_{gc,cn}$。$\boldsymbol{B}_{gc,cn}$ 对应的 Tanner 图 $\mathcal{G}_{gc,cn}$ 是由 t 个不相关的 $\mathcal{G}_{0,0}$ 构成，这些 $\mathcal{G}_{0,0}$ 通过 s 个全局 CN 节点连接而成，对应矩阵 $\boldsymbol{X}_{gc,cn}(s,t)$ 的 s 行，如图 10.1 所示，图中忽略边的标识。$\mathcal{G}_{gc,cn}$ 中任意两个不相关的 $\mathcal{G}_{0,0}$ 只能通过 s 个全局变量连接在一起。

令 $\boldsymbol{R}_{0,0}$ 和 $\boldsymbol{X}_{gc,cn}(s,t)$ 的二进制 CPM 扩展分别表示为 CPM($\boldsymbol{R}_{0,0}$)和 CPM($\boldsymbol{X}_{gc,cn}(s,t)$)。对 $\boldsymbol{B}_{gc,cn}$ 进行 CPM 扩展，得到一个$(mt+s)\times nt$ 的阵列 $\boldsymbol{H}_{gc,cn,sp,qc}(q-1,q-1)$，其每一位是由大小为$(q-1)\times(q-1)$的二进制 CPM 矩阵或 ZM 矩阵构成，表示为

$$\boldsymbol{H}_{gc,cn,sp,qc}(q-1,q-1)=$$
$$\begin{bmatrix} \text{CPM}(\boldsymbol{R}_{0,0}) & & & & \\ & \text{CPM}(\boldsymbol{R}_{0,0}) & & & \\ & & \text{CPM}(\boldsymbol{R}_{0,0}) & & \\ & & & \ddots & \\ & & & & \text{CPM}(\boldsymbol{R}_{0,0}) \\ \hdashline & & \text{CPM}(\boldsymbol{X}_{gn,cn}(s,t)) & & \end{bmatrix} \tag{10.2}$$

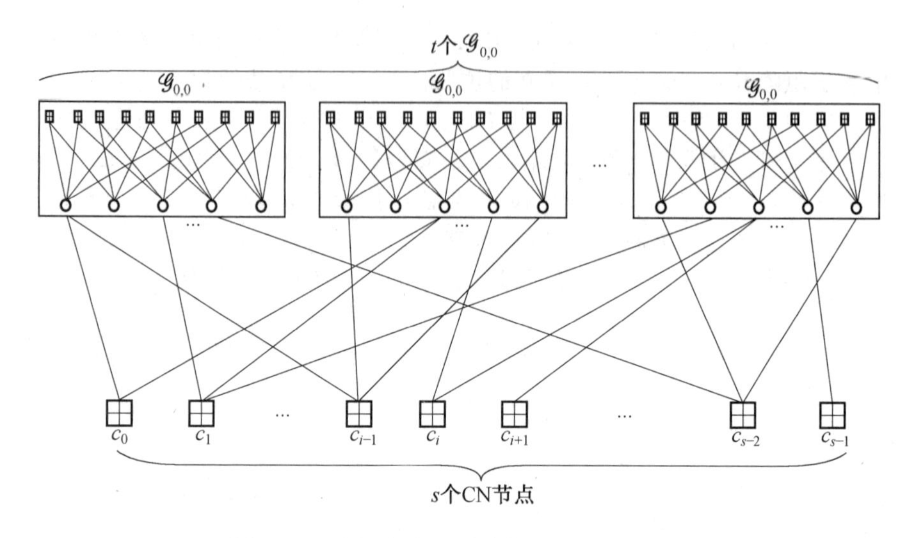

图 10.1　基矩阵 $\boldsymbol{B}_{\mathrm{gc,cn}}$对应的 Tanner 图 $\mathscr{G}_{\mathrm{gc,cn}}$

$\boldsymbol{H}_{\mathrm{gc,cn,sp,qc}}(q-1,q-1)$是一个二进制$(mt+s)(q-1)\times nt(q-1)$矩阵。由于基矩阵 $\boldsymbol{B}_{\mathrm{gc,cn}}$满足 2×2 的 SM 约束条件，$\boldsymbol{H}_{\mathrm{gc,cn,sp,qc}}(q-1,q-1)$也满足 RC 约束条件。$\boldsymbol{H}_{\mathrm{gc,cn,sp,qc}}(q-1,q-1)$对应的零空间是一个基于 CN 节点的 CPM－QC－GC－LDPC 码 $\boldsymbol{C}_{\mathrm{gc,cn,sp,qc}}$，其码长为 $nt(q-1)$。$\boldsymbol{C}_{\mathrm{gc,cn,sp,qc}}$码对应的 Tanner 图 $\mathscr{G}_{\mathrm{gc,cn,sp,qc}}(q-1,q-1)$周长至少为 6，含有 $s(q-1)$个全局 CN 节点。

CPM($\boldsymbol{X}_{\mathrm{gc,cn}}(s,t)$)矩阵大小为 $s(q-1)\times nt(q-1)$，它是一个 $s\times nt$ 的阵列，且阵列中的每一位是由一个大小为$(q-1)\times(q-1)$的 CPM 矩阵或 ZM 矩阵构成。将该阵列分解成 t 个子阵列：CPM($\boldsymbol{X}_{\mathrm{gc,cn,0}}$)，CPM($\boldsymbol{X}_{\mathrm{gc,cn,1}}$)，…，CPM($\boldsymbol{X}_{\mathrm{gc,cn},t-1}$)，每一个子阵列是由一个大小为 $s\times n$ 的阵列构成，且阵列中的每一位是由一个大小为$(q-1)\times(q-1)$的 CPM 矩阵和 ZM 矩阵构成，并且每个子阵列包含 CPM($\boldsymbol{X}_{\mathrm{gc,cn}}(s,t)$)矩阵中 n 个连续列。从 SP 构码法来看，$\boldsymbol{C}_{\mathrm{gc,cn,sp,qc}}$ 码的替代集合 $R=\{$CPM($\boldsymbol{R}_{0,0}$)，CPM($\boldsymbol{X}_{\mathrm{gc,cn,0}}$)，CPM($\boldsymbol{X}_{\mathrm{gc,cn,1}}$)，…，CPM($\boldsymbol{X}_{\mathrm{gc,cn},t-1}$)$\}$，而此时采用 SP 构码法，则相应的基矩阵表示为

$$\boldsymbol{B}_{\mathrm{sp}}=\begin{bmatrix}1 & & & & \\ & 1 & & & \\ & & 1 & & \\ & & & \ddots & \\ & & & & 1 \\ \hdashline 1 & 1 & 1 & \cdots & 1\end{bmatrix} \tag{10.3}$$

式中，$\boldsymbol{B}_{\mathrm{sp}}$ 是一个 $(t+1)\times t$ 大小的矩阵。

因此，基于 CN 节点的 CPM－QC－GC－LDPC 码 $\boldsymbol{C}_{\mathrm{gc,cn,sp,qc}}$ 也可以认为是 SP 构码法的特例。需要注意的是，替代集合 R 中的组成矩阵含有两个大小的矩阵，但它们列的数目相同，都为 $n(q-1)$。

由 PTG 构码法可知，$m\times n$ 的 $\boldsymbol{R}_{0,0}$ 对应的 Tanner 图 $\mathcal{G}_{0,0}$ 可以作为原模图用来构造 $\boldsymbol{C}_{\mathrm{gc,cn,sp,qc}}$ 码的 Tanner 图 $\mathcal{G}_{\mathrm{gc,cn,sp,qc}}(q-1,q-1)$。在构造 $\mathcal{G}_{\mathrm{gc,cn,sp,qc}}(q-1,q-1)$ 时，先将 $\mathcal{G}_{0,0}$ 复制 $q-1$ 次，将这些复制的 $\mathcal{G}_{0,0}$ 连接成一个二部图 $\mathcal{G}_{0,0}(q-1,q-1)$，用 3.1 节中介绍的 PTG 构码方法；接下来将 $\mathcal{G}_{0,0}(q-1,q-1)$ 复制 t 次，通过 $s(q-1)$ 个全局 CN 节点将这 t 个 $\mathcal{G}_{0,0}(q-1,q-1)$ 连接在一起，整个连接是基于连接矩阵 $\mathrm{CPM}(\boldsymbol{X}_{\mathrm{gc,cn}}(s,t))$。可以看到基于原模图 $\mathcal{G}_{0,0}$ 构造 $\mathcal{G}_{\mathrm{gc,cn,sp,qc}}(q-1,q-1)$ 需要进行两次扩展，因此 $\boldsymbol{C}_{\mathrm{gc,cn,sp,qc}}$ 码也可以看作通用的 PTG 构码法的特例。

也可以将式(10.1)给出的基矩阵 $\boldsymbol{B}_{\mathrm{gc,cn}}$ 对应的 Tanner 图 $\mathcal{G}_{\mathrm{gc,cn}}$ 看作原模图。此时，基于 CN 节点的 CPM－QC－GC－LDPC 码 $\boldsymbol{C}_{\mathrm{gc,cn,sp,qc}}$ 对应的 Tanner 图 $\mathcal{G}_{\mathrm{gc,cn,sp,qc}}(q-1,q-1)$，可以通过将 $\mathcal{G}_{\mathrm{gc,cn}}$ 复制 $q-1$ 次，然后通过边排列的方式将这些复制的 $\mathcal{G}_{\mathrm{gc,cn,sp,qc}}$ 连接在一起而获得。

构造基阵列 $\boldsymbol{B}_{\mathrm{gc,cn}}$ 时也可以采用 t 个不同的组成矩阵 $\{\boldsymbol{R}_{0,0},\boldsymbol{R}_{0,1},\cdots,\boldsymbol{R}_{0,r-1}\}$ 作为主对角线上的矩阵，构成 $\boldsymbol{B}_{\mathrm{gc,cn}}$ 上部一个 $t\times t$ 的子阵列，可以表示为

$$\boldsymbol{B}_{\mathrm{gc,cn}}^{*}=\begin{bmatrix}\boldsymbol{R}_{0,0} & & & & \\ & \boldsymbol{R}_{0,1} & & & \\ & & \boldsymbol{R}_{0,2} & & \\ & & & \ddots & \\ & & & & \boldsymbol{R}_{0,t-1} \\ \hdashline & & \boldsymbol{X}_{\mathrm{gn,cn}}(s,t) & & \end{bmatrix} \tag{10.4}$$

对 $\boldsymbol{B}_{\mathrm{gc,cn}}^{*}$ 进行二进制 CPM 扩展，获得 $\boldsymbol{H}_{\mathrm{gc,cn,sp,qc}}^{*}(q-1,q-1)$，$\boldsymbol{H}_{\mathrm{gc,cn,sp,qc}}^{*}(q-1,q-1)$ 对应的零空间是一个基于 CN 节点的时变 CPM－QC－GC－LDPC 码。

考虑基于 CN 节点的 CPM－QC－GC－LDPC 码实际上是一种特殊形式的 LDPC 线性分组码，因此传统的针对 LDPC 码的迭代 BP 译码算法都可以对基于 CN 节点的 CPM－QC－GC－LDPC 码进行译码。通过选择不同的参数(如 r、l、m、n、s 和 t)，可以在 GF(q)上构造一系列基于 CN

节点的 CPM－QC－GC－LDPC 码，并且可以具有不同的码长和码率。

例 10.1 和例 10.2，将基于相同的有限域，通过设定不同 m、n、s、t 的数值，构造三个不同的高码率的基于 CN 节点的 CPM－QC－GC－LDPC 码。

例 10.1 基于 GF(127)进行构码，构造一个 126×126 的循环矩阵 $\boldsymbol{W}_{\mathrm{RS}}$，见式(8.2)，其满足 2×2 的 SM 约束条件。

构造第一个码时，将 126 分解为 6 和 21 的乘积，并令 $r=6$ 和 $l=21$。矩阵 $\boldsymbol{W}_{\mathrm{RS}}$ 可以看成一个 6×6 的阵列，每个位置是由一个 21×21 子矩阵构成，即 $\boldsymbol{W}_{\mathrm{RS}}$ 的第一行是由 6 个 21×21 的子矩阵 $\boldsymbol{W}_{0,0},\boldsymbol{W}_{0,1},\cdots,\boldsymbol{W}_{0,5}$ 组成。从 $\boldsymbol{W}_{0,0},\boldsymbol{W}_{0,1},\cdots,\boldsymbol{W}_{0,5}$ 中选取 6 个 3×21 的子矩阵 $\boldsymbol{R}_{0,0},\boldsymbol{R}_{0,1},\cdots,\boldsymbol{R}_{0,5}$，这 6 个子矩阵需要满足 8.1 节的位置约束条件。因此，获得式(8.3)给出的表达式，即一个 6×6 的阵列 $\boldsymbol{B}_{\mathrm{q,sp,p},0}(3,21)$，每一个位置是由一个 3×21 的子矩阵组成，其中 $\boldsymbol{R}_{0,0},\boldsymbol{R}_{0,1},\cdots,\boldsymbol{R}_{0,5}$ 可以按照任意方式从 $\boldsymbol{W}_{0,0},\boldsymbol{W}_{0,1},\cdots,\boldsymbol{W}_{0,5}$ 中截取，只要满足位置约束条件即可。可知 $\boldsymbol{R}_{0,0}$ 是 GF(127)上一个 3×21 的矩阵，因此集合 Π^* 中含有 $r(l-m)=6\times(21-3)=108$ 行，而矩阵 $\boldsymbol{W}_{\mathrm{RS}}$ 共有 126 行，Π^* 的行与 $\boldsymbol{B}_{\mathrm{q,sp,p},0}(3,21)$ 中 $\{\boldsymbol{R}_{0,0},\boldsymbol{R}_{0,1},\cdots,\boldsymbol{R}_{0,5}\}$ 选用的行互不相关。

令 $t=6$ 和 $s=1$，式(10.1)的基矩阵 $\boldsymbol{B}_{\mathrm{gc,cn},0}$ 含有 6 个 $\boldsymbol{R}_{0,0}$，并分别放置在主对角线上；从 Π^* 中随机选取一行，获得一个 1×6 的阵列，其是由 1×21 个子矩阵组成。由于 $\boldsymbol{B}_{\mathrm{gc,cn},0}$ 是 GF(127)上的一个19×126的矩阵，并且满足 2×2 的 SM 约束条件。对 $\boldsymbol{B}_{\mathrm{gc,cn},0}$ 进行二进制 CPM 扩展，得到一个 19×126的阵列 $\boldsymbol{H}_{\mathrm{gc,cn,sp,qc},0}(126,126)$，其上任意位置是由大小为 126×126 的 CPM 矩阵和 ZM 矩阵构成，因此 $\boldsymbol{H}_{\mathrm{gc,cn,sp,qc},0}(126,126)$ 是一个 2 394×15 876的二进制矩阵。

由 $\boldsymbol{W}_{0,0},\boldsymbol{W}_{0,1},\cdots,\boldsymbol{W}_{0,5}$ 中获得的 $\boldsymbol{R}_{0,0},\boldsymbol{R}_{0,1},\cdots,\boldsymbol{R}_{0,5}$ 和 Π^* 中随机选取一行，可知 $\boldsymbol{H}_{\mathrm{gc,cn,sp,qc},0}(126,126)$ 的列重分别为 3 和 4，行重分别为 21 和 126，平均列重和行重分别为 3.99 和 26.47。$\boldsymbol{H}_{\mathrm{gc,cn,sp,qc},0}(126,126)$ 对应的零空间是一个(15 876,13 494)基于 CN 节点的 CPM－QC－GC－LDPC 码 $\boldsymbol{C}_{\mathrm{gc,cn,sp,qc},0}$，其码率为 0.85。$\boldsymbol{C}_{\mathrm{gc,cn,sp,qc},0}$ 对应的 Tanner 图 $\mathcal{G}_{\mathrm{gc,cn,sp,qc},0}(126,126)$ 周长为 6，包含 204 876 个环长为 6 的环和 21 677 544 个环长为 8 的环。构造 $\boldsymbol{C}_{\mathrm{gc,cn,sp,qc},0}$ 码的参数是 $r=6,l=21,m=3,n=21,s=1$ 和 $t=6$。

在 AWGN 信道下，$\boldsymbol{C}_{\mathrm{gc,cn,sp,qc},0}$ 码采用 50 次迭代 MSA 译码算法的

BER 和 BLER 性能曲线如图 10.2(a)所示，从图中可以看到，当 BER 为 10^{-8} 和 BLER 为 10^{-6} 时，该码距离香农限 1.5，距离 SPB 限 1.0 dB；该码在 BEC 信道下的性能如图 10.2(b)所示，从图中可以看到，该码在 BEC 信道下的性能也非常优秀。

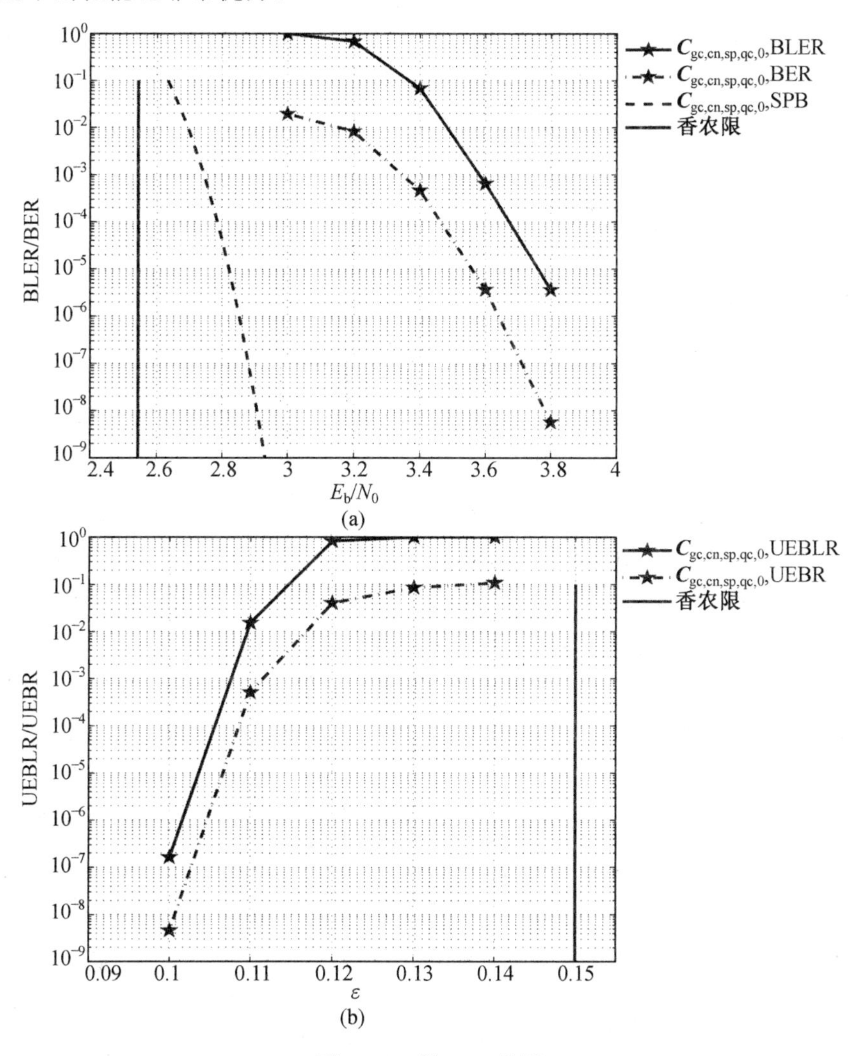

图 10.2　例 10.1 的图

例 10.2　基于 GF(127)进行构码，构造两个高码率的基于 CN 节点的 CPM－QC－GC－LDPC 码。两个码的参数给定如下。

(1) $r=3, l=42, m=2, n=42, s=2$ 和 $t=3$。

(2)$r=3,l=42,m=1,n=42,s=3$ 和 $t=3$。

基于两组参数，可以构造两个基于 CN 节点的 CPM－QC－GC－LDPC 码，定义为 $\boldsymbol{C}_{gc,cn,sp,qc,1}$ 和 $\boldsymbol{C}_{gc,cn,sp,qc,2}$。

$\boldsymbol{C}_{gc,cn,sp,qc,1}$ 码是一个(15 876,14 871)、码率为 0.936 7 的码，其校验矩阵 $\boldsymbol{H}_{gc,cn,sp,qc,1}(126,126)$ 平均列重和行重为 3.98 和 62.75。$\boldsymbol{C}_{gc,cn,sp,qc,1}$ 码的周长为 6，包含 1 675 296 个环长为 6 的环和 384 179 481 个环长为 8 的环。

$\boldsymbol{C}_{gc,cn,sp,qc,2}$ 码是一个(15 876,15 120)、码率为 0.9524 的码，其校验矩阵 $\boldsymbol{H}_{gc,cn,sp,qc,2}(126,126)$ 的平均列重和行重为 3.976 2 和 83.5。$\boldsymbol{C}_{gc,cn,sp,qc,2}$ 码的周长为 6，包含 3 783 780 个环长为 6 的环和 1 037 792 362 个环长为 8 的环。

在 AWGN 信道下，$\boldsymbol{C}_{gc,cn,sp,qc,1}$ 和 $\boldsymbol{C}_{gc,cn,sp,qc,2}$ 采用 5 次、10 次、50 次迭代 MSA 译码算法的 BER 和 BLER 曲线如图 10.3(a)和 10.3(b)所示。从图中可以看到，这两个码都具有良好的性能曲线。

比如，采用 50 次迭代译码时，(15 876,14 871)的 CPM－QC－GC－LDPC 码 $\boldsymbol{C}_{gc,cn,sp,qc,1}$，当 BER 为 10^{-10} 时，没有可见的误码平层，其距离香农限 1.15；当 BLER 为 10^{-7} 时，其距离 SPB 限 0.75 dB。尽管 $\boldsymbol{C}_{gc,cn,sp,qc,1}$ 含有大量的环长为 6 的环和环长为 8 的环，当采用迭 MSA 译码算法时，其收敛速度仍然很快，如图 10.3(a)所示。当 BER 为 10^{-10} 时，5 次迭代和 10 次迭代性能差别在 0.4 dB 左右；10 次迭代和 50 次迭代时，性能差别在 0.2 dB以内。译码性能曲线的快速收敛，实际上是源于每个 VN 节点的连接度很大。平均来看，当路径为 2 时，每个 VN 节点将会连接其他 246 个 VN 节点。

如图 10.3(b)所示，$\boldsymbol{C}_{gc,cn,sp,qc,2}$ 码在 BER 为 10^{-10} 时，其距离香农限 1.2；当 BLER 为 10^{-7} 时，其距离 SPB 限 0.8 dB。其 Tanner 图也含有大量的环长为 6 的环和环长为 8 的环，并且每个 VN 节点也具有连接度。平均来看，当路径为 2 时，每个 VN 节点会连接其他 328 个 VN 节点。由于其 VN 节点的连接度很大，使该码可以快速收敛。该码与例 8.2 中介绍的(16 560, 15 737)双重循环 CPM－QC－SP－LDPC 码具有相同的码率，两个码的性能曲线也几乎一致。

$\boldsymbol{C}_{gc,cn,sp,qc,1}$ 码和 $\boldsymbol{C}_{gc,cn,sp,qc,2}$ 码在 BEC 信道下的性能如图 10.4 所示，从图中可以看到，两个码在 BEC 信道下性能也非常优秀，这两个高码率的码可以满足高速光纤通信和高密度缓存的性能要求。

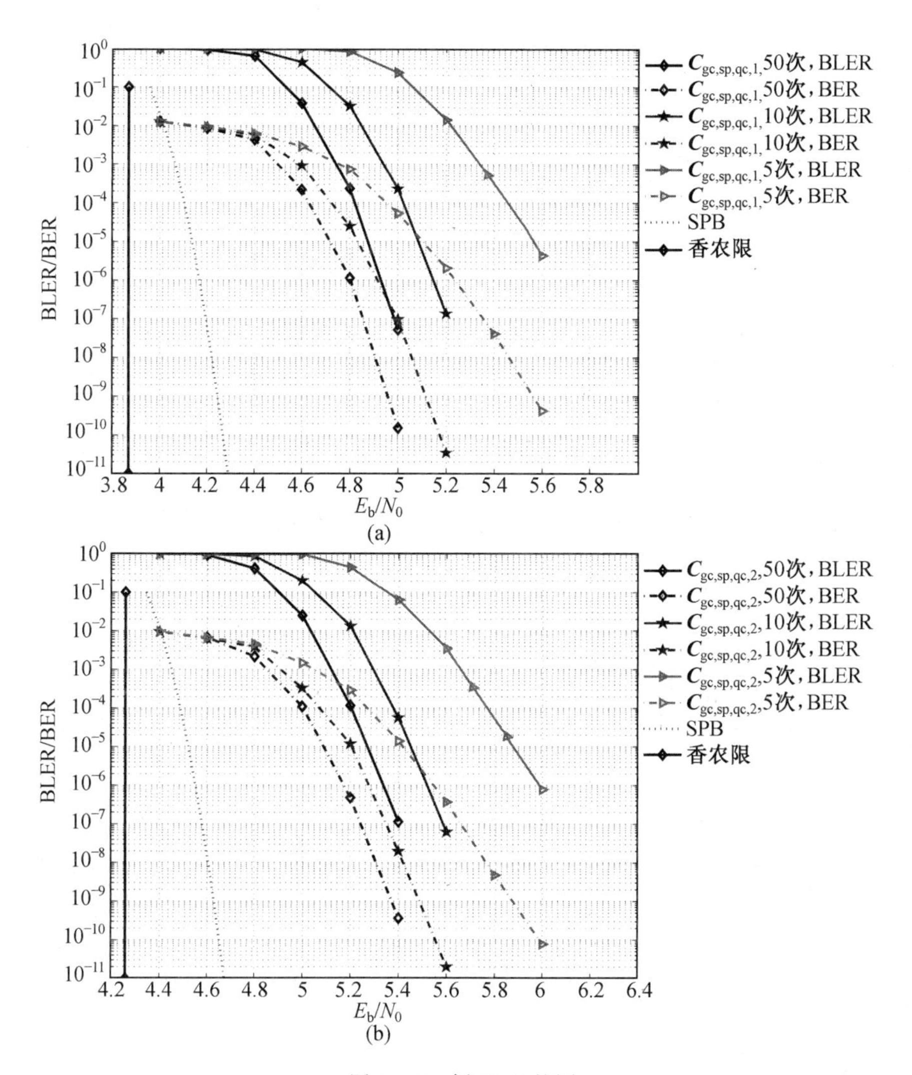

BLER/BER
E_b/N_0
(a)
$C_{gc,sp,qc,1}$,50次，BLER
$C_{gc,sp,qc,1}$,50次，BER
$C_{gc,sp,qc,1}$,10次，BLER
$C_{gc,sp,qc,1}$,10次，BER
$C_{gc,sp,qc,1}$,5次，BLER
$C_{gc,sp,qc,1}$,5次，BER
SPB
香农限
(b)
$C_{gc,sp,qc,2}$,50次，BLER
$C_{gc,sp,qc,2}$,50次，BER
$C_{gc,sp,qc,2}$,10次，BLER
$C_{gc,sp,qc,2}$,10次，BER
$C_{gc,sp,qc,2}$,5次，BLER
$C_{gc,sp,qc,2}$,5次，BER

图 10.3　例 10.2 的图

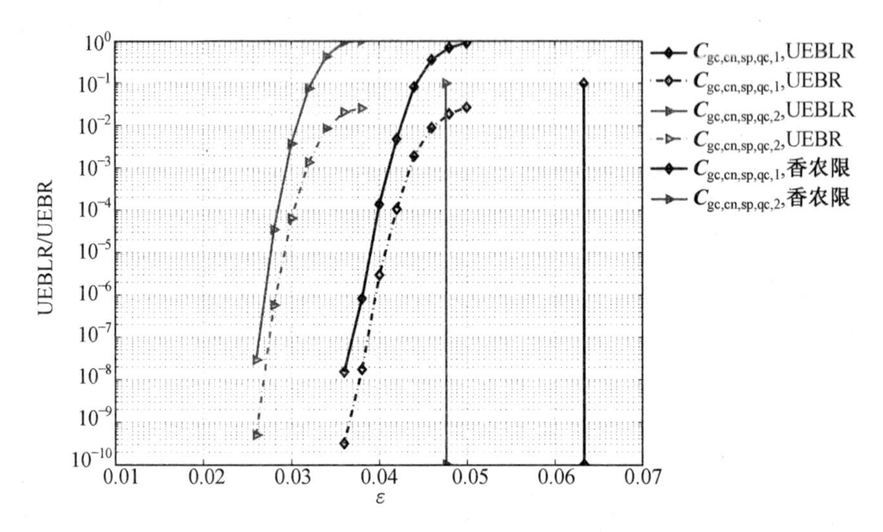

图 10.4　在 BEC 信道下，$\boldsymbol{C}_{gc,cn,sp,qc,1}$ 和 $\boldsymbol{C}_{gc,cn,sp,qc,2}$ 的 UEBLR 和 UEBR 性能曲线

10.2　局部/全局结合的两步译码算法

对 $\boldsymbol{R}_{0,0}$ 进行 CPM 扩展得到的 CPM($\boldsymbol{R}_{0,0}$)是一个符合 RC 约束条件的 $m\times n$ 阵列，每一位是由大小为$(q-1)\times(q-1)$的 CPM 矩阵和 ZM 矩阵构成。CPM($\boldsymbol{R}_{0,0}$)对应的零空间 $\boldsymbol{C}_{0,0}$ 是一个 QC−LDPC 码，其码长为 $n(q-1)$。

观察式(10.2)的校验矩阵 $\boldsymbol{H}_{gc,cn,sp,qc}(q-1,q-1)$生成的基于 CN 节点的 CPM−QC−GC−LDPC 码 $\boldsymbol{C}_{gc,cn,sp,qc}$，可以看出每个码字 $v=(v_0,v_1,\cdots,v_{t-1})$含有 t 个 section，每个 section 含有 $n(q-1)$个符号。v 中的每一个 section v_i 是 $\boldsymbol{C}_{0,0}$ 的一个码字；而 v 中 t 个 section $v_0,v_1,\cdots,v_{t-1}$ 必须满足 $s(q-1)$个校验约束条件，而这个校验约束是由 $\boldsymbol{H}_{gc,cn,sp,qc}(q-1,q-1)$最下面的子矩阵 CPM($\boldsymbol{X}_{gc,cn}(s,t)$)决定的。可以将基于 CN 节点的CPM−QC−GC−LDPC 码 $\boldsymbol{C}_{gc,cn,sp,qc}$ 看作是一个全局码，其含有 t 个局部码，并通过 $s(q-1)$个全局校验节点连接在一起。

从局部/全局的观点来看，可以采用局部和全局相结合的两步译码算法纠正局部和全局的错误。假设发送码字是 $\boldsymbol{v}=(\boldsymbol{v}_0,\boldsymbol{v}_1,\cdots,\boldsymbol{v}_{t-1})$，接收码字为 $\boldsymbol{r}=(\boldsymbol{r}_0,\boldsymbol{r}_1,\cdots,\boldsymbol{r}_{t-1})$。首先从局部开始进行译码，即每一个接收 r_i 通过一个局部迭代译码器，按照 $\boldsymbol{C}_{0,0}$ 进行固定次数的迭代译码，如果所有的 section 被成功译码，则这 t 个译码 section 合成一个局部译码的码字 $\boldsymbol{v}^*=(\boldsymbol{v}_0^*,\boldsymbol{v}_1^*,\cdots,\boldsymbol{v}_{t-1}^*)$；接下来验证这个局部译码的码字 $\boldsymbol{v}^*=(\boldsymbol{v}_0^*,\boldsymbol{v}_1^*,\cdots,\boldsymbol{v}_{t-1}^*)$

是否满足 $s(q-1)$ 全局校验约束条件，如果满足全局校验约束条件，则局部译码结果是 $\boldsymbol{C}_{gc,cn,sp,qc}$ 的一个可用码字，可以将结果输出，如果不满足全局校验约束条件，需要对整个接收码字 $\boldsymbol{r}$ 根据 $\boldsymbol{C}_{gc,cn,sp,qc}$ 做全局译码，可以根据局部译码的结果和信道状态信息作为译码输入的先验信息。

假设错误随机分布在接收码字的 t 个 section 中，每个 section 包含一些随机错误(或者擦除码字)，此时局部译码完成对一个 section 的局部译码。如果局部译码失败，称接收码字 $\boldsymbol{r}$ 的错误图案是一个全局错误图案，需要采用全局译码完成纠错过程。

有两种方法决定是采用局部译码还是全局译码。第一种方法是对接收的 section 完成全部的局部译码，将这些 section 全部的译码信息(LLRs)以及信道信息送到全局译码器中完成全局译码；另外一种方法是当一个 section 发生译码失败时，马上开启全局译码过程，此时的全局译码器可以直接根据接收码字 $\boldsymbol{r}$ 的信道状态信息作为输入，或者将信道状态信息以及成功译码的局部译码信息传递到全局译码器中，也可以将全部的局部译码信息(不论成功与否)传递到全局译码器中。

通常来说，只有当错误的分布不能通过局部译码纠错完成时，才需要进行全局译码。从直觉来说，采用这种局部译码方式的计算量应该小于只采用全局译码的计算量。在译码过程中，可以基于 $\boldsymbol{C}_{0,0}$ 一个局部译码器，串行的完成 t 个 section 的译码过程，或者直接采用 t 个并行的局部译码器同时处理 t 个 section。对于高速译码，这种流水线处理方法非常适用，只采用一个局部译码器可以降低译码复杂度，但译码时间相对较长；采用全并行的 t 个局部译码器组，可以极大地降低译码时间，但复杂度较高；也可以考虑采用小于 t 个局部译码器组的方法，这种方法是在译码时延和复杂度之间的折中方案，如何设计这样一个局部/全局的译码器，值得进一步研究。

10.3　基于 CN 节点的 QC－GC－LDPC 码的构造：方法二

假设 $\boldsymbol{H}_0$ 和 $\boldsymbol{H}_1$ 分别是 GF(2)上的两个 $m_0 \times n_0$ 和 $m_1 \times n_1$ 且满足 RC 约束条件的稀疏矩阵。$\boldsymbol{H}_0$ 和 $\boldsymbol{H}_1$ 的零空间对应两个 LDPC 码，定义为 $\boldsymbol{C}_0$ 和 $\boldsymbol{C}_1$，其码长分别为 n_0 和 n_1。令 $\boldsymbol{H}_1$ 的 n_1 列为 $\boldsymbol{h}_{1,0}, \boldsymbol{h}_{1,1}, \cdots, \boldsymbol{h}_{1,n_1-1}$，$\boldsymbol{H}_1$ 可以用列形式表示为

$$\boldsymbol{H}_1 = [\boldsymbol{h}_{1,0} \quad \boldsymbol{h}_{1,1} \quad \cdots \quad \boldsymbol{h}_{1,n_1-1}] \tag{10.5}$$

当$0 \leqslant j < n_1$时，基于$\boldsymbol{H}_1$的第j列$\boldsymbol{h}_{1,j}$构造一个$m_1 n_0 \times n_0$的矩阵$\boldsymbol{H}_{1,j}$，表达式为

$$\boldsymbol{H}_{1,j} = \begin{bmatrix} \boldsymbol{h}_{1,j} & \boldsymbol{0} & \cdots & \boldsymbol{0} \\ \boldsymbol{0} & \boldsymbol{h}_{1,j} & \cdots & \boldsymbol{0} \\ \vdots & \vdots & & \vdots \\ \boldsymbol{0} & \boldsymbol{0} & \cdots & \boldsymbol{h}_{1,j} \end{bmatrix} \tag{10.6}$$

式中，$\boldsymbol{0}$是一个列长为m_1的全零列。

显然$\boldsymbol{H}_{1,j}$满足RC约束条件，并且由$\boldsymbol{H}_1$的n_1个列构成的矩阵$\boldsymbol{H}_{1,0}$，$\boldsymbol{H}_{1,1}$，…，$\boldsymbol{H}_{1,n_1-1}$满足PW－RC约束条件。根据式(4.3)给出的π_{row}对$\boldsymbol{H}_{1,j}$进行重排列，可以获得一个$m_1 \times 1$的阵列，定义为$\boldsymbol{H}_{1,j,\pi}$，它是由$n_0 \times n_0$的单位阵和ZM矩阵组成，其中下角标“π”代表行排列。

基于SP构码法构造LDPC码时，将$\boldsymbol{H}_{1,0,\pi}$，$\boldsymbol{H}_{1,1,\pi}$，…，$\boldsymbol{H}_{1,n_1-1,\pi}$与$\boldsymbol{H}_0$一起作为替代集合$R$中的组成矩阵，此时$R$中组成矩阵含有两个大小不同的矩阵。对于$\boldsymbol{H}_0$来说，其大小为$m_0 \times n_0$；对于$\boldsymbol{H}_{1,j,\pi}(0 \leqslant j < n_1)$来说，其大小为$m_1 n_0 \times n_0$。但$R$中全部组成矩阵都具有同样的列长$n_0$，$\boldsymbol{H}_{1,j,\pi}$的行长是$\boldsymbol{H}_1$行长的$n_0$倍。如果基矩阵$\boldsymbol{B}_{\text{sp}}$设计得当，同时替代集合$R$也设计巧妙，则基于SP构码法构造的SP－LDPC码会具有良好的性能。需要注意的是，当$0 \leqslant j < n_1$时，$\boldsymbol{H}_{1,j,\pi}$和$\boldsymbol{H}_0$都满足PW－RC约束条件，即从$\boldsymbol{H}_{1,j,\pi}$中任意选取一行，$\boldsymbol{H}_0$中任意选取一行，这两行最多只有一个位置存在非零元素。实际上，这个结论很容易通过$\boldsymbol{H}_{1,j,\pi}$或$\boldsymbol{H}_{1,j}$中任意一行最多包含一个元素推出。

根据$\boldsymbol{H}_0$和$\boldsymbol{H}_{1,0,\pi}$，$\boldsymbol{H}_{1,1,\pi}$，…，$\boldsymbol{H}_{1,n_1-1,\pi}$构造基于CN节点的GC－LDPC码，首先需要构造一个$(n_1+1) \times n_1$的基矩阵$\boldsymbol{B}_{\text{sp}}$，见式(10.3)。将$\boldsymbol{B}_{\text{sp}}$主对角线上的1，用校验矩阵$\boldsymbol{H}_0$替代；$\boldsymbol{B}_{\text{sp}}$中的0用$m_0 \times n_0$的ZM矩阵替代；最底下的行1用$\boldsymbol{H}_{1,0,\pi}$，$\boldsymbol{H}_{1,1,\pi}$，…，$\boldsymbol{H}_{1,n_1-1,\pi}$替代。完成上述替代过程后，可以获得GF(2)上一个$(n_1+1) \times n_1$的阵列，表示为

$$\boldsymbol{H}_{\text{gc,cn,sp}}(\boldsymbol{C}_0, \boldsymbol{C}_1) = \left[\begin{array}{cccc} \boldsymbol{H}_0 & & & \\ & \boldsymbol{H}_0 & & \\ & & \ddots & \\ & & & \boldsymbol{H}_0 \\ \hdashline \boldsymbol{H}_{1,0,\pi} & \boldsymbol{H}_{1,1,\pi} & \cdots & \boldsymbol{H}_{1,n_1-1,\pi} \end{array}\right] \tag{10.7}$$

该阵列的组成矩阵中含有两个矩阵，大小分别为$m_0 \times n_0$和$m_1 n_0 \times n_0$，因此阵列$\boldsymbol{H}_{\text{gc,cn,sp}}(\boldsymbol{C}_0, \boldsymbol{C}_1)$是GF(2)的一个$(m_0 n_1 + m_1 n_0) \times n_0 n_1$的矩

阵。考虑 $\boldsymbol{H}_0$ 和 $\boldsymbol{H}_1$ 满足RC约束条件，则 $\boldsymbol{H}_0$ 和 $\boldsymbol{H}_{1,j,\pi}$ 满足PW－RC约束条件，式(10.7)中的 $\boldsymbol{H}_{gc,cn,sp}(\boldsymbol{C}_0,\boldsymbol{C}_1)$ 满足RC约束条件。

$\boldsymbol{H}_{gc,cn,sp}(\boldsymbol{C}_0,\boldsymbol{C}_1)$ 对应的零空间是一个基于CN节点的GC－LDPC码，定义为 $\boldsymbol{C}_{gc,cn,sp}(\boldsymbol{C}_0,\boldsymbol{C}_1)=\boldsymbol{C}_0\times\boldsymbol{C}_1$，其码长为 n_0n_1，Tanner图周长至少为6。

阵列 $\boldsymbol{H}_{gc,cn,sp}(\boldsymbol{C}_0,\boldsymbol{C}_1)$ 最下层子矩阵 $[\boldsymbol{H}_{1,0,\pi}\ \ \boldsymbol{H}_{1,1,\pi}\ \ \cdots\ \ \boldsymbol{H}_{1,n_1-1,\pi}]$ 实际上含有 n_0 个复制的校验矩阵 $\boldsymbol{H}_1$，即 n_0 个复制的 $\boldsymbol{C}_1$，因此 $\boldsymbol{C}_{gc,cn,sp}(\boldsymbol{C}_0,\boldsymbol{C}_1)$ 相应的校验矩阵 $\boldsymbol{H}_{gc,cn,sp}(\boldsymbol{C}_0,\boldsymbol{C}_1)$ 含有 n_1 个 $\boldsymbol{H}_0$ 以及 n_0 个交织的 $\boldsymbol{H}_1$。

令 $\boldsymbol{v}=(v_0,v_1,\cdots,v_{n_0n_1-1})$ 是 $\boldsymbol{C}_{gc,cn,sp}(\boldsymbol{C}_0,\boldsymbol{C}_1)$ 的一个码字，将码字分成 n_1 个section，每个section含有 $\boldsymbol{v}$ 中 n_0 个连续元素。当 $0\leqslant i<n_1$ 时，令 $\boldsymbol{v}$ 中第 i 个section为 v_i，因此 $\boldsymbol{v}$ 可以表示为 $\boldsymbol{v}=(\boldsymbol{v}_0,\boldsymbol{v}_1,\cdots,\boldsymbol{v}_{n_1-1})$。由式(10.7)中的 $\boldsymbol{H}_{gc,cn,sp}(\boldsymbol{C}_0,\boldsymbol{C}_1)$ 结构可以看出，$\boldsymbol{v}$ 的每一个section v_i 都对应 $\boldsymbol{C}_0$ 的一个码字。

也可以将码字 $\boldsymbol{v}$ 分成 n_0 个section，即 $\boldsymbol{v}_0^*,\boldsymbol{v}_1^*,\cdots,\boldsymbol{v}_{n_0-1}^*$，每一个section都含有 $\boldsymbol{v}$ 中 n_1 个元素。当 $0\leqslant j<n_0$ 时，对于第 j 个section，有 $\boldsymbol{v}_j^*=(v_j,v_{j+n_0},v_{j+2n_0}\cdots,v_{j+(n_1-1)n_0})$，它满足式(10.6)中给出的 $\boldsymbol{H}_{1,0},\boldsymbol{H}_{1,1},\cdots,\boldsymbol{H}_{1,n_1-1}$ 结构，即每一个 $\boldsymbol{v}_j^*$ 对应 $\boldsymbol{C}_1$ 的一个码字。令 $\boldsymbol{v}^*=(\boldsymbol{v}_0^*,\boldsymbol{v}_1^*,\cdots,\boldsymbol{v}_{n_1-1}^*)$，则可以认为 $\boldsymbol{v}^*$ 是 $\boldsymbol{v}$ 的重排列形式。

通过以上对 $\boldsymbol{C}_{gc,cn,sp}(\boldsymbol{C}_0,\boldsymbol{C}_1)$ 码字结构的分析，$\boldsymbol{C}_{gc,cn,sp}(\boldsymbol{C}_0,\boldsymbol{C}_1)$ 可以看作 $\boldsymbol{C}_0$ 和 $\boldsymbol{C}_1$ 的乘积[74,110,111]，此时的校验矩阵为 $\boldsymbol{H}_{gc,cn,sp}(\boldsymbol{C}_0,\boldsymbol{C}_1)$。将 $\boldsymbol{C}_0$ 和 $\boldsymbol{C}_1$ 称为基于CN节点的GC－LDPC乘积码的横向和纵向码，这两个校验矩阵 $\boldsymbol{H}_0$ 和 $\boldsymbol{H}_1$ 称为基于CN节点的GC－LDPC乘积码的横向和纵向校验矩阵。

令 d_0 和 d_1 分别为 $\boldsymbol{C}_0$ 和 $\boldsymbol{C}_1$ 的最小距离，则 $\boldsymbol{C}_{gc,cn,sp}(\boldsymbol{C}_0,\boldsymbol{C}_1)$ 码的最小距离为 d_0d_1。对 $\boldsymbol{C}_{gc,cn,sp}(\boldsymbol{C}_0,\boldsymbol{C}_1)$ 码进行译码，可以基于式(10.7)给出的校验矩阵 $\boldsymbol{H}_{gc,cn,sp}(\boldsymbol{C}_0,\boldsymbol{C}_1)$ 直接进行译码，或者采用10.2节介绍的两步译码法，两步译码法通过对局部译码和全局译码的交替译码迭代实现。

如果 $\boldsymbol{H}_0$ 是由GF(2)上大小为 $k\times k$ 的CPM矩阵和ZM矩阵组成的阵列，则 $\boldsymbol{H}_{gc,cn,sp}(\boldsymbol{C}_0,\boldsymbol{C}_1)$ 是由大小为 $k\times k$ 和 $n_0\times n_0$ 的CPM矩阵和ZM矩阵组成的阵列。当 $n_0=\delta k$ 时，一个 $n_0\times n_0$ 的单位阵可以认为是一个 $\delta\times\delta$ 的阵列，而该阵列是由大小为 $k\times k$ 的单位矩阵构成，此时主对角线上含有 δ 个大小为 $k\times k$ 的单位阵，则 $\boldsymbol{H}_{gc,cn,sp}(\boldsymbol{C}_0,\boldsymbol{C}_1)$ 是一个大小为 $k\times k$ 的CPM矩阵和ZM矩阵构成的阵列，$\boldsymbol{C}_{gc,cn,sp}(\boldsymbol{C}_0,\boldsymbol{C}_1)$ 是一个基于CN节点的QC－GC－LDPC码。

构造基于CN节点的GC－LDPC乘积码$\boldsymbol{C}_{gc,cn,sp}(\boldsymbol{C}_0,\boldsymbol{C}_1)$的两个LDPC码的最小码距可以较小，但它们构成$\boldsymbol{C}_{gc,cn,sp}(\boldsymbol{C}_0,\boldsymbol{C}_1)$码的最小距离可以非常大。如果$\boldsymbol{C}_{gc,cn,sp}(\boldsymbol{C}_0,\boldsymbol{C}_1)$码的Tanner图不存在小于其最小码距的陷阱集，则$\boldsymbol{C}_{gc,cn,sp}(\boldsymbol{C}_0,\boldsymbol{C}_1)$具有非常低的误码平层。通常基于有限几何构造LDPC码具有相对较大的最小码距[58,74,97]，而它们的Tanner图不含有比它们最小码距还要小的陷阱集[28,29]。进一步分析，基于有限几何构造的LDPC码的校验矩阵，通常具有较大的行冗余[58,46,28]。以上结构特性，使基于有限几何构造的LDPC码的误码平层非常低，因此构造基于CN节点的GC－LDPC乘积码时，可以采用基于有限几何的方式构造LDPC码作为横向组成码$\boldsymbol{C}_0$，而一个简单的LDPC码(如单校验节点(Single Parity-Check Code, SPC)码)作为纵向组成码$\boldsymbol{C}_1$，此时构造基于CN节点的GC－LDPC乘积码的最小码距是其横向组成码$\boldsymbol{C}_0$的最小码距的二倍。

例10.3 在GF(2^4)上构造基于CN节点的GC－LDPC乘积码$\boldsymbol{C}_{gc,cn,sp}(\boldsymbol{C}_0,\boldsymbol{C}_1)$，其横向码$\boldsymbol{C}_0$采用二维欧氏几何EG(2,$2^4$)方法构造。基于EG(2,$2^4$)上不通过原点的线，构造一个满足RC约束条件的二进制循环矩阵$\boldsymbol{H}_0$，大小为255×255，行重和列重都为16。$\boldsymbol{H}_0$的零空间对应一个(255,175)的循环LDPC码$\boldsymbol{C}_0$，它的最小码距为17，其Tanner图不含有小于17的陷阱集[28]。选择(16,15)SPC码作为$\boldsymbol{C}_{gc,cn,sp}(\boldsymbol{C}_0,\boldsymbol{C}_1)$的纵向码$\boldsymbol{C}_1$，可知该SPC码$\boldsymbol{C}_1$的最小码距为2，$\boldsymbol{C}_1$的校验矩阵$\boldsymbol{H}_1$，含有16个1的行矢量。基于$\boldsymbol{H}_1$可以构造一个矩阵的行扩展$[\boldsymbol{H}_{1,0,\pi}\boldsymbol{H}_{1,1,\pi}\cdots\boldsymbol{H}_{1,15,\pi}]$，即由16个大小为255×255的单位阵组成，可以在GF(2)上得到一个255×4 080的矩阵，其列重和行重分别为1和16。

基于$\boldsymbol{H}_0$和$\boldsymbol{H}_{1,0,\pi},\boldsymbol{H}_{1,1,\pi},\cdots,\boldsymbol{H}_{1,15,\pi}$，构造式(10.7)所示的基于CN节点的GC－LDPC乘积码$\boldsymbol{C}_{gc,cn,sp}(\boldsymbol{C}_0,\boldsymbol{C}_1)$的校验矩阵$\boldsymbol{H}_{gc,cn,sp}(\boldsymbol{C}_0,\boldsymbol{C}_1)$。$\boldsymbol{H}_{gc,cn,sp}(\boldsymbol{C}_0,\boldsymbol{C}_1)$是一个17×16的阵列，每个阵列元素是由一个255×255的CPM矩阵和ZM矩阵构成，因此$\boldsymbol{H}_{gc,cn,sp}(\boldsymbol{C}_0,\boldsymbol{C}_1)$是一个4 335×4 080的矩阵，其列重和行重分别为17和16。$\boldsymbol{H}_{gc,cn,sp}(\boldsymbol{C}_0,\boldsymbol{C}_1)$对应的零空间是一个(4 080,2 625)基于CN节点的GC－LDPC乘积码$\boldsymbol{C}_{gc,cn,sp}(\boldsymbol{C}_0,\boldsymbol{C}_1)$，其码率为0.643 4，最小码距至少为34。可知$\boldsymbol{C}_{gc,cn,sp}(\boldsymbol{C}_0,\boldsymbol{C}_1)$是属于具有较大最小码距的LDPC码，这是因为$\boldsymbol{H}_0$含有80个冗余行，具有较大的冗余，符合EG－LDPC码具有较大行冗余的特性[58,46,28]。基于局部/全局两步译码算法，任何小于或等于8个随机错误，可以直接通过局部译码器进行纠错并恢复。

如果 $\boldsymbol{H}_0$ 是一个 17×17 的阵列，每个阵列元素是由一个 15×15 的 CPM 矩阵和 ZM 矩阵构成，具体构造过程见附录 A 或参考文献[46]；同时将 $\boldsymbol{H}_{1,j,\pi}$ 看作一个 17×17 的对角阵列，主对角线上的每一位是由一个 15×15 的单位阵构成。则此时 $\boldsymbol{H}_{\mathrm{gc,cn,sp}}(\boldsymbol{C}_0,\boldsymbol{C}_1)$ 是一个 34×272 的阵列，阵列的每一位是一个大小为 15×15 的 CPM 矩阵或 ZM 矩阵。

在 AWGN 信道下，$\boldsymbol{C}_{\mathrm{gc,cn,sp}}(\boldsymbol{C}_0,\boldsymbol{C}_1)$ 采用 50 次迭代 MSA 译码算法的 BER 和 BLER 曲线如图 10.5(a)所示。当 BLER 为 10^{-7} 时，该码距离 SPB 限约为 2.2 dB；当 BER 为 10^{-10} 时，该码距离香农限约为 2.8。

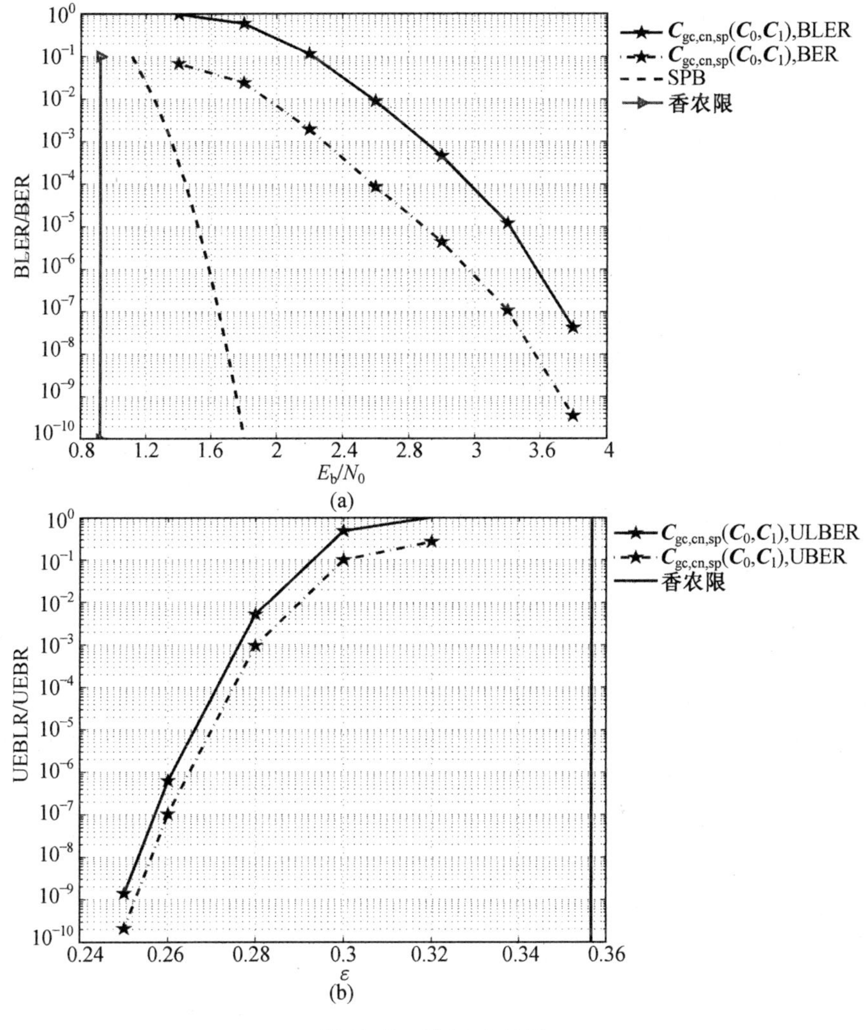

图 10.5　例 10.3 的图

$\boldsymbol{C}_{\mathrm{gc,cn,sp}}(\boldsymbol{C}_0,\boldsymbol{C}_1)$码在 BEC 信道下的 UEBR 和 UEBLR 曲线如图 10.5(b)所示。当 UEBR 为 10^{-10}时，该码距离香农限约 0.4。

基于 CN 节点的 GC－LDPC 乘积码 $\boldsymbol{C}_{\mathrm{gc,cn,sp}}(\boldsymbol{C}_0,\boldsymbol{C}_1)$可以恢复不多于 n_0 的突发擦除错误。对于这样的突发擦除错误，$\boldsymbol{H}_{\mathrm{gc,cn,sp}}(\boldsymbol{C}_0,\boldsymbol{C}_1)$最下面的子矩阵$[\boldsymbol{H}_{1,0,\pi} \quad \boldsymbol{H}_{1,1,\pi} \quad \cdots \quad \boldsymbol{H}_{1,n_1-1,\pi}]$中至少需要一行用来检测突发错误中的一个擦除码元，此时可以恢复每个擦除符号。如果擦除符号随机分布到各个 block 时，且每个 block 的随机错误不多时，可以由横向码 $\boldsymbol{C}_0$ 进行译码并恢复，比如在例 10.3 介绍的(4 080，2 625)基于 CN 节点的GC－LDPC 乘积码 $\boldsymbol{C}_{\mathrm{gc,cn,sp}}(\boldsymbol{C}_0,\boldsymbol{C}_1)$，可以恢复任何突发连续擦除长度最大为 255。进一步来说，$\boldsymbol{C}_{\mathrm{gc,cn,sp}}(\boldsymbol{C}_0,\boldsymbol{C}_1)$中任何一个 block 中随机擦除小于或等于 16 时，可以根据 $\boldsymbol{C}_0$ 码进行译码恢复[74]，这是由于 $\boldsymbol{C}_0$ 码的校验矩阵 $\boldsymbol{H}_0$ 满足 RC 约束条件，即每一个擦除符号由 16 个行进行检测，其他 15 个擦除符号可以分布到 15 个这样的行上面。总结：由于 16 个行中至少存在 1 个行可以检测 1 个擦除符号，因此可以算出能恢复的擦除符号数。

10.4 CPM 扩展法构造基于 CN 节点的 QC－GC－LDPC 乘积码

通过构造一个符合 2×2 的 SM 约束条件的基矩阵，然后通过 CPM－D－SP 的方式构造基于 CN 节点的 QC－GC－LDPC 乘积码。采用 7.3 节式(7.1)给出的基矩阵 $\boldsymbol{B}_{\mathrm{q,sp,s}}$构造基于 CN 节点的 QC－GC－LDPC 乘积码。

令 α 是 GF(q)的本原元，并给定 m_0、m_1、n_0 和 n_1 为四个正整数，满足 $1 \leqslant m_0$、m_1、n_0、$n_1 \leqslant q$。根据式(7.1)，构造一个大小为 $m_0 \times n_0$ 的矩阵 $\boldsymbol{B}_0$ 和一个大小为 $m_1 \times n_1$ 的矩阵 $\boldsymbol{B}_1$。简单起见，令 $\eta=1$，矩阵 $\boldsymbol{B}_0$ 是基于 GF(q)上的两个大小分别为 m_0 和 n_0 的子集合 $S_{0,0}$和 $S_{0,1}$构造的，矩阵 $\boldsymbol{B}_1$ 是基于 GF(q)上的两个大小分别为 m_1 和 n_1 的子集合 $S_{1,0}$和 $S_{1,1}$构造的。

分别对 $\boldsymbol{B}_0$ 和 $\boldsymbol{B}_1$ 进行 CPM 扩展，得到两个阵列 $\boldsymbol{H}_0=\mathrm{CPM}(\boldsymbol{B}_0)$和 $\boldsymbol{H}_1=\mathrm{CPM}(\boldsymbol{B}_1)$，$\boldsymbol{H}_0$ 和 $\boldsymbol{H}_1$ 对应的零空间为 CPM－QC－SP－LDPC 码，分别定义为 $\boldsymbol{C}_0$ 和 $\boldsymbol{C}_1$，码长为 $n_0(q-1)$和 $n_1(q-1)$，且 $\boldsymbol{C}_0$ 和 $\boldsymbol{C}_1$ 的 Tanner 图周长至少为 6。按照 10.3 节介绍的方法，直接将 $\boldsymbol{C}_0$ 和 $\boldsymbol{C}_1$ 相乘，获得一个基于 CN 节点的 QC－GC－LDPC 乘积码，其校验矩阵的表达式见式(10.7)。

根据 CPM 扩展方法，基于基矩阵 $\boldsymbol{B}_0$ 和 $\boldsymbol{B}_1$ 构造基于 CN 节点的 QC－

GC－LDPC乘积码。当$0\leqslant j<n_1$时，定义$\boldsymbol{b}_{1,j}$为基矩阵$\boldsymbol{B}_1$的第j列。对于给定的每一列$\boldsymbol{b}_{1,j}$，可以在GF(q)上构造一个$m_1n_0\times n_0$的矩阵，只需要把$\boldsymbol{b}_{1,j}$按照对角线向下右移n_0-1位，表示为

$$\boldsymbol{B}_{1,j}=\begin{bmatrix}\boldsymbol{b}_{1,j} & & & \\ & \boldsymbol{b}_{1,j} & & \\ & & \ddots & \\ & & & \boldsymbol{b}_{1,j}\end{bmatrix} \tag{10.8}$$

可以基于$\boldsymbol{B}_0$和$\boldsymbol{B}_{1,j}$的结构，在GF(q)上构造一个$(m_0n_1+m_1n_0)\times n_0n_1$的矩阵，表示为

$$\boldsymbol{B}_{\mathrm{gc,cn}}(\boldsymbol{B}_0,\boldsymbol{B}_1)=\begin{bmatrix}\boldsymbol{B}_0 & & & \\ & \boldsymbol{B}_0 & & \\ & & \ddots & \\ & & & \boldsymbol{B}_0 \\ \hdashline \boldsymbol{B}_{1,0} & \boldsymbol{B}_{1,1} & \cdots & \boldsymbol{B}_{1,n_1-1}\end{bmatrix} \tag{10.9}$$

$\boldsymbol{B}_{\mathrm{gc,cn}}(\boldsymbol{B}_0,\boldsymbol{B}_1)$满足$2\times2$的SM约束条件。式中，$\boldsymbol{B}_{\mathrm{gc,cn}}(\boldsymbol{B}_0,\boldsymbol{B}_1)$最下面的子矩阵$[\boldsymbol{B}_{1,0}\ \ \boldsymbol{B}_{1,1}\ \ \cdots\ \ \boldsymbol{B}_{1,n_1-1}]$实际上是对$\boldsymbol{B}_1$进行$n_0$次复制并交织获得的。

对$\boldsymbol{B}_{\mathrm{gc,cn}}(\boldsymbol{B}_0,\boldsymbol{B}_1)$进行扩展，即每一个非零元素用一个大小为$(q-1)\times(q-1)$的CPM矩阵替代，每一个零元素用一个大小为$(q-1)\times(q-1)$的ZM矩阵替代，获得一个大小为$(m_0n_1+m_1n_0)\times n_0n_1$的阵列$\boldsymbol{H}_{\mathrm{b,gc,cn,sp}}(\boldsymbol{C}_0,\boldsymbol{C}_1)$，该阵列的每一位是由大小为$(q-1)\times(q-1)$的二进制CPM矩阵和ZM矩阵构成，表示为

$$\boldsymbol{H}_{\mathrm{b,gc,cn,sp}}(\boldsymbol{C}_0,\boldsymbol{C}_1)=\begin{bmatrix}\boldsymbol{H}_0 & & & \\ & \boldsymbol{H}_0 & & \\ & & \ddots & \\ & & & \boldsymbol{H}_0 \\ \hdashline \boldsymbol{H}_{1,0} & \boldsymbol{H}_{1,1} & \cdots & \boldsymbol{H}_{1,n_1-1}\end{bmatrix} \tag{10.10}$$

式中，$\boldsymbol{H}_{\mathrm{b,gc,cn,sp}}(\boldsymbol{C}_0,\boldsymbol{C}_1)$最下面的子阵列$[\boldsymbol{H}_{1,0}\ \ \boldsymbol{H}_{1,1}\ \ \cdots\ \ \boldsymbol{H}_{1,n_1-1}]$包含$n_0$份的$\boldsymbol{H}_1$。当$0\leqslant j<n_1$时，$\boldsymbol{H}_{1,j}$中每一矩阵的列扩展是由大小为$(q-1)\times(q-1)$的二进制CPM矩阵和ZM矩阵构成。

$\boldsymbol{H}_{\mathrm{b,gc,cn,sp}}(\boldsymbol{C}_0,\boldsymbol{C}_1)$的零空间对应一个基于CN节点的CPM－QC－GC－LDPC乘积码$\boldsymbol{C}_{\mathrm{b,gc,cn,sp}}(\boldsymbol{C}_0,\boldsymbol{C}_1)$。$\boldsymbol{C}_{\mathrm{b,gc,cn,sp}}(\boldsymbol{C}_0,\boldsymbol{C}_1)$可以看作两个CPM－QC－SP－LDPC码$\boldsymbol{C}_0$和$\boldsymbol{C}_1$的乘积，$\boldsymbol{C}_0$和$\boldsymbol{C}_1$的校验矩阵分别为$\boldsymbol{H}_0=$

CPM($\boldsymbol{B}_0$)和 $\boldsymbol{H}_1$ = CPM($\boldsymbol{B}_1$)。基矩阵 $\boldsymbol{B}_{\mathrm{gc,cn}}(\boldsymbol{B}_0,\boldsymbol{B}_1)$也可以看作两个基矩阵 $\boldsymbol{B}_0$ 和 $\boldsymbol{B}_1$ 的乘积，也可以称 $\boldsymbol{B}_{\mathrm{gc,cn}}(\boldsymbol{B}_0,\boldsymbol{B}_1)$为乘积基矩阵，$\boldsymbol{B}_0$ 和 $\boldsymbol{B}_1$ 又被称为横向和纵向基矩阵。

基于 CN 节点的 CPM－QC－GC－LDPC 乘积码 $\boldsymbol{C}_{\mathrm{b,gc,cn,sp}}(\boldsymbol{C}_0,\boldsymbol{C}_1)$具有非常有趣的结构。令 $\boldsymbol{B}_0$ 和 $\boldsymbol{B}_1$ 对应的 Tanner 图分别为 $\mathcal{G}_{\mathrm{ptg},0}$ 和 $\mathcal{G}_{\mathrm{ptg},1}$，$\boldsymbol{C}_{\mathrm{b,gc,cn,sp}}(\boldsymbol{C}_0,\boldsymbol{C}_1)$对应的 Tanner 图为 $\mathcal{G}_{\mathrm{b,gc,cn,sp}}(q-1,q-1)$。根据 $\boldsymbol{H}_{\mathrm{b,gc,cn,sp}}(\boldsymbol{C}_0,\boldsymbol{C}_1)$和$[\boldsymbol{H}_{1,0}\quad \boldsymbol{H}_{1,1}\quad \cdots\quad \boldsymbol{H}_{1,n_1-1}]$的结构，可知 $\mathcal{G}_{\mathrm{b,gc,cn,sp}}(q-1,q-1)$是由 $\mathcal{G}_{\mathrm{ptg},0}$ 和 $\mathcal{G}_{\mathrm{ptg},1}$ 构成，主要通过以下步骤。

(1)将 $\mathcal{G}_{\mathrm{ptg},0}$ 复制 n_1 次，将 $\mathcal{G}_{\mathrm{ptg},1}$ 复制 n_0 次。

(2)将 $\mathcal{G}_{\mathrm{ptg},0}$ 和 $\mathcal{G}_{\mathrm{ptg},1}$ 每一个复制的 Tanner 图进行 $q-1$ 次扩展，并通过对边的重排列，获得两个连接的 Tanner 图 $\mathcal{G}_{\mathrm{ptg},0}(q-1,q-1)$和 $\mathcal{G}_{\mathrm{ptg},1}(q-1,q-1)$。

(3)将 n_1 份复制的 $\mathcal{G}_{\mathrm{ptg},0}(q-1,q-1)$，通过 n_0 份的 $\mathcal{G}_{\mathrm{ptg},1}(q-1,q-1)$对应的 $m_1n_0(q-1)$个 CN 节点连接在一起。

(4)将 n_0 份复制的 $\mathcal{G}_{\mathrm{ptg},1}(q-1,q-1)$，通过 n_1 份的 $\mathcal{G}_{\mathrm{ptg},0}(q-1,q-1)$对应的 $m_0n_1(q-1)$个 CN 节点连接在一起。

因此，可以将 $\boldsymbol{C}_{\mathrm{b,gc,cn,sp}}(\boldsymbol{C}_0,\boldsymbol{C}_1)$码看作 Doubly CN-based QC－GC－LDPC 码，其 Tanner 图是由两个原模图通过两组全局 CN 节点集合连接在一起。

也可以将基矩阵 $\boldsymbol{B}_{\mathrm{gc,cn}}(\boldsymbol{B}_0,\boldsymbol{B}_1)$对应的 Tanner 图 $\mathcal{G}_{\mathrm{gc,cn}}(\boldsymbol{B}_0,\boldsymbol{B}_1)$，看作构造基于 CN 节点的 CPM－QC－GC－LDPC 码 $\boldsymbol{C}_{\mathrm{b,gc,cn,sp}}(\boldsymbol{C}_0,\boldsymbol{C}_1)$的原模图，只需要将 $\mathcal{G}_{\mathrm{gc,cn}}(\boldsymbol{B}_0,\boldsymbol{B}_1)$复制 $q-1$ 次，通过重排列它们的边将复制的原模图连接在一起。这种对 $\mathcal{G}_{\mathrm{gc,cn}}(\boldsymbol{B}_0,\boldsymbol{B}_1)$进行复制和重排列的操作过程，可以获得一种特殊的 QC－PTG－LDPC 码的 Tanner 图结构。由此可知，基于 CN 节点的 QC－GC－LDPC 码又可以看作一个 SP－LDPC 码或一个 PTG－LDPC 码。

也可以对 $\boldsymbol{B}_0$ 和 $\boldsymbol{B}_1$ 进行掩模操作，以有效降低 Tanner 图中短环的数量，并基于此构造新的乘积基矩阵 $\boldsymbol{B}_{\mathrm{gc,cn}}(\boldsymbol{B}_0,\boldsymbol{B}_1)$，进一步获得基于 CN 节点的掩模 CPM－QC－GC－LDPC 乘积码。

例 10.4 基于有限域 GF(331)进行构码，并令 α 为 GF(331)上的本原元。首先在 GF(331)上根据式(7.1)构造一个基矩阵 $\boldsymbol{B}_0$，其中 GF(331)上的两个子集合分别为 $S_{0,0}=\{\alpha^0,\alpha^1,\alpha^2,\alpha^3\}$和 $S_{0,1}=\{\alpha^{130},\alpha^{131},\alpha^{132},\alpha^{133},\alpha^{134},\alpha^{135},\alpha^{136},\alpha^{137}\}$，并令 $\eta=-1$，因此在 GF(331)上可以得到一个 4×8 的基矩阵 $\boldsymbol{B}_0$，表示为

$$\boldsymbol{B}_0=\begin{bmatrix}\alpha^{72} & \alpha^{147} & \alpha^{139} & \alpha^{218} & \alpha^{285} & \alpha^{69} & \alpha^{173} & \alpha^{189}\\ \alpha^{62} & \alpha^{73} & \alpha^{148} & \alpha^{140} & \alpha^{219} & \alpha^{286} & \alpha^{70} & \alpha^{174}\\ \alpha^{159} & \alpha^{63} & \alpha^{74} & \alpha^{149} & \alpha^{141} & \alpha^{220} & \alpha^{287} & \alpha^{71}\\ \alpha^{103} & \alpha^{160} & \alpha^{64} & \alpha^{75} & \alpha^{150} & \alpha^{142} & \alpha^{221} & \alpha^{288}\end{bmatrix} \tag{10.11}$$

构造另外一个基矩阵$\boldsymbol{B}_1$，并基于两个子集合$S_{1,0}=\{\alpha^4\}$和$S_{1,1}=\{\alpha^{130},\alpha^{131},\alpha^{132},\alpha^{133},\alpha^{134},\alpha^{135}\}$，令$\eta=-1$，可以得到一个$1\times6$的基矩阵$\boldsymbol{B}_1$，表示为

$$\boldsymbol{B}_1=[\alpha^{67}\quad \alpha^{104}\quad \alpha^{161}\quad \alpha^{65}\quad \alpha^{76}\quad \alpha^{151}] \tag{10.12}$$

对$\boldsymbol{B}_0$进行掩模操作，其中掩模矩阵见式(7.5)，可以得到以下的掩模基矩阵，表示为

$$\boldsymbol{B}_{0,\text{mask}}=\begin{bmatrix}\alpha^{72} & 0 & \alpha^{139} & 0 & \alpha^{285} & \alpha^{69} & \alpha^{173} & \alpha^{189}\\ 0 & \alpha^{73} & 0 & \alpha^{140} & \alpha^{219} & \alpha^{286} & \alpha^{70} & \alpha^{174}\\ \alpha^{159} & \alpha^{63} & \alpha^{74} & \alpha^{149} & \alpha^{141} & 0 & \alpha^{287} & 0\\ \alpha^{103} & \alpha^{160} & \alpha^{64} & \alpha^{75} & 0 & \alpha^{142} & 0 & \alpha^{288}\end{bmatrix} \tag{10.13}$$

把$\boldsymbol{B}_{0,\text{mask}}$和$\boldsymbol{B}_1$作为横向和纵向基矩阵，在GF(331)上根据式(10.9)构造一个32×48的矩阵$\boldsymbol{B}_{\text{gc,cn}}(\boldsymbol{B}_{0,\text{mask}},\boldsymbol{B}_1)$，$\boldsymbol{B}_{\text{gc,cn}}(\boldsymbol{B}_{0,\text{mask}},\boldsymbol{B}_1)$的列重和行重分别为4和6，$\boldsymbol{B}_{\text{gc,cn}}(\boldsymbol{B}_{0,\text{mask}},\boldsymbol{B}_1)$满足$3\times3$的SM约束条件。将$\boldsymbol{B}_{\text{gc,cn}}(\boldsymbol{B}_{0,\text{mask}},\boldsymbol{B}_1)$作为乘积基矩阵，构造基于CN节点的CPM－QC－GC－LDPC乘积码的Tanner图周长至少为8。

将$\boldsymbol{B}_{\text{gc,cn}}(\boldsymbol{B}_{0,\text{mask}},\boldsymbol{B}_1)$中任何一个非零元素用$330\times330$的二进制CPM矩阵进行扩展，任何一个零元素用$330\times330$的ZM矩阵进行扩展，可以得到一个$32\times48$的阵列$\boldsymbol{H}_{\text{b,gc,cn,sp}}(\boldsymbol{C}_{0,\text{mask}},\boldsymbol{C}_1)$，该阵列是由$330\times330$的二进制CPM矩阵和ZM矩阵构成。$\boldsymbol{H}_{\text{b,gc,cn,sp}}(\boldsymbol{C}_{0,\text{mask}},\boldsymbol{C}_1)$是GF(331)上的一个$10\,560\times15\,840$的矩阵，其行重和列重分别为4和6。$\boldsymbol{H}_{\text{b,gc,cn,sp}}(\boldsymbol{C}_{0,\text{mask}},\boldsymbol{C}_1)$对应的零空间是一个(4,6)规则(15 840，6 600)的基于CN节点的CPM－QC－GC－LDPC乘积码$\boldsymbol{C}_{\text{b,gc,cn,sp}}(\boldsymbol{C}_{0,\text{mask}},\boldsymbol{C}_1)$，其Tanner图周长为8，并且含有297 000个环长为8的环以及79 200个环长为10的环。

在AWGN信道下，$\boldsymbol{C}_{\text{b,gc,cn,sp}}(\boldsymbol{C}_{0,\text{mask}},\boldsymbol{C}_1)$采用50次迭代MSA译码算法的BER和BLER性能曲线如图10.6(a)所示。从图中可以看到，当BER为10^{-7}时，没有可见的误码平层；当BLER为10^{-5}时，距离SPB限1.4 dB。

为了与$\boldsymbol{C}_{\text{b,gc,cn,sp}}(\boldsymbol{C}_{0,\text{mask}},\boldsymbol{C}_1)$码进行比较，同样给出基于PEG构码法构造的一个(15 840,6 601)的LDPC码$\boldsymbol{C}_{\text{peg}}$的BER和BLER曲线(图10.6(a))。从图中可以看到，$\boldsymbol{C}_{\text{peg}}$的码率与$\boldsymbol{C}_{\text{b,gc,cn,sp}}(\boldsymbol{C}_{0,\text{mask}},\boldsymbol{C}_1)$的码率非常相近，$\boldsymbol{C}_{\text{peg}}$

的校验矩阵是一个 9 240×15 840 的二进制矩阵,固定列重为 4;同时还可以看到 $\boldsymbol{C}_{\text{peg}}$ 的校验矩阵与 $\boldsymbol{C}_{\text{b,gc,cn,sp}}(\boldsymbol{C}_{0,\text{mask}},\boldsymbol{C}_1)$ 的校验矩阵大小不同。$\boldsymbol{C}_{\text{peg}}$ 的 Tanner 图周长为 10,含有 128 482 个环长为 10 的环和 2 545 908 个环长为 12 的环。由图 10.6(a)可以看出,$\boldsymbol{C}_{\text{b,gc,cn,sp}}(\boldsymbol{C}_{0,\text{mask}},\boldsymbol{C}_1)$ 的性能要优于 $\boldsymbol{C}_{\text{peg}}$ 大约 0.6 dB。

在 BEC 信道下,$\boldsymbol{C}_{\text{b,gc,cn,sp}}(\boldsymbol{C}_{0,\text{mask}},\boldsymbol{C}_1)$ 的 UEBR 和 UEBLR 的性能曲线如图 10.6(b)所示。从图中可以看到,$\boldsymbol{C}_{\text{b,gc,cn,sp}}(\boldsymbol{C}_{0,\text{mask}},\boldsymbol{C}_1)$ 在 BEC 信道下仍然具有良好的性能曲线。

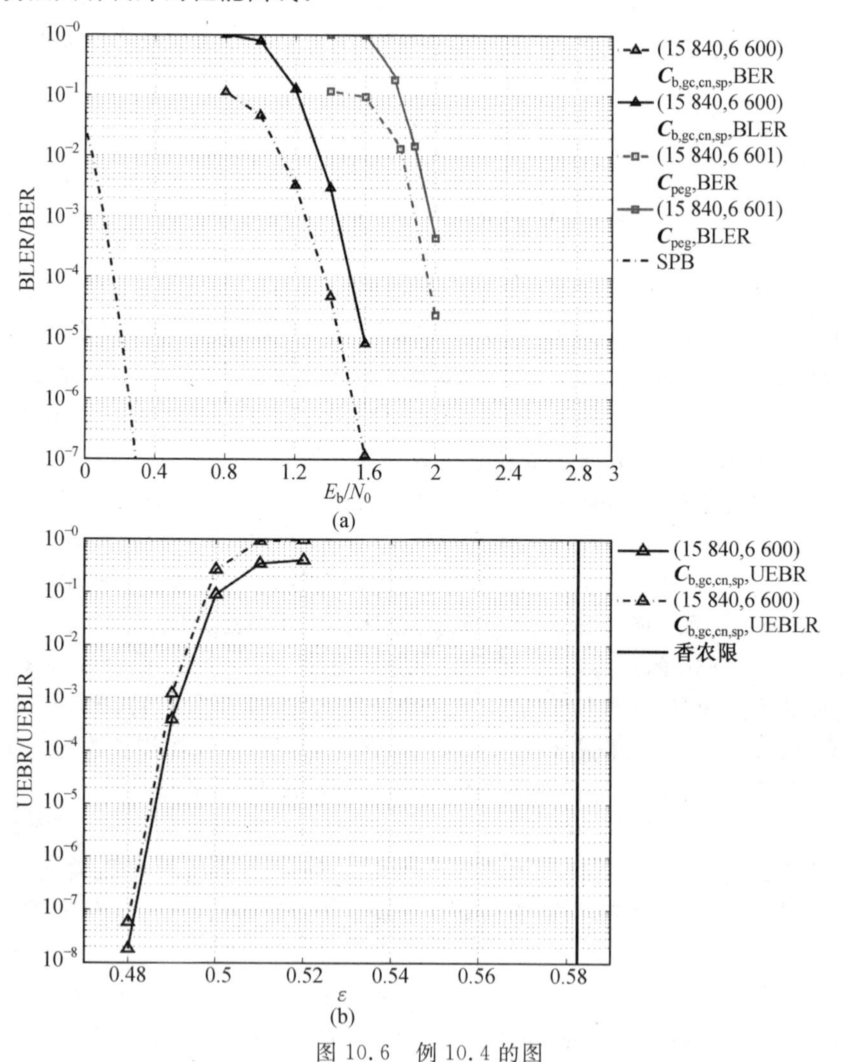

图 10.6 例 10.4 的图

要构造式(10.9)的乘积基矩阵 $\boldsymbol{B}_{\mathrm{gc,cn}}(\boldsymbol{B}_0,\boldsymbol{B}_1)$，可以采用 n_1 个大小为 $m_0\times n_0$ 的不同矩阵 $\boldsymbol{B}_{0,0},\boldsymbol{B}_{0,1},\cdots,\boldsymbol{B}_{0,n_1-1}$ 放在 $\boldsymbol{B}_{\mathrm{gc,cn}}(\boldsymbol{B}_0,\boldsymbol{B}_1)$ 的主对角线上，作为横向基矩阵，可以获得乘积基矩阵形式，表示为

$$\boldsymbol{B}'_{\mathrm{gc,cn}}=\begin{bmatrix}\boldsymbol{B}_{0,0} & & & \\ & \boldsymbol{B}_{0,1} & & \\ & & \ddots & \\ & & & \boldsymbol{B}_{0,n_1-1} \\ \hdashline \boldsymbol{B}_{1,0} & \boldsymbol{B}_{1,1} & \cdots & \boldsymbol{B}_{1,n_1-1}\end{bmatrix} \tag{10.14}$$

当 $0\leqslant i<n_1$ 时，对 $\boldsymbol{B}_{0,i}$ 进行 CPM 扩展得到校验矩阵，其相应的零空间是一个 CPM－QC－SP－LDPC 码 $\boldsymbol{C}_{0,i}$。

对乘积基矩阵 $\boldsymbol{B}'_{\mathrm{gc,cn}}$ 进行 CPM 扩展得到阵列 $\boldsymbol{H}'_{\mathrm{b,gc,cn,sp}}$，$\boldsymbol{H}'_{\mathrm{b,gc,cn,sp}}$ 相应的零空间对应的是一个基于 CN 节点的 CPM－QC－GC－LDPC 乘积码 $\boldsymbol{C}'_{\mathrm{b,gc,cn,sp}}$。$\boldsymbol{C}'_{\mathrm{b,gc,cn,sp}}$ 可以看作是由 n_1 个横向码 $\boldsymbol{C}_{0,0},\boldsymbol{C}_{0,1},\cdots,\boldsymbol{C}_{0,n_1-1}$ 和一个纵向码 $\boldsymbol{C}_1$ 的乘积。

与此类似，可以采用 n_0 个大小为 $m_1\times n_1$ 的不同矩阵放在 $\boldsymbol{B}_{\mathrm{gc,cn}}(\boldsymbol{B}_0,\boldsymbol{B}_1)$ 下面的子矩阵中，作为纵向基矩阵构造式(10.9)的乘积基矩阵在前面可能重点更突出。对该乘积基矩阵进行 CPM 扩展后，其相应的零空间对应的基于 CN 节点的 CPM－QC－GC－LDPC 乘积码，可以看作 n_0+1 个 CPM－QC－SP－LDPC 码的乘积，即一个横向码与 n_0 个纵向码的乘积。

进一步来说，要构造式(10.9)的乘积基矩阵，可以采用 n_1 个大小为 $m_0\times n_0$ 且不同的横向矩阵作为乘积基矩阵上半部分的子矩阵，采用 n_0 个大小为 $m_1\times n_1$ 且不同的纵向矩阵作为乘积基矩阵下半部分的子矩阵。对该乘积基矩阵进行 CPM 扩展后，其相应的零空间对应的基于 CN 节点的 CPM－QC－GC－LDPC 乘积码，可以看作 n_1 个横向 CPM－QC－SP－LDPC 码与 n_0 个纵向 CPM－QC－SP－LDPC 码的乘积。如果一个乘积码是由大于或等于两个组成码相乘构成，则称为通用的乘积码。

基于上述 CPM－D 构码法构造乘积码的过程，可以获得一系列基于 CN 节点的 CPM－QC－GC－LDPC 乘积码，只要满足 2×2 的 SM 约束条件的基矩阵都可以考虑构造上述乘积码，乘积码可以有效恢复随机或突发错误[74]。

例 10.5　基于有限域 GF(127)进行构码，并令 α 为 GF(127)上的本原元，并设定两组参数 $m_0=2,n_0=6$ 且 $m_1=1,n_1=6$。在 GF(127)上选择

不同的子集合对，用不同的子集合对构造 6 个横向组成基矩阵 $\boldsymbol{B}_{0,0}$，$\boldsymbol{B}_{0,1}$，$\boldsymbol{B}_{0,2}$，$\boldsymbol{B}_{0,3}$，$\boldsymbol{B}_{0,4}$，$\boldsymbol{B}_{0,5}$。

(1) $S_{0,0}=\{\alpha^0,\alpha^1\}$ 和 $S_{0,1}=\{\alpha^{11},\alpha^{12},\alpha^{13},\alpha^{14},\alpha^{15},\alpha^{16}\}$。

(2) $S_{1,0}=\{\alpha^0,\alpha^1\}$ 和 $S_{1,1}=\{\alpha^{17},\alpha^{18},\alpha^{19},\alpha^{20},\alpha^{21},\alpha^{22}\}$。

(3) $S_{2,0}=\{\alpha^0,\alpha^1\}$ 和 $S_{2,1}=\{\alpha^{23},\alpha^{24},\alpha^{25},\alpha^{26},\alpha^{27},\alpha^{28}\}$。

(4) $S_{3,0}=\{\alpha^0,\alpha^1\}$ 和 $S_{3,1}=\{\alpha^{29},\alpha^{30},\alpha^{31},\alpha^{32},\alpha^{33},\alpha^{34}\}$。

(5) $S_{4,0}=\{\alpha^0,\alpha^1\}$ 和 $S_{0,1}=\{\alpha^{35},\alpha^{36},\alpha^{37},\alpha^{38},\alpha^{39},\alpha^{40}\}$。

(6) $S_{5,0}=\{\alpha^0,\alpha^1\}$ 和 $S_{0,1}=\{\alpha^{41},\alpha^{42},\alpha^{43},\alpha^{44},\alpha^{45},\alpha^{46}\}$。

再在 GF(127)上选择两个子集合构造纵向基矩阵 $\boldsymbol{B}_1$，这两个子集合分别为 $S_{1,0}=\{\alpha^2\}$ 和 $S_{1,1}=\{\alpha^{11},\alpha^{12},\alpha^{13},\alpha^{14},\alpha^{15},\alpha^{16}\}$。

设定 $\eta=-1$，由上面给定的子集合对，根据式(7.1)得到横向和纵向基矩阵，表示为

$$\boldsymbol{B}_{0,0}=\begin{bmatrix}\alpha^{8} & \alpha^{5} & \alpha^{43} & \alpha^{24} & \alpha^{79} & \alpha^{57}\\ \alpha^{102} & \alpha^{9} & \alpha^{6} & \alpha^{44} & \alpha^{25} & \alpha^{80}\end{bmatrix}$$

$$\boldsymbol{B}_{0,1}=\begin{bmatrix}\alpha^{86} & \alpha^{107} & \alpha^{100} & \alpha^{87} & \alpha^{105} & \alpha^{69}\\ \alpha^{58} & \alpha^{87} & \alpha^{108} & \alpha^{44} & \alpha^{88} & \alpha^{106}\end{bmatrix}$$

$$\boldsymbol{B}_{0,2}=\begin{bmatrix}\alpha^{54} & \alpha^{14} & \alpha^{98} & \alpha^{108} & \alpha^{59} & \alpha^{116}\\ \alpha^{70} & \alpha^{55} & \alpha^{15} & \alpha^{99} & \alpha^{109} & \alpha^{60}\end{bmatrix}$$

$$\boldsymbol{B}_{0,3}=\begin{bmatrix}\alpha^{7} & \alpha^{2} & \alpha^{67} & \alpha^{72} & \alpha^{83} & \alpha^{48}\\ \alpha^{117} & \alpha^{8} & \alpha^{3} & \alpha^{68} & \alpha^{73} & \alpha^{84}\end{bmatrix}$$

$$\boldsymbol{B}_{0,4}=\begin{bmatrix}\alpha^{96} & \alpha^{63} & \alpha^{42} & \alpha^{55} & \alpha^{122} & \alpha^{120}\\ \alpha^{49} & \alpha^{97} & \alpha^{64} & \alpha^{43} & \alpha^{56} & \alpha^{123}\end{bmatrix}$$

$$\boldsymbol{B}_{0,5}=\begin{bmatrix}\alpha^{97} & \alpha^{37} & \alpha^{13} & \alpha^{62} & \alpha^{64} & \alpha^{71}\\ \alpha^{121} & \alpha^{98} & \alpha^{38} & \alpha^{14} & \alpha^{63} & \alpha^{65}\end{bmatrix}$$

纵向基矩阵表示为

$$\boldsymbol{B}_1=\begin{bmatrix}\alpha^{77} & \alpha^{103} & \alpha^{10} & \alpha^{7} & \alpha^{45} & \alpha^{26}\end{bmatrix}$$

基于给定的 $\boldsymbol{B}_{0,0}$、$\boldsymbol{B}_{0,1}$、$\boldsymbol{B}_{0,2}$、$\boldsymbol{B}_{0,3}$、$\boldsymbol{B}_{0,4}$、$\boldsymbol{B}_{0,5}$ 和 $\boldsymbol{B}_1$，在 GF(127)上，根据式(10.14)构造一个 18×36 的乘积基矩阵 $\boldsymbol{B}'_{gc,cn}$。$\boldsymbol{B}'_{gc,cn}$ 的列重和行重分别为 3 和 6，并且满足 2×2 的 SM 约束条件。通过对 $\boldsymbol{B}'_{gc,cn}$ 的验证，可知它同时满足 3×3 的 SM 约束条件，因此对 $\boldsymbol{B}'_{gc,cn}$ 进行 CPM 扩展后，对应的 Tanner 图周长至少为 8。

对 $\boldsymbol{B}'_{gc,cn}$ 进行二进制 CPM 扩展，得到一个 18×36 的阵列 $\boldsymbol{H}'_{b,gc,cn,sp}$，

其每一位对应一个 126×126 的 CPM 矩阵和 ZM 矩阵。$\boldsymbol{H}'_{\mathrm{b,gc,cn,sp}}$ 是一个 2 268×4 536 大小的矩阵，其列重和行重分别为 3 和 6。$\boldsymbol{H}'_{\mathrm{b,gc,cn,sp}}$ 对应的零空间是一个(3,6)规则(4 536, 2 276)基于 CN 节点的 CPM－QC－GC－LDPC 乘积码 $\boldsymbol{C}'_{\mathrm{b,gc,cn,sp}}$，其码率为 0.501 8。$\boldsymbol{C}'_{\mathrm{b,gc,cn,sp}}$ 的 Tanner 图周长为 8，含有 756 个环长为 8 的环、5 292 个环长为 10 的环以及 110 334 个环长为 12 的环。

在 AWGN 信道下，$\boldsymbol{C}'_{\mathrm{b,gc,cn,sp}}$ 采用 50 次迭代 MSA 译码算法的 BER 和 BLER 曲线如图 10.7(a)所示。从图中可以看到，当 BER 为 10^{-9} 时，该码不存在误码平层；当 BLER 为 4×10^{-6} 时，该码距离 SPB 限 1.1 dB。

$\boldsymbol{C}'_{\mathrm{b,gc,cn,sp}}$ 在 BEC 信道下的 UEBR 和 UEBLR 曲线如图 10.7(b)所示。从图中可以看到，$\boldsymbol{C}'_{\mathrm{b,gc,cn,sp}}$ 在 BEC 信道下仍然具有非常好的性能曲线，当 UEBR 为 10^{-9} 时，该码不存在误码平层。

为了与 $\boldsymbol{C}'_{\mathrm{b,gc,cn,sp}}$ 的性能曲线对比，在 10.7(a)中给出基于 PEG 构码法构造(4 536, 2 268)的 LDPC 码 $\boldsymbol{C}_{\mathrm{peg}}$ 的 BER 和 BLER 性能曲线。从图中可以看到 $\boldsymbol{C}_{\mathrm{peg}}$ 的码率为 0.5，略低于 $\boldsymbol{C}'_{\mathrm{b,gc,cn,sp}}$ 的码率。$\boldsymbol{C}_{\mathrm{peg}}$ 的校验矩阵是一个大小为 2 268×4 532 的二进制矩阵，且固定列重为 3，$\boldsymbol{C}_{\mathrm{peg}}$ 的 Tanner 图周长为 10，含有 3 187 个环长为 10 的环和 94 074 个环长为 12 的环。由图 10.7(a)可知，两个码在 AWGN 信道下具有几乎相同的误码率曲线。

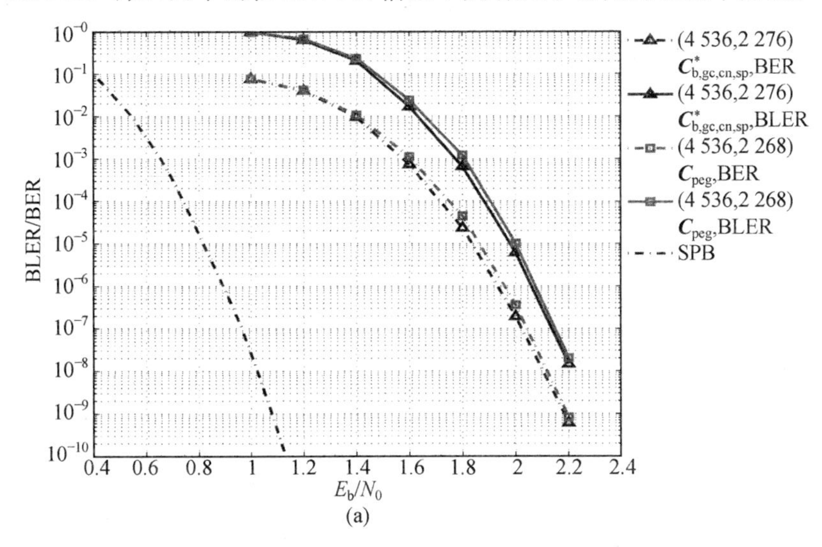

图 10.7　例 10.5 的图

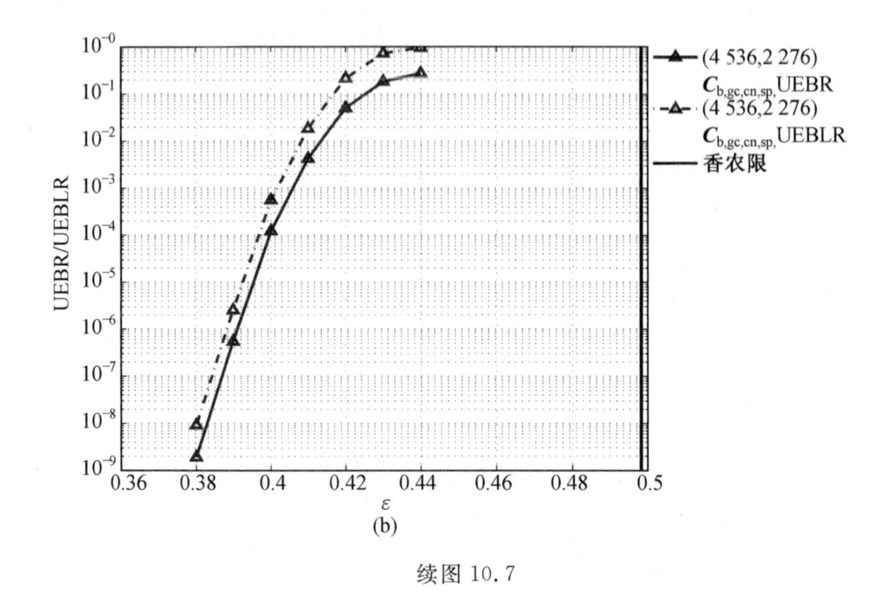

(b)

续图 10.7

10.5 小结与展望

本节介绍另外一种 GC－LDPC 码，即基于 VN 节点的 GC－LDPC 码 $\boldsymbol{C}_{\mathrm{gc,vn,qc}}$。基于 VN 节点的 GC－LDPC 码的 Tanner 图包含一组不相关的 Tanner 图，只是这些不相关的 Tanner 图是通过一组全局 VN 节点连接在一起而构成的。实际上构造基于 VN 节点的 GC－LDPC 码 $\boldsymbol{C}_{\mathrm{gc,vn,qc}}$ 的过程，与 10.1 节中介绍构造基于 CN 节点的 GC－LDPC 码的过程类似，只是其基矩阵变换成下式：

$$
\boldsymbol{B}_{\mathrm{gc,vn}}=\left[\begin{array}{ccccc:c}
\boldsymbol{R}_{0,0} & & & & & \\
& \boldsymbol{R}_{0,0} & & & & \\
& & \boldsymbol{R}_{0,0} & & & \boldsymbol{Y}_{\mathrm{gc,vn}}(t,s) \\
& & & \ddots & & \\
& & & & \boldsymbol{R}_{0,0} &
\end{array}\right] \tag{10.15}
$$

式中，$\boldsymbol{Y}_{\mathrm{gc,vn}}(t,s)$ 是 GF(q) 上的一个 $mt\times s$ 的矩阵。

式(8.2)给出基于 RS 的 $r\times r$ 阵列 $\boldsymbol{W}_{\mathrm{RS}}$，该阵列中的每一位都是 GF$(q)$ 上一个 $l\times l$ 的子矩阵，因此可以得到式(8.3)的 $r\times r$ 的循环阵列 $\boldsymbol{B}_{\mathrm{q,sp,p}}(m,n)$。将 $\boldsymbol{B}_{\mathrm{q,sp,p}}(m,n)$ 中没有使用的列进行缩短，即移除其中没被 $\boldsymbol{B}_{\mathrm{q,sp,p}}(m,n)$ 使用过的行对应的行元素，可以得到 $\boldsymbol{Y}_{\mathrm{gc,vn}}(t,s)$，其中 $1\leqslant s\leqslant r(l-n)$。显然，$\boldsymbol{Y}_{\mathrm{gc,vn}}(t,s)$ 中的每一列含有 t 个 section，每个 section 含有 m 个元素。

$\boldsymbol{B}_{gc,vn}$可以看作是$\boldsymbol{B}_{q,sp,p}(m,n)$的一个子矩阵，因此也满足2×2的SM约束条件。$\boldsymbol{B}_{gc,vn}$和$\boldsymbol{C}_{gc,vn,qc}$中的下角标“vn”代表的是“variable node（变量节点）”。

由$\boldsymbol{B}_{gc,vn}$的结构可知，$\boldsymbol{B}_{gc,vn}$的Tanner图$\mathcal{G}_{gc,vn}$含有t个$\boldsymbol{R}_{0,0}$对应的Tanner图，这t个Tanner图通过s个全局VN节点连接在一起。对$\boldsymbol{B}_{gc,vn}$进行CPM扩展得到阵列$\boldsymbol{H}_{gc,vn,qc}(q-1,1-1)$，阵列$\boldsymbol{H}_{gc,vn,qc}(q-1,1-1)$对应的零空间是一个基于VN节点的CPM－QC－GC－LDPC码$\boldsymbol{C}_{gc,vn,qc}$，码长为$(nt+s)(q-1)$，码率至少为$((n-m)t+s)/(nt+s)$。$\mathcal{G}_{gc,vn}$可以看作构造$\boldsymbol{C}_{gc,vn,qc}$码的原模图，此时$\boldsymbol{C}_{gc,vn,qc}$也是一个QC－PTG－LDPC码。

将连接矩阵$\boldsymbol{Y}_{gc,vn}(t,s)$分解成$t$个大小为$m\times s$的子矩阵，即$\boldsymbol{Y}_{gc,vn,0}$，$\boldsymbol{Y}_{gc,vn,1}$，…，$\boldsymbol{Y}_{gc,vn,t-1}$，每个子矩阵含有$\boldsymbol{Y}_{gc,vn}(t,s)$上的$m$个连续行。当$0\leqslant i<t$时，矩阵$[\boldsymbol{R}_{0,0}\boldsymbol{Y}_{gc,vn,i}]$是GF($q$)上一个满足2×2的SM约束条件且大小为$m\times(n+s)$的矩阵。对$[\boldsymbol{R}_{0,0}\boldsymbol{Y}_{gc,vn,i}]$进行CPM扩展得到阵列CPM($[\boldsymbol{R}_{0,0}\boldsymbol{Y}_{gc,vn,i}]$)，其对应的零空间是一个CPM－QC－SP－LDPC码$\boldsymbol{C}_{0,i}$，码长为$(n+s)(q-1)$。

从全局观点来看，$\boldsymbol{H}_{gc,vn,qc}(q-1,q-1)$对应的零空间得到的码$\boldsymbol{C}_{gc,vn,qc}$是一个全局码，是由$t$个局部码$\boldsymbol{C}_{0,0}$，$\boldsymbol{C}_{0,1}$，…，$\boldsymbol{C}_{0,t-1}$构成。假设$\boldsymbol{C}_{gc,vn,qc}$上的一个码字为$\boldsymbol{v}$，将$\boldsymbol{v}$分解成$t+1$个section($\boldsymbol{v}_0$，$\boldsymbol{v}_1$，…，$\boldsymbol{v}_{t-1}$，$\boldsymbol{v}_t$)，前$t$个section中，每个section含有$\boldsymbol{v}$中连续的$n(q-1)$位，最后一个section v_t含有$\boldsymbol{v}$中剩余的$s(q-1)$位。当$0\leqslant i<t$时，矢量$(\boldsymbol{v}_i,\boldsymbol{v}_t)$对应一个局部码$\boldsymbol{C}_{0,i}$。值得注意的是，此处$t$个局部码各不相同。

基于VN节点的CPM－QC－GC－LDPC码$\boldsymbol{C}_{gc,vn,qc}$也可以采用局部/全局两步迭代译码算法，具体算法在这里不再论述，感兴趣的读者可以自行验证。

对于基于CN节点的GC－LDPC乘积码$\boldsymbol{C}_{gc,cn,sp}(\boldsymbol{C}_0,\boldsymbol{C}_1)$来说，如何基于它的校验矩阵$\boldsymbol{H}_{gc,cn,sp}(\boldsymbol{C}_0,\boldsymbol{C}_1)$实现译码是非常重要的问题。当组成$\boldsymbol{C}_{gc,cn,sp}(\boldsymbol{C}_0,\boldsymbol{C}_1)$乘积码的两个码$\boldsymbol{C}_0$和$\boldsymbol{C}_1$很长时，$\boldsymbol{C}_{gc,cn,sp}(\boldsymbol{C}_0,\boldsymbol{C}_1)$会非常的长，此时$\boldsymbol{C}_{gc,cn,sp}(\boldsymbol{C}_0,\boldsymbol{C}_1)$的校验矩阵$\boldsymbol{H}_{gc,cn,sp}(\boldsymbol{C}_0,\boldsymbol{C}_1)$会非常大。采用全局译码时，复杂度会非常高，实现起来非常困难，如何针对这种长的乘积码$\boldsymbol{C}_{gc,cn,sp}(\boldsymbol{C}_0,\boldsymbol{C}_1)$进行低复杂度译码将是非常重要的课题。

针对这种长的乘积码$\boldsymbol{C}_{gc,cn,sp}(\boldsymbol{C}_0,\boldsymbol{C}_1)$的一种译码方案是采用Turbo BP译码器。Turbo BP译码器含有两个局部译码器，一个用来译横向码$\boldsymbol{C}_0$，另外一个用来译纵向码$\boldsymbol{C}_1$。而每个局部译码器都采用BP译码方式，这两个局部的BP译码器互相交换码元符号的信息（LLR似然比），通过Turbo的迭代译码过程实现译码，这两个局部的BP译码器可以通过串行或并行方式连接在一起。

令 $\boldsymbol{C}_{\mathrm{gc,cn,sp}}(\boldsymbol{C}_0,\boldsymbol{C}_1)$ 上的一个可用码字为 $\boldsymbol{v}=(v_0,v_1,\cdots,v_{n_0n_{1-1}})$，将 $\boldsymbol{v}$ 传入信道，假设接收端接收的码字为 $\boldsymbol{r}=(\boldsymbol{r}_0,\boldsymbol{r}_1,\cdots,\boldsymbol{r}_{n_0n_{1-1}})$。将 $\boldsymbol{r}$ 按照两种形式进行分割，其中一个为 $\boldsymbol{r}=(\boldsymbol{r}_0,\boldsymbol{r}_1,\cdots,\boldsymbol{r}_{n_1-1})$，即分割成 n_1 个相同的 section；另外一种形式为 $\boldsymbol{r}^*=(\boldsymbol{r}_0^*,\boldsymbol{r}_1^*,\cdots,\boldsymbol{r}_{n_0-1}^*)$，即分割成 n_0 个相同的 section。整个分割过程与 10.3 节介绍的 $\boldsymbol{C}_{\mathrm{gc,cn,sp}}(\boldsymbol{C}_0,\boldsymbol{C}_1)$ 码分割方式一致。$\boldsymbol{r}^*$ 是矢量 $\boldsymbol{r}$ 的转置形式，当 $0\leqslant i<n_1$ 时，$\boldsymbol{r}$ 中的第 i 个 section $\boldsymbol{r}_i$ 可以看作码字 $\boldsymbol{C}_0$ 的接收图样；当 $0\leqslant j<n_0$ 时，$\boldsymbol{r}^*$ 中的第 j 个 section $\boldsymbol{r}_{\mathrm{i}}$ 可以看作码字 $\boldsymbol{C}_1$ 的接收图样。

设计两个局部 BP 译码器，分别定义为 BP－DEC0 和 BP－DEC1。BP－DEC0处理 $\boldsymbol{r}$ 的 n_1 个 section，同时 BP－DEC1 处理 $\boldsymbol{r}^*$ 的 n_0 个 section。每次迭代译码结束以后（可以设定固定的迭代次数），基于 LLR 的 BP 迭代译码进行硬判决，将两个译码器的硬判决矢量进行相乘，可以获得四种输出结果。

（1）第一种情况。两个译码器的硬判决结果输出相同，且都是 $\boldsymbol{C}_{\mathrm{gc,cn,sp}}(\boldsymbol{C}_0,\boldsymbol{C}_1)$ 上的可用码字，则停止迭代译码，将此时的译码结果直接输出。

（2）第二种情况。两个译码器的判决结果，一个是 $\boldsymbol{C}_{\mathrm{gc,cn,sp}}(\boldsymbol{C}_0,\boldsymbol{C}_1)$ 上的码字，另外一个不是 $\boldsymbol{C}_{\mathrm{gc,cn,sp}}(\boldsymbol{C}_0,\boldsymbol{C}_1)$ 上的码字，则停止迭代译码，将 $\boldsymbol{C}_{\mathrm{gc,cn,sp}}(\boldsymbol{C}_0,\boldsymbol{C}_1)$ 上的译码结果输出。

（3）第三种情况。两个译码器的判决结果是 $\boldsymbol{C}_{\mathrm{gc,cn,sp}}(\boldsymbol{C}_0,\boldsymbol{C}_1)$ 上的不同码字，则停止迭代译码，将其中的任意一个结果输出，或者继续迭代译码过程。

（4）第四种情况。两个译码器的判决结果都不是 $\boldsymbol{C}_{\mathrm{gc,cn,sp}}(\boldsymbol{C}_0,\boldsymbol{C}_1)$ 上的可用码字，则需要继续进行迭代译码过程。

当需要额外的迭代译码时，两个局部 BP 译码器可以先交换可靠信息（LLR 信息），再重新进行迭代译码；迭代译码一直继续，直到获得 $\boldsymbol{C}_{\mathrm{gc,cn,sp}}(\boldsymbol{C}_0,\boldsymbol{C}_1)$ 上的可用码字，或者达到最大迭代次数停止迭代。需要注意的是，通过信息的交互，每个码元实际上含有三个有效信息，两个是从 BP 译码器获得，另外一个是从信道中获取。如何利用三个有效信息开始新的迭代译码，以获得最好的性能，是非常值得研究的问题。另外，Turbo BP 译码方法是否真的可以在误码率性能和译码复杂度上实现性能折中，也需要进一步研究和分析。

在第 2 章，曾经提到 LDPC 码存在的一个问题就是误码平层，尤其当有些应用场合需要极低误码率时，这种误码平层会影响 LDPC 码的性能和应用。如果一个 LDPC 码具有较大的最小码距，同时不存在陷阱集的大小小于其最小码距的情况，则该 LDPC 码通常具有相对较低的误码平层，比如基于有限几何构造一些 LDPC 码[58,74,97]。基于 CN 节点的 GC－LDPC 乘积码 $\boldsymbol{C}_{\mathrm{gc,cn,sp}}(\boldsymbol{C}_0,\boldsymbol{C}_1)$的最小码距等于其构成的两个码字最小码距的乘积，因此即使 $\boldsymbol{C}_{\mathrm{gc,cn,sp}}(\boldsymbol{C}_0,\boldsymbol{C}_1)$的构成码字的最小码距数值较小，它们的乘积获得的最小码距数值也会变得很大。此处有一个问题是 $\boldsymbol{C}_{\mathrm{gc,cn,sp}}(\boldsymbol{C}_0,\boldsymbol{C}_1)$的陷阱集与其构成码 $\boldsymbol{C}_0$ 和 $\boldsymbol{C}_1$ 陷阱集的关系，是否存在 $\boldsymbol{C}_{\mathrm{gc,cn,sp}}(\boldsymbol{C}_0,\boldsymbol{C}_1)$的最小陷阱集大于其构成码 $\boldsymbol{C}_0$ 和 $\boldsymbol{C}_1$ 的最小陷阱集这个关系？目前还不能确切得到这个结论。尽管如此，仍然可以发现 $\boldsymbol{C}_{\mathrm{gc,cn,sp}}(\boldsymbol{C}_0,\boldsymbol{C}_1)$的 Tanner 图 $\mathcal{G}_{\mathrm{gc,cn,sp}}(\boldsymbol{C}_0,\boldsymbol{C}_1)$中不存在小陷阱集。

由式(10.7)给出的 $\boldsymbol{C}_{\mathrm{gc,cn,sp}}(\boldsymbol{C}_0,\boldsymbol{C}_1)$码对应的校验矩阵 $\boldsymbol{H}_{\mathrm{gc,cn,sp}}(\boldsymbol{C}_0,\boldsymbol{C}_1)$可知，它含有 n_1 个矩阵的列扩展。对于第 j 个矩阵的列扩展($0\leqslant j<n_1$)，其包含一个 $\boldsymbol{H}_0$ 和一个大小为 $m_1n_0\times n_0$ 的矩阵 $\boldsymbol{H}_{1,j,\pi}$。矩阵 $\boldsymbol{H}_{1,j,\pi}$是纵向码 $\boldsymbol{C}_1$ 对应的校验矩阵 $\boldsymbol{H}_1$ 中的第 j 列，每次向下向右移动 n_0-1 次，每次移动 m_1 位构成的。因此 $\boldsymbol{H}_{1,j,\pi}$的每一行是全 0 或是全 1 组成。假设 $\boldsymbol{H}_1$ 固定列重为 w_1，则 $\boldsymbol{H}_{1,j,\pi}$的每一列列重为 w_1；假设 $\boldsymbol{H}_0$ 固定列重为 w_0，可知 $\boldsymbol{H}_{\mathrm{gc,cn,sp}}(\boldsymbol{C}_0,\boldsymbol{C}_1)$的第 j 矩阵列扩展的每一列列重为 w_0+w_1。

当 $1\leqslant\kappa\leqslant n_0$ 且 $0\leqslant\tau\leqslant m_0$ 时，假设 $\boldsymbol{C}_0$ 对应的 Tanner 图 $\mathcal{G}_0$ 含有一个(κ,τ)陷阱集 $\boldsymbol{T}$，其对应的子图 $\mathcal{T}$ 含有 κ 个 VN 节点和奇数 τ 个 CN 节点，κ 个 VN 节点对应 $\boldsymbol{H}_0$ 的 κ 列。对于 $\boldsymbol{C}_{\mathrm{gc,cn,sp}}(\boldsymbol{C}_0,\boldsymbol{C}_1)$的 Tanner 图 $\mathcal{G}_{\mathrm{gc,cn,sp}}(\boldsymbol{C}_0,\boldsymbol{C}_1)$中的子图 $\mathcal{G}_{0,j}$来说，其含有 n_0 个 VN 节点，对应 $\boldsymbol{H}_{\mathrm{gc,cn,sp}}(\boldsymbol{C}_0,\boldsymbol{C}_1)$第 j 个矩阵的列扩展的 n_0 列，因此 $\mathcal{T}$ 是 $\mathcal{G}_{0,j}$一个子图，同时也是 $\mathcal{G}_{\mathrm{gc,cn,sp}}(\boldsymbol{C}_0,\boldsymbol{C}_1)$一个子图。由 $\boldsymbol{H}_{\mathrm{gc,cn,sp}}(\boldsymbol{C}_0,\boldsymbol{C}_1)$第 j 个矩阵的列扩展的结构特性，可知 $\mathcal{T}$ 中每个 VN 节点将被 $\boldsymbol{H}_{1,j,\pi}$上的 w_1 行进行校验，又由于 $\boldsymbol{H}_{1,j,\pi}$中两个不同列 1 的位置是不关联的，因此 $\mathcal{T}$ 中 κ 个 VN 节点通过 κw_1 行进行校验，每一行最多校验 $\boldsymbol{T}$ 中一个 VN 节点。因此，$\mathcal{G}_0$ 中的大小为(κ,τ)的陷阱集 $\boldsymbol{T}$ 变成了 $\mathcal{G}_{\mathrm{gc,cn,sp}}(\boldsymbol{C}_0,\boldsymbol{C}_1)$中大小为$(\kappa,\tau+\kappa w_1)$的陷阱集。在子图 $\mathcal{G}_{0,j}$ 中含有 VN 节点的陷阱集，也被称为 $\mathcal{G}_{\mathrm{gc,cn,sp}}(\boldsymbol{C}_0,\boldsymbol{C}_1)$局部陷阱集。通过两个码的乘积操作，使陷阱集中奇数个 CN 节点的数目增加了 κw_1 个。如果 $\boldsymbol{T}$ 是 $\mathcal{G}_0$ 上的一个小陷阱集，那么它在 $\mathcal{G}_{\mathrm{gc,cn,sp}}(\boldsymbol{C}_0,\boldsymbol{C}_1)$上则不再是一个小陷阱集，尤其是当满足 $\tau+\kappa w_1\geqslant 4\kappa$ 时。关于小的陷阱集的定义，可以见 2.2 节。

在选择构造基于 CN 节点的 GC－LDPC 乘积码的校验矩阵 $\boldsymbol{H}_0$ 和 $\boldsymbol{H}_1$ 时，若是 $\boldsymbol{C}_1$ 对应的 Tanner 图 $\mathcal{G}_1$ 的陷阱集大小为(κ,τ)时，则 GC－LDPC 乘积码 $\mathcal{G}_{\mathrm{gc,cn,sp}}(\boldsymbol{C}_0,\boldsymbol{C}_1)$的陷阱集大小为$(\kappa,\tau+\kappa w_0)$。对于陷阱集结构分析的难点在于，子图 $\mathcal{G}_{0,j}$ 中的 VN 节点扩展到 $\mathcal{G}_{\mathrm{gc,cn,sp}}(\boldsymbol{C}_0,\boldsymbol{C}_1)$上，这是一个复杂的组合数学问题，留给大家思考。

第 11 章　SP 构码法构造 NB－LDPC 码

本章研究在非二进制(NB)有限域上基于 SP 法构造 NB－LDPC 码的方法,实际上整个构码过程与二进制的 LDPC 码的构造过程类似。之前介绍的基于 SP 构码法构造二进制 LDPC 码的代数和图的结构特性,只需要做一些修正就完全适用于非二进制情况。

本章首先基于二进制基矩阵,介绍通用 SP 构码法构造 NB－LDPC 的过程;之后基于二进制和非二进制基矩阵,介绍六种代数构码方法,其中的两种方法是基于传统的 RS 校验矩阵。附录 C 中给出一种迭代 BP 译码算法,即快速傅里叶变换 q 元 SPA 算法(Fast-Fourier-Transform, FFT)－QSPA[82,23,5]。本章仿真环境是二进制输入 AWGN 信道。

11.1　基于二进制基矩阵的通用 SP 法构造 NB－LDPC 码

令 $\boldsymbol{B}_{\rm sp}$ 作为基矩阵,$\boldsymbol{B}_{\rm sp}=[b_{i,j}]_{0\leqslant i<m,0\leqslant j<n}$ 是一个 $m\times n$ 的二进制矩阵,并基于 SP 构码法构造 NB－LDPC 码。11.2 节介绍基于非二进制基矩阵,通过 SP 构码法构造 NB－LDPC 码的过程。

定义 $R=\{\boldsymbol{Q}_1,\boldsymbol{Q}_2,\cdots,\boldsymbol{Q}_r\}$ 是 NB 有限域 GF(q)上的一个矩阵集合,R 中含有 r 个稀疏的 $k\times t$ 矩阵,其中 $q\neq 2$ 且 q 是一个素数或是一个素数的幂次方。将 $\boldsymbol{B}_{\rm sp}$ 中的 1 用 R 中一个 $k\times t$ 矩阵来替代,$\boldsymbol{B}_{\rm sp}$ 中的 0 用一个 $k\times t$ 的 ZM 矩阵来替代,获得一个 $m\times n$ 的阵列 $\boldsymbol{H}_{\rm q,sp}(k,t)$,该阵列 $\boldsymbol{H}_{\rm q,sp}(k,t)$ 是 GF(q)上的一个 $mk\times nt$ 的稀疏矩阵,下角标"q"代表的是"q－ary"。

$\boldsymbol{H}_{\rm q,sp}(k,t)$ 在 GF(q)上对应的零空间,是一个 q－ary SP－LDPC 码 $\boldsymbol{C}_{\rm q,sp}$。如果 $\boldsymbol{B}_{\rm sp}$ 满足 RC 约束条件,R 中每一个矩阵都同时满足 RC 约束条件和 PW－RC 约束条件,则 $\boldsymbol{H}_{\rm q,sp}(k,t)$ 的 Tanner 图 $\mathcal{G}_{\rm q,sp}(k,t)$ 周长至少为 6。

NB－SP－LDPC 码的 Tanner 图的结构特性与二进制 SP－LDPC 码的 Tanner 图的结构特性一致,区别在于 NB－LDPC 码 Tanner 图的边用 GF(q)上的非零元素标识。

当给定码率 R_c 时，选择参数 m、n、k 和 t，使 $R_c=(nk-mt)/nk$。假设随机选择一个 $m\times n$ 的基矩阵 $\boldsymbol{B}_{\mathrm{sp}}$ 和一个替代集合 R，R 中含有GF(q)上大小为 $k\times t$ 的若干组成矩阵。将 $\boldsymbol{B}_{\mathrm{sp}}$ 中的1用 R 中任意一个组成矩阵替代，会获得一组稀疏阵列，定义为 $\boldsymbol{\xi}_{\mathrm{q,sp}}(k,t)$。而 $\boldsymbol{\xi}_{\mathrm{q,sp}}(k,t)$ 对应的零空间集合对应于一组 q-ary SP-LDPC码，定义为 $\boldsymbol{E}_{\mathrm{q,sp}}(k,t)$，其码率为 R_c。当 $k=t$ 时，$E_{\mathrm{q,sp}}(k,t)$ 对应的 q-ary SP-LDPC码，也可以看作一个 q-ary PTG-LDPC码，码率也为 R_c。

11.2　SP法构造NB-QC-LDPC码

考虑一种特殊情况，令 $k=t$，即替代集合 R 中元素都是GF(q)上大小为 $k\times k$ 的循环矩阵。将 $\boldsymbol{B}_{\mathrm{sp}}$ 上每一个1的位置，用 R 中一个循环矩阵代替；将 $\boldsymbol{B}_{\mathrm{sp}}$ 上每一个0的位置，用 $k\times k$ 的ZM矩阵代替，则可以在GF(q)上获得一个 $m\times n$ 的阵列 $\boldsymbol{H}_{\mathrm{q,sp,qc}}(k,k)=[\boldsymbol{Q}_{i,j}]_{0\leqslant i<m,0\leqslant j<n}$，该阵列的零空间对应一个 q-ary QC-SP-LDPC码 $\boldsymbol{C}_{\mathrm{q,sp,qc}}$。根据PTG的观点，$\boldsymbol{C}_{\mathrm{q,sp,qc}}$ 实际上等价于一个 q-ary QC-PTG-LDPC码。

如果将 $\boldsymbol{H}_{\mathrm{q,sp,qc}}(k,k)$ 行和列进行重排列，比如进行行列转置，见式(4.3)和式(4.5)定义的 π_{row} 和 π_{col} 操作过程，可以获得GF(q)上一个 $k\times k$ 的阵列 $\boldsymbol{H}_{\mathrm{q,sp,cyc}}(m,n)$，其相应的位置是一个 $m\times n$ 的矩阵。$\boldsymbol{H}_{\mathrm{q,sp,cyc}}(m,n)$ 具有block-wise循环结构，表示为

$$\boldsymbol{H}_{\mathrm{q,sp,cyc}}(m,n)=\begin{bmatrix}\boldsymbol{D}_0 & \boldsymbol{D}_1 & \cdots & \boldsymbol{D}_{k-1}\\ \boldsymbol{D}_{k-1} & \boldsymbol{D}_0 & \cdots & \boldsymbol{D}_{k-2}\\ \vdots & \vdots & & \vdots\\ \boldsymbol{D}_1 & \boldsymbol{D}_2 & \cdots & \boldsymbol{D}_0\end{bmatrix} \tag{11.1}$$

$\boldsymbol{H}_{\mathrm{q,sp,cyc}}(m,n)$ 的每一个组成矩阵 $\boldsymbol{D}_i$ 是GF(q)上一个 $m\times n$ 的矩阵，而 $\boldsymbol{H}_{\mathrm{q,sp,cyc}}(m,n)$ 对应的零空间是一个 q-ary QC-LDPC码 $\boldsymbol{C}_{\mathrm{q,sp,cyc}}$，且具有block-wise循环结构。

$\boldsymbol{H}_{\mathrm{q,sp,cyc}}(m,n)$ 的第一行也称为 $\boldsymbol{H}_{\mathrm{q,sp,cyc}}(m,n)$ 的生成式，$[\boldsymbol{D}_0\quad \boldsymbol{D}_1\quad \cdots\quad \boldsymbol{D}_{k-1}]$ 是由 k 个GF(q)上大小为 $m\times n$ 的矩阵构成，如果将 k 个矩阵 $\boldsymbol{D}_0$，$\boldsymbol{D}_1$，…，$\boldsymbol{D}_{k-1}$ 合并成一个 $m\times n$ 的矩阵，定义为 $\boldsymbol{B}_{\mathrm{q,ptg}}$。当 $0\leqslant i<m$ 且 $0\leqslant j<n$ 时，$\boldsymbol{B}_{\mathrm{q,ptg}}$ 的 (i,j) 位置是GF(q)上一个 k-tuple矢量 $\boldsymbol{g}_{i,j}=(g_{i,j,0},g_{i,j,1},\cdots,g_{i,j,k-1})$；当 $0\leqslant e<k$ 时，$\boldsymbol{g}_{i,j,e}$ 即为矩阵 $\boldsymbol{D}_e$ 在 (i,j) 上的取值。因此，$\boldsymbol{B}_{\mathrm{q,ptg}}$ 中的每一位都是GF(q)上的一个 k-tuple矢量。

$\boldsymbol{B}_{q,ptg}$对应的 Tanner 图 $\mathcal{G}_{q,ptg}$含有 n 个 VN 节点和 m 个 CN 节点，$\mathcal{G}_{q,ptg}$的第 j 个 VN 节点与第 i 个 CN 节点的连接边可以用 GF(q)上 k－tuple 矢量 $\boldsymbol{g}_{i,j}=(g_{i,j,0},g_{i,j,1},\cdots,g_{i,j,k-1})$标识。$\boldsymbol{g}_{i,j}$中非零元素的个数等于 $\mathcal{G}_{q,ptg}$上连接第 j 个 VN 节点与第 i 个 CN 节点平行边的数目，如果 $\boldsymbol{g}_{i,j}$是一个全零矢量，即 $\boldsymbol{g}_{i,j}$中全部元素都为 0，$\mathcal{G}_{q,ptg}$上第 j 个 VN 节点与第 i 个 CN 节点不相连。考虑 $\boldsymbol{B}_{sp}$中 1 的位置，是由 R 中矩阵替代，通过行列变换获得 $\boldsymbol{H}_{q,sp,qc}(k,k)$，可以得出 $\mathcal{G}_{q,ptg}$上连接第 j 个 VN 节点与第 i 个 CN 节点的边(j,i)的标识 $\boldsymbol{g}_{i,j}$，实际上等价于 $\boldsymbol{H}_{q,sp,qc}(k,k)$的构成矩阵 $\boldsymbol{Q}_{i,j}$的生成式。

基于 PTG 法构造一个 q－ary QC－PTG－LDPC 码 $\boldsymbol{C}_{q,ptg,qc}$。假设原模图 $\mathcal{G}_{q,ptg}$的扩展因子为 k，先将 $\mathcal{G}_{q,ptg}$复制 k 次，将复制 k 次的 $\mathcal{G}_{q,ptg}$通过边的排列和连接，获得 $\boldsymbol{C}_{q,ptg,qc}$。基于矢量 $\boldsymbol{g}_{i,j}=(g_{i,j,0},g_{i,j,1},\cdots,g_{i,j,k-1})$，可以将 Type－$j$ 的 k 个 VN 节点和 Type－i 的 k 个 CN 节点连接起来，$\boldsymbol{g}_{i,j}$中非零元素的个数等于原模图 $\mathcal{G}_{q,ptg}$上连接第 j 个 VN 节点与第 i 个 CN 节点平行边的数目。因此，$\mathcal{G}_{q,ptg}$的扩展可以获得一个二部图 $\mathcal{G}_{q,ptg}(k,k)$，它含有 nk 个 VN 节点和 mk 个 CN 节点，每一条边用 GF(q)上一个非零元素标识。$\mathcal{G}_{q,ptg}(k,k)$的邻接矩阵 $\boldsymbol{H}_{q,ptg,qc}(k,k)$对应的零空间是一个 q－ary QC－PTG－LDPC 码 $\boldsymbol{C}_{q,ptg,qc}$，该码与 $\boldsymbol{H}_{q,sp,qc}(k,k)$产生的 $\boldsymbol{C}_{q,sp,qc}$码一致。证明了当 $k=t$ 时，基于 SP 法构造的 q－ary QC－SP－LDPC 码 $\boldsymbol{C}_{q,sp,qc}$就是基于 PTG 法构造的 q－ary QC－SP－LDPC 码 $\boldsymbol{C}_{q,ptg,qc}$码。

例 11.1 说明基于 SP 法构造 NB－QC－SP－LDPC 码的步骤。

例 11.1　假设给定一个二进制的基矩阵 $\boldsymbol{B}_{sp}$，并基于 SP 法构造 NB－QC－SP－LDPC 码，表示为

$$\boldsymbol{B}_{sp}=\begin{bmatrix}1 & 1 & 0\\ 1 & 0 & 1\end{bmatrix}$$

令 α 是 GF(2^2)上的本原元，其本原多项式为 $1+X+X^2$，GF(2^2)上含有四个元素为 0、1、α 和 α^2。假设 R 是替代集合，它在 GF(2^2)上含有 4 个 3×3 的循环矩阵，表示为

$$\boldsymbol{Q}_1=\begin{bmatrix}1 & \alpha & 0\\ 0 & 1 & \alpha\\ \alpha & 0 & 1\end{bmatrix},\quad \boldsymbol{Q}_2=\begin{bmatrix}0 & \alpha & 0\\ 0 & 0 & \alpha\\ \alpha & 0 & 0\end{bmatrix},\quad \boldsymbol{Q}_3=\begin{bmatrix}0 & 0 & \alpha^2\\ \alpha^2 & 0 & 0\\ 0 & \alpha^2 & 0\end{bmatrix},\quad \boldsymbol{Q}_4=\begin{bmatrix}\alpha & 0 & 0\\ 0 & \alpha & 0\\ 0 & 0 & \alpha\end{bmatrix}$$

可知基矩阵 $\boldsymbol{B}_{sp}$和替代集合 R 的矩阵都满足 RC 约束条件和 PW－RC 约束条件。

将基矩阵 $\boldsymbol{B}_{sp}$中的 1 用替代集合 R 中的矩阵替代，基矩阵 $\boldsymbol{B}_{sp}$中的 0 用

3×3的ZM矩阵替代，可以得到一个2×3的阵列 $\boldsymbol{H}_{q,sp,qc}(3,3)$，表示为

$$\boldsymbol{H}_{q,sp,qc}(3,3)=\begin{bmatrix}\boldsymbol{Q}_1 & \boldsymbol{Q}_2 & 0\\ \boldsymbol{Q}_3 & 0 & \boldsymbol{Q}_4\end{bmatrix}=\left[\begin{array}{ccc:ccc:ccc}1 & \alpha & 0 & 0 & \alpha & 0 & 0 & 0 & 0\\ 0 & 1 & \alpha & 0 & 0 & \alpha & 0 & 0 & 0\\ \alpha & 0 & 1 & \alpha & 0 & 0 & 0 & 0 & 0\\ \hdashline 0 & 0 & \alpha^2 & 0 & 0 & 0 & \alpha & 0 & 0\\ \alpha^2 & 0 & 0 & 0 & 0 & 0 & 0 & \alpha & 0\\ 0 & \alpha^2 & 0 & 0 & 0 & 0 & 0 & 0 & \alpha\end{array}\right]$$

因此，$\boldsymbol{H}_{q,sp,qc}(3,3)$在GF($2^2$)上得到一个满足RC约束条件的6×9的矩阵，其零空间对应的是一个4－ary(9,3)QC－SP－LDPC码 $\boldsymbol{C}_{q,sp,qc}$，具有section-wise循环结构。需要注意的是，对于基矩阵 $\boldsymbol{B}_{sp}$ 的1，采用 R 中不同矩阵的替代方式会有不同的阵列表达形式，但都满足RC约束条件。

将 $\boldsymbol{H}_{q,sp,qc}(3,3)$中行和列按照式(4.3)和式(4.5)定义的 π_{row} 和 π_{col} 进行排列组合，得到3×3阵列 $\boldsymbol{H}_{q,sp,cyc}(2,3)$，其中 $\boldsymbol{H}_{q,sp,cyc}(2,3)$的每个子矩阵是由GF($2^2$)上大小为2×3的矩阵构成，表示为

$$\boldsymbol{H}_{q,sp,cyc}(2,3)=\left[\begin{array}{ccc:ccc:ccc}1 & 0 & 0 & \alpha & \alpha & 0 & 0 & 0 & 0\\ 0 & 0 & \alpha & 0 & 0 & 0 & \alpha^2 & 0 & 0\\ \hdashline 0 & 0 & 0 & 1 & 0 & 0 & \alpha & \alpha & 0\\ \alpha^2 & 0 & 0 & 0 & 0 & \alpha & 0 & 0 & 0\\ \hdashline \alpha & \alpha & 0 & 0 & 0 & 0 & 1 & 0 & 0\\ 0 & 0 & 0 & \alpha^2 & 0 & 0 & 0 & 0 & \alpha\end{array}\right]$$

$\boldsymbol{H}_{q,sp,cyc}(2,3)$的零空间对应一个4－ary(9,3)QC－SP－LDPC码 $\boldsymbol{C}_{q,sp,cyc}$，该码具有block-cyclic结构。$\boldsymbol{C}_{q,sp,cyc}$ 中每个码字 $\boldsymbol{v}$ 包含3个section，每个section含有GF(2^2)上的3个符号。如果将 $\boldsymbol{v}$ 上的一个section(含有3个符号)向右移动，可以获得 $\boldsymbol{C}_{q,sp,cyc}$ 的另外一个码字。$\boldsymbol{C}_{q,sp,cyc}$ 与 $\boldsymbol{C}_{q,sp,qc}$ 等价，将前者的码字进行排列就可以得到后者的码字，同时 $\boldsymbol{H}_{q,sp,cyc}(2,3)$满足RC约束条件，它的Tanner图周长为6。

$\boldsymbol{H}_{q,sp,cyc}(2,3)$的第一行是由3个GF($2^2$)上的2×3的组成矩阵构成，这3个组成矩阵表示为

$$\boldsymbol{D}_0=\begin{bmatrix}1 & 0 & 0\\ 0 & 0 & \alpha\end{bmatrix},\quad \boldsymbol{D}_1=\begin{bmatrix}\alpha & \alpha & 0\\ 0 & 0 & 0\end{bmatrix},\quad \boldsymbol{D}_2=\begin{bmatrix}0 & 0 & 0\\ \alpha^2 & 0 & 0\end{bmatrix}$$

将这3个GF(2^2)上的2×3矩阵合并到一起，得到一个GF(2^2)的2×3的矩阵 $\boldsymbol{B}_{q,ptg}$，$\boldsymbol{B}_{q,ptg}$ 上的每一个位置是由一个3－tuple的矢量构成，表示为

$$\boldsymbol{B}_{\mathrm{q,ptg}}=\begin{bmatrix}(1,\alpha,0) & (0,\alpha,0) & (0,0,0)\\(0,0,\alpha^2) & (0,0,0) & (\alpha,0,0)\end{bmatrix}$$

从上式可以看到 $\boldsymbol{B}_{\mathrm{q,ptg}}$ 的每一位对应的 3－tuple 矢量，实际上正是 $\boldsymbol{H}_{\mathrm{q,sp,qc}}(3,3)$组成矩阵生成多项式。

$\boldsymbol{B}_{\mathrm{sp}}$和 $\boldsymbol{B}_{\mathrm{q,ptg}}$对应的 Tanner 图 $\mathscr{G}_{\mathrm{sp}}$和 $\mathscr{G}_{\mathrm{q,ptg}}$如图 11.1(a)和 11.1(b)所示，其中 $\boldsymbol{g}_{0,0}=(1,\alpha,0)$，$\boldsymbol{g}_{0,1}=(0,\alpha,0)$，$\boldsymbol{g}_{1,0}=(0,0,\alpha^2)$，$\boldsymbol{g}_{1,2}=(\alpha,0,0)$。将原模图 $\mathscr{G}_{\mathrm{q,ptg}}$复制 3 次，按照矢量的标识进行边连接，得到一个连接以后的 Tanner 图 $\mathscr{G}_{\mathrm{q,ptg}}(3,3)$，其含有 9 个 VN 节点和 6 个 CN 节点，如图 11.1(c)所示。因此，$\mathscr{G}_{\mathrm{q,ptg}}(3,3)$的邻接矩阵对应的零空间是一个 4－ary QC－PTG－LDPC 码 $\boldsymbol{C}_{\mathrm{q,ptg,qc}}$，与 $\boldsymbol{H}_{\mathrm{q,sp,qc}}(3,3)$的零空间对应 4－ary QC－SP－LDPC 码 $\boldsymbol{C}_{\mathrm{q,sp,qc}}$相一致。

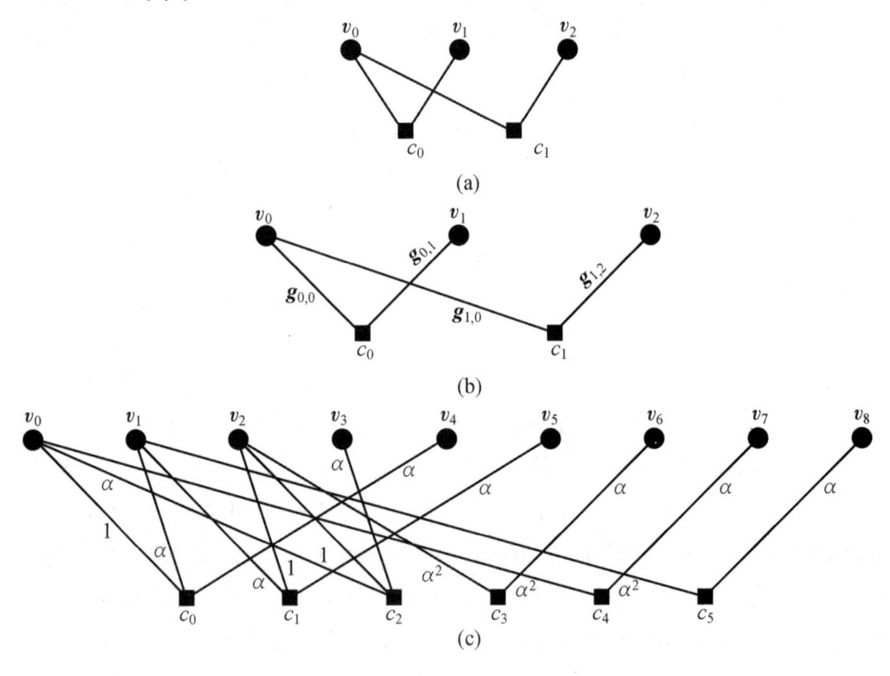

图 11.1　例 11.1 的图

例 11.2 构造一个短的 NB－QC－LDPC 码，可以看到这个短码具有很好的性能曲线。

例 11.2　假设给定一个 2×4 的基矩阵 $\boldsymbol{B}_{\mathrm{sp}}$，并基于 SP 法构造 NB－QC－SP－LDPC 码，表示为

$$\boldsymbol{B}_{\mathrm{sp}}=\begin{bmatrix}1 & 1 & 1 & 1\\1 & 1 & 1 & 1\end{bmatrix}$$

在 GF(2^8)上设计一个替代集合 R，其含有 8 个重为 1 的大小为 8×8 的矩阵，定义为 $\boldsymbol{Q}_0,\boldsymbol{Q}_1,\cdots,\boldsymbol{Q}_7$，令 α 是 GF(2^8)的本原元，R 中矩阵的生成多项式为

$$\begin{cases}\boldsymbol{g}_0=(0,0,0,0,0,0,\alpha^{61},0), & \boldsymbol{g}_1=(0,0,0,0,0,\alpha^{106},0,0)\\ \boldsymbol{g}_2=(0,0,0,\alpha^{240},0,0,0,0), & \boldsymbol{g}_3=(0,0,0,0,0,0,0,\alpha^{125})\\ \boldsymbol{g}_4=(0,0,0,\alpha^{229},0,0,0,0), & \boldsymbol{g}_5=(0,0,0,0,0,0,0,\alpha^{94})\\ \boldsymbol{g}_6=(0,0,0,0,0,0,\alpha^{199},0), & \boldsymbol{g}_7=(0,0,0,0,0,\alpha^{99},0,0)\end{cases} \tag{11.2}$$

这 8 个循环矩阵同时满足 RC 约束条件和 PW－RC 约束条件，根据 5.1 节给出的替代条件，将 $\boldsymbol{B}_{\text{sp}}$ 中的 1 用 R 中的矩阵替代，可以获得一个 2×4的阵列 $\boldsymbol{H}_{\text{q,sp,qc}}(8,8)$，阵列中的每一个位置是由 GF($2^8$)上 8×8 的矩阵构成。有很多替代组合方案可以使构码的 Tanner 图周长至少为 6，本节只给出一个例子，表示为

$$\boldsymbol{H}_{\text{q,sp,qc}}(8,8)=\begin{bmatrix}\boldsymbol{Q}_0 & \boldsymbol{Q}_1 & \boldsymbol{Q}_2 & \boldsymbol{Q}_3\\ \boldsymbol{Q}_4 & \boldsymbol{Q}_5 & \boldsymbol{Q}_6 & \boldsymbol{Q}_7\end{bmatrix}$$

因此，$\boldsymbol{H}_{\text{q,sp,qc}}(8,8)$是 GF($2^8$)上的一个 16×32 的矩阵，具有固定列重 2 和行重 4，它对应的零空间是一个(2,4)规则 256－ary(32,16)QC－SP－LDPC 码 $\boldsymbol{C}_{\text{q,sp,qc}}$。根据文献[41]给出的环计算算法，可以看到 $\boldsymbol{C}_{\text{q,sp,qc}}$ 的 Tanner 图周长为 8，并且含有 20 个环长为 8 的环，不存在环长为 10 的环，还有 160 个环长为 12 的环。

$\boldsymbol{C}_{\text{q,sp,qc}}$码的 BLER 曲线如图 11.2(a)所示，其采用了 50 和 100 次迭代 FFT－QSPA 译码算法[5](参考附录 C)，信道是二进制输入的 AWGN 信道，每一个 256－ary 的符号用一个 8 位的二进制表示，从图中可以看到，该码的收敛性很好，50 次和 100 次迭代的性能差别小于 0.05 dB。当 BLER 为 10^{-6}时，$\boldsymbol{C}_{\text{q,sp,qc}}$距离 SPB 限为 0.75 dB。

图 11.2(a)中给出两个基于 PTG 法构造 256－ary LDPC 码的 BLER 曲线[15,36]，这两个码与 $\boldsymbol{C}_{\text{q,sp,qc}}$码具有同样的码长和码率，定义为 $\boldsymbol{C}_{\text{C-NBPB}}$和 $\boldsymbol{C}_{\text{U-NBPB}}$，下角标“C－NBPB”和“U－NBPB”分别表示“constrained NB PTG－based(基于约束的 NB－PTG 构码法)”和“unconstrained NB PTG－based(基于不约束的 NB－PTG 构码法)”。$\boldsymbol{C}_{\text{C-NBPB}}$码是基于 scaled 原模图，通过规整－复制－排列(scale-copy-permute)操作构码获得；而 $\boldsymbol{C}_{\text{U-NBPB}}$码，则是基于一个 unlabeled 原模图，通过 copy-scale-permute(复制－规整－排列)操作构码获得。这两个码的 Tanner 图具有同样的环分布，并与 $\boldsymbol{C}_{\text{q,sp,qc}}$码含有同样数目环长为 8、10 和 12 的环。$\boldsymbol{C}_{\text{C-NBPB}}$是一个 QC

(准循环)码,$C_{\text{U-NBPB}}$不是准循环码,$C_{\text{C-NBPB}}$和$C_{\text{U-NBPB}}$都采用100次迭代FFT-QSPA译码算法[15,36]。从图11.2(a)中可以看出,这三种256-ary(32,16)LDPC码中基于SP构码法的QC-SP-LDPC码$C_{\text{q,sp,qc}}$的性能要略微好于$C_{\text{C-NBPB}}$和$C_{\text{U-NBPB}}$码的性能。

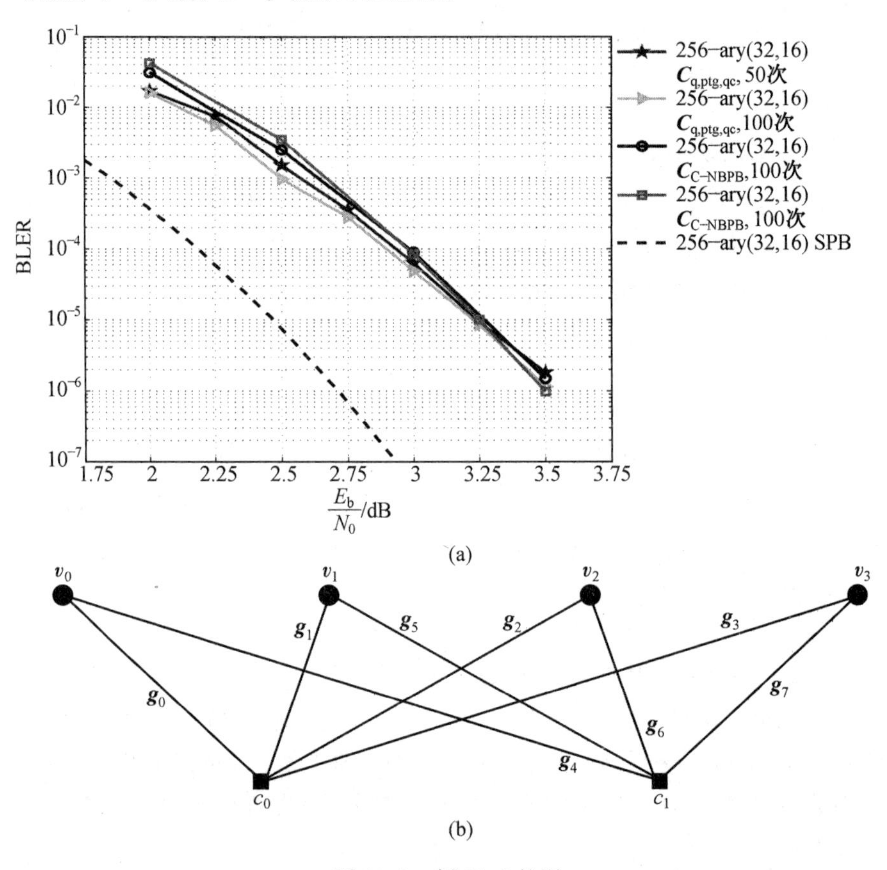

图11.2 例11.2的图

以PTG构码法的观点,上述256-ary(32,16)QC-SP-LDPC码也可以认为是以图11.2(b)为原模图的QC-PTG-LDPC码,此时PTG的基矩阵表示为

$$B_{\text{q,ptg}}=\begin{bmatrix} g_0 & g_1 & g_2 & g_3 \\ g_4 & g_5 & g_6 & g_7 \end{bmatrix}$$

该基矩阵的元素由式(11.2)给出。

11.3 基于q元CPM扩展构造NB－QC－SP－LDPC码

在GF(q)上重为1的循环矩阵称为q－ary CPM矩阵。一个q－ary CPM矩阵$\boldsymbol{Q}$可以将一个二进制CPM矩阵$\boldsymbol{A}$中全部1,用GF(q)中同一非零元素替代。两个同样大小的q－ary CPM矩阵,如果它们的生成式中唯一的非零元素在不同位置上,则这两个CPM矩阵是互不相关的。

本书将介绍基于SP法构造NB－QC－SP－LDPC码的方法,并采用NB有限域上CPM扩展方式,这部分的内容类似于7.1节介绍的二进制情景。

令α是NB有限域GF(q)上的本原元,α的幂次方($\alpha^0=1,\alpha,\alpha^2,\cdots,\alpha^{q-2}$)构成GF($q$)上全部非零元素。当$0\leqslant l<q-1$时,令元素$\alpha^l$可以用一个大小为$(q-1)\times(q-1)$的$q$元CPM矩阵表示,该矩阵的行和列从0标记到$q-1$,该矩阵的生成多项式在位置$l$上存在唯一的非零元素$\alpha^l$,将这个$q$元CPM矩阵表示为$\boldsymbol{Q}(\alpha^l)$,$\boldsymbol{Q}(\alpha^l)$上全部的非零元素都是$\alpha^l$,$\alpha^l$与$\boldsymbol{Q}(\alpha^l)$是一一映射关系。$\boldsymbol{Q}(\alpha^l)$的矩阵表达式,可以被认为是$\alpha^l$的$q$－ary CPM扩展。需要注意的是,如果$\boldsymbol{Q}(\alpha^l)$中的全部非零元素用GF($q$)中的1替代,则可以获得一个$(q-1)\times(q-1)$的二进制CPM矩阵。

令$\boldsymbol{B}_{\mathrm{q,sp}}=[b_{i,j}]_{0\leqslant i<m,0\leqslant j<n}$是GF($q$)上一个$m\times n$的矩阵,用NB矩阵作为基矩阵,并基于SP法构造一个NB－QC－SP－LDPC码。基于$\boldsymbol{B}_{\mathrm{q,sp}}$构造一个$m\times n$的阵列$\boldsymbol{H}_{\mathrm{q,sp,qc}}(q-1,q-1)$的过程如下。

(1)当$b_{i,j}\neq 0$,且$b_{i,j}=\alpha^l$时,将$b_{i,j}$用其相应的q－ary CPM矩阵$\boldsymbol{Q}(\alpha^l)$替代。

(2)当$b_{i,j}=0$时,将$b_{i,j}$用一个$(q-1)\times(q-1)$的ZM矩阵替代,实际上,$\boldsymbol{Q}(0)$是一个$(q-1)\times(q-1)$的ZM矩阵。

$\boldsymbol{H}_{\mathrm{q,sp,qc}}(q-1,q-1)$称为基矩阵$\boldsymbol{B}_{\mathrm{q,sp}}$的$q$－ary CPM扩展。$\boldsymbol{H}_{\mathrm{q,sp,qc}}(q-1,q-1)$的零空间对应一个码长为$n(q-1)$的$q$－ary QC－SP－LDPC码,也被称为$q$－ary CPM－QC－SP－LDPC码。上述构造q－ary CPM－QC－SP－LDPC码的方法被称为q－ary CPM－D法,是一种确定的NB－SP构码法。

因此,基于q－ary CPM－D法构造一个q－ary CPM－QC－SP－LDPC码的关键是在GF(q)上设计适合的基矩阵$\boldsymbol{B}_{\mathrm{q,sp}}$。对于一个$q$－ary CPM－QC－SP－LDPC码,其Tanner图周长取决于$\boldsymbol{B}_{\mathrm{q,sp}}$的选择。定理

7.1和7.2实际上是使一个二进制CPM－QC－SP－LDPC码的Tanner图周长至少为6或8的基矩阵需要满足的充要条件，这两个定理也可以应用到基于q－ary CPM－D法构造q－ary CPM－QC－SP－LDPC码的过程中。

基于CPM－D法构造一个q－ary CPM－QC－SP－LDPC码，定理7.1和7.2给出的2×2的SM约束条件和3×3的SM约束条件，可以用来构造基矩阵。实际上，第7章提出的所有方法都可以用来构造NB上的基矩阵。

例11.3 给定GF(2^6)，且α是GF(2^6)的本原元。在GF(2^6)上构造一个63×63的基矩阵$\boldsymbol{B}^*_{\mathrm{q,sp,p}}$，见式(8.1)，其满足2×2的SM约束条件。并在$\boldsymbol{B}^*_{\mathrm{q,sp,p}}$上提取一个4×8的子矩阵$\boldsymbol{B}_{\mathrm{q,sp}}$，该子矩阵中不含有零元素，将该子矩阵$\boldsymbol{B}_{\mathrm{q,sp}}$作为SP法的基矩阵，表示为

$$\boldsymbol{B}_{\mathrm{q,sp}}=\begin{bmatrix}\alpha^{35} & \alpha^{52} & \alpha^{23} & \alpha^{33} & \alpha^{47} & \alpha^{27} & \alpha^{56} & \alpha^{59}\\ \alpha^{2} & \alpha^{35} & \alpha^{52} & \alpha^{23} & \alpha^{33} & \alpha^{47} & \alpha^{27} & \alpha^{56}\\ \alpha^{25} & \alpha^{2} & \alpha^{35} & \alpha^{52} & \alpha^{23} & \alpha^{33} & \alpha^{47} & \alpha^{27}\\ \alpha^{61} & \alpha^{25} & \alpha^{2} & \alpha^{35} & \alpha^{52} & \alpha^{23} & \alpha^{33} & \alpha^{47}\end{bmatrix} \tag{11.3}$$

对$\boldsymbol{B}_{\mathrm{q,sp}}$进行掩模操作，相应的4×8的掩模矩阵$\boldsymbol{Z}$见式(7.5)或式(4.7)，表示为

$$\boldsymbol{Z}=\begin{bmatrix}1 & 0 & 1 & 0 & 1 & 1 & 1 & 1\\ 0 & 1 & 0 & 1 & 1 & 1 & 1 & 1\\ 1 & 1 & 1 & 1 & 1 & 0 & 1 & 0\\ 1 & 1 & 1 & 1 & 0 & 1 & 0 & 1\end{bmatrix}$$

经过掩模操作，可以获得一个4×8的掩模基矩阵，表示为

$$\boldsymbol{B}_{\mathrm{q,sp,mask}}=\begin{bmatrix}\alpha^{35} & 0 & \alpha^{23} & 0 & \alpha^{47} & \alpha^{27} & \alpha^{56} & \alpha^{59}\\ 0 & \alpha^{35} & 0 & \alpha^{23} & \alpha^{33} & \alpha^{47} & \alpha^{27} & \alpha^{56}\\ \alpha^{25} & \alpha^{2} & \alpha^{35} & \alpha^{52} & \alpha^{23} & 0 & \alpha^{47} & 0\\ \alpha^{61} & \alpha^{25} & \alpha^{2} & \alpha^{35} & 0 & \alpha^{23} & 0 & \alpha^{47}\end{bmatrix} \tag{11.4}$$

该掩模基矩阵的列重和行重分别为3和6，并满足3×3的SM约束条件。对$\boldsymbol{B}_{\mathrm{q,sp,mask}}$进行64－ary CPM扩展，得到一个4×8的阵列$\boldsymbol{H}_{\mathrm{q,sp,qc,mask}}(63,63)$，其64－ary CPM矩阵和ZM矩阵的大小为63×63，因此可以得到GF(2^6)上一个252×504的矩阵，且列重和行重分别为3和6。$\boldsymbol{H}_{\mathrm{q,sp,qc,mask}}(63,63)$的零空间对应一个64－ary(3,6)规则(504,252)的CPM－QC－SP－LDPC码$\boldsymbol{C}_{\mathrm{q,sp,qc,mask}}$，且其Tanner图周长为8，含有819

个环长为 8 的环以及 12 348 个环长为 10 的环。

在二进制输入 AWGN 信道下，$\boldsymbol{C}_{\mathrm{q,sp,qc,mask}}$采用 50 次迭代 FFT－QSPA 译码算法的 BLER 曲线如图 11.3 所示。从图中可以看到，当 BLER 为 10^{-6}时，$\boldsymbol{C}_{\mathrm{q,sp,qc,mask}}$距离 SPB 限 1.6 dB。为了对比，图中也给出基于 PEG 法构造的 64－ary LDPC 码 $\boldsymbol{C}_{\mathrm{q,peg}}$的 BLER 曲线。$\boldsymbol{C}_{\mathrm{q,peg}}$码是一个非规则 LDPC 码，其列重为 3 且平均行重为 6，其 Tanner 图周长为 8，含有 945 个环长为 8 的环和 11 655 个环长为 10 的环。通过 50 次迭代 FFT－QSPA 译码算法，对该 PEG 码进行译码，图 11.3 中可以看到，$\boldsymbol{C}_{\mathrm{q,sp,qc,mask}}$码的性能与 $\boldsymbol{C}_{\mathrm{q,peg}}$码的性能几乎一样。

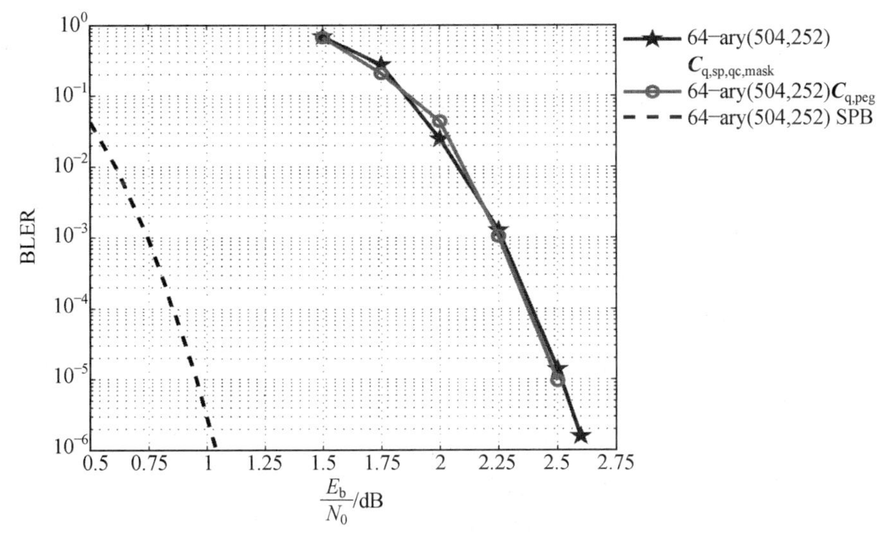

图 11.3 例 11.3 的图

11.4 CPM－bD/B－to－NB 法构造 NB－CPM－QC－SP－LDPC 码

基于 CPM－D 法构造 NB－CPM－QC－SP－LDPC 码，实际上这种构码方法对 CPM 矩阵大小有要求，如果需要 CPM 矩阵较大时，则需要一个较大的有限域，而较大的有限域会使译码复杂度变高。为了解决这个问题，将 CPM－D 法与二进制转换成非二进制(B－to－NB)替代集合的方法相结合，来构造 NB－CPM－QC－SP－LDPC 码，其校验矩阵是基于小的有限域构造大的 CPM 矩阵形成。

在 GF(q)上构造一个基矩阵 $\boldsymbol{B}_{\mathrm{q,sp}}=[b_{i,j}]_{0\leqslant i<m,0\leqslant j<n}$，将其扩展为一个

$m \times n$ 的阵列 $\boldsymbol{H}_{\mathrm{b,sp,qc}}(q-1,q-1)=[\boldsymbol{A}_{i,j}]_{0\leqslant i<m,0\leqslant j<n}$，该阵列每一位是由一个大小为$(q-1)\times(q-1)$的二进制 CPM 矩阵或 ZM 矩阵构成。当 $0\leqslant i<m$ 且 $0\leqslant j<n$ 时，将二进制 CPM 矩阵 $\boldsymbol{A}_{i,j}$ 中的 1 用符号域 GF(q^*)上一个非零元素替代，而 GF(q^*)的大小可以小于、等于或者大于 GF(q)的大小。这个二进制到 q^* −ary 转换过程，实际上是将一个二进制 CPM 矩阵 $\boldsymbol{A}_{i,j}$ 转换为一个 q^* −ary CPM 矩阵 $\boldsymbol{Q}_{i,j}$ 的过程。将 $\boldsymbol{H}_{\mathrm{b,sp,qc}}(q-1,q-1)$中每一个二进制 CPM 矩阵，根据将二进制转换成 q^* −ary 的过程，可以获得一个 $m\times n$ 的阵列 $\boldsymbol{H}_{\mathrm{q^*,sp,qc}}(q-1,q-1)=[\boldsymbol{Q}_{i,j}]_{0\leqslant i<m,0\leqslant j<n}$，该阵列每一位是由一个大小为$(q-1)\times(q-1)$的 q^* −ary CPM 矩阵或 ZM 矩阵构成。$\boldsymbol{H}_{\mathrm{q^*,sp,qc}}(q-1,q-1)$的零空间对应的是一个 q^* −ary CPM−QC−SP−LDPC 码 $\boldsymbol{C}^*_{\mathrm{q,sp,qc}}$。

将 $\boldsymbol{H}_{\mathrm{b,sp,qc}}(q-1,q-1)$作为二进制基阵列，基于 B−to−NB 替代集合方式，在任意一个有限域上构造 NB−CPM−QC−SP−LDPC 码。为了方便后续讨论，这种联合构码方式被命名为 CPM−bD/B−to−NB 构码法，“bD”表示“binary dispersion(二进制扩展)”。基于 CPM−bD/B−to−NB 构码法，可以先构造一个基阵列，该基阵列是由较大的二进制 CPM 矩阵构成，然后用一个较小符号域 GF(q^*)完成 B−to−NB 的替代过程，即可以在较小的符号域 GF(q^*)上构造一个 NB 校验阵列。用另外一个域中非零元素替代一个二进制 CPM 矩阵中的 1 的过程，可以认为是另外一种形式的 SP 操作。所以，上述构造 NB−CPM−QC−SP−LDPC 码的方法也可以称为双重 SP 构码法。实际上，将 $\boldsymbol{H}_{\mathrm{q^*,sp,qc}}(q-1,q-1)$上每个非零位置扩展成一个大小为$(q-1)\times(q-1)$的二进制或者 q^* −ary CPM 矩阵时，就可以获得一个较大的阵列。因此，CPM−bD/B−to−NB 构码法具有很好的灵活性，可以用来构造二进制和 NB−CPM−QC−SP−LDPC 码。

例 11.4 基于 CPM−bD/B−to−NB 构码法，构造一个 8−ary (2 376,1 188)CPM−QC−SP−LDPC 码。在 GF(199)上，根据式(8.1)构造一个 198×198 的基矩阵 $\boldsymbol{B}^*_{\mathrm{q,sp,p}}$，该基矩阵满足 2×2 的 SM 约束条件，从 $\boldsymbol{B}^*_{\mathrm{q,sp,p}}$中截取一个 6×12 的子矩阵 $\boldsymbol{B}_{\mathrm{q,sp}}$，该子矩阵不含零元素，可以表示为

$$\boldsymbol{B}_{\mathrm{q,sp}}=\begin{bmatrix}\alpha^{184}&\alpha^{85}&\alpha^{71}&\alpha^{133}&\alpha^{13}&\alpha^{162}&\alpha^{140}&\alpha^{94}&\alpha^{79}&\alpha^{192}&\alpha^{42}&\alpha^{178}\\\alpha^{98}&\alpha^{101}&\alpha^{48}&\alpha^{67}&\alpha^{130}&\alpha^{83}&\alpha^{169}&\alpha^{185}&\alpha^{34}&\alpha^{57}&\alpha^{107}&\alpha^{30}\\\alpha^{156}&\alpha^{46}&\alpha^{26}&\alpha^{102}&\alpha^{22}&\alpha^{40}&\alpha^{64}&\alpha^{193}&\alpha^{21}&\alpha^{28}&\alpha^{137}&\alpha^{108}\\\alpha^{43}&\alpha^{51}&\alpha^{19}&\alpha^{177}&\alpha^{194}&\alpha^{93}&\alpha^{164}&\alpha^{120}&\alpha^{4}&\alpha^{139}&\alpha^{15}&\alpha^{180}\\\alpha^{141}&\alpha^{153}&\alpha^{150}&\alpha^{12}&\alpha^{73}&\alpha^{17}&\alpha^{110}&\alpha^{52}&\alpha^{172}&\alpha^{82}&\alpha^{69}&\alpha^{183}\\\alpha^{131}&\alpha^{76}&\alpha^{72}&\alpha^{152}&\alpha^{181}&\alpha^{32}&\alpha^{70}&\alpha^{186}&\alpha^{77}&\alpha^{119}&\alpha^{95}&\alpha^{127}\end{bmatrix}\tag{11.5}$$

由于基矩阵$\boldsymbol{B}^{*}_{\mathrm{q,sp,p}}$满足2×2的SM约束条件，$\boldsymbol{B}^{*}_{\mathrm{q,sp,p}}$的子矩阵$\boldsymbol{B}_{\mathrm{q,sp}}$也满足2×2的SM约束条件。设计一个掩模矩阵，对$\boldsymbol{B}_{\mathrm{q,sp}}$进行掩模操作，获得一个满足3×3的SM约束条件的掩模基矩阵。根据文献[44]提到的PEG算法，构造一个6×12的二进制矩阵$\boldsymbol{Z}$，其平均列重为2.5，表示为

$$\boldsymbol{Z}=\begin{bmatrix}1&0&1&0&1&0&1&1&0&0&0&0\\0&1&0&1&0&1&1&1&0&0&0&0\\1&0&1&0&0&1&0&0&1&1&0&0\\0&1&0&1&1&0&0&0&1&1&0&0\\1&0&0&1&1&0&0&0&0&0&1&1\\0&1&1&0&0&1&0&0&0&0&1&1\end{bmatrix}\tag{11.6}$$

$\boldsymbol{Z}$中任意一个3×3的子矩阵至少包含一个0。用式(11.6)对基矩阵$\boldsymbol{B}_{\mathrm{q,sp}}$进行掩模操作，获得一个6×12的掩模基矩阵$\boldsymbol{B}_{\mathrm{q,sp,mask}}$，该矩阵中任意一个3×3的子矩阵至少含有一个0，表示为

$$\boldsymbol{B}_{\mathrm{q,sp,mask}}=\begin{bmatrix}\alpha^{184}&0&\alpha^{71}&0&\alpha^{13}&0&\alpha^{140}&\alpha^{94}&0&0&0&0\\0&\alpha^{101}&0&\alpha^{67}&0&\alpha^{83}&\alpha^{169}&\alpha^{185}&0&0&0&0\\\alpha^{156}&0&\alpha^{26}&0&0&\alpha^{40}&0&0&\alpha^{21}&\alpha^{28}&0&0\\0&\alpha^{51}&0&\alpha^{177}&\alpha^{194}&0&0&0&\alpha^{4}&\alpha^{139}&0&0\\\alpha^{141}&0&0&\alpha^{12}&\alpha^{73}&0&0&0&0&0&\alpha^{69}&\alpha^{183}\\0&\alpha^{76}&\alpha^{72}&0&0&\alpha^{32}&0&0&0&0&\alpha^{95}&\alpha^{127}\end{bmatrix}\tag{11.7}$$

从式(11.7)中可以发现，$\boldsymbol{B}_{\mathrm{q,sp,mask}}$同时满足2×2和3×3的SM约束条件。对掩模基矩阵$\boldsymbol{B}_{\mathrm{q,sp,mask}}$进行二进制CPM扩展，获得一个6×12的阵列$\boldsymbol{H}_{\mathrm{b,sp,qc,mask}}(198,198)$，它是GF(2)上一个1 188×2 376矩阵，平均列重为2.5。由于$\boldsymbol{B}_{\mathrm{q,sp,mask}}$同时满足2×2和3×3的SM约束条件，根据定理7.2可知，$\boldsymbol{H}_{\mathrm{b,sp,qc,mask}}(198,198)$的Tanner图$\mathscr{G}_{\mathrm{b,sp,qc,mask}}(198,198)$的周长至少为8。由文献[71]中给出的环计算算法，可以知道$\mathscr{G}_{\mathrm{b,sp,qc,mask}}(198,198)$的

Tanner 图周长为 8，包含 396 个环长为 8 的环，594 个环长为 10 的环和 3 762个环长为 12 的环。

采用 $\boldsymbol{H}_{b,sp,qc,mask}(198,198)$作为二进制基阵列，选择 GF($2^3$)作为符号域，并基于 CPM－bD/B－to－NB 构码法构造 8－ary CPM－QC－SP－LDPC 码。将 $\boldsymbol{H}_{b,sp,qc,mask}(198,198)$中每一个 CPM 矩阵中的 1，用 GF($2^3$)中任意一个非零元素替代，获得一个 6×12 的阵列 $\boldsymbol{H}_{q^*,sp,qc,mask}(198,198)$，其每一位是由大小为 198×198 的 8－ary CPM 矩阵或 ZM 矩阵构成。$\boldsymbol{H}_{q^*,sp,qc,mask}(198,198)$的每一行含有 5 个 CPM 矩阵和 7 个 ZM 矩阵，$\boldsymbol{H}_{q^*,sp,qc,mask}(198,198)$中每一行的 CPM 矩阵对应的生成式见表 11.1。表中(j,β^s)($0\leqslant j<198$ 且 $0\leqslant s<7$)的第一项 j 代表 CPM 生成式中唯一非零元素的位置，第二项 β^s 代表第一项非零位置对应 GF(2^3)上的元素，其中 β 是 GF(2^3)的本原元。

表 11.1 例 11.4 和 11.5 给出的校验阵列 $\boldsymbol{H}_{q^*,sp,qc,mask}(198,198)$和 $\boldsymbol{H}^*_{q^*,sp,qc,mask}(198,198)$对应的 8－ary CPM 的生成式

校验阵列	行	CPM 的生成式				
$\boldsymbol{H}_{q^*,sp,qc,mask}$	0	$(184,\beta^0)$	$(71,\beta^6)$	$(13,\beta^4)$	$(140,\beta^0)$	$(94,\beta^1)$
	1	$(101,\beta^3)$	$(67,\beta^6)$	$(83,\beta^6)$	$(169,\beta^1)$	$(185,\beta^6)$
	2	$(156,\beta^6)$	$(26,\beta^3)$	$(40,\beta^5)$	$(21,\beta^0)$	$(28,\beta^2)$
	3	$(51,\beta^6)$	$(177,\beta^4)$	$(194,\beta^6)$	$(4,\beta^4)$	$(139,\beta^0)$
	4	$(141,\beta^5)$	$(12,\beta^6)$	$(73,\beta^4)$	$(69,\beta^5)$	$(183,\beta^5)$
	5	$(76,\beta^2)$	$(72,\beta^4)$	$(32,\beta^1)$	$(95,\beta^4)$	$(127,\beta^0)$
$\boldsymbol{H}^*_{q^*,sp,qc,mask}$	0	$(184,\beta^5)$	$(71,\beta^1)$	$(13,\beta^3)$	$(140,\beta^4)$	$(94,\beta^6)$
	1	$(48,\beta^6)$	$(130,\beta^3)$	$(169,\beta^0)$	$(185,\beta^1)$	$(34,\beta^1)$
	2	$(26,\beta^5)$	$(22,\beta^1)$	$(193,\beta^5)$	$(137,\beta^1)$	$(108,\beta^6)$
	3	$(194,\beta^2)$	$(164,\beta^1)$	$(120,\beta^1)$	$(180,\beta^4)$	$(74,\beta^3)$
	4	$(73,\beta^2)$	$(52,\beta^5)$	$(172,\beta^4)$	$(176,\beta^3)$	$(53,\beta^6)$
	5	$(70,\beta^2)$	$(186,\beta^5)$	$(95,\beta^5)$	$(179,\beta^2)$	$(141,\beta^3)$

$\boldsymbol{H}_{q^*,sp,qc,mask}(198,198)$在 GF($2^3$)对应的零空间，可以得到一个 8－ary (2 376，1 188) CPM－QC－SP－LDPC 码 $\boldsymbol{C}_{q^*,sp,qc,mask}$，码率为 0.5，其 Tanner 图 $\mathcal{G}_{q^*,sp,qc,mask}(198,198)$具有与 $\mathcal{G}_{b,sp,qc,mask}(198,198)$一致的周长和环分布。在二进制输入 AWGN 信道下，$\boldsymbol{C}_{q^*,sp,qc,mask}$采用 80 次迭代 FFT－

QSPA 译码算法的 BLER 曲线如图 11.4 所示。当 BLER 为 3×10^{-5} 时，$\boldsymbol{C}_{q^*,sp,qc,mask}$距离 SPB 限 0.75 dB。

为了对比，基于 PEG 算法构造了一个 8－ary(2 376,1 188)LDPC 码 $\boldsymbol{C}_{q,peg}$，同样采用 80 次迭代 FFT－QSPA 译码算法进行译码，其 BLER 曲线如图 11.4 所示。$\boldsymbol{C}_{q,peg}$码的校验矩阵和 $\boldsymbol{C}_{q^*,sp,qc,mask}$码的校验矩阵具有同样的列重和行重分布情况，$\boldsymbol{C}_{q,peg}$码的 Tanner 图周长为 12，且包含 4 462 个环长为 12 的环和 31 382 个环长为 14 的环。从图中可以看到，基于 CPM－bD/B－to－NB 构码法构造的 $\boldsymbol{C}_{q^*,sp,qc,mask}$码与基于 PEG 算法构造的 $\boldsymbol{C}_{q,peg}$码的性能几乎一致，尽管 PEG 算法构造的码字不具有代数结构。

如果 $GF(2^3)$上的每一个符号用 GF(2)上一个 3－tuple 的矢量表示，则 8－ary(2 376,1 188)CPM－QC－SP－LDPC 码 $\boldsymbol{C}_{q^*,sp,qc,mask}$等价一个二进制的(7 128,3 564)LDPC 码。基于 PEG 构码法构造一个二进制的(7 128,3 564)PEG－LDPC 码 $\boldsymbol{C}_{b,peg}$，其校验矩阵与 CPM－QC－SP－LDPC 码 $\boldsymbol{C}_{q^*,sp,qc,mask}$的校验矩阵具有相同的列重(即平均列重 2.5)，其 Tanner 图周长为 14，含有 27 144 个环长为 14 的环。基于 PEG 法构造的二进制 LDPC 码的 BLER 性能曲线如图 11.4 所示，采用 80 次迭代 SPA 算法进行译码。从图中可以看到，8－ary(2376,1188)CPM－QC－SP－LDPC 码 $\boldsymbol{C}_{q^*,sp,qc,mask}$的性能曲线要优于二进制(7 128,3 564)的 PEG－LDPC 码 $\boldsymbol{C}_{b,peg}$。

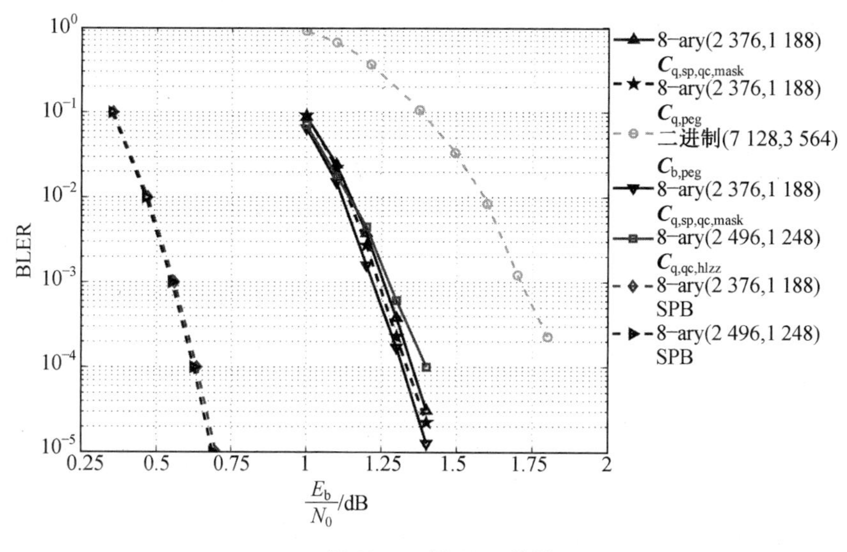

图 11.4　例 11.4 的图

例 11.4 中，在 GF(199)上，根据式(8.1)构造一个 198×198 的基矩阵 $\boldsymbol{B}_{q,sp,p}^{*}$，从 $\boldsymbol{B}_{q,sp,p}^{*}$ 中截取一个 6×12 的子矩阵 $\boldsymbol{B}_{q,sp}$，作为 CPM－bD/B－to－NB 构码法的基矩阵，用来构造一个 NB－CPM－QC－SP－LDPC 码，并通过对基矩阵 $\boldsymbol{B}_{q,sp}$ 进行掩模操作，使其 Tanner 图周长至少为 8。实际上，$\boldsymbol{B}_{q,sp,p}^{*}$ 上存在多种子矩阵的截取方案。不同的选择方案获得的基矩阵即使在经过同样的掩模矩阵进行掩模处理，获得的掩模基矩阵的 Tanner 图也会存在差别，可能具有更大的周长或更少的短环数量，例 11.5 会证明这个结论。

例 11.5 在 GF(199)上，根据例 11.4 给出的 198×198 的基矩阵 $\boldsymbol{B}_{q,sp,p}^{*}$，从 $\boldsymbol{B}_{q,sp,p}^{*}$ 中选择一个 6×12 的子矩阵 $\boldsymbol{B}_{q,sp}^{*}$，表示为

$$\boldsymbol{B}_{q,sp}^{*}=\begin{bmatrix} \alpha^{184} & \alpha^{85} & \alpha^{71} & \alpha^{133} & \alpha^{13} & \alpha^{162} & \alpha^{140} & \alpha^{94} & \alpha^{79} & \alpha^{192} & \alpha^{42} & \alpha^{178} \\ \alpha^{101} & \alpha^{48} & \alpha^{67} & \alpha^{130} & \alpha^{83} & \alpha^{169} & \alpha^{185} & \alpha^{185} & \alpha^{57} & \alpha^{107} & \alpha^{30} & \alpha^{167} \\ \alpha^{26} & \alpha^{102} & \alpha^{22} & \alpha^{40} & \alpha^{64} & \alpha^{193} & \alpha^{21} & \alpha^{21} & \alpha^{137} & \alpha^{108} & \alpha^{5} & \alpha^{18} \\ \alpha^{177} & \alpha^{194} & \alpha^{93} & \alpha^{164} & \alpha^{120} & \alpha^{4} & \alpha^{139} & \alpha^{139} & \alpha^{180} & \alpha^{74} & \alpha^{168} & \alpha^{132} \\ \alpha^{73} & \alpha^{17} & \alpha^{110} & \alpha^{52} & \alpha^{172} & \alpha^{82} & \alpha^{69} & \alpha^{69} & \alpha^{86} & \alpha^{170} & \alpha^{176} & \alpha^{53} \\ \alpha^{32} & \alpha^{70} & \alpha^{186} & \alpha^{77} & \alpha^{119} & \alpha^{95} & \alpha^{127} & \alpha^{127} & \alpha^{158} & \alpha^{92} & \alpha^{179} & \alpha^{141} \end{bmatrix} \tag{11.8}$$

该基矩阵 $\boldsymbol{B}_{q,sp}^{*}$ 不同于例 11.4 中的基矩阵 $\boldsymbol{B}_{q,sp}$，对 $\boldsymbol{B}_{q,sp}^{*}$ 进行掩模操作，掩模矩阵见式(11.6)，可以获得同时满足 2×2 的 SM 约束条件和 3×3 的 SM 约束条件的掩模基矩阵 $\boldsymbol{B}_{q,sp,mask}^{*}$，表示为

$$\boldsymbol{B}_{q,sp,mask}^{*}=\begin{bmatrix} \alpha^{184} & 0 & \alpha^{71} & 0 & \alpha^{13} & 0 & \alpha^{140} & \alpha^{94} & 0 & 0 & 0 & 0 \\ 0 & \alpha^{48} & 0 & \alpha^{130} & 0 & \alpha^{169} & \alpha^{185} & \alpha^{185} & 0 & 0 & 0 & 0 \\ \alpha^{26} & 0 & \alpha^{22} & 0 & 0 & \alpha^{193} & 0 & 0 & \alpha^{137} & \alpha^{108} & 0 & 0 \\ 0 & \alpha^{194} & 0 & \alpha^{164} & \alpha^{120} & 0 & 0 & 0 & \alpha^{180} & \alpha^{74} & 0 & 0 \\ \alpha^{73} & 0 & 0 & \alpha^{52} & \alpha^{172} & 0 & 0 & 0 & 0 & 0 & \alpha^{176} & \alpha^{53} \\ 0 & \alpha^{70} & \alpha^{186} & 0 & 0 & \alpha^{95} & 0 & 0 & 0 & 0 & \alpha^{179} & \alpha^{141} \end{bmatrix} \tag{11.9}$$

对 $\boldsymbol{B}_{q,sp,mask}^{*}$ 进行二进制 CPM 扩展，得到一个 6×12 的二进制阵列 $\boldsymbol{H}_{b,sp,qc,mask}^{*}(198,198)$，该阵列是由 198×198 的 CPM 矩阵和 ZM 矩阵组成。$\boldsymbol{H}_{b,sp,qc,mask}^{*}(198,198)$ 与例 11.4 的 $\boldsymbol{H}_{b,sp,qc,mask}(198,198)$ 具有相同的大小以及相同的列重和行重分布，是 GF(2)上一个 1 188×2 376 的矩阵。

根据文献[71]给出的环计算算法，可以计算 $\boldsymbol{H}_{b,sp,qc,mask}^{*}(198,198)$ 的 Tanner 图 $\mathcal{G}_{b,sp,qc,mask}^{*}(198,198)$ 周长为 10，包含 396 个环长为 10 的环和

4 653个环长为12的环。在例11.4中，$\boldsymbol{H}_{\mathrm{b,sp,qc,mask}}(198,198)$的Tanner图$\mathcal{G}_{\mathrm{b,sp,qc,mask}}(198,198)$周长为8，包含396个环长为8的环和594个环长为10的环。与$\mathcal{G}_{\mathrm{b,sp,qc,mask}}(198,198)$相比，$\mathcal{G}^{*}_{\mathrm{b,sp,qc,mask}}(198,198)$具有更大的周长以及更小数量的短环。因此，基矩阵的选取会同时影响所构码的Tanner图周长和环分布情况。

将$\boldsymbol{H}^{*}_{\mathrm{b,sp,qc,mask}}(198,198)$中每一个CPM矩阵的1，用GF($2^3$)中任意一个非零元素替代，得到一个6×12的阵列$\boldsymbol{H}^{**}_{\mathrm{q,sp,qc,mask}}(198,198)$，该阵列是由198×198的8－ary CPM矩阵和ZM矩阵组成。$\boldsymbol{H}^{**}_{\mathrm{q,sp,qc,mask}}(198,198)$每一行的8－ary CPM矩阵的生成多项式见表11.1，(j,β^{s})的定义与例11.4相同。

$\boldsymbol{H}^{**}_{\mathrm{q,sp,qc,mask}}(198,198)$的零空间对应一个码率0.5的8－ary(2 376，1 188)CPM－QC－SP－LDPC码$\boldsymbol{C}^{**}_{\mathrm{q,sp,qc,mask}}$。在二进制输入AWGN信道下，$\boldsymbol{C}^{**}_{\mathrm{q,sp,qc,mask}}$码采用80次迭代FFT－QSPA译码算法的BLER曲线，如图11.4所示。从图中可以看到，$\boldsymbol{C}^{**}_{\mathrm{q,sp,qc,mask}}$的性能曲线要优于$\boldsymbol{C}_{\mathrm{q^{*},sp,qc,mask}}$的性能曲线。当BLER为$3\times10^{-5}$时，$\boldsymbol{C}^{**}_{\mathrm{q,sp,qc,mask}}$距离SPB限0.7 dB。

图11.4中，对比[45，P.344]给出的8－ary(2 496，1 248)QC－LDPC码$\boldsymbol{C}_{\mathrm{q,qc,hlzz}}$的BLER性能，下角标“hlzz”代表作者名字缩写，$\boldsymbol{C}_{\mathrm{q,qc,hlzz}}$码的Tanner图周长为12，其包含23 504个环长为12的环。需要注意的是，$\boldsymbol{C}_{\mathrm{q,qc,hlzz}}$码Tanner图中环长为12的环的数量远远大于$\boldsymbol{C}^{**}_{\mathrm{q,sp,qc,mask}}$码Tanner图中环长为10和12的环的数量之和，同时$\boldsymbol{C}_{\mathrm{q,qc,hlzz}}$比$\boldsymbol{C}^{**}_{\mathrm{q,sp,qc,mask}}$码长多120个符号。文献[45]中，$\boldsymbol{C}_{\mathrm{q,qc,hlzz}}$采用80次迭代FFT－QSPA译码算法。由图11.4可知，当BLER小于10^{-2}时，$\boldsymbol{C}^{**}_{\mathrm{q,sp,qc,mask}}$码的性能略微好于$\boldsymbol{C}_{\mathrm{q,qc,hlzz}}$码的性能，此时$\boldsymbol{C}^{**}_{\mathrm{q,sp,qc,mask}}$的码长更短，$\boldsymbol{C}_{\mathrm{q,qc,hlzz}}$具有更长的周长。可以得出环分布情况对于LDPC码的性能具有重要影响。

11.5　代数法构造NB－QC－PTG－LDPC码

构造NB－PTG－LDPC码，可以采用传统的如3.1节介绍的复制和重排列方法(Copy-and-Permute，C&P)，或者4.1节介绍的分解和替换方法(Decomposition-and-Replacement，D&R)。

令$\mathcal{G}_{\mathrm{q,ptg}}$是一个有$n$个VN节点和$m$个CN节点的原模图，其Tanner图上每一条边用一个非二进制有限域GF(q)上的一个非零元素进行标识。

根据3.1节介绍的经典PTG法构造一个q－ary PTG－LDPC码，首先需要设计并选定一个扩展因子k；然后，将$\mathcal{G}_{q,ptg}$复制k份；接下来，将复制的原模图的边进行重排列并合成一个新连接的二部图$\mathcal{G}_{q,ptg}(k,k)$，其中$\mathcal{G}_{q,ptg}(k,k)$需要满足3.1节定义的重排练和连接（Permutation-and-Connection，P&C）条件。$\mathcal{G}_{q,ptg}$的边是由GF(q)上非零元素所标识，因此$\mathcal{G}_{q,ptg}(k,k)$的邻接矩阵$\boldsymbol{H}_{q,ptg}(k,k)$是一个$m \times n$的阵列，其组成矩阵是GF($q$)上大小为$k \times k$矩阵。$\boldsymbol{H}_{q,ptg}(k,k)$的零空间对应一个$q$－ary PTG－LDPC码$\boldsymbol{C}_{q,ptg}$，其码长为$nk$，码率至少为$(n-m)/n$，如果$\boldsymbol{H}_{q,ptg}(k,k)$的组成矩阵是循环矩阵，则$\boldsymbol{C}_{q,ptg}$也是一个$q$－ary QC－PTG－LDPC码。

目前关于NB－PTG－LDPC码的研究，仍在起步阶段。文献[36,15,16]给出一些特殊构造NB原模图的方法，并介绍了一些短码长且具有良好性能的NB－PTG－LDPC码。

例11.6将给出一个简单的例子介绍基于PTG法构造一个NB－PTG－LDPC码的过程，由例11.6可知构造一个NB－PTG－LDPC码与构造一个二进制PTG－LDPC码非常相似。

例11.6 给定一个原模图$\mathcal{G}_{q,ptg}$，其具有3个VN节点和2个CN节点，其边用GF(2^2)上的元素进行标识，如图11.5(a)所示，其中α是GF(2^2)上的本原元。由图11.5(a)可以看出，VN节点v_0和CN节点c_0直接用两条平行边相连，两条边上分别标示为1和α。假设将$\mathcal{G}_{q,ptg}$复制3份，并且重新排列这些边，按照3.1节介绍的P&C条件，可以得到一个连接的二部图$\mathcal{G}_{q,ptg}(3,3)$，其具有9个VN节点和6个CN节点，如图11.5(b)所示。$\mathcal{G}_{q,ptg}(3,3)$不含有平行边，且其周长为6，$\mathcal{G}_{q,ptg}(3,3)$的邻接矩阵$\boldsymbol{H}_{q,ptg}(3,3)$是GF($2^2$)上一个$6 \times 9$的满足RC约束条件的矩阵，表示为

$$\boldsymbol{H}_{q,ptg}(3,3)=\left[\begin{array}{ccc:ccc:cc}
1 & \alpha & 0 & 0 & \alpha & 0 & 0 & 0 & 0 \\
0 & 1 & \alpha & 0 & 0 & \alpha & 0 & 0 & 0 \\
\alpha & 0 & 1 & \alpha & 0 & 0 & 0 & 0 & 0 \\
\hdashline
0 & 0 & \alpha^2 & 0 & 0 & 0 & \alpha & 0 & 0 \\
\alpha^2 & 0 & 0 & 0 & 0 & 0 & 0 & \alpha & 0 \\
0 & \alpha^2 & 0 & 0 & 0 & 0 & 0 & 0 & \alpha
\end{array}\right]$$

$\boldsymbol{H}_{q,ptg}(3,3)$是一个$2 \times 3$的阵列，其上每一个循环矩阵或者ZM矩阵的大小都为$3 \times 3$，因此其零空间对应一个4－ary(9,6)的QC－PTG－LDPC码，与例11.1中基于SP构码法获得的码相同。

实际上，也可以通过代数法构造一个NB－QC－PTG－LDPC码。类

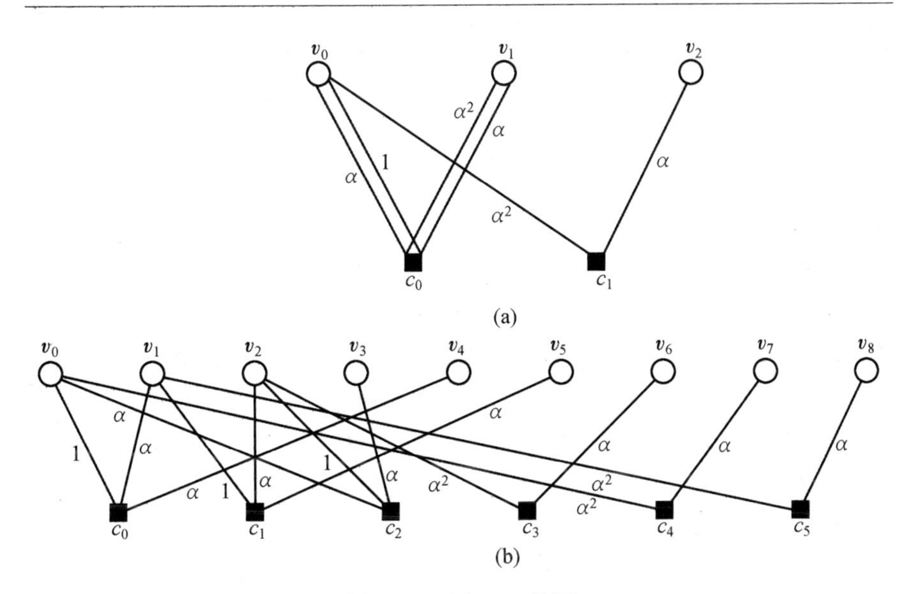

图 11.5　例 11.6 的图

似于 4.1 节介绍的先给定一个原模图，然后基于基矩阵分解法获得二进制 QC－PTG－LDPC 码。区别在于，基矩阵分解时，不是在一个非负整数集合上进行，而是在一个非二进制有限域的元素集合中进行。

给定一个原模图 $\mathcal{G}_{\mathrm{q,ptg}}$，其具有 n 个 VN 节点和 m 个 CN 节点，其边基于 GF(q) 中非零元素进行标识。令集合 $V=\{v_0,v_1,\cdots,v_{n-1}\}$ 和 $C=\{c_0,c_1,\cdots,c_{m-1}\}$ 分别表示 VN 节点和 CN 节点的集合。当 $0\leqslant i<m$ 和 $0\leqslant j<n$ 时，$\lambda_{i,j}$ 代表连接 CN 节点 c_i 和 VN 节点 v_j 的边的数量；当 $\lambda_{i,j}=0$ 时，代表 CN 节点 c_i 和 VN 节点 v_j 不相连；当 $\lambda_{i,j}\neq 0$ 时，连接 CN 节点 c_i 和 VN 节点 v_j 的 $\lambda_{i,j}$ 条平行边，用集合 $S_{i,j}$ 进行标识，$S_{i,j}$ 是由 GF(q) 中 $\lambda_{i,j}$ 个不为零的元素组成，这些组成元素可以相同也可以不同，例如 c_i 和 v_j 节点有两条平行的连接边，它们可以由 GF(q) 中不为零的同一元素标识。

原模图 $\mathcal{G}_{\mathrm{q,ptg}}$ 的邻接矩阵 $\boldsymbol{B}_{\mathrm{q,ptg}}$ 可以通过下述方式获得。考虑 $m\times n$ 的矩阵中每一个位置 (i,j) 对应的集合是 $S_{i,j}$，因此 $\mathcal{G}_{\mathrm{q,ptg}}$ 是一个 $m\times n$ 的矩阵，它的每一个位置都是 GF(q) 上的一个集合，表示为

$$\boldsymbol{B}_{\mathrm{q,ptg}}=\begin{bmatrix} S_{0,0} & S_{0,1} & \cdots & S_{0,n-1} \\ S_{1,0} & S_{1,1} & \cdots & S_{1,n-1} \\ \vdots & \vdots & & \vdots \\ S_{m-1,0} & S_{m-1,1} & \cdots & S_{m-1,n-1} \end{bmatrix} \tag{11.10}$$

介绍一种代数构造 NB－QC－PTG－LDPC 码的方法，这种方法基于

原模图 $\mathcal{G}_{\mathrm{q,ptg}}$ 的邻接矩阵 $\boldsymbol{B}_{\mathrm{q,ptg}}$，见式(11.10)。不同于原模图的定义，这里 $\boldsymbol{B}_{\mathrm{q,ptg}}$ 被称为分解基矩阵(decomposition base matrix)。

类似于4.1节介绍的基于代数法构造二进制QC－PTG－LDPC码的方法，将 $\boldsymbol{B}_{\mathrm{q,ptg}}$ 在GF(q)上分解成 k 个大小为 $m \times n$ 的组成矩阵 $\boldsymbol{D}_0, \boldsymbol{D}_1, \cdots, \boldsymbol{D}_{k-1}$。在对 $\boldsymbol{B}_{\mathrm{q,ptg}}$ 进行分解时，将 $S_{i,j}$ 中的元素分发在 k 个组成矩阵 $\boldsymbol{D}_0, \boldsymbol{D}_1, \cdots, \boldsymbol{D}_{k-1}$ 中。具体为，将 $S_{i,j}$ 的 $\lambda_{i,j}$ 个元素分发到 $\lambda_{i,j}$ 个不同的组成矩阵中的(i,j)位置上；剩余的 $k-\lambda_{i,j}$ 个组成矩阵中的(i,j)位置放0。通过将 $\boldsymbol{B}_{\mathrm{q,ptg}}$ 每个位置的 $S_{i,j}$ 进行分发的过程，可以知道每个组成矩阵 $\boldsymbol{D}_e$ 都是一个大小为 $m \times n$ 的矩阵，且 $\boldsymbol{D}_e$ 中的每个元素都是GF(q)中的元素，上述将 $\boldsymbol{B}_{\mathrm{q,ptg}}$ 进行分解的过程，也被称为分解条件(decomposition constraint)，参数 k 称为分解因子。$\boldsymbol{B}_{\mathrm{q,ptg}}$ 的分解过程可以存在ZM矩阵，即 $\boldsymbol{D}_0, \boldsymbol{D}_1, \cdots, \boldsymbol{D}_{k-1}$ 中可能存在ZM矩阵，因此 $\boldsymbol{D}_e$(其中 $0 \leqslant e < k$)可以是GF(q)上的一个 $m \times n$ 的非零矩阵，或者是一个 $m \times n$ 的ZM矩阵。为满足分解条件，分解因子 k 需要大于等于 $\lambda_{i,j}$ 的最大值。

基矩阵 $\boldsymbol{B}_{\mathrm{q,ptg}}$ 可以由其组成矩阵 $\boldsymbol{D}_0, \boldsymbol{D}_1, \cdots, \boldsymbol{D}_{k-1}$ 重构而成，只需要将这些组成矩阵在(i,j)位置的非零元素组成一个集合 $S_{i,j}$，而 $S_{i,j}$ 就是 $\boldsymbol{B}_{\mathrm{q,ptg}}$ 在(i,j)位置对应的集合($0 \leqslant i < m$ 和 $0 \leqslant j < n$)。

接下来，将这 k 个组成矩阵 $\boldsymbol{D}_0, \boldsymbol{D}_1, \cdots, \boldsymbol{D}_{k-1}$ 放在一行，形成一个矩阵的行扩展 $[\boldsymbol{D}_0 \quad \boldsymbol{D}_1 \quad \cdots \quad \boldsymbol{D}_{k-1}]$，然后将这一矩阵的行扩展循环移位 $k-1$ 次，每次向右移动一个组成矩阵的大小(即 n 位)。将这 k 行矩阵放在一起，可以得到一个 $k \times k$ 的阵列 $\boldsymbol{H}_{\mathrm{q,ptg,cyc}}(m,n)$，该阵列的每一个位置对应GF($q$)上一个 $m \times n$ 的矩阵，且该阵列具有式(4.1)的block-wise循环结构，这个矩阵的行扩展 $[\boldsymbol{D}_0 \quad \boldsymbol{D}_1 \quad \cdots \quad \boldsymbol{D}_{k-1}]$ 也称为block-wise循环阵列 $\boldsymbol{H}_{\mathrm{q,ptg,cyc}}(m,n)$ 的生成式。

对这个 q 元阵列 $\boldsymbol{H}_{\mathrm{q,ptg,cyc}}(m,n)$ 进行 π_{row} 行和 π_{col} 列变换，见式(4.3)和式(4.5)，可以获得一个 $m \times n$ 的阵列 $\boldsymbol{H}_{\mathrm{q,ptg,qc}}(k,k)$，该阵列是由GF($q$)上 $k \times k$ 的循环矩阵构成，见式(4.6)，表示为

$$\boldsymbol{H}_{\mathrm{q,ptg,qc}}(k,k) = \begin{bmatrix} \boldsymbol{Q}_{0,0} & \boldsymbol{Q}_{0,1} & \cdots & \boldsymbol{Q}_{0,n-1} \\ \boldsymbol{Q}_{1,0} & \boldsymbol{Q}_{1,1} & \cdots & \boldsymbol{Q}_{1,n-1} \\ \vdots & \vdots & & \vdots \\ \boldsymbol{Q}_{m-1,0} & \boldsymbol{Q}_{m-1,1} & \cdots & \boldsymbol{Q}_{m-1,n-1} \end{bmatrix} \tag{11.11}$$

阵列 $\boldsymbol{H}_{\mathrm{q,ptg,qc}}(k,k)$ 的组成矩阵生成式可以直接由 $\boldsymbol{H}_{\mathrm{q,ptg,cyc}}(m,n)$ 的生成式 $[\boldsymbol{D}_0 \quad \boldsymbol{D}_1 \quad \cdots \quad \boldsymbol{D}_{k-1}]$ 获得，过程在4.1节中式(4.6)给出，每一个生

成式都是 GF(q)上的 k－tuple 矢量。

令 $\boldsymbol{H}_{\mathrm{q,ptg,qc}}(k,k)$的 Tanner 图为 $\mathcal{G}_{\mathrm{q,ptg,qc}}(k,k)$，则 $\mathcal{G}_{\mathrm{q,ptg,qc}}(k,k)$是原模图 $\mathcal{G}_{\mathrm{q,ptg}}$的 k 维扩展。对于分解基矩阵 $\boldsymbol{B}_{\mathrm{q,ptg}}$来说，如果其组成矩阵 $\boldsymbol{D}_0$，$\boldsymbol{D}_1,\cdots,\boldsymbol{D}_{k-1}$同时满足 RC 约束条件和 PW－RC 约束条件，并且这些组成矩阵按照一定规则进行排列(见 4.2 节)，则 $\mathcal{G}_{\mathrm{q,ptg,qc}}(k,k)$的周长至少为 6。$\boldsymbol{H}_{\mathrm{q,ptg,qc}}(k,k)$的零空间对应一个 q－ary QC－PTG－LDPC 码 $\boldsymbol{C}_{\mathrm{q,ptg,qc}}$。

例 11.7 将介绍基于代数法构造 q－ary QC－PTG－LDPC 码的过程。

例 11.7　令 α 是 GF(2^2)上的本原元，则 GF(2^2)上的全部元素是 $\{0,1,\alpha,\alpha^2\}$。给定 GF(2^2)上的一个 2×4 的分解基矩阵 $\boldsymbol{B}_{\mathrm{q,ptg}}$，表示为

$$\boldsymbol{B}_{\mathrm{q,ptg}}=\begin{bmatrix}1 & 1 & \alpha & \alpha^2\\ \alpha^2 & \alpha & \alpha & 1\end{bmatrix}$$

$\boldsymbol{B}_{\mathrm{q,ptg}}$对应的原模图 $\mathcal{G}_{\mathrm{q,ptg}}$如图 11.6 所示。假设扩展因子 $k=3$，因此可以将 $\boldsymbol{B}_{\mathrm{q,ptg}}$分解成下面的 3 个 GF($2^2$)上的 2×4 矩阵，表示为

$$\boldsymbol{D}_0=\begin{bmatrix}1 & 0 & 0 & 0\\ 0 & \alpha & 0 & 0\end{bmatrix},\quad \boldsymbol{D}_1=\begin{bmatrix}0 & 1 & \alpha & 0\\ \alpha^2 & 0 & 0 & 0\end{bmatrix},\quad \boldsymbol{D}_2=\begin{bmatrix}0 & 0 & 0 & \alpha^2\\ 0 & 0 & \alpha & 1\end{bmatrix}$$

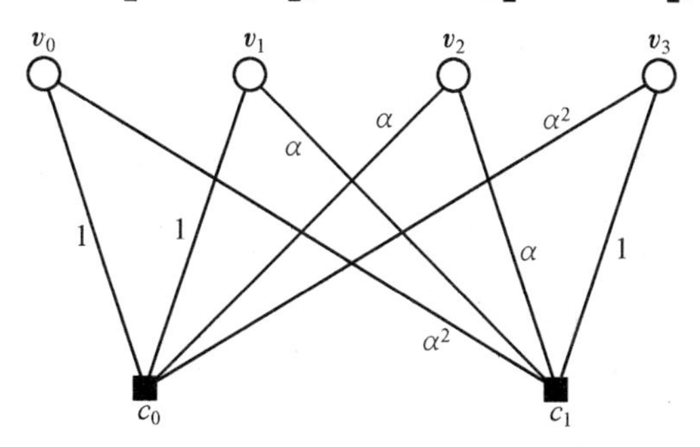

图 11.6　例 11.7 给出的分解基矩阵 $\boldsymbol{B}_{\mathrm{q,ptg}}$对应的原模图 $\mathcal{G}_{\mathrm{q,ptg}}$

基于上述 3 个组成矩阵，可以构成 3×3 阵列 $\boldsymbol{H}_{\mathrm{q,ptg,cyc}}(2,4)$，其每一个位置是由 GF($2^2$)上的 2×4 矩阵构成，并符合 block-wise 循环结构，表示为

$$\boldsymbol{H}_{\mathrm{q,ptg,cyc}}(2,4)=\left[\begin{array}{cccc:cccc:cccc}1 & 0 & 0 & 0 & 0 & 1 & \alpha & 0 & 0 & 0 & 0 & \alpha^2\\ 0 & \alpha & 0 & 0 & \alpha^2 & 0 & 0 & 0 & 0 & 0 & \alpha & 1\\ \hdashline 0 & 0 & 0 & \alpha^2 & 1 & 0 & 0 & 0 & 0 & 1 & \alpha & 0\\ 0 & 0 & \alpha & 1 & 0 & \alpha & 0 & 0 & \alpha^2 & 0 & 0 & 0\\ \hdashline 0 & 1 & \alpha & 0 & 0 & 0 & 0 & \alpha^2 & 1 & 0 & 0 & 0\\ \alpha^2 & 0 & 0 & 0 & 0 & 0 & \alpha & 1 & 0 & \alpha & 0 & 0\end{array}\right]$$

对 $\boldsymbol{H}_{q,ptg,cyc}(2,4)$按照式(4.3)和式(4.5)定义的行变换和列变换方法进行操作，可以得到一个 2×4 的阵列 $\boldsymbol{H}_{q,ptg,qc}(3,3)$，其每一位是由 GF($2^2$)上 3×3 大小的循环矩阵构成，表示为

$$\boldsymbol{H}_{q,ptg,qc}(3,3)=\begin{bmatrix}\boldsymbol{Q}_{0,0} & \boldsymbol{Q}_{0,1} & \boldsymbol{Q}_{0,2} & \boldsymbol{Q}_{0,3}\\ \boldsymbol{Q}_{1,0} & \boldsymbol{Q}_{1,1} & \boldsymbol{Q}_{1,2} & \boldsymbol{Q}_{1,3}\end{bmatrix}$$

$$=\left[\begin{array}{ccc:ccc:ccc:ccc}1 & 0 & 0 & 0 & 1 & 0 & 0 & \alpha & 0 & 0 & 0 & \alpha^2\\ 0 & 1 & 0 & 0 & 0 & 1 & 0 & 0 & \alpha & \alpha^2 & 0 & 0\\ 0 & 0 & 1 & 1 & 0 & 0 & \alpha & 0 & 0 & 0 & \alpha^2 & 0\\ \hdashline 0 & \alpha^2 & 0 & \alpha & 0 & 0 & 0 & 0 & \alpha & 0 & 0 & 1\\ 0 & 0 & \alpha^2 & 0 & \alpha & 0 & \alpha & 0 & 0 & 1 & 0 & 0\\ \alpha^2 & 0 & 0 & 0 & 0 & \alpha & 0 & \alpha & 0 & 0 & 1 & 0\end{array}\right]$$

$\boldsymbol{H}_{q,ptg,qc}(3,3)$的零空间对应一个 4－ary(12,6)QC－PTG－LDPC 码，其 Tanner 图周长为 8。

例 11.8 想要构造一个 256－ary QC－PTG－LDPC 码，GF(2^8)上的 2×4 的分解基矩阵，表示为

$$\boldsymbol{B}_{q,ptg}=[b_{i,j}]_{0\leqslant i<2,0\leqslant j<4}=\begin{bmatrix}\alpha^{61} & \alpha^{106} & \alpha^{240} & \alpha^{125}\\ \alpha^{229} & \alpha^{94} & \alpha^{199} & \alpha^{99}\end{bmatrix}$$

式中，α 是 GF(2^8)的本原元。上式分解基矩阵是随机给出的，$\boldsymbol{B}_{q,ptg}$对应的原模图如图 11.7(a)所示。假设分解因子 $k=8$，将 $\boldsymbol{B}_{q,ptg}$分解成 8 个 2×4 的组成矩阵，表示为

$$\boldsymbol{D}_0=\boldsymbol{D}_1=\boldsymbol{D}_2=\boldsymbol{D}_4=\begin{bmatrix}0 & 0 & 0 & 0\\ 0 & 0 & 0 & 0\end{bmatrix}$$

$$\boldsymbol{D}_3=\begin{bmatrix}0 & 0 & \alpha^{240} & 0\\ 0 & 0 & \alpha^{199} & 0\end{bmatrix},\quad \boldsymbol{D}_5=\begin{bmatrix}0 & \alpha^{106} & 0 & 0\\ 0 & \alpha^{94} & 0 & 0\end{bmatrix},$$

$$\boldsymbol{D}_6=\begin{bmatrix}\alpha^{61} & 0 & 0 & 0\\ \alpha^{229} & 0 & 0 & 0\end{bmatrix},\quad \boldsymbol{D}_7=\begin{bmatrix}0 & 0 & 0 & \alpha^{125}\\ 0 & 0 & 0 & \alpha^{99}\end{bmatrix}$$

构造一个 2×4 的校验阵列 $\boldsymbol{H}_{q,ptg,qc}(8,8)=[\boldsymbol{Q}_{i,j}]_{0\leqslant i<2,0\leqslant j<4}$，并找到它对应的 8 个 8×8 的 256－ary CPM 矩阵。

根据 $\boldsymbol{D}_0$ 到 $\boldsymbol{D}_7$ 找到 8 个 CPM 对应的生成多项式，表示为

$$\boldsymbol{g}_{0,0}=(0,0,0,0,0,0,\alpha^{61},0),\quad \boldsymbol{g}_{0,1}=(0,0,0,0,0,\alpha^{106},0,0),$$

$$\boldsymbol{g}_{0,2}=(0,0,0,\alpha^{240},0,0,0,0),\quad \boldsymbol{g}_{0,3}=(0,0,0,0,0,0,0,\alpha^{125}),$$

$$\boldsymbol{g}_{1,0}=(0,0,0,\alpha^{229},0,0,0,0),\quad \boldsymbol{g}_{1,1}=(0,0,0,0,0,0,0,\alpha^{94}),$$

$$\boldsymbol{g}_{1,2}=(0,0,0,0,0,0,\alpha^{199},0),\quad \boldsymbol{g}_{1,3}=(0,0,0,0,0,\alpha^{99},0,0)$$

基于这些生成多项式，构造8个8×8的256－ary CPM矩阵$\boldsymbol{Q}_{i,j}$（$0\leqslant i<2$且$0\leqslant j<4$），将基矩阵$\boldsymbol{B}_{\mathrm{q,ptg}}$上对应的位置$b_{i,j}$替换为相应的256－ary CPM矩阵$\boldsymbol{Q}_{i,j}$，就可以获得一个2×4的阵列，表示为

$$\boldsymbol{H}_{\mathrm{q,ptg,qc}}(8,8)=\begin{bmatrix}\boldsymbol{Q}_{0,0} & \boldsymbol{Q}_{0,1} & \boldsymbol{Q}_{0,2} & \boldsymbol{Q}_{0,3}\\ \boldsymbol{Q}_{1,0} & \boldsymbol{Q}_{1,1} & \boldsymbol{Q}_{1,2} & \boldsymbol{Q}_{1,3}\end{bmatrix}$$

$\boldsymbol{H}_{\mathrm{q,ptg,qc}}(8,8)$是GF($2^8$)上一个18×36的矩阵，其列重和行重分别为2和4，该阵列对应的零空间是一个(2,4)规则(32,16)256－ary QC－PTG－LDPC码$\boldsymbol{C}_{\mathrm{q,ptg,qc}}$。$\boldsymbol{C}_{\mathrm{q,ptg,qc}}$码的Tanner图周长为8，包含20个环长为8的环，不含有环长为10的环和160个环长为12的环。在二进制输入AWGN信道下，$\boldsymbol{C}_{\mathrm{q,ptg,qc}}$采用50次和100次迭代FFT－QSPA译码算法的BLER曲线如图11.7(b)所示。从图中可以看到，该码具有极好的收敛性，50次迭代和100次迭代的性能差异小于0.05 dB；当BLER为10^{-6}时，$\boldsymbol{C}_{\mathrm{q,ptg,qc}}$码距离SPB限0.75 dB。

为进一步分析，在图11.7(b)中对比了文献[16,36]给出的另外两种256－ary NB－PTG－LDPC码，定义为$\boldsymbol{C}_{\mathrm{C-NBPB}}$码和$\boldsymbol{C}_{\mathrm{U-NBPB}}$码，下角标“C－NBPB”和“U－NBPB”分别代表“constrained NB protograph-based（基于约束的非二进制原模图）”和“unconstrained NB protograph-based（基于非约束的非二进制原模图）”。$\boldsymbol{C}_{\mathrm{C-NBPB}}$码基于一个scaled（规则）原模图通过scale-copy-permute（复制重排列）方式构造；$\boldsymbol{C}_{\mathrm{U-NBPB}}$码基于一个unlabeled（无标签）原模图通过copy-scale-permute（复制规则重排列）方式构造。这两个码的Tanner图具有相同的环分布，并与$\boldsymbol{C}_{\mathrm{q,ptg,qc}}$码具有相同数量的环长为8、10、12的环。$\boldsymbol{C}_{\mathrm{C-NBPB}}$码是准循环结构，$\boldsymbol{C}_{\mathrm{U-NBPB}}$不是准循环结构，其采用100次迭代的FFT－QSPA译码算法的BLER曲线如图11.7(b)所示。从图中可知，基于基矩阵$\boldsymbol{B}_{\mathrm{q,ptg}}$，并采用代数法构造的$\boldsymbol{C}_{\mathrm{q,ptg,qc}}$码的性能，略优于$\boldsymbol{C}_{\mathrm{C-NBPB}}$码和$\boldsymbol{C}_{\mathrm{U-NBPB}}$码的性能曲线。

例11.8中的基矩阵$\boldsymbol{B}_{\mathrm{q,ptg}}$每个位置对应的集合只含有GF($q$)中一个非零元素。给出另外一个例子，即基矩阵$\boldsymbol{B}_{\mathrm{q,ptg}}$每个位置对应的集合含有GF($q$)上多个非零元素。

例11.9　给定GF(2^3)上的一个3×9基矩阵，表示为

$$\boldsymbol{B}_{\mathrm{q,ptg}}=\begin{bmatrix}0 & \{\alpha^5\} & \{\alpha^6\} & 0 & \{\alpha^3\} & \{\alpha^5,\alpha^3\} & \{1\} & \{\alpha^2\} & \{\alpha\}\\ \{\alpha^3\} & 0 & \{\alpha\} & \{\alpha,\alpha^3\} & 0 & \{\alpha\} & \{\alpha^5\} & \{\alpha^4\} & \{\alpha^2\}\\ \{\alpha^4\} & \{\alpha^5\} & 0 & \{\alpha^6\} & \{1,\alpha^6\} & 0 & \{\alpha\} & \{\alpha\} & \{\alpha^2\}\end{bmatrix}\tag{11.12}$$

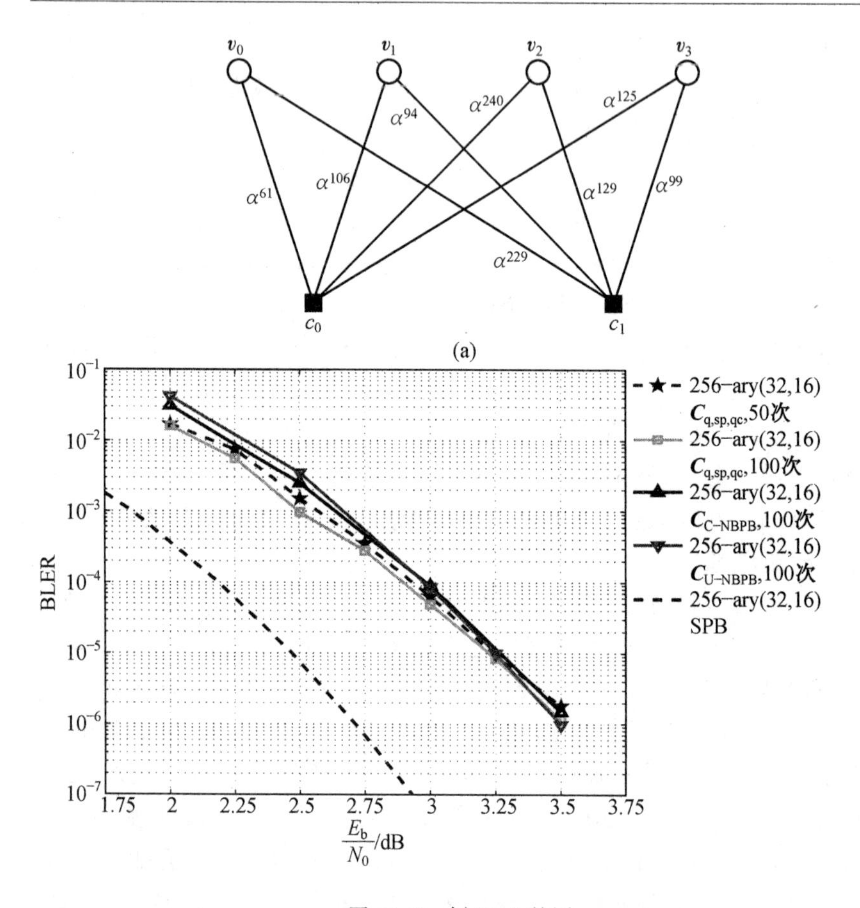

图 11.7　例 11.8 的图

式中，α 是 GF(2^3)上的本原元。基矩阵 $\boldsymbol{B}_{q,ptg}$ 对应的原模图 $\mathscr{G}_{q,ptg}$，如图 11.8(a)所示。$\mathscr{G}_{q,ptg}$上的每一条平行边用 GF(2^3)上的非零元素进行标识。

令分解因子 $k=60$，将基矩阵 $\boldsymbol{B}_{q,ptg}$ 分解成 60 个满足 RC 约束条件和 PW－RC 约束条件的组成矩阵 $\boldsymbol{D}_0,\boldsymbol{D}_1,\cdots,\boldsymbol{D}_{59}$，每个组成矩阵的大小是 3×9；将这 60 个组成矩阵放入一行，而$[\boldsymbol{D}_0 \quad \boldsymbol{D}_1 \quad \cdots \quad \boldsymbol{D}_{59}]$作为这一行的生成式，得到一个 60×60 的 block-wise 循环阵列 $\boldsymbol{H}_{q,ptg,cyc}(3,9)$，该阵列对应的矩阵是由 GF($2^3$)上的元素构成的 3×9 矩阵；接下来，根据式(4.3)和式(4.5)定义的行置换 π_{row} 和列置换 π_{col}，对阵列 $\boldsymbol{H}_{q,ptg,cyc}(3,9)$进行操作，可以得到一个 3×9 的阵列 $\boldsymbol{H}_{q,ptg,qc}(60,60)$，其每个矩阵是由 GF($2^3$)上的元素大小为 60×60 的循环矩阵和 ZM 矩阵组成，表示为

$$
\boldsymbol{H}_{\mathrm{q,ptg,qc}}(60,60)=\begin{bmatrix} \mathbf{0} & \boldsymbol{Q}_{0,1} & \boldsymbol{Q}_{0,2} & \mathbf{0} & \boldsymbol{Q}_{0,4} & \boldsymbol{Q}_{0,5} & \boldsymbol{Q}_{0,6} & \boldsymbol{Q}_{0,7} & \boldsymbol{Q}_{0,8} \\ \boldsymbol{Q}_{1,0} & \mathbf{0} & \boldsymbol{Q}_{1,2} & \boldsymbol{Q}_{1,3} & \mathbf{0} & \boldsymbol{Q}_{1,5} & \boldsymbol{Q}_{1,6} & \boldsymbol{Q}_{1,7} & \boldsymbol{Q}_{1,8} \\ \boldsymbol{Q}_{2,0} & \boldsymbol{Q}_{2,1} & \mathbf{0} & \boldsymbol{Q}_{2,3} & \boldsymbol{Q}_{2,4} & \mathbf{0} & \boldsymbol{Q}_{2,6} & \boldsymbol{Q}_{2,7} & \boldsymbol{Q}_{2,8} \end{bmatrix}
$$

式中，$\mathbf{0}$ 是 60×60 的 ZM 矩阵。

$\boldsymbol{H}_{\mathrm{q,ptg,qc}}(60,60)$的生成式见表 11.2。与例 11.4 一样，表中仍然用(j,α^s)，或(j,α^s)和$(j',\alpha^{s'})$一起对生成式进行了定义，其中 $0\leqslant j、j'<60$ 和 $0\leqslant s、s'<7$。因此，$\boldsymbol{H}_{\mathrm{q,ptg,qc}}(60,60)$是 $\mathrm{GF}(2^3)$上的一个 180×540 的矩阵，其平均列重是 2.667，固定行重是 8；其零空间对应一个 8－ary(540,360)QC－PTG－LDPC 码 $\boldsymbol{C}_{\mathrm{q,ptg,qc}}$，码率为 2/3。$\boldsymbol{C}_{\mathrm{q,ptg,qc}}$码的 Tanner 图周长为 8，包含 3 980 个环长为 8 的环，30 720 个环长为 10 的环。在二进制输入 AWGN 信道下，$\boldsymbol{C}_{\mathrm{q,ptg,qc}}$采用 80 次迭代 FFT－QSPA 译码算法的 BLER 曲线如图 11.8(b)所示，当 BLER 为 10^{-4}时，该码距离 SPB 限 0.8 dB。

表 11.2　例 11.9 校验阵列 $\boldsymbol{H}_{\mathrm{q,ptg,qc}}(60,60)$和 $\boldsymbol{H}_{\mathrm{q,ptg,qc}}(120,120)$中的循环矩阵生成式

$\boldsymbol{H}_{\mathrm{q,ptg,qc}}(60,60)$中的循环矩阵生成式									
i	$\boldsymbol{Q}_{i,0}$	$\boldsymbol{Q}_{i,1}$	$\boldsymbol{Q}_{i,2}$	$\boldsymbol{Q}_{i,3}$	$\boldsymbol{Q}_{i,4}$	$\boldsymbol{Q}_{i,5}$	$\boldsymbol{Q}_{i,6}$	$\boldsymbol{Q}_{i,7}$	$\boldsymbol{Q}_{i,8}$
0	—	$(0,\alpha^5)$	$(1,\alpha^6)$	—	$(13,\alpha^3)$	$(2,\alpha^5)$ $(11,\alpha^6)$	$(15,\alpha^0)$	$(14,\alpha^2)$	$(16,\alpha)$
1	$(1,\alpha^3)$	—	$(13,\alpha)$	$(0,\alpha)$ $(2,\alpha^3)$	—	$(15,\alpha)$	$(9,\alpha^5)$	$(4,\alpha^4)$	$(7,\alpha^2)$
2	$(4,\alpha^4)$	$(14,\alpha^5)$	—	$(6,\alpha^6)$	$(1,\alpha^0)$ $(15,\alpha^6)$	—	$(16,\alpha)$	$(17,\alpha)$	$(2,\alpha^2)$
$\boldsymbol{H}_{\mathrm{q,ptg,qc}}(120,120)$中的循环矩阵生成式									
i	$\boldsymbol{Q}_{i,0}$	$\boldsymbol{Q}_{i,1}$	$\boldsymbol{Q}_{i,2}$	$\boldsymbol{Q}_{i,3}$	$\boldsymbol{Q}_{i,4}$	$\boldsymbol{Q}_{i,5}$	$\boldsymbol{Q}_{i,6}$	$\boldsymbol{Q}_{i,7}$	$\boldsymbol{Q}_{i,8}$
0	—	$(0,\alpha^5)$	$(1,\alpha^6)$	—	$(13,\alpha^3)$	$(2,\alpha^5)$ $(11,\alpha^6)$	$(15,\alpha^0)$	$(14,\alpha^2)$	$(16,\alpha)$
1	$(1,\alpha^3)$	—	$(13,\alpha)$	$(0,\alpha)$ $(2,\alpha^3)$	—	$(15,\alpha)$	$(9,\alpha^5)$	$(4,\alpha^4)$	$(7,\alpha^2)$
2	$(4,\alpha^4)$	$(14,\alpha^5)$	—	$(6,\alpha^6)$	$(1,\alpha^0)$ $(15,\alpha^6)$	—	$(16,\alpha)$	$(17,\alpha)$	$(2,\alpha^2)$

为了比较，基于 PEG 法构造一个 8－ary(540,360)的 PEG－LDPC 码

$\boldsymbol{C}_{\mathrm{q,peg}}$，且 $\boldsymbol{C}_{\mathrm{q,peg}}$ 的校验矩阵具有与 $\boldsymbol{C}_{\mathrm{q,ptg,qc}}$ 码相同的平均列重。$\boldsymbol{C}_{\mathrm{q,peg}}$ 的 Tanner 图周长为 8，含有 3 685 个环长为 8 的环和 29 268 个环长为 10 的环。$\boldsymbol{C}_{\mathrm{q,peg}}$ 的 BLER 曲线如图 11.8(b)所示，采用 80 次迭代 FFT－QSPA 译码算法进行译码。由图可知，基于 PEG 法构造的 $\boldsymbol{C}_{\mathrm{q,peg}}$ 码不具有准循环结构，但 QC－PTG－LDPC 码 $\boldsymbol{C}_{\mathrm{q,ptg,qc}}$ 和 PEG－LDPC 码 $\boldsymbol{C}_{\mathrm{q,peg}}$ 性能几乎相同。

如果令分解因子 $k=120$，采用式(11.12)作为分解基矩阵，可以构造一个码率为 2/3 的 8－ray(1 080,720)QC－PTG－LDPC 码 $\boldsymbol{C}^{*}_{\mathrm{q,ptg,qc}}$。其校验矩阵是一个 3×9 的阵列 $\boldsymbol{H}_{\mathrm{q,ptg,qc}}(120,120)$，该阵列每一位是由 120×120 的 8－ary 循环矩阵和 ZM 矩阵构成，它与 $\boldsymbol{H}_{\mathrm{q,ptg,qc}}(60,60)$ 具有相同的列重和行重分布。$\boldsymbol{C}^{*}_{\mathrm{q,ptg,qc}}$ 码的 Tanner 图周长为 8，包含有 7920 个环长为 8 的环和 59 400 个环长为 10 的环。在二进制输入 AWGN 信道下，$\boldsymbol{C}^{*}_{\mathrm{q,ptg,qc}}$ 码采用 80 次迭代 FFT－QSPA 译码算法的 BLER 曲线如图 11.8(b)所示，当 BLER 为 10^{-4} 时，该码距离 SPB 限 0.9 dB。图中也给出了基于 PEG 构码法构造的 8－ary(1 080,720)PEG－LDPC 码 $\boldsymbol{C}^{*}_{\mathrm{q,peg}}$ 的 BLER 性能对比曲线。由图可知，两码的性能几乎一致，需要注意的是，基于 PEG 法构造的 $\boldsymbol{C}^{*}_{\mathrm{q,peg}}$ 码并不具有准循环结构。

在非二进制有限域 GF(q)上构造一个式(11.10)所示的基矩阵 $\boldsymbol{B}_{\mathrm{q,ptg}}$，可以采用 7.3 节中基于任意两个子集合 S_0 和 S_1 构造基矩阵的方案。假设 $S_0=S_1=\mathrm{GF}(q)$，且 η 是 GF(q)上的一个非零元素，根据式(7.1)给出的求和方法，在 GF(q)上可以获得一个 $q\times q$ 的基矩阵，定义为 $\boldsymbol{B}_{\mathrm{q,ptg}}(\eta)$，它是一个阶为 q 的拉丁矩阵，且满足 2×2 的 SM 约束条件，$\boldsymbol{B}_{\mathrm{q,ptg}}(\eta)$ 也称为参数 η 的拉丁矩阵。

令 α 是 GF(q)的本原元，令 η 等于 $1,\alpha,\alpha^2,\cdots,\alpha^{q-2}$，即 GF($q$)上不为 0 的 $q-1$ 个元素，可以获得 $q-1$ 个不同的拉丁矩阵，定义为 $\boldsymbol{B}_{\mathrm{q,ptg}}(1)$，$\boldsymbol{B}_{\mathrm{q,ptg}}(\alpha)$，$\boldsymbol{B}_{\mathrm{q,ptg}}(\alpha^2)$，…，$\boldsymbol{B}_{\mathrm{q,ptg}}(\alpha^{q-2})$。令 $\boldsymbol{B}_{\mathrm{q,ptg}}(\alpha^k)=[a_{i,j}]_{0\leqslant i,j<q}$ 和 $\boldsymbol{B}_{\mathrm{q,ptg}}(\alpha^l)=[b_{i,j}]_{0\leqslant i,j<q}$ 是两个参数分别为 α^k 和 α^l 的拉丁矩阵，将这两个拉丁矩阵合并成一个 $q\times q$ 的矩阵 $\boldsymbol{B}_{\mathrm{q,ptg}}(\alpha^k,\alpha^l)=[(a_{i,j},b_{i,j})]_{0\leqslant i,j<q}$，该矩阵 $\boldsymbol{B}_{\mathrm{q,ptg}}(\alpha^k,\alpha^l)$ 的每个位置是 GF(q)上一个 2－tuples$(a_{i,j},b_{i,j})$，且每个位置对应的 2－tuples都不相同。矩阵 $\boldsymbol{B}_{\mathrm{q,ptg}}(\alpha^k)$ 和 $\boldsymbol{B}_{\mathrm{q,ptg}}(\alpha^l)$ 定义为正交的[73]，而这 $q-1$ 个不同的拉丁矩阵，$\boldsymbol{B}_{\mathrm{q,ptg}}(1)$，$\boldsymbol{B}_{\mathrm{q,ptg}}(\alpha)$，$\boldsymbol{B}_{\mathrm{q,ptg}}(\alpha^2)$，…，$\boldsymbol{B}_{\mathrm{q,ptg}}(\alpha^{q-2})$ 是互相正交的。

令 λ 是小于 q 的一个正整数，选择 λ 个互相正交且阶为 q 的拉丁矩阵，

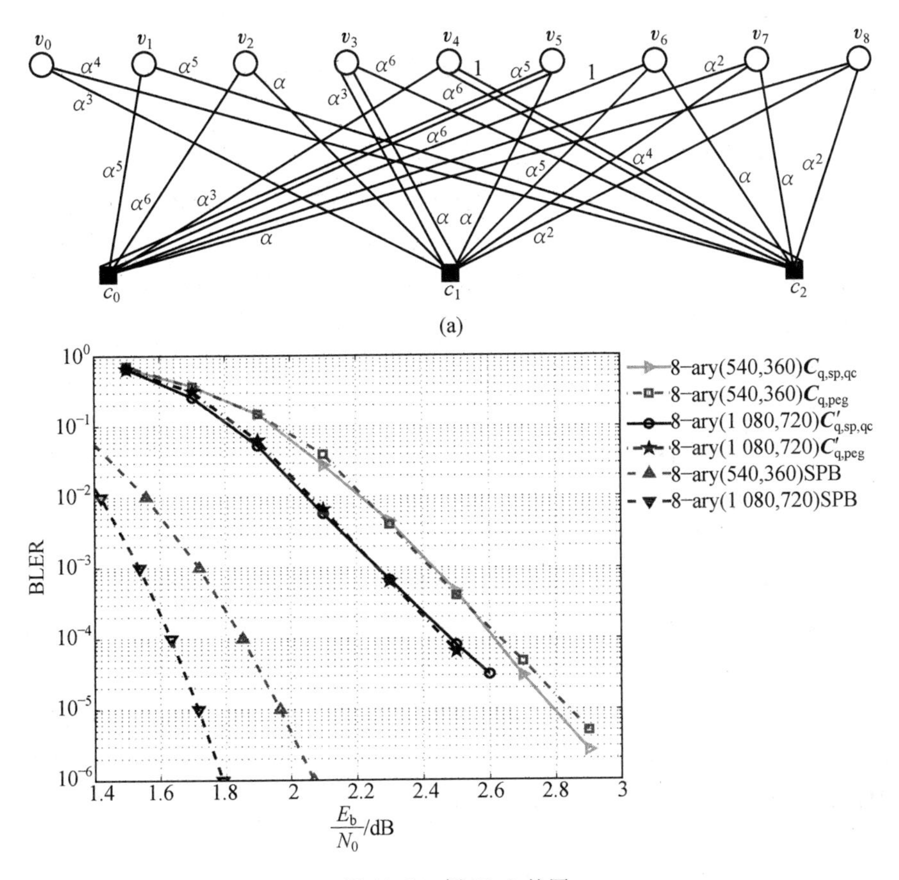

图 11.8　例 11.9 的图

将它们对应位置上的元素组成相应的集合(每个集合含有 λ 个元素)，构造一个 $q \times q$ 的矩阵，定义为基矩阵 $\boldsymbol{B}_{q,ptg}$，需要注意的是该基矩阵 $\boldsymbol{B}_{q,ptg}$ 每个位置的集合中可能含有一个零元素。当 $1 \leqslant m < q$ 且 $1 \leqslant n < q$ 时，在基矩阵 $\boldsymbol{B}_{q,ptg}$ 上截取一个 $m \times n$ 的子矩阵 $\boldsymbol{B}_{q,ptg}(m,n)$，并假设此时分解因子为 k，基于基矩阵 $\boldsymbol{B}_{q,ptg}(m,n)$ 和分解因子 k，构造一个 $m \times n$ 的阵列 $\boldsymbol{H}_{q,ptg,qc}(k,k)$，该阵列的每个位置是一个 $k \times k$ 的循环矩阵，见式(11.11)，整个分解过程在之前的内容中已加以论述。$\boldsymbol{H}_{q,ptg,qc}(k,k)$ 对应的零空间是一个 q－ary QC－PTG－LDPC 码 $\boldsymbol{C}_{q,ptg,qc}$。如果希望 $\boldsymbol{H}_{q,ptg,qc}(k,k)$ 的行重和列重按照某种分布规律，可以将 $\boldsymbol{B}_{q,ptg}(m,n)$ 中的某些位置设置为 0，以改变 $\boldsymbol{H}_{q,ptg,qc}(k,k)$ 中循环矩阵的权重分布。

11.6 基于RS码构造NB－LDPC码

Reed-Solomon(RS)码在通信和数据存储中有着广泛应用[93,8,74,97]，RS码是一种强有力的循环码，可以采用传统的代数硬判决译码方式进行译码，比如Berlekamp-Massey Algorithm(BMA)[8,74,97]，Euclid's Algorithm[74]，然而RS码的校验矩阵中非零元素的密度太高，并且其Tanner图中存在大量的短环(特别是存在环长为4的环)，因此RS码不能直接采用迭代BP译码算法进行译码。

本节将介绍基于传统RS码的校验矩阵结构，并结合7.4节介绍的掩模操作，构造性能良好的NB－LDPC码。采用2个RS码，分别是GF(2^8)上的(255,239)RS码和(255,223)RS码。第一个RS码的最小距离为17，可以纠正8个随机错误符号，采用BMA或者Euclid译码算法，该码在过去的40年里被广泛应用在很多商业通信和存储系统中，截至目前仍然被广泛应用；第二个RS码的最小距离为33，可以纠正16个随机错误符号，这个码是CCSDS标准纠错码，在卫星和深空通信中有广泛应用。

考虑GF(2^8)上的(255,239)RS码，它是一种循环码，生成多项式的根是$\alpha,\alpha^2,\cdots,\alpha^{16}$，其中$\alpha$是GF($2^8$)上的本原元[97]。它的传统校验矩阵$\boldsymbol{H}_{\mathrm{q,rs}}$，可以用其生成多项式的根的形式，表示为

$$\boldsymbol{H}_{\mathrm{q,rs}}=\begin{bmatrix} \alpha^0 & \alpha^1 & \alpha^2 & \cdots & \alpha^{254} \\ \alpha^0 & (\alpha^2)^1 & (\alpha^2)^2 & \cdots & (\alpha^2)^{254} \\ \vdots & \vdots & \vdots & & \vdots \\ \alpha^0 & (\alpha^{16})^1 & (\alpha^{16})^2 & \cdots & (\alpha^{16})^{254} \end{bmatrix} \tag{11.13}$$

$\boldsymbol{H}_{\mathrm{q,rs}}$是GF($2^8$)上的16×255矩阵，该校验矩阵不适合进行迭代译码，因为它相应Tanner图的周长为4，且包含大量环长为4的环。若是对该RS码的校验矩阵采用迭代BP译码算法进行译码，获得的误码率性能极差，远差于采用硬判决的BMA算法。到目前为止，还没有有效、实际可行的迭代译码算法可以用来译RS码；同时，$\boldsymbol{H}_{\mathrm{q,rs}}$码不满足2×2的SM约束条件，因此其CPM扩展对应的Tanner图含有大量的环长为4的环，并不适合构造QC－LDPC码。

例11.10中，通过对传统RS码的校验矩阵(式(11.13))进行掩模操作，可以构造一个256－ary(255,239)LDPC码，该码可以采用迭代BP译码算法，并具有非常好的性能。

例 11.10　在 GF(2^8)上，令 $\boldsymbol{H}_{q,rs}$(式(11.13))是(255,239)RS 码 $\boldsymbol{C}_{rs}$ 的校验矩阵，定义一个 16×255 的掩模矩阵，用来对 $\boldsymbol{H}_{q,rs}$ 进行掩模操作。有很多构造掩模矩阵的方法，此处在 GF(5)上选用二维欧氏几何 EG(2,5)的方法构造掩模矩阵。基于 EG(2,5)上不通过原点的线，构造一个 6×6 的阵列 $\boldsymbol{M}$，其每一位是大小为 4×4 的二进制 CPM 矩阵和 ZM 矩阵[46](附录 A)，并且每一行(或每一列)包含 5 个 CPM 矩阵和 1 个 ZM 矩阵。在阵列 $\boldsymbol{M}$ 上，任意选择 11 个 4×6 的子阵列，定义为 $\boldsymbol{M}_0 \quad \boldsymbol{M}_1 \quad \cdots \quad \boldsymbol{M}_{10}$，这里 4×6 子阵列的构成方式是其中 4 列中含有 3 个 CPM 矩阵和 1 个 ZM 矩阵，其中 2 列含有 4 个 CPM 矩阵。对于一列中含有 4 个 CPM 矩阵的情况，任选该列的任意一个位置的 CPM 矩阵，并将其替换为一个 4×4 的 ZM 矩阵；通过这个操作，11 个 4×6 的子阵列都变成每一列含有 3 个 CPM 矩阵和 1 个 ZM 矩阵的形式，此时将这 11 个子阵列重新定义为 $\boldsymbol{M}_0^*, \boldsymbol{M}_1^*, \cdots, \boldsymbol{M}_{10}^*$；把这 11 个子阵列放到一行中，获得一个 4×66 的阵列 $\boldsymbol{M}^* = [\boldsymbol{M}_0^* \quad \boldsymbol{M}_1^* \quad \cdots \quad \boldsymbol{M}_{10}^*]$，其每一位是大小为 4×4 的二进制 CPM 矩阵和 ZM 矩阵。因此，$\boldsymbol{M}^*$ 是 GF(2)上的一个 16×264 的矩阵，删除 $\boldsymbol{M}^*$ 中的 9 列，可以获得一个 16×255 的矩阵 $\boldsymbol{Z}$，其列重为 3，并有 5 个不同的行重(45，46，47，48 和 49)。

对 $\boldsymbol{H}_{q,rs}$ 进行掩模操作，掩模矩阵为 $\boldsymbol{Z}$，获得一个掩模 RS 矩阵 $\boldsymbol{H}_{q,rs,mask}$，其零空间对应一个(255，239)的 LDPC 码 $\boldsymbol{C}_{rs,mask}$，称为 RS-masked LDPC 码。$\boldsymbol{C}_{rs,mask}$ 码在二进制输入 AWGN 信道下的 BLER 曲线如图 11.9 所示，图中也包含(255，239)RS 码 $\boldsymbol{C}_{rs}$ 采用 BMA 和 Koetter-Vardy 代数软译码(KVA)时的 BLER 曲线，其中 KVA 的插入复杂度系数为 4.99 [54]。当 BLER 为 10^{-6} 时，$\boldsymbol{C}_{rs,mask}$ 与 $\boldsymbol{C}_{rs}$ 采用 BMA 和 KVA 算法相比，性能增益分别为 1.8 dB 和 1.3 dB。实际上，性能增益的提升是以译码复杂度的增加为代价的。

256－ary(255，239)RS-masked LDPC 码 $\boldsymbol{C}_{rs,mask}$ 的二进制形式对应一个(2 040，1 912)码。为了比较，基于 PEG 算法构造一个二进制(2 040，1 912)LDPC 码 $\boldsymbol{C}_{b,peg}$[43,44]，其与 $\boldsymbol{C}_{rs,mask}$ 码具有相同的码率和度分布。$\boldsymbol{C}_{b,peg}$ 码的 Tanner 图周长为 6，包含 146 250 个环长为 6 的环。在 AWGN 信道下，$\boldsymbol{C}_{b,peg}$ 码采用 50 次迭代 SPA 译码算法的 BLER 曲线如图 11.9 所示。对比 $\boldsymbol{C}_{rs,mask}$ 码和 $\boldsymbol{C}_{b,peg}$ 码，从图中可以看到，当 BLER 大于 4×10^{-4} 时，两者性能相差不多；当 BLER 小于 4×10^{-4} 时，$\boldsymbol{C}_{rs,mask}$ 码具有更好的性能，同时当 BLER 小于 5×10^{-6} 时，$\boldsymbol{C}_{b,peg}$ 码开始产生误码平层。

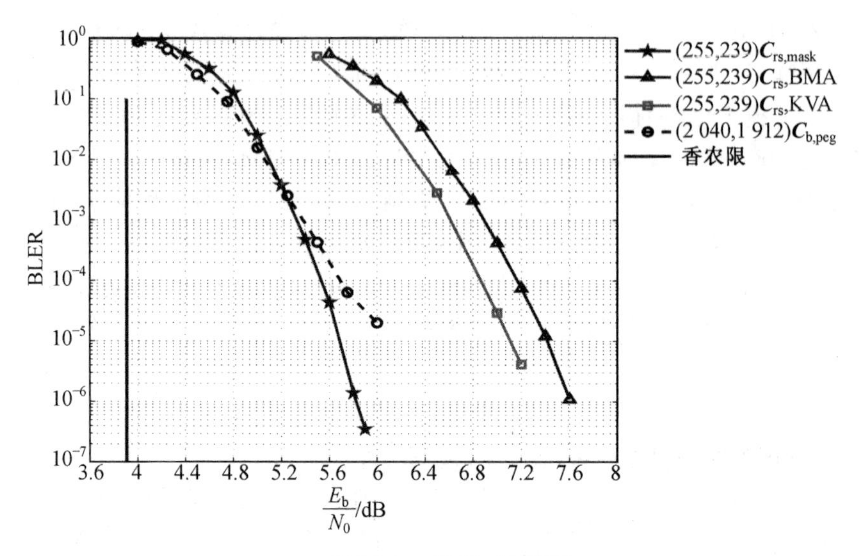

图 11.9 例 11.10 的图

例 11.11 GF(2^8)上(255,223)RS 码被国际空间组织广泛采用(如 US-NASA 和 ESA(欧洲空间组织)),被用作空间和卫星通信的标准码。(255,223) RS 码的最小距离是 32,它的经典的校验矩阵 $\boldsymbol{H}_{q,rs}=[(\alpha^i)^j]_{1\leqslant i\leqslant 32,0\leqslant j<254}$是 GF($2^8$)上一个 32×255 的矩阵,采用其生成多项式的 32 个根 $\alpha,\alpha^2,\cdots,\alpha^{32}$表示,其中 α 是 GF(2^8)上的本原元。对 $\boldsymbol{H}_{q,rs}$进行掩模操作,可以获得一个稀疏矩阵。在 GF(2)上设计一个 32×255 的掩模矩阵,首先在 GF(2)上构造 8 个重为 3 的 32×32 的循环矩阵 $\boldsymbol{M}_0,\boldsymbol{M}_1,\cdots,\boldsymbol{M}_7$,这 8 个循环矩阵的生成式表示为

$$\boldsymbol{g}_0=(1,1,0,1,0,0,0,0,0,0,0,0,0,0,0,0,0,0,0,0,0,0,0,0,0,0,0,0,0,0,0,0)$$

$$\boldsymbol{g}_1=(1,0,1,0,0,0,1,0,0,0,0,0,0,0,0,0,0,0,0,0,0,0,0,0,0,0,0,0,0,0,0,0)$$

$$\boldsymbol{g}_2=(1,0,0,0,1,0,0,0,0,0,1,0,0,0,0,0,0,0,0,0,0,0,0,0,0,0,0,0,0,0,0,0)$$

$$\boldsymbol{g}_3=(1,0,0,0,0,0,1,0,0,0,0,0,0,0,1,0,0,0,0,0,0,0,0,0,0,0,0,0,0,0,0,0)$$

$$\boldsymbol{g}_4=(1,0,0,0,0,0,0,0,1,0,0,0,0,0,0,0,0,0,1,0,0,0,0,0,0,0,0,0,0,0,0,0)$$

$$\boldsymbol{g}_5=(1,1,1,0,0,0,0,0,0,0,0,0,0,0,0,0,0,0,0,0,0,0,0,0,0,0,0,0,0,0,0,0)$$

$$\boldsymbol{g}_6=(1,0,0,0,0,0,0,0,0,0,0,1,0,1,0,0,0,0,0,0,0,0,0,0,0,0,0,0,0,0,0,0)$$

$$\boldsymbol{g}_7=(1,0,0,0,0,0,0,0,0,1,0,0,0,0,0,0,0,0,0,0,0,0,0,1,0,0,0,0,0,0,0,0)$$

将 8 个循环矩阵排成一行,在 GF(2)上获得一个 32×256 的矩阵 $\boldsymbol{M}^*$,去掉 $\boldsymbol{M}^*$ 的最后一列,可以获得一个 32×255 的矩阵 $\boldsymbol{Z}$,其列重为 3,行重为 23 和 24;然后对 $\boldsymbol{H}_{q,rs}$进行掩模操作,掩模矩阵为 $\boldsymbol{Z}$,可以获得一个

32×255 的掩模矩阵 $\boldsymbol{H}_{q,rs,mask}$。$\boldsymbol{H}_{q,rs,mask}$ 的零空间对应一个 256－ary(255，223)RS-masked LDPC 码 $\boldsymbol{C}_{rs,mask}$。$\boldsymbol{C}_{rs,mask}$ 码在二进制输入 AWGN 信道下采用 50 次迭代 FFT－QSPA 译码算法的 BLER 曲线如图 11.10 所示。当 BLER 为 10^{-5} 时，$\boldsymbol{C}_{rs,mask}$ 码与采用 BMA 和 KVA 译码的传统(255，223)RS 码 $\boldsymbol{C}_{rs}$ 相比，性能增益分别为 2 dB 和 1.6 dB，其中 KVA 的插入复杂度系数为 4.99。

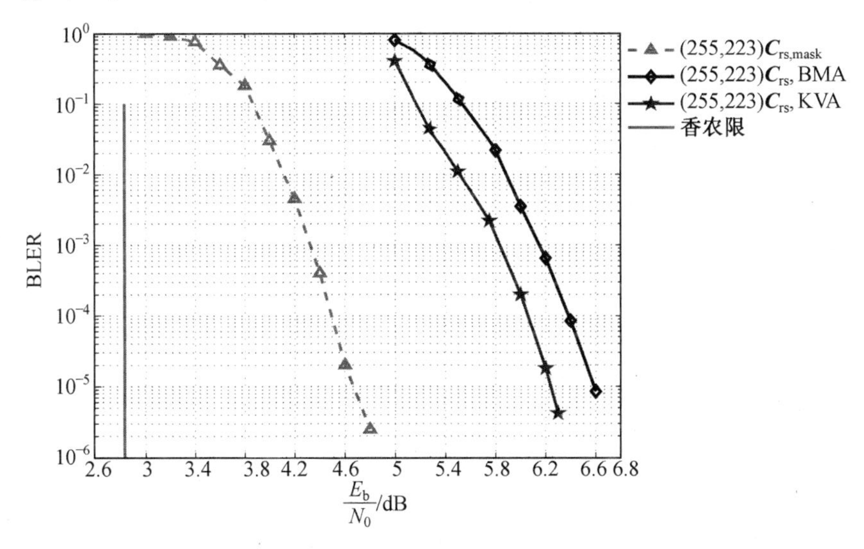

图 11.10　例 11.11 的图

通过上述介绍可知，当校验矩阵不满足迭代 BP 译码算法时，可以采用掩模技术加以解决，即通过对校验矩阵进行掩模操作，来构造性能很好的 LDPC 码，并采用 BP 译码。对于任意一个有限域 GF(2^s)，可以通过相似的方法构造 RS-masked LDPC 码。

11.7　基于 RS 码构造 NB－QC－SP－LDPC 码

通常来说，有限域 GF(2^s)上的 RS 码的校验矩阵 $\boldsymbol{H}_{q,rs}$ 并不满足 2×2 的 SM 约束条件，但是在某种特殊约束条件下，GF(2^s)上的 RS 码的校验矩阵 $\boldsymbol{H}_{q,rs}$ 可以满足 2×2 的 SM 约束条件，此时 RS 码的校验矩阵(或者它的缩减版本)可以用来作为基矩阵，并通过 2^s－ary CPM 扩展，构造 2^s－ary QC－SP－LDPC 码，其 Tanner 图周长至少为 6。

假设 n 是 2^s-1 的一个因子，即满足 $2^s-1=cn(n>1)$；同时，令 p_s 是 n 的最小素数因子，并假设 d 是一个小于或等于 p_s 的正整数，即 $1\leqslant d\leqslant$

p_s。令 α 是 GF(2^s)的本原元，并且 $\beta=\alpha^c$，因此 β 的阶是 n，并且$\{1,\beta,\cdots,\beta^{n-1}\}$是 GF($2^s$)上的一个循环子群。给定 GF($2^s$)上的一个$(n,n-d)$ RS 码 $\boldsymbol{C}_{rs}$，其码长为 n，最小距离为 $d+1$，这个码的生成多项式的根为$\{1,\beta,\cdots,\beta^d\}$，因此该 RS 码的校验矩阵可以用来生成多项式的根的形式，表示为

$$\boldsymbol{B}_{q,sp,rs}(d,n)=\begin{bmatrix}1 & \beta & \beta^2 & \cdots & \beta^{n-1}\\ 1 & \beta^2 & (\beta^2)^2 & \cdots & (\beta^2)^{n-1}\\ \vdots & \vdots & \vdots & & \vdots\\ 1 & \beta^d & (\beta^d)^2 & \cdots & (\beta^d)^{n-1}\end{bmatrix} \tag{11.14}$$

式中，$\boldsymbol{B}_{q,sp,rs}(d,n)$是 GF($2^s$)上的 $d\times n$ 矩阵。

如果 $n=2^s-1$，则 $\boldsymbol{B}_{q,sp,rs}(d,n)$对应的 $\boldsymbol{C}_{rs}$码被称为本原 RS 码[74,97]，否则 $\boldsymbol{C}_{rs}$码称为非本原 RS 码。

本节将证明 $\boldsymbol{B}_{q,sp,rs}(d,n)$满足 2×2 的 SM 约束条件，令 i、j、k 和 l 是 4 个非负整数，满足 $1\leqslant i<j\leqslant d$ 且 $0\leqslant k<l<n$。给定 $\boldsymbol{B}_{q,sp,rs}(d,n)$的一个 2×2的子矩阵 $\boldsymbol{B}(2,2)$，表示为

$$\boldsymbol{B}(2,2)=\begin{bmatrix}(\alpha^i)^k & (\alpha^i)^l\\ (\alpha^j)^k & (\alpha^j)^l\end{bmatrix}$$

式中，$\boldsymbol{B}(2,2)$的行列式为 $\beta^{jl+ik}-\beta^{jk+il}$。

证明 $\beta^{jl+ik}-\beta^{jk+il}\neq0$。假设 $\beta^{jl+ik}-\beta^{jk+il}=0$，则有 $\beta^{(j-i)(l-k)}=1$。由于 $j-i$ 是一个小于d 的正整数，同时 $d\leqslant p_s$，其中 p_s 是n 的最小素数因子，并且 $l-k$ 是一个小于n 的正整数，因此$(j-i)(l-k)$不能被 n 整除；又由于β 的阶是n，考虑$(j-i)(l-k)$不能被 n 整除，因此 $\beta^{(j-i)(l-k)}$不能等于 1。所以，$\beta^{jl+ik}-\beta^{jk+il}\neq0$ 成立，可知 $\boldsymbol{B}(2,2)$是一个非奇异矩阵，可以证明 $\boldsymbol{B}_{q,sp,rs}(d,n)$满足 2×2 的 SM 约束条件。

由于 $\boldsymbol{B}_{q,sp,rs}(d,n)$满足 2×2 的 SM 约束条件，它和它的子矩阵可以作为 SP 构码法的基矩阵，采用 CPM－D 方法构造一个二进制或非二进制 CPM－QC－SP－LDPC 码。将 $\boldsymbol{B}_{q,sp,rs}(d,n)$的每一位扩展为一个大小为$(2^s-1)\times(2^s-1)$的 2^s－ary CPM 矩阵，可以得到一个 $d\times n$ 的阵列 $\boldsymbol{H}_{q,sp,qc,rs}(2^s-1,2^s-1)$，该阵列的每一位是一个满足 RC 约束条件的$(2^s-1)\times(2^s-1)$的 2^s－ary CPM 矩阵。在 GF(2^s)上，该阵列是一个 $d(2^s-1)\times n(2^s-1)$的矩阵，且列重为 d，行重为 n。$\boldsymbol{H}_{q,sp,qc,rs}(2^s-1,2^s-1)$的零空间对应一个 2^s－ary CPM－QC－SP－LDPC 码 $\boldsymbol{C}_{q,sp,qc,rs}$，码长为 $n(2^s-1)$，其 Tanner 图周长至少为 6，称 $\boldsymbol{C}_{q,sp,qc,rs}$ 为 RS－QC－SP－LDPC 码，

$\boldsymbol{B}_{q,sp,rs}(d,n)$为 RS 基矩阵。

需要注意的是，$\boldsymbol{B}_{q,sp,rs}(d,n)$中每一位是由 GF($2^s$)上一个阶为 n 的循环子群$\{1,\beta,\beta^2,\cdots,\beta^{n-1}\}$中元素构成。

如果将 $\boldsymbol{B}_{q,sp,rs}(d,n)$每一位扩展为一个大小为 $n\times n$ 的 2^s－ary CPM 矩阵(见 2.1 节)，可以得到一个 $d\times n$ 的阵列 $\boldsymbol{H}_{q,sp,qc,rs}(n,n)$，该阵列的每一位是一个满足 RC 约束条件且大小为 $n\times n$ 的 2^s－ary CPM 矩阵。在 GF(2^s)上，该阵列是一个 $dn\times n^2$ 的矩阵，且列重为 d，行重为 n。$\boldsymbol{H}_{q,sp,qc,rs}(n,n)$的零空间，对应一个 2^s－ary (d,n)规则 RS－QC－SP－LDPC 码 $\boldsymbol{C}_{q,sp,qc,rs}$，码长为$n^2$，其 Tanner 图的周长至少为 6。

例 11.12　在 GF(2^6)上进行构码，令 α 是 GF(2^6)上的本原元，$2^6-1=63$，令 $n=63$，63 的最小素数因子是 3。GF(2^6)上(63,60)RS 码的校验矩阵 $\boldsymbol{B}_{q,sp,rs}(3,63)$是一个满足 2×2 的 SM 约束条件的 3×63 矩阵，对 $\boldsymbol{B}_{q,sp,rs}(3,63)$进行 64－ary CPM 扩展，获得一个 3×63 的阵列 $\boldsymbol{H}_{q,sp,qc,rs}(63,63)$，其每一位是由 63×63 的 64－ary CPM 矩阵构成，因此 $\boldsymbol{H}_{q,sp,qc,rs}(63,63)$是一个 189×3 969 的矩阵，其列重和行重分别为 3 和 63。$\boldsymbol{H}_{q,sp,qc,rs}(63,63)$的零空间对应一个 64－ary(3,63)规则(3 969,3 780)RS－QC－SP－LDPC 码 $\boldsymbol{C}_{q,sp,qc,rs}$，码率为 0.952 4，其 Tanner 图的周长至少为 6。在二进制输入 AWGN 信道下，$\boldsymbol{C}_{q,sp,qc,rs}$码采用 50 次迭代 FFT－QSPA 译码算法的 BER、SER 和 BLER 曲线如图 11.11 所示。当 BER 为 10^{-7}时，该码距离香农限 0.75；当 BLER 为 10^{-5}时，该码距离 SPB 限 0.5 dB。

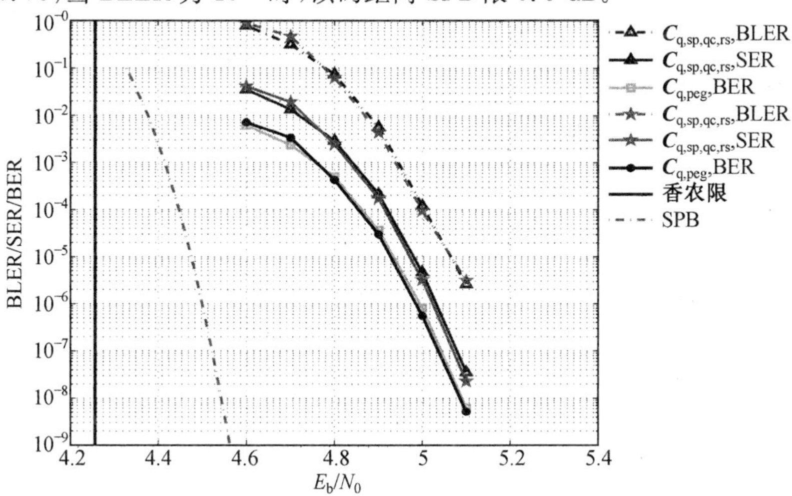

图 11.11　在 AWGN 信道下，$\boldsymbol{C}_{q,sp,qc,rs}$和 $\boldsymbol{C}_{q,peg}$的 BER、SER 和 BLER 的性能曲线

为了对比，在图 11.11 中也给出了一种基于 PEG 法构造的 64－ary (3 969,3 780) LDPC 码 $\boldsymbol{C}_{q,peg}$ 的 BER、SER 和 BLER 曲线。$\boldsymbol{C}_{q,peg}$ 码与 $\boldsymbol{C}_{q,sp,qc,rs}$ 码具有同样的码率和维度，其校验矩阵具有固定列重 3，但不具有准循环结构。由图 11.11 可知，这两个码的性能相同。

例 11.13 在 $GF(2^8)$ 上进行构码，令 α 是 $GF(2^8)$ 上的本原元，$2^8-1=255=3\times85$ 可以分解 3 和 85 的乘积。令 $n=85$，则 85 的最小素数因子为 5，令 $\beta=\alpha^5$，则 β 的阶是 85。$GF(2^8)$ 上的非本原 RS 码(85,80)的生成多项式对应的根为 β、β^2、β^3、β^4、β^5，因此该 RS 码的校验矩阵 $\boldsymbol{B}_{q,sp,rs}(5,85)$ 是 $GF(2^8)$ 上的 5×85 的矩阵。

在 $\boldsymbol{B}_{q,sp,rs}(5,85)$ 上截取一个 3×85 的子矩阵 $\boldsymbol{B}_{q,sp,rs}(3,85)$，并令 $\boldsymbol{B}_{q,sp,rs}(3,85)$ 作为 SP 构码法的基矩阵，用来构造一个 RS－QC－SP－LDPC 码。将 $\boldsymbol{B}_{q,sp,rs}(3,85)$ 的每一位扩展为一个大小为 85×85 的 256－ary CPM 矩阵，得到一个 3×85 的阵列 $\boldsymbol{H}_{q,sp,qc,rs}(85,85)$，其每一位对应一个 85×85 的 256－ary CPM 矩阵，因此 $\boldsymbol{H}_{q,sp,qc,rs}(85,85)$ 是一个 $255\times7\ 227$ 的矩阵，其列重和行重分别为 3 和 85。$\boldsymbol{H}_{q,sp,qc,rs}(85,85)$ 的零空间对应一个 256－ary(3,85)规则(7 225,6 970)RS－QC－SP－LDPC 码 $\boldsymbol{C}_{q,sp,qc,rs}$，码率为 0.964 7。$\boldsymbol{C}_{q,sp,qc,rs}$ 码在二进制 AWGN 信道下采用 50 次迭代 FFT－QSPA 译码算法的 BER、SER 和 BLER 曲线如图 11.12 所示。当 BER 为 10^{-6} 时，该码距离香农限 0.7，此时香农限是 4.64；当 BLER 为 10^{-4} 时，该码距离 SPB 限 0.53 dB。

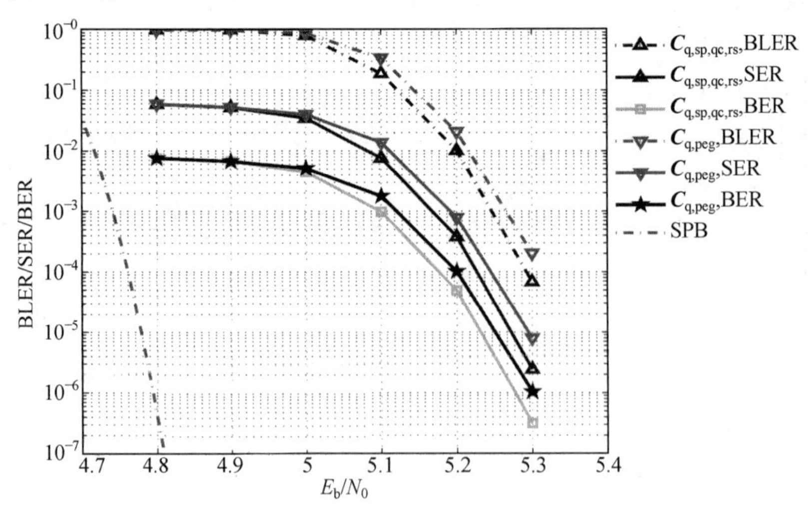

图 11.12 在 AWGN 信道下，$\boldsymbol{C}_{q,sp,qc,rs}$ 和 $\boldsymbol{C}_{q,peg}$ 的 BER、SER 和 BLER 的性能曲线

为了对比，在图 11.12 中也给出了一种基于 PEG 法构造的 256－ary (7 225，6 970) LDPC 码 $\boldsymbol{C}_{q,peg}$ 的 BER、SER 和 BLER 曲线。$\boldsymbol{C}_{q,peg}$ 码与 $\boldsymbol{C}_{q,sp,qc,rs}$ 码具有同样的码率和维度，其校验矩阵具有固定列重 3，但不具有准循环结构。由图 11.12 可知，RS－QC－SP－LDPC 码 $\boldsymbol{C}_{q,sp,qc,rs}$ 的性能略优于 PEG 码 $\boldsymbol{C}_{q,peg}$。

讨论一种特殊情况，假设 $GF(2^s)$ 上的本原元为 α，令 p 是 2^s-1 的最大素数因子，有 $2^s-1=cp$，并令 $\beta=\alpha^c$，则 β 的阶是 p，令 d 是一个正整数，满足 $d<p$。在 $GF(2^s)$ 上的 $(p,p-d)$ 非本原 RS 码的码长为 p，其对应的校验矩阵为 $\boldsymbol{B}_{q,sp,rs}(d,p)$，满足 2×2 的 SM 约束条件，这个 RS 码的生成多项式的根为 $\beta,\beta^2,\cdots,\beta^d$，因此其校验矩阵 $\boldsymbol{B}_{q,sp,rs}(d,p)$ 是 $GF(2^s)$ 上的 $d\times p$ 矩阵，且其上每一位可以用 d 个根的幂次方来表示。

如果将 $\boldsymbol{B}_{q,sp,rs}(d,p)$ 的每一位扩展成一个大小为 $(2^s-1)\times(2^s-1)$ 的 2^s－ary CPM 矩阵，可以得到一个 $d\times p$ 的阵列 $\boldsymbol{H}_{q,sp,qc,rs}(2^s-1,2^s-1)$，它的每一位对应一个大小为 $(2^s-1)\times(2^s-1)$ 的 2^s－ary CPM 矩阵。$\boldsymbol{H}_{q,sp,qc,rs}(2^s-1,2^s-1)$ 的零空间对应于一个 2^s－ary RS－QC－SP－LDPC 码 $\boldsymbol{C}_{q,sp,qc,rs}$，其码长为 $p(2^s-1)$。

如果将 $\boldsymbol{B}_{q,sp,rs}(d,p)$ 的每一位扩展成一个大小为 $p\times p$ 的 2^s－ary CPM 矩阵，可以得到一个 $d\times p$ 的阵列 $\boldsymbol{H}_{q,sp,qc,rs}(p,p)$，它的每一位对应一个大小为 $p\times p$ 的 2^s－ary CPM 矩阵。$\boldsymbol{H}_{q,sp,qc,rs}(p,p)$ 的零空间对应于一个 2^s－ary RS－QC－SP－LDPC 码 $\boldsymbol{C}_{q,sp,qc,rs}$，其码长为 p^2。

当选择不同的 $d<p$ 时，可以构建一组具有不同码长和码率的 2^s－ary RS－QC－SP－LDPC 码。

例 11.14　在 $GF(2^5)$ 上进行构码，令 α 是 $GF(2^5)$ 上的本原元。由于 $2^5-1=31$ 是一个素数，令 $p=31$，也是最大的素数因子；设 $d=4$。$GF(2^5)$ 上 RS 码的校验矩阵是一个 4×31 的矩阵，表示为

$$\boldsymbol{B}_{q,sp,rs}(4,31)=\begin{bmatrix}\alpha^0 & (\alpha^1)^1 & (\alpha^1)^2 & \cdots & (\alpha^1)^{30}\\ \alpha^0 & (\alpha^2)^1 & (\alpha^2)^2 & \cdots & (\alpha^2)^{30}\\ \alpha^0 & (\alpha^3)^1 & (\alpha^3)^2 & \cdots & (\alpha^3)^{30}\\ \alpha^0 & (\alpha^4)^1 & (\alpha^4)^2 & \cdots & (\alpha^4)^{30}\end{bmatrix}$$

$\boldsymbol{B}_{q,sp,rs}(4,31)$ 对应的零空间是 $GF(2^5)$ 上的一个 (31,27) RS 码。

如果对 RS 基矩阵 $\boldsymbol{B}_{q,sp,rs}(4,31)$ 做 32－ary CPM 扩展，可以得到一个 4×31 的阵列 $\boldsymbol{H}_{q,sp,qc,rs}(31,31)$，它的每一位对应一个大小为 31×31 的 32－ary CPM 矩阵，$\boldsymbol{H}_{q,sp,qc,rs}(31,31)$ 的列重和行重分别为 4 和 31。$\boldsymbol{H}_{q,sp,qc,rs}$

(31,31)的零空间对应于一个(4,31)规则 32－ary(961,840)RS－QC－SP－LDPC码 $\boldsymbol{C}_{\mathrm{q,sp,qc,rs}}$，其码率为 0.874，其 Tanner 图周长为 6，含有 115 320 个环长为 6 的环和 8 735 490 个环长为 8 的环。在二进制输入 AWGN 信道下，该码采用 50 次迭代 FFT－QSPA 译码算法的 BER、SER 和 BLER 曲线如图 11.13 所示。由图可知，当 BER 为 10^{-9}时，不存在可见的误差平层，距离香农限 1.76；当 BLER 为 10^{-7}时，距离 SPB 限 1.2 dB。

为了对比，在图 11.13 中也给出一种基于 PEG 法构造的 32－ary(961,837)LDPC 码 $\boldsymbol{C}_{\mathrm{q,peg}}$的 BER、SER 和 BLER 曲线。$\boldsymbol{C}_{\mathrm{q,peg}}$码的码率略微小于 $\boldsymbol{C}_{\mathrm{q,sp,qc,rs}}$码，其校验矩阵具有固定列重 3，但不具有准循环结构。由图 11.13 可知，这两个码的性能基本相同。

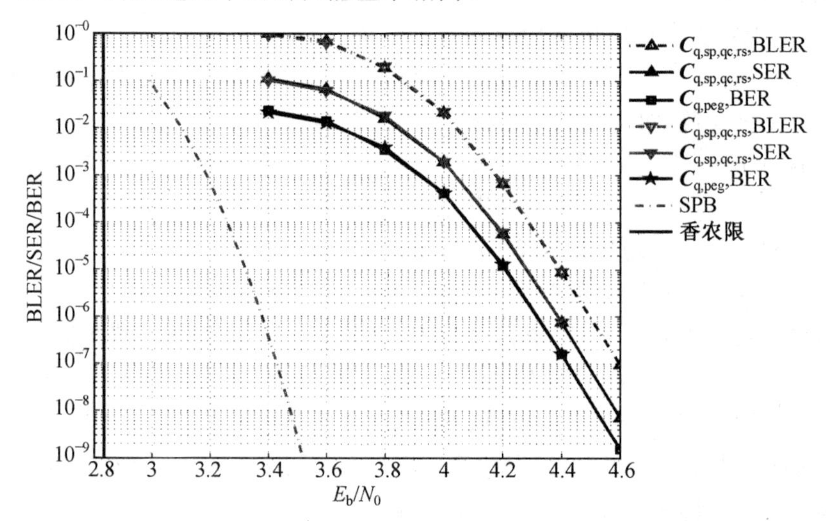

图 11.13　在 AWGN 信道下，$\boldsymbol{C}_{\mathrm{q,sp,qc,rs}}$和 $\boldsymbol{C}_{\mathrm{q,peg}}$的 BER、SER 和 BLER 性能曲线

11.4 节介绍了 CPM－bD/B－to－NB 构码法，也可以在大的符号域中构造短的 RS－QC－SP－LDPC 码，或者在小的符号域中构造长的 RS－QC－SP－LDPC码。

例 11.15　考虑 GF(2^3)上的(7,4)RS 码，其生成多项式的根为 α、α^2、α^3，其中 α 是 GF(2^3)的本原元，其校验矩阵 $\boldsymbol{B}_{\mathrm{q,sp,rs}}(3,7)$是 GF($2^3$)上满足 2×2的 SM 约束条件的 3×7 矩阵。对 $\boldsymbol{B}_{\mathrm{q,sp,rs}}(3,7)$进行二进制 CPM 扩展，采用 GF($2^8$)域进行 B－to－NB 的替代，可以采用随机的方式，得到一个3×7的阵列 $\boldsymbol{H}_{\mathrm{q,sp,qc,rs}}(7,7)$，其 CPM 矩阵是 GF($2^8$)上的 7×7 矩阵，因此它是 GF($2^8$)上的一个 21×49 的矩阵，其列重和行重分别为 3 和 7。$\boldsymbol{H}_{\mathrm{q,sp,qc,rs}}(7,7)$的零空间对应一个 256－ary(49,28)RS－QC－SP－LDPC

码 $C_{q,sp,qc,rs,0}$，是在大域上的短码。在二进制输入 AWGN 信道下，$C_{q,sp,qc,rs,0}$ 码采用 50 次迭代 FFT－QSPA 译码算法的 BER、SER 和 BLER 曲线如图 11.14所示。当 BLER 为 10^{-6} 时，该码距离 SPB 限 2.1 dB。

为了对比，在图 11.14 中也给出一种基于 PEG 法构造 256－ary(49，28) LDPC 码 $C_{q,peg,0}$ 的 BER、SER 和 BLER 曲线。$C_{q,peg,0}$ 码的码率与 $C_{q,sp,qc,rs,0}$ 码相同，其校验矩阵具有固定列重 3，但不具有准循环结构。由图 11.14 可知，两个码的性能基本相同。

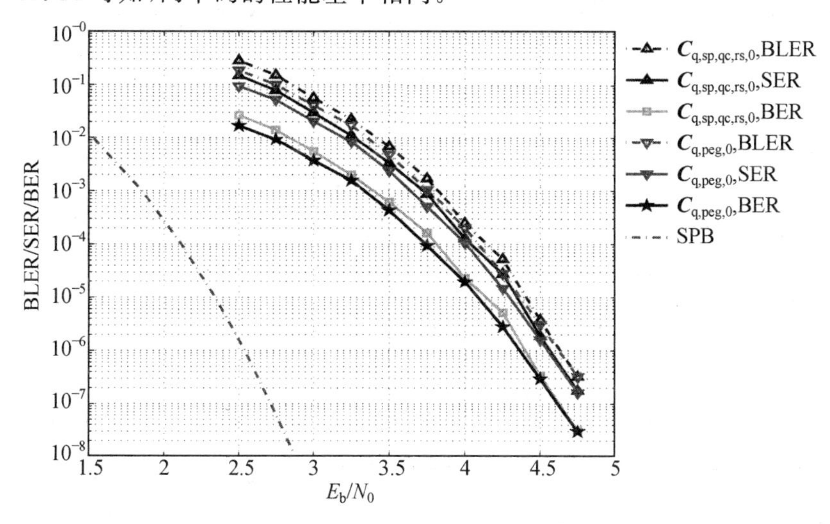

图 11.14　在 AWGN 信道下，$C_{q,sp,qc,rs,0}$ 和 $C_{q,peg,0}$ 的 BER、SER 和 BLER 性能曲线

将例 11.12 中 GF(2^6)上的 $B_{q,sp,rs}(3,63)$ 和例 11.13 中 GF(2^8)上的 $B_{q,sp,rs}(3,85)$，分别用二进制 CPM 进行扩展，得到一个 3×63 的阵列(其由二进制 63×63 的 CPM 矩阵构成)和一个 3×85 的阵列(其由二进制 85×85 的 CPM 矩阵构成)。采用 GF(2^4)作为 B－to－NB 的替代集合，可以得到一个 3×63 的阵列 $H_{q,sp,qc,rs}(63,63)$，它是由 16－ary 的 63×63 的 CPM 矩阵构成，以及一个 3×85 的阵列 $H_{q,sp,qc,rs}(85,85)$，它是由 16－ary 的 85×85 的 CPM 矩阵构成。$H_{q,sp,qc,rs}(63,63)$ 和 $H_{q,sp,qc,rs}(85,85)$ 的零空间分别对应一个 16－ary(3，63)规则(3 969，3 780) RS－QC－SP－LDPC 码 $C_{q,sp,qc,rs,1}$，和一个 16－ary(3，85)规则(7225，6970) RS－QC－SP－LDPC 码 $C_{q,sp,qc,rs,2}$。

在二进制输入 AWGN 信道下，$C_{q,sp,qc,rs,1}$ 码和 $C_{q,sp,qc,rs,2}$ 码采用 50 次迭代 FFT－QSPA 译码算法的 BER、SER 和 BLER 曲线如图 11.5 和图11.6 所示。当 BER 为 10^{-8} 时，16－ary(3，63)规则(3 969，3 780) RS－QC－

SP－LDPC 码的 BER 性能距离香农限 0.85；当 BLER 为 10^{-5} 时，距离 SPB 限 0.55 dB。16－ary(3,85)规则(7 225,6 970)RS－QC－SP－LDPC 码 $\boldsymbol{C}_{\mathrm{q,sp,qc,rs,2}}$，当 BER 为 10^{-7} 时，距离香农限 0.67；当 BLER 为 10^{-5} 时，距离 SPB 限 0.5 dB。

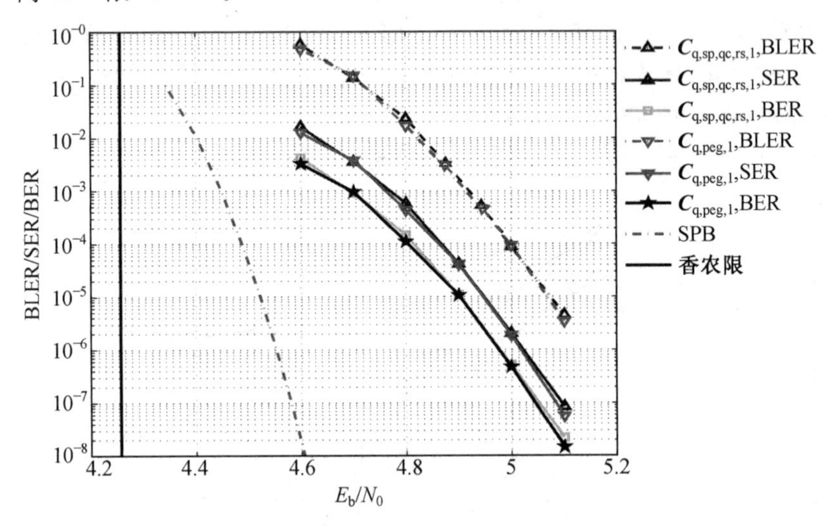

图 11.15 在 AWGN 信道下，$\boldsymbol{C}_{\mathrm{q,sp,qc,rs,1}}$ 和 $\boldsymbol{C}_{\mathrm{q,peg,1}}$ 的 BER、SER 和 BLER 性能曲线

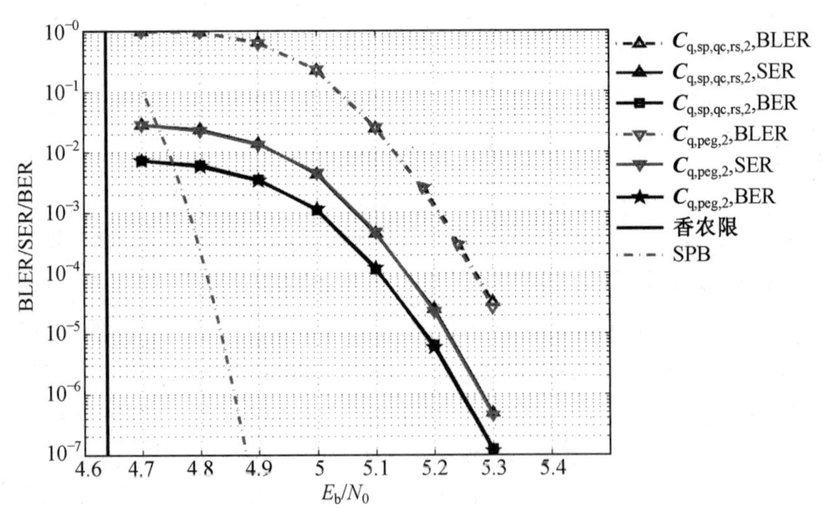

图 11.16 在 AWGN 信道下，$\boldsymbol{C}_{\mathrm{q,sp,qc,rs,2}}$ 和 $\boldsymbol{C}_{\mathrm{q,peg,2}}$ 的 BER、SER 和 BLER 性能曲线

为了对比，在图 11.15 中也给出了一种基于 PEG 法构造的 16－ary(3 969,3 780)LDPC 码 $\boldsymbol{C}_{\mathrm{q,peg,1}}$ 的 BER、SER 和 BLER 曲线。$\boldsymbol{C}_{\mathrm{q,peg,1}}$ 码的码率与 $\boldsymbol{C}_{\mathrm{q,sp,qc,rs,1}}$ 码相同，其校验矩阵具有固定列重 3，但不具有准循环

结构。由图 11.15 可知，两个码的性能基本相同。

同时，在图 11.16 中也给出了一种基于 PEG 法构造的 16－ary (7 225,6 970)LDPC 码 $\boldsymbol{C}_{q,peg,2}$ 的 BER、SER 和 BLER 曲线。$\boldsymbol{C}_{q,peg,1}$ 码的码率和维度与 $\boldsymbol{C}_{q,sp,qc,rs,2}$ 码相同，其校验矩阵具有固定列重 3。由图 11.16 可知，两个码的性能基本相同。

从本节和 11.6 节的内容可知，虽然不能对 RS 码直接采用迭代译码的方式进行译码，不过仍然可以基于 RS 的校验矩阵构造有效的 NB－LDPC 码，例如通过掩模技术、q－ary CPM 扩展技术和 CPM－bD/B－to－NB技术等。

11.8　小结与展望

第 8 章到第 10 章中，给出了代数法构造二进制双重循环 Doubly QC－LDPC、空间耦合 QC－SC－LDPC 和全局耦合 QC－GC－LDPC 码的方法。这些二进制 LDPC 码的构造方法很容易推广到非二进制双重循环 Doubly QC－LDPC、空间耦合 QC－SC－LDPC 和全局耦合 QC－GC－LDPC 码的构造中，只需要将满足 2×2 的 SM 约束条件的基矩阵中的非零元素用一个 q－ary CPM 矩阵替代即可。二进制 CPM 扩展结合 B－to－NB 映射的 CPM－bD/B－to－NB 方法，可以在小的符号域中构造大的 CPM 矩阵。

通过大量的仿真实验可以发现，在一个大符号域中的 NB－LDPC 码通常比在一个小符号域中的 NB－LDPC 码具有更好的误码平层，然而随着符号域大小的增加，NB－LDPC 码的译码复杂度急剧增加，因此需要一种在译码性能和译码复杂度之间折中的低复杂度的译码算法，用来译 NB－LDPC码。在文献[79,69,68,78]中，介绍对于符合 block-wise 循环结构或者 section-wise 循环结构的二进制 QC－LDPC 码的低复杂度译码算法，这些低复杂度译码算法通过对具有特殊结构的二进制 LDPC 的校验矩阵的子矩阵进行译码处理，再完成整个码的译码过程。这种低复杂度译码的思想，可以考虑应用到 NB－LDPC 码中。

另外一个课题是找到一种有效的 BP 算法，用来对 RS 码进行迭代译码，并获得良好的误码特性；与此同时，希望这种译码算法的复杂度低于目前常见的 RS 译码算法，如文献[54,37,7,48]中给出的算法。过去的 40 年里，如何为 RS 码找到一种有效的软译码算法，一直是非常有挑战的研究方向。如果希望 RS 这种强有力的纠错码可以在下一代通信和数据存储中发挥重要作用，那么 RS 码的软译码是关键问题。

在 11.7 节中，采用 RS 码的校验矩阵作为基矩阵构造 NB－CPM－QC－SP－LDPC 码，显然这种方法可以用来构造二进制 CPM－QC－SP－LDPC码，只需要将基矩阵中的非零元素用二进制 CPM 矩阵进行扩展即可，方法见第 7 章到第 10 章。

本节将介绍一种基于 RS 校验矩阵作为基矩阵构造的二进制 CPM－QC－SP－LDPC 码，该码是(6,127)规则(16 129,15 372)QC－LDPC 码，见文献[29,77]。其基矩阵 $\boldsymbol{B}_{\mathrm{q,sp,rs}}(6,127)$ 见式(11.14)，该基矩阵可以纠正 3 个错误的(127,121)RS 码的校验矩阵，该 RS 码在 GF(2^7)上的码长为 127，最小码距为 7，码率为 0.952 8。$\boldsymbol{B}_{\mathrm{q,sp,rs}}(6,127)$ 是 GF(2^7)上的 6×127 的矩阵。对 $\boldsymbol{B}_{\mathrm{q,sp,rs}}(6,127)$ 进行二进制 CPM 扩展，可以得到一个 6×127 的阵列 $\boldsymbol{H}_{\mathrm{b,sp,qc,rs}}(127,127)$，其 CPM 矩阵的大小为 127×127，$\boldsymbol{H}_{\mathrm{b,sp,qc,rs}}(127,127)$ 是一个 762×16 129 的二进制矩阵，其列重和行重分别为 6 和 127。$\boldsymbol{H}_{\mathrm{b,sp,qc,rs}}(127,127)$ 的零空间对应一个(6,127)规则(16 129,15 372) CPM－QC－SP－LDPC 码。该码在 AWGN 信道下采用 5 次、10 次和 50 次迭代 MSA 算法(比例因数设为 0.75)的 BER 和 BLER 曲线如图 11.17 所示。

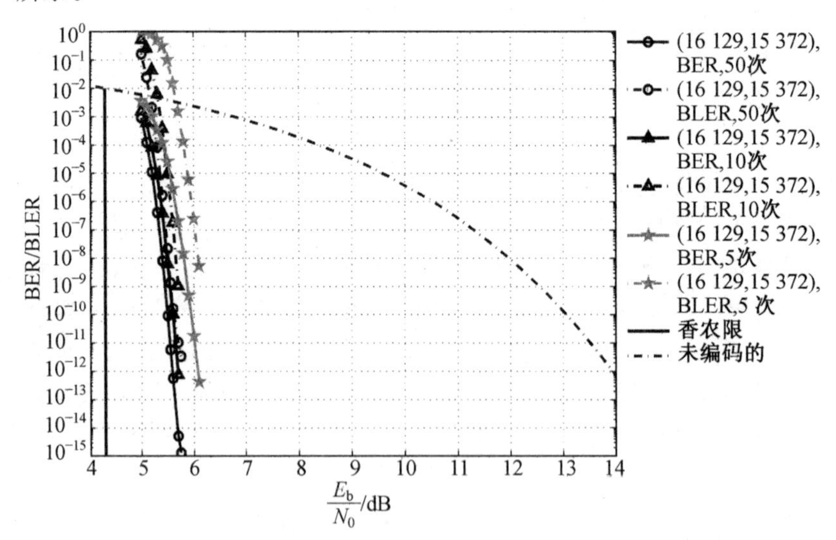

图 11.17 在 AWGN 信道下，QC－LDPC 码的 BER 和 BLER 性能曲线

从图 11.17 中可以看到，采用 50 次迭代 MSA 算法时，该码的 BER 性能可以到达 10^{-15}，此时 BLER 约为 10^{-12}，并且没有可见的误码平层，同时可以看到该码的收敛性极好；当 BER 为 10^{-12} 时，采用 5 次和 50 次迭代

MSA 算法的性能差别只有 0.5 dB；采用 10 次和 50 次迭代 MSA 算法的性能几乎重叠。该码具有非常好的瀑布特性、误码平层以及译码快速收敛性，它全部性能都很优秀，符合 2.2 节对好码的需求描述。根据文献[69，68，78]中低复杂度的迭代译码算法，对这个码的 6 个矩阵的行扩展的第一行组成矩阵进行译码，此时该码 6 个矩阵的行扩展的第一行组成的二进制矩阵大小为 6×16 129，远小于 $\boldsymbol{H}_{b,sp,qc,rs}$（127，127）的二进制矩阵 762×16 129的大小。根据这个小的译码子矩阵，该码的译码复杂度被极大地降低了（降低因子为 127），并且没有性能损失。

具有这样高的码率、没有误码平层且性能优异的 LDPC 码可以被应用在高速光纤通信以及闪存中。在目前已发表的文献中，还没有计算机构造出具有同样码率和同样误码性能的 LDPC 码。这个高性能的 LDPC 码体现了代数构码的艺术美感。

第12章　结论和展望

本书基于一个同样的框架结构，即SP构码法，统一了几种主流构造LDPC码的方法。基于SP构码法的框架结构，实际上这些LDPC码的构造也都是代数构码法的框架结构。通常来说，代数构码法构造LDPC码可以具有非常好的性能，比如具有很好的瀑布区、误码平层以及快速迭代收敛性。这种统一的构码方法可以为下一代通信和存储系统、设计和构造具有更好的性能，且易于实现的LDPC码。

本书主要包含七部分。第一部分(对应于第4章)从代数的角度介绍了PTG－LDPC构码法，并且介绍一种简单的代数方法构造PTG－LDPC码。这种代数法等效于对原模图进行复制&转置操作，然后采用矩阵分解和替代的步骤，获得了PTG－LDPC码。这种代数方式是基于对小基矩阵进行分解来实现，因此非常灵活，易于实现，这种方式构造的码具有良好的性能。然而，如何设计分解基矩阵，使PTG－LDPC码的性能可以接近译码门限，仍然是值得探讨的问题。

第二部分(对应于第5章和第6章)，重新从代数和图论的角度分析了SP构码法，SP构码法也是最早的代数构造LDPC码的方法，实际上PTG－LDPC码可以看作SP构码法的特例。本书详细介绍了符合RC约束条件的基矩阵构造方式，以及符合PW－RC约束条件的替代集合R构造方法。第5章给定码率时，有两种重要的构造SP－LDPC码的组合方法。第一种组合方法等效于PTG－LDPC的组合构码法，此时替代集合R中矩阵是规则矩阵，并且这种方法与PTG－LDPC构码法等效，因此SP－LDPC构码法具有非常好的渐进性和良好的结构特性；对于另外一种方法，替代集合R中的矩阵可以是不规则矩阵，那么这种构码法获得的SP－LDPC码是否具有很好的渐进性和结构特性，是一个值得探讨的问题。

第三部分(对应于第7章)，基于SP构码法的框架结构和矩阵扩展法，统一了目前已知绝大多数代数构造QC－LDPC码的方法。这种统一模式扩展构造LDPC码的思路，无论是准循环QC结构还是随机结构，都可以找到很好的码来获得良好的瀑布区、误码平层以及快速迭代收敛性。并且在第7章也介绍两个充分必要的约束条件，即2×2和3×3的SM约束条件，当基矩阵满足这两个约束条件时，对基矩阵扩展得到 QC－LDPC 码对应的 Tanner 图周长至少为 6 和 8。紧接着给出了一种非常有效的构造满足 2×2 的 SM 约束条件的基矩阵方法，这种构码方法是基于有限域上的任意两个子集合，比较经典的六种代数构码法，实际上都可以认为是这种子集合构码法的特例。目前为止，还没有发现通用的构造满足 3×3 的 SM 约束条件的基矩阵构造方法；要使基矩阵满足 3×3 的 SM 约束条件，可以考虑通过掩模法。通过检测算法和环计算方法检测一个掩模基矩阵是否满足 3×3 的 SM 约束条件，附录 B 中也将具体介绍这种检测算法，因此找到一种代数法来构造满足 3×3 的 SM 约束条件的基矩阵是非常有趣的问题。

第 7 章证明掩模操作是一种非常有效的方法，可以增加 LDPC 码的 Tanner 图周长以及降低短环数量。掩模操作实质上是先构造一个与基矩阵同样大小的矩阵，将基矩阵与掩模矩阵进行 Hadamard 乘积获得掩模基矩阵，第 7 章中也介绍了几种小的、良好性能的掩模矩阵。需要注意的是，目前这些掩模矩阵还是基于实验和经验获得的，如何给出构造好的掩模矩阵的准则和方法也是值得思考的问题。

通过第 7 章的几个例子，可知掩模矩阵可以有效增加 LDPC 码的 Tanner 图周长，减少了短环的数量，并且通过矩阵分解的方法构造 QC－PTG－LDPC 码具有良好的性能。那么是否可以说，好的掩模矩阵经过 CPM 扩展构造出的 QC－SP－LDPC 码具有良好的性能，这个同样的掩模矩阵通过分解法构造出来的 QC－PTG－LDPC 码也会具有相同的性能？如果是这样，那么需要在设计一个好的原模图之前设计一个好的掩模矩阵。

第四部分（对应于本书第 8 章），介绍代数法构造具有双重准循环结构的 LDPC 码的方法，这种码性能很好，同时这种码易于硬件实现，具体可以采用文献[79]和文献[68]中介绍的低复杂度译码算法。想要构造双重循环 QC－LDPC 码，首先需要构造一个满足 2×2 的 SM 约束条件的循环基矩阵，可以采用 RS 码和二维欧氏几何方法构造。在第 9 章，发现基于 2×2 的 SM 约束条件的循环基矩阵也可以用来构造空间耦合 QC－LDPC 码。如何构造满足 2×2 的 SM 约束条件的循环基矩阵是一个非常值得研究问题。

第五部分（对应于本书第 9 章），介绍代数法构造两种时变 SC－QC－LDPC 码的方法，即半无限形式和截断形式。实际上，SC－QC－LDPC 码也可以看作 SP－LDPC 码或 PTG－LDPC 码的特殊形式。本章给出了

SC－QC－LDPC码的Tanner图结构，以及通过例子分析这类码的性能曲线，通过代数方式可以设计出具有更好结构、更好性能且易于实现的SC－LDPC码。第9章介绍代数构造SC－LDPC码的方法非常简单灵活，可以避免随机方式构造长码中存在的问题，具有非常良好的性能，可以接近译码门限。

第六部分(对应于本书第10章)，介绍代数法构造两种基于CN节点的GC－LDPC码的方法。第一种基于CN节点的QC－GC－LDPC码构造是基于循环基阵列进行的，这种类型的码在AWGN信道和BEC信道都具有良好的性能；第二种基于CN节点的QC－GC－LDPC码的构造是基于两个LDPC码的乘积，同样这种构码方式获得的码在AWGN信道和BEC信道也都具有良好的性能。本章也介绍基于基矩阵和矩阵扩展法构造基于CN节点的QC－GC－LDPC码的方法，因此这类GC－LDPC码也可以看作SP－LDPC码的特殊形式。紧接着，本章围绕基于CN节点的QC－GC－LDPC码介绍了一种局部/全局两步迭代译码方法，这种译码方法可以在局部步骤中纠正局部错误，在全局步骤中纠正全局错误，这种译码方式可以进一步研究。另外一个问题是，基于CN节点的GC－LDPC码的编码方法是否也可以采用局部/全局两步的方法。这种全局耦合的概念非常新颖和有趣。

对于基于CN节点的QC－GC－LDPC码，若是采用全部的校验矩阵进行译码，其复杂度会非常高。如果两个组成码的长度比较长，甚至不用特别长，那么这两个组成码字的乘积也将会非常长，此时基于CN节点的QC－GC－LDPC码的校验矩阵会非常大。对于这种乘积码，基于校验矩阵进行全局译码时，复杂度会非常高，很难硬件实现，因此针对这种乘积方式构造的GC－LDPC码，如何给出低复杂度的译码方法，也是非常有意义的研究问题。

一种可能的解决方法是将这种乘积码采用turbo结构的BP译码方法。一个turbo结构的BP译码器含有两个本地译码器，而这两个译码器对应两个组成码的译码结构，即每一个译码器都可以看作一个BP译码器。当局部译码器进行一定次数的BP译码后，两个局部译码器则通过两个交织器件(如turbo译码结构)交换码字符号的可靠信息(即LLRs信息)。

另外一个问题是观察基于CN节点的QC－GC－LDPC码的陷阱集，第10章的最后指出基于CN节点的QC－GC－LDPC码的Tanner图中不含有小的局部陷阱集，那么这种码是否含有小的全局陷阱集，这也是值得探讨的问题。

第七部分(对应于本书的第 11 章)关注 NB－LDPC 的构造,并给出几种构造 NB－LDPC 码的方法,包括 SP 构码法、代数 PTG 构码法、NB－CPM扩展法、B－to－NB 替代法以及掩模法。本章介绍代数方法构造NB－PTG－LDPC 码的方法不同于目前传统的构码法,因此通过代数法构造 NB－PTG－LDPC 码,并观察这种码的渐进特性是值得进一步探讨的。本章也介绍基于 RS 码的校验矩阵构造 NB－LDPC 码的方法,主要基于 GF(2^8)上的(255,239)和(255,223)RS 码的校验矩阵构造了两种 NB－LDPC码,RS 码在过去 40 年中被广泛应用在商业、深空通信以及信息存储系统中。基于这两个 RS 码构造 LDPC 码具有同样的码长和码率,并且它们在二进制输入 AWGN 信道中具有非常好的瀑布区以及非常好的误码平层特性。第 11 章介绍基于 RS 校验矩阵构造 NB－QC－LDPC 码,码长满足最小素数因子条件。

一个具有挑战的问题是,如何对 RS 码进行有效软译码,使 RS 码不仅易于实现,RS 码的性能曲线还可以接近最大似然译码的结果。

附　录

附录 A　基于部分几何构造满足 RC 约束条件的 CPM 阵列法

附录 A 介绍基于部分几何(Partial Geometries, PaGs)构造满足 RC 约束条件的 CPM 阵列的方法[6,10,12],这种基于 PaGs 法构造满足 RC 约束条件的阵列性能非常好,可以用来构造 SP 构码法需要的基矩阵和替代集合,获得 QC－SP－LDPC 码。

假设一个系统由含有 n 个点的集合 N 和 m 条线的集合 M 组成,每条线实际上是由点的集合所构成。如果一条线 L 含有一个点 p,则 p 在线 L 上,或者 L 通过点 p;如果两个点在一条线上,则这两个点相邻;如果两条线通过同一个点,则这两条线相交,否则这两条线称为平行的。一个系统由集合 N 和 M 组成,其中 γ、ρ、δ 是固定整数,并且 $\gamma \geqslant 2$、$\rho \geqslant 2$ 和 $\delta \geqslant 1$,如果满足以下条件。

(1)任意两点最多在一条线上。

(2)每个点在 γ 条线上。

(3)每条线通过 ρ 个点。

(4)如果点 p 不在线 L 上,则存在 δ 条线通过点 p 和 L 上的一个点,可以称其为部分几何[6,10,12]。

这样一个部分几何定义为 PaG(γ,ρ,δ),其中 γ、ρ、δ 为部分几何的参数,参数 δ 称为几何的连接数。

通过一个简单的计算给出部分几何 PaG(γ,ρ,δ)含有点的数量为[6]

$$n=\frac{\rho((\rho-1)(\gamma-1)+\delta)}{\delta} \tag{A.1}$$

含有线的数量为

$$m=\frac{\gamma((\rho-1)(\gamma-1)+\delta)}{\delta} \tag{A.2}$$

可以看到它满足两个条件,其一,PaG(γ,ρ,δ)中的两条线最多有一个共同的点；其二，PaG(γ,ρ,δ)上有 γ 条线通过 PaG(γ,ρ,δ)上的任意一点 p。

定义 PaG(γ,ρ,δ)上 n 个点和 m 条线为 $p_0,p_1,\cdots,p_{n-1}$ 和 $L_0,L_1,\cdots,L_{m-1}$。当 $0\leqslant i<m$ 时，PaG(γ,ρ,δ)上的任意一条线 L_i，在 GF(2)上构造一个长为 n 的矢量 $\boldsymbol{v}_i=(\boldsymbol{v}_{i,0},\boldsymbol{v}_{i,1},\cdots,\boldsymbol{v}_{i,n-1})$；当 $0\leqslant i<m$ 且 $0\leqslant j<n$ 时，如果 p_j 在线 L_i 上，则 $v_{i,j}=1$，否则 $v_{i,j}=0$。这个长为 n 的矢量称为线 L_i 的入射矢量，由于 PaG(γ,ρ,δ)上最多有两条线通过共同的点，两条不同线的入射矢量最多只有一个位置为 1，入射矢量的重量为 ρ。

构造一个 $m\times n$ 的矩阵 $\boldsymbol{H}_{\text{PaG}}=[h_{i,j}]_{0\leqslant i<m,0\leqslant<n}$，PaG($\gamma,\rho,\delta$)上的 m 行对应的入射矢量作为该矩阵的行，因此 $\boldsymbol{H}_{\text{PaG}}$ 的列和行对应 PaG(γ,ρ,δ)上的点和线。考虑 PaG(γ,ρ,δ)的基本特性，矩阵 $\boldsymbol{H}_{\text{PaG}}$ 含有以下结构特点。

(1)满足 RC 约束。

(2)具有固定列重 γ。

(3)具有固定行重 ρ。

因此，$\boldsymbol{H}_{\text{PaG}}$ 对应的 Tanner 图周长至少为 6，$\boldsymbol{H}_{\text{PaG}}$ 上任意子矩阵可以用来构造一个校验矩阵，并获得对应的 LDPC 码，矩阵 $\boldsymbol{H}_{\text{PaG}}$ 又被称为 PaG(γ,ρ,δ)的关联矩阵。

部分几何的经典例子是有限域上的欧氏几何和射影几何[13,84]。下面介绍两种部分几何，它们对应的关联矩阵可以满足 RC 约束条件的 CPM 阵列，因此这些阵列可以直接构造 QC－LDPC 码，或者用来构造基于 SP 构码法的基矩阵或替代集合中的矩阵。

A.1　基于有限域上的二维欧氏几何构造满足 RC 约束条件的 CPM 阵列的方法

A.1.1　有限域上的二维欧氏几何

有限域上的一个二维欧氏几何定义为 EG($2,q$)，它是一个部分几何 PaG($q+1,q,q$)，其含有 q^2 个点和 q^2+q 条线[13,84,74,97]。一条线含有 q 个点，每个点在 $q+1$ 条线上，如果一个点 p 不在线 L 上，则存在 q 条线通过点 p 和 L 上的一个点，即 EG($2,q$)上任意两点由一条线连接；如果点 p 不在线 L 上，则其在唯一的一条线 L' 上，而线 L' 和线 L 平行，不存在交点。EG($2,q$)上的 q^2+q 条线可以被分成 $q+1$ 组，每一组含有 q 条线，且每一组的 q 条线互相平行，属于不同组的两条线则存在交点，有 $n=q^2$ 个点在每一组的同一条线上。这些线的分组又被称为平行束，每组平行束含有一条通过几何原点的线和 $q-1$ 条不通过原点的线。对于 EG$(2,q)$上的任意一点 p，含有 $q+1$ 条通过 p 的线，而这些线在点 p 形成了一个交叉束。

在有限域 GF(q)上构造 EG$(2,q)$的简单方法是将其看作一个二维的矢量空间 $\mathbf{V}$，含有 q^2 个 GF(q)上的(a_0,a_1)矢量，每个(a_0,a_1)看作 EG$(2,q)$上的一个点 $\boldsymbol{p}$，$(0,0)$为该几何的原点。令 GF(q^2)是 GF(q)的扩域，由于 GF(q^2)上每个元素用 GF(q)上的二维矢量表示，因此其对应 EG$(2,q)$上的一个点，GF(q^2)也可以看作 GF(q)的二维矢量空间。令 α 为 GF(q^2)上的本原元，则 α 的指数 $\alpha^{-\infty}=0,\alpha^0=1,\alpha,\alpha^2,\cdots,\alpha^{q^2-2}$ 构成了 GF(q^2)上的全部元素，也代表 EG$(2,q)$上的 q^2 个点，零元素对应 EG$(2,q)$的原点。

令 α^{j_1} 是 EG$(2,q)$上的非原点，则集合$\{\beta\alpha^{j_1}:\beta\in \mathrm{GF}(q)\}$构成 EG$(2,q)$上的一条线。当 $\beta=0$ 时，则 $\beta\alpha^{j_1}=0$ 是 EG$(2,q)$的原点，此时线$\{\beta\alpha^{j_1}:\beta\in \mathrm{GF}(q)\}$通过 EG$(2,q)$的原点，这条线含有 $\mathbf{V}$ 中 q 个矢量，可以看作 GF(q)上二维矢量空间 $\mathbf{V}$ 的一维子空间。

令 α^{j_0} 和 α^{j_1} 是 EG$(2,q)$上线性独立的非原点的两个点，即满足 $\alpha^{j_1}\neq\beta\alpha^{j_0}$ 或者 $\alpha^{j_0}\neq\beta\alpha^{j_1}$，则集合$\{\alpha^{j_0}+\beta\alpha^{j_1}:\beta\in \mathrm{GF}(q)\}$中 q 个点形成一条通过点 α^{j_0} 的线，这条$\{\alpha^{j_0}+\beta\alpha^{j_1}:\beta\in \mathrm{GF}(q)\}$线含有 $\mathbf{V}$ 中的 q 个矢量，是线$\{\beta\alpha^{j_1}:\beta\in \mathrm{GF}(q)\}$的陪集，也是 $\mathbf{V}$ 的一维子空间。这条$\{\alpha^{j_0}+\beta\alpha^{j_1}:\beta\in \mathrm{GF}(q)\}$线，可以看作在 EG$(2,q)$上任意选取的非$\{\beta\alpha^{j_1}:\beta\in \mathrm{GF}(q)\}$上的任意一点 α^{j_0}，与$\{\beta\alpha^{j_1}:\beta\in \mathrm{GF}(q)\}$上所有点相加获得的集合。线$\{\beta\alpha^{j_1}:\beta\in \mathrm{GF}(q)\}$和$\{\alpha^{j_0}+\beta\alpha^{j_1}:\beta\in \mathrm{GF}(q)\}$之间并不存在交点，因此这两条线平行。由于 $\mathbf{V}$ 中$\{\beta\alpha^{j_1}:\beta\in \mathrm{GF}(q)\}$含有 q 个陪集，这里也算上$\{\beta\alpha^{j_1}:\beta\in \mathrm{GF}(q)\}$其本身，因此，这 q 个陪集形成 EG$(2,q)$上含有 q 条平行线的束，也被称为平行束，这 q 条线形成的平行束包含 EG$(2,q)$上的 q^2 个点，并且每个点只在一条线上。

在 GF(q^2)上(或 $\mathbf{V}$)上含有 $q+1$ 个不同的一维子空间，基于这些一维子空间中任意一个子空间，可以获得一个含有 q 条线的平行束，因此 EG$(2,q)$上的线可以分成 $q+1$ 个平行束，而每一束含有 q 条平行线，所以 EG$(2,q)$含有 q^2+q 条线。

令 α^{j_0}、α^{j_1} 和 α^{j_2} 是 EG$(2,q)$上的三个点，任意两点成对、线性独立，则集合$\{\alpha^{j_0}+\beta\alpha^{j_1}:\beta\in \mathrm{GF}(q)\}$和$\{\alpha^{j_0}+\beta\alpha^{j_2}:\beta\in \mathrm{GF}(q)\}$对应 EG$(2,q)$上两条不同的线，且这两条线含有点 α^{j_0}，即这两条线在点 α^{j_0} 处交叉。由于这两条线相交，它们分别属于不同的平行束。由于 EG$(2,q)$上有 $q+1$ 个平行束，每个平行束只有一条线通过点 α^{j_0}，因此在点 α^{j_0} 上正好有 $q+1$ 条线通过，这 $q+1$ 条线对应一个交叉束。对于 EG$(2,q)$上每个点来说，其对应于一个含有 $q+1$ 条线的交叉束。

综上所述,GF(q)上二维欧氏几何 EG($2,q$)可以通过 GF(q)上的二维矢量空间构造,或者通过 GF(q)的扩域 GF(q^2)获得,相反 GF(q^2)可以看作 GF(q)上一个二维欧氏几何 EG($2,q$)。

A.1.2 基于 EG 的满足 RC 约束的 CPM 阵列

介绍一种基于 EG($2,q$)上点和线构造满足 RC 约束条件的大小为$(q-1)\times(q-1)$的 CPM 阵列的方法。

q^2-1 分解为 $q-1$ 和 $q+1$ 的乘积,即 $q^2-1=(q-1)(q+1)$,因此 α^{q+1}的阶为 $q-1$,即 $\alpha^{(q+1)(q-1)}=1$。EG($2,q$)上的集合$L_{-\infty}=\{\alpha^{-\infty}=0,\alpha^0,\cdots,\alpha^{(q-1)(q-2)}\}$含有 q 个点,且通过原点的一条线,集合$L_{-\infty}$中的元素是 GF(q^2)的子域 GF(q)上的 q 个元素,也是 GF(q^2)的一维子空间。当 $0\leqslant j\leqslant q$时,集合 $\alpha^j L_{-\infty}=\{0,\alpha^j,\alpha^{(q+1)+j},\cdots,\alpha^{(q-1)(q-2)+j}\}$的 q 个点构成通过 EG($2,q$)原点的一条线[74,97],因此$L_{-\infty},\alpha L_{-\infty},\cdots,\alpha^q L_{-\infty}$是 $q+1$ 条通过原点的线,其中 $\alpha^{(q+1)}L_{-\infty}=L_{-\infty}$。

令 $L=\{\alpha^{j_1},\alpha^{j_2},\cdots,\alpha^{j_q}\}$是 EG($2,q$)上一条不通过原点的线,其上的点为 $\alpha^{j_1},\alpha^{j_2},\cdots,\alpha^{j_q}$,其中 $0\leqslant j_1,j_2,\cdots,j_q<q^2-1$。当 $0\leqslant i<q^2-1$ 时,令 $\alpha^i L=\{\alpha^{j_1+i},\alpha^{j_2+i},\cdots,\alpha^{j_q+i}\}$,含有 q 个点的集合 $\alpha^i L$ 也是 EG($2,q$)上一条不通过原点的线,并且 $L,\alpha L,\alpha^2 L,\cdots,\alpha^{q^2-2}L$ 形成了 EG($2,q$)上 q^2-1 条不通过原点的线[84,97],这种线的结构又被称为循环结构。这种循环结构可以基于两条线构造 EG($2,q$)上的全部线,其中一条是通过原点的线,另外一条是不通过原点的线。

在 GF(2)上,将 EG($2,q$)上的 $q(q+1)$条线的入射矢量作为行,构造一个 $q(q+1)\times q^2$ 的矩阵 $\boldsymbol{H}_{\mathrm{EG}}$。令$L_{-\infty}$和 L 分别表示通过 EG($2,q$)原点和不通过原点的线。安排 $\boldsymbol{H}_{\mathrm{EG}}$的行结构,将入射矢量$L_{-\infty},\alpha L_{-\infty},\alpha^2 L_{-\infty},\cdots,\alpha^q L_{-\infty}$作为 $\boldsymbol{H}_{\mathrm{EG}}$最上面的 $q+1$ 行,将入射矢量 $L,\alpha L,\alpha^2 L,\cdots,\alpha^{q^2-2}L$ 作为 $\boldsymbol{H}_{\mathrm{EG}}$下面的 q^2-1 行;将 $\boldsymbol{H}_{\mathrm{EG}}$的行从 0 标记到 $q(q+1)-1$,同时将 EG($2,q$)中的线$L_{-\infty},\alpha L_{-\infty},\alpha^2 L_{-\infty},\cdots,\alpha^q L_{-\infty},L,\alpha L,\alpha^2 L,\cdots,\alpha^{q^2-2}L$ 也按照这个顺序进行标记;将 $\boldsymbol{H}_{\mathrm{EG}}$的列从$-\infty$,0 标记到 q^2-2,将 EG($2,q$)中的点 $\alpha^{-\infty},\alpha^0,\alpha,\alpha^2,\cdots,\alpha^{q^2-2}$也按照这个顺序进行标记。令 $\boldsymbol{H}_{\mathrm{EG},0}$和 $\boldsymbol{H}_{\mathrm{EG},1}$为 $\boldsymbol{H}_{\mathrm{EG}}$的子矩阵,$\boldsymbol{H}_{\mathrm{EG},0}$含有 $\boldsymbol{H}_{\mathrm{EG}}$上面的 $q+1$ 行,$\boldsymbol{H}_{\mathrm{EG},1}$含有 $\boldsymbol{H}_{\mathrm{EG}}$下面的 q^2-1 行。因此,$\boldsymbol{H}_{\mathrm{EG}}$可以表示为

$$\boldsymbol{H}_{\mathrm{EG}}=\begin{bmatrix}\boldsymbol{H}_{\mathrm{EG},0}\\ \hdashline \boldsymbol{H}_{\mathrm{EG},1}\end{bmatrix} \tag{A.3}$$

$\boldsymbol{H}_{EG}$最上面的子矩阵$\boldsymbol{H}_{EG,0}$是GF(2)上的一个$(q+1)\times q^2$的矩阵，具有以下特性。

(1)第$-\infty$列含有$q+1$个1。

(2)其他q^2-1列只含有一个1和q个零。

(3)从第0列到第q^2-2列构成了一个矩阵的行扩展，其含有$q-1$个大小为$(q+1)\times(q+1)$的单位阵。

$\boldsymbol{H}_{EG}$最下面的子矩阵$\boldsymbol{H}_{EG,1}$具有以下特性。

(1)第$-\infty$列含有q^2-1个0。

(2)其他q^2-1列构成了一个$(q^2-1)\times(q^2-1)$的循环矩阵，其列重和行重都为q。

$\boldsymbol{H}_{EG}$的行重和列重分别为$q+1$和q，$\boldsymbol{H}_{EG}$是EG$(2,q)$的关联矩阵，并且满足RC约束条件，因此$\boldsymbol{H}_{EG}$对应的零空间是一个LDPC码，也被称为EG-LDPC码[58,74,97]。

如果将$\boldsymbol{H}_{EG,1}$的第$-\infty$列移走，可以获得一个满足RC约束条件的$(q^2-1)\times(q^2-1)$的循环矩阵$\boldsymbol{H}_{EG,cyc}$，$\boldsymbol{H}_{EG,cyc}$对应的零空间是一个长度为q^2-1的循环LDPC码$\boldsymbol{C}_{EG,cyc}$，其最小距离等于$q+1$[58,74,97]，已经证明该循环EG-LDPC码$\boldsymbol{C}_{EG,cyc}$并不含有小于其最小距离的陷阱集[46,28]。

将$\boldsymbol{H}_{EG,cyc}$的行和列从0标记到q^2-2。当$0\leqslant i、j\leqslant q$时，定义索引序列表示为

$$\boldsymbol{\pi}_{row,i}=[i \quad (q-1)+i \quad 2(q-1)+i \quad \cdots \quad (q-1)(q-1)+i]$$

$$\boldsymbol{\pi}_{col,j}=[j \quad (q-1)+j \quad 2(q-1)+j \quad \cdots \quad (q-1)(q-1)+j]$$

并令

$$\boldsymbol{\pi}_{row}=[\pi_{row,0} \quad \pi_{row,1} \quad \cdots \quad \pi_{row,q}] \tag{A.4}$$

$$\boldsymbol{\pi}_{col}=[\pi_{col,0} \quad \pi_{col,1} \quad \cdots \quad \pi_{col,q}] \tag{A.5}$$

式中，π_{row}和π_{col}定义行和列的重新排列的顺序。

如果将$\boldsymbol{H}_{EG,cyc}$的行和列基于π_{row}和π_{col}重新排列，则通过行和列的转置操作可以得到GF(2)上一个$(q^2-1)\times(q^2-1)$的矩阵，表示为

$$\boldsymbol{H}_{EG,qc}=[\boldsymbol{A}_{i,j}]_{0\leqslant i,j\leqslant q} \tag{A.6}$$

$\boldsymbol{H}_{EG,qc}$是一个$(q+1)\times(q+1)$的阵列，每一位对应于一个$(q-1)\times(q-1)$的矩阵，即$\boldsymbol{H}_{EG,qc}$含有$q+1$个矩阵的行扩展和$q+1$个矩阵的列扩展，每个block对应一个大小为$(q-1)\times(q-1)$的矩阵。每一矩阵的行扩展(或者每一列)的$q+1$组成矩阵中有q个是大小为$(q-1)\times(q-1)$的CPM矩阵，1个是大小为$(q-1)\times(q-1)$的ZM矩阵，因此$\boldsymbol{H}_{EG,qc}$是一个满足RC

约束条件的$(q+1)\times(q+1)$的阵列，其每一位对应于一个$(q-1)\times(q-1)$的 CPM 矩阵或 ZM 矩阵[46]，$\boldsymbol{H}_{\mathrm{EG,qc}}$中含有 $q+1$ 个 ZM 矩阵。另外，$\boldsymbol{H}_{\mathrm{EG,qc}}$每个矩阵的行扩展对应的 $q-1$ 行，实际上对应于 EG$(2,q)$上的 $q-1$ 条不通过原点的平行线。

实际上，$\boldsymbol{H}_{\mathrm{EG,qc}}$的零空间对应的 QC－LDPC 码 $\boldsymbol{C}_{\mathrm{EG,qc}}$完全等价于 $\boldsymbol{C}_{\mathrm{EG,cyc}}$。$\boldsymbol{H}_{\mathrm{EG,qc}}$的阵列可以用来构造基于 SP 构码法的基矩阵和替代集合，具体见 6.1 节和 6.3 节。

文献[46]中，已经证明 $\boldsymbol{H}_{\mathrm{EG,qc}}$具有 block-wise 循环结构。$\boldsymbol{H}_{\mathrm{EG,qc}}$的每一矩阵的行扩展，可以看作其上一行的循环移位，即每个组成矩阵向右移动一个 block，当最右边的矩阵移动到左边时，循环移位停止，此时每一行都向右移动了一个 block。需要注意的是，循环移动一个 CPM 矩阵的全部行，可以获得一个不同的 CPM 矩阵。通过上述 block-wise 循环结构的介绍，可知 $\boldsymbol{H}_{\mathrm{EG,qc}}$的阵列可以通过其第一矩阵的行扩展的循环移位实现。

令 β 是 GF(q)上的本原元，也是 GF(q^2)的子域，则 $\beta^{-\infty}=0,\beta,\beta^2,\cdots,\beta^{q-2}$构成 GF$(q)$上的全部元素。GF$(q)$是 GF$(q^2)$的子域，因此 $\beta=\alpha^{q+1}$，其中 α 是 GF(q^2)的本原元。当 $0\leqslant j\leqslant q$ 且 $l_j\in\{-\infty,0,1,\cdots,q-2\}$时，定义 l_j 为 $\boldsymbol{H}_{\mathrm{EG,qc}}$第一矩阵的行扩展中第 j 个组成矩阵的第一行中 1 的位置。如果 $l_j=-\infty$时，则 $\boldsymbol{H}_{\mathrm{EG,qc}}$第一矩阵的行扩展中第 j 个组成矩阵是 ZM 矩阵；当 $l_j\neq-\infty$时，它是一个 CPM 矩阵，其生成式在 l_j 处为 1。当 $0\leqslant j\leqslant q$ 时，如果 $\boldsymbol{H}_{\mathrm{EG,qc}}$的第一矩阵的行扩展中第 j 个组成矩阵 $\boldsymbol{A}_{0,j}$是一个 CPM 矩阵，则它是非零元素 β^{l_j}的 CPM 扩展；如果 $\boldsymbol{H}_{\mathrm{EG,qc}}$第一矩阵的行扩展中第 j 个组成矩阵 $\boldsymbol{A}_{0,j}$是一个 ZM 矩阵，则 $l_j=-\infty$。在 GF(q)上构造一个$(q+1)\times(q+1)$的矩阵，表示为

$$\boldsymbol{B}_{\mathrm{EG}}=\begin{bmatrix}\beta^{l_0} & \beta^{l_1} & \beta^{l_2} & \cdots & \beta^{l_{q-1}} & \beta^{l_q}\\ \beta^{l_q+1} & \beta^{l_0} & \beta^{l_1} & \cdots & \beta^{l_{q-2}} & \beta^{l_{q-1}}\\ \beta^{l_{q-1}+1} & \beta^{l_q+1} & \beta^{l_0} & \cdots & \beta^{l_{q-3}} & \beta^{l_{q-2}}\\ \vdots & \vdots & \vdots & & \vdots & \vdots\\ \beta^{l_2+1} & \beta^{l_3+1} & \beta^{l_4+1} & \cdots & \beta^{l_0} & \beta^{l_1}\\ \beta^{l_1+1} & \beta^{l_2+1} & \beta^{l_3+1} & \cdots & \beta^{l_q+1} & \beta^{l_0}\end{bmatrix}\tag{A.7}$$

由上式可以看到 $\boldsymbol{B}_{\mathrm{EG}}$的每一行是其上一行的向右循环移位，当最右边的组成元素移动到最左边位置时，需要乘以 β。需要注意的是，当对 β^{l_j}进行 CPM 扩展，对这个扩展的 CPM 矩阵的全部行进行循环移位获得新 CPM 矩阵，实际上是对 β^{l_j+1}进行 CPM 扩展，此时 $\boldsymbol{H}_{\mathrm{EG,qc}}$和 $\boldsymbol{B}_{\mathrm{EG}}$都为循环结

构，并且 $\boldsymbol{H}_{\mathrm{EG,qc}}$ 可以通过 $\boldsymbol{B}_{\mathrm{EG}}$ 的 CPM 扩展获得。由于 $\boldsymbol{H}_{\mathrm{EG,qc}}$ 满足 RC 约束条件，$\boldsymbol{B}_{\mathrm{EG}}$ 也满足 2×2 的 SM 约束条件。

因此，$\boldsymbol{B}_{\mathrm{EG}}$ 的任何一个子矩阵可以用来构造 SP 构码法的基矩阵，获得一个 CPM－QC－SP－LDPC 码。考虑二维欧氏几何可以在不同域上，也可以获得不同大小的基矩阵。基于这些基矩阵，通过 CPM 扩展方式，可以构造一系列的 QC－SP－LDPC 码。

A.2 基于素数域上的部分几何构造满足 RC 约束条件的 CPM 阵列的方法

现在介绍一种新发现的基于素数域上的部分几何，构造满足 RC 约束条件 CPM 阵列的方法[29]。

令 p 是一个素数，GF(p)是一个素数域，并包含以下 p 个元素 0，1，2，…，$p-1$。将 GF(p)上的每个元素 i 扩展成一个 $p\times p$ 的 CPM 矩阵，定义为 $\boldsymbol{A}(i)$，其列和行从 0 开始标记到 $p-1$，其生成式仅在位置 i 处为 1，使元素和矩阵是一对一的映射关系，比如当 $i=0$ 时，$\boldsymbol{A}(0)$ 就是一个 $p\times p$ 的单位阵。

因此，在 GF(p)上，可以获得一个 $p\times p$ 大小的矩阵 $\boldsymbol{B}_{\mathrm{p}}$，其列和行都是从 0 标记到 $p-1$，具体表示为

$$\boldsymbol{B}_{\mathrm{p}}=\begin{bmatrix} 0\cdot 0 & 0\cdot 1 & \cdots & 0\cdot(p-1) \\ 1\cdot 0 & 1\cdot 1 & \cdots & 1\cdot(p-1) \\ 2\cdot 0 & 2\cdot 1 & \cdots & 2\cdot(p-1) \\ \vdots & \vdots & & \vdots \\ (p-1)\cdot 0 & (p-1)\cdot 1 & \cdots & (p-1)\cdot(p-1) \end{bmatrix} \tag{A.8}$$

$\boldsymbol{B}_{\mathrm{p}}=[b_{i,j}]_{0\leqslant j,j<p}$，其中 $b_{ij}=ij$ 是由 GF(p)上的两个元素相乘然后取 p 为模获得。矩阵 $\boldsymbol{B}_{\mathrm{p}}$ 具有以下性能。

(1)第 0 行和第 0 列的全部元素为 0。

(2)除了第 0 行和第 0 列，任意一行或任意一行的元素各不相同，它们构成了 GF(p)中的全部元素。

(3)任意两行或任意两列，在第 0 列或第 0 行的位置为 0；在其余不是第 0 列或第 0 行的 $p-1$ 个位置各不相同。

(4)当 $0\leqslant i<p$ 时，$\boldsymbol{B}_{\mathrm{p}}$ 中第 i 列的转置对应 $\boldsymbol{B}_{\mathrm{p}}$ 中的第 i 行。这个特性意味着 $\boldsymbol{B}_{\mathrm{p}}$ 的转置 $\boldsymbol{B}_{\mathrm{p}}^{\mathrm{T}}$ 是其本身 $\boldsymbol{B}_{\mathrm{p}}$，即 $\boldsymbol{B}_{\mathrm{p}}^{\mathrm{T}}=\boldsymbol{B}_{\mathrm{p}}$。

如果 $\boldsymbol{B}_{\mathrm{p}}$ 的每个位置扩展成一个大小为 $p\times p$ 的 CPM 矩阵，可以获得

一个大小为 $p\times p$ 的阵列 $\boldsymbol{H}_{\mathrm{PaG,p}}$，其每一位由大小为 $p\times p$ 的 CPM 矩阵构成。$\boldsymbol{H}_{\mathrm{PaG,p}}$是 GF(2)上一个大小为 $p^2\times p^2$ 的矩阵，其列重和行重都为 p。在文献[29]中，已经证明 $\boldsymbol{H}_{\mathrm{PaG,p}}$是部分几何 PaG($p,p,p-1$)的关联矩阵，含有 p^2 个点和 p^2 条线，PaG($p,p,p-1$)上每条线含有 p 个点，而每个点在 p 条线上。线 L 外的一点 p，与 L 上 $p-1$ 个点通过线连接，即 PaG($p,p,p-1$)上任意一点的连接数为 $p-1$。$\boldsymbol{H}_{\mathrm{PaG,p}}$含有 p 个矩阵的行扩展以及 p 个矩阵的列扩展，一个矩阵的行扩展含有的 p 行对应 PaG($p,p,p-1$)上 p 条平行线对应的入射矢量，因此 PaG($p,p,p-1$)上 q^2 条线可以分成 p 个平行束；由于 $\boldsymbol{H}_{\mathrm{PaG,p}}$每一列的列重为 p，即 PaG($p,p,p-1$)的每个点在 p 条线上。作为部分几何的关联矩阵，$\boldsymbol{H}_{\mathrm{PaG,p}}$ 满足 RC 约束条件，因此 $\boldsymbol{H}_{\mathrm{PaG,p}}$子阵列对应的 Tanner 图周长至少为 6。$\boldsymbol{H}_{\mathrm{PaG,p}}$和 $\boldsymbol{B}_{\mathrm{p}}$ 中下角标“p”表示的是“prime”。

GF(p)上的矩阵 $\boldsymbol{B}_{\mathrm{p}}$ 称为构造部分几何 PaG($p,p,p-1$)的基矩阵，$\boldsymbol{H}_{\mathrm{PaG,p}}$对应的零空间是一个 QC－LDPC 码。

$\boldsymbol{H}_{\mathrm{PaG,p}}$同样可以用来构造基于 SP 构码法的基矩阵和替代矩阵，具体内容见 6.1 节和 6.4 节。

附录 B　搜索匹配掩模矩阵的基矩阵算法

本节将介绍一种算法用来在给定域里寻找满足 2×2 的 SM 约束条件的基矩阵，可以用来设计掩模矩阵，即当给定一个满足 2×2 的 SM 约束的基矩阵，将该基矩阵与设计良好的掩模矩阵相乘，可以获得一个满足3×3 的 SM 约束条件的掩模基矩阵，此时产生的规则 CPM－QC－SP－LDPC 码的 Tanner 图周长通常很大，并且具有较少数量的短环。

令 $\boldsymbol{Z}(m,n)$为一个给定码率的 $m\times n$ 的掩模矩阵，w_{c} 和 w_{r} 分别为 $\boldsymbol{Z}(m,n)$的列重和行重。定义 $\boldsymbol{B}_{\mathrm{mother}}$为 GF($q$)上 $M\times N$ 矩阵，其中 $M>m$ 和 $N>n$，并且 $\boldsymbol{B}_{\mathrm{mother}}$满足 2×2 的 SM 约束条件，在 $\boldsymbol{B}_{\mathrm{mother}}$选取一个 $m\times n$ 的子矩阵 $\boldsymbol{B}(m,n)$，掩模基矩阵 $\boldsymbol{B}_{\mathrm{mask}}(m,n)=\boldsymbol{Z}(m,n)\odot\boldsymbol{B}(m,n)$对应的 CPM－QC－SP－LDPC 码的 Tanner 图周长通常更大，并且具有更少数量的短环。基矩阵 $\boldsymbol{B}(m,n)$与设计好的掩模矩阵 $\boldsymbol{Z}(m,n)$相匹配，基矩阵 $\boldsymbol{B}_{\mathrm{mother}}$又称为初始基矩阵。

从初始基矩阵 $\boldsymbol{B}_{\mathrm{mother}}$寻找子矩阵 $\boldsymbol{B}(m,n)$的过程可以系统地进行。为简化搜索过程，只讨论从 $\boldsymbol{B}_{\mathrm{mother}}$中提取连续的 m 行和连续的 n 列这种情

况。取 $\boldsymbol{B}_{\text{mother}}$ 的前 m 行，即第 0 行到第 $(m-1)$ 行，从 $\boldsymbol{B}_{\text{mother}}$ 的最左边开始，每次移动一位直至最右边，每移动一次，将 $\boldsymbol{B}_{\text{mother}}$ 的 $m\times n$ 的子矩阵 $\boldsymbol{B}(m,n)$ 与掩模矩阵 $\boldsymbol{Z}(m,n)$ 相乘，得到掩模基矩阵 $\boldsymbol{B}_{\text{mask}}(m,n)$，判断该掩模基矩阵 $\boldsymbol{B}_{\text{mask}}(m,n)$ 是否满足 3×3 的 SM 约束条件；当检查完前 m 行的全部子矩阵 $\boldsymbol{B}(m,n)$ 后，开始搜索 $\boldsymbol{B}_{\text{mother}}$ 下面的连续 m 行，即从第 1 行到第 m 行，也一样从最左边遍历到最右边，直到检查完最后一个 $m\times n$ 的子矩阵；再从 $\boldsymbol{B}_{\text{mother}}$ 的第 2 行开始到第 $m+1$ 行，并从左到右继续遍历子矩阵，重复这个过程，直到遍历了 $\boldsymbol{B}_{\text{mother}}$ 全部的 $m\times n$ 子矩阵。

整个过程中，除了判断掩模基矩阵 $\boldsymbol{B}_{\text{mask}}(m,n)$ 是否满足 3×3 的 SM 约束条件外，还要同时计算 $\boldsymbol{B}_{\text{mask}}(m,n)$ 的周长 g 以及环长为 g、$g+2$ 和 $g+4$ 时的数量，环长的计算方法见文献[71]。通过该搜索算法，可以获得一个基矩阵 $\boldsymbol{B}(m,n)$ 和其相应的掩模基矩阵 $\boldsymbol{B}_{\text{mask}}(m,n)$，此时 $\boldsymbol{B}_{\text{mask}}(m,n)$ 对应的 LDPC 码的 Tanner 图周长可以达到最大值，或者较少的短环数，或者同时达到周长最大值和短环数少，此时的基矩阵 $\boldsymbol{B}(m,n)$ 与掩模矩阵 $\boldsymbol{Z}(m,n)$ 相匹配。如果搜索的结果不能满足上述条件，需要重新设计掩模矩阵，并重复上述算法。

当给定掩模矩阵，通过上述算法寻找匹配基矩阵的算法可以称为匹配基矩阵搜索算法(Compatible Base Matrix Search Algorithm，CBMSA)。实际上这个搜索算法是文献[68]算法的推广。

表 B.1 列出一系列的 4×8 的基矩阵 $\boldsymbol{B}(4,8)$，它们是 $\boldsymbol{B}_{\text{mother}}$ 的子矩阵，而 $\boldsymbol{B}_{\text{mother}}$ 是基于式(7.1)，选择两个子集合 $S_0=S_1=\text{GF}(q)$ 且 $\eta=1$，改变不同 q 值获得的，实际上 $\boldsymbol{B}_{\text{mother}}$ 是阶数为 q 的拉丁矩阵，而掩模矩阵是选取式(7.5)给出的 4×8 矩阵。表 B.1 的第 2 列和第 6 列代表 $\boldsymbol{B}_{\text{mask}}(m,n)$ 的周长为 8 和 10 的掩模基矩阵的数量，表示为 $\#\boldsymbol{B}_{\text{mask}}(4,8)_8$ 和 $\#\boldsymbol{B}_{\text{mask}}(4,8)_{10}$；表 B.1 的第 3 列和第 7 列代表 $\boldsymbol{B}_{\text{mask}}(m,n)$ 中环长为 8 和 10 时对应的最小数量，定义为 $\#\,\text{cyc8}_{\text{smallest}}$ 和 $\#\,\text{cyc10}_{\text{smallest}}$；表 B.1 的第 4 列和第 5 列代表 $\boldsymbol{B}(m,n)$ 中环长为 6 和 8 时对应的最小数量，定义为 $\#\,\text{cyc6}_{\text{unmasked}}$ 和 $\#\,\text{cyc8}_{\text{unmasked}}$。

比如基于 GF(331)构造 4×8 的掩模矩阵，根据上述 CBMSA 算法，可以得到 65 373 个周长为 8 的 4×8 的掩模基矩阵和 8 970 个周长为 10 的掩模基矩阵，在这些掩模基矩阵中，环长为 8 和 10 的最小数量为 330 和 11 220。对基矩阵 $\boldsymbol{B}(m,n)$ 进行掩模操作，得到的掩模基矩阵 $\boldsymbol{B}_{\text{mask}}(m,n)$ 的周长可以为 8，并且环长为 8 的环数目极少。由表 B.1 可知，对 $\boldsymbol{B}(4,8)$ 进行 CPM 扩展后得到的 Tanner 图，环长为 6 和 8 的环的个数分别为 7 920 和

34 320 个;然而,对该基矩阵 $\boldsymbol{B}(4,8)$ 进行掩模操作以后,环长为 8 的环数目只有 330。所以,掩模操作不仅可以使周长从 6 变到 8,同时环长为 8 的数目可以从 34 320 减少到 330。

表 B.1　在不同 GF(q)上基于 4×8 的掩模基矩阵构造 $\frac{1}{2}$ 码率的 CPM－QC－SP－LDPC 码周长为 8 或 10 的数量

q	$\#\boldsymbol{B}_{\text{mask}}(4,8)_8$	$\#\text{cyc}8_{\text{smallest}}$	$\#\text{cyc}6_{\text{unmasked}}$	$\#\text{cyc}8_{\text{unmasked}}$	$\#\boldsymbol{B}_{\text{mask}}(4,8)_{10}$	$\#\text{cyc}10_{\text{smallest}}$
53	220	806	1 612	26 286	0	0
64	542	819	1 890	25 965	0	0
89	1 433	616	2 640	26 576	0	0
128	6 872	635	3 810	28 575	0	0
181	15 799	360	4 140	27 990	680	11 880
256	45 977	255	6 375	41 820	5	9 435
257	36 927	256	6 400	46 976	1 479	11 776
331	65 373	330	7 920	34 320	8 970	11 200

附录 C　NB－LDPC 码的迭代译码算法

C.1　概述

本节主要介绍 GF(q)上($q=2^s$,且 $s>1$)NB－LDPC 的最流行的译码算法,该算法基于快速 Hadamard 变换[82,23,5]。

假设每个 q－ary 符号(含有 s 个比特),通过二进制输入 AWGN 信道到达接收机,实际上本算法也可以扩展到非二进制 AWGN 信道环境中。定义 n 和 m 分别为 GF(q)上的校验矩阵对应的列数和行数,校验矩阵可以表示为 $\boldsymbol{H}=[h_{i,j}]_{0\leqslant i<m,0\leqslant j<n}$,其中 $h_{i,j}\in \text{GF}(q)$。

对于二进制 LDPC 码来说,其迭代译码依赖于 v_j 节点为 0 和 1 的概率,定义为$P_j[0]$和$P_j[1]$,其中 $j=0,1,\cdots,n-1$。为数学方便和降低实现的复杂度,译码器估计主要通过对 0 和 1 的对数似然概率(Log-Likelihood Ratio, LLR)进行迭代估计译码,对于节点 v_j 来说,其 LLR 定义为

$$L_j=\log\left[\frac{P_j[0\mid \boldsymbol{y}]}{P_j[1\mid \boldsymbol{y}]}\right] \tag{C.1}$$

对于 v_j 节点的 LLR，其依赖于信道的输出矢量 $\boldsymbol{y}$ 的后验概率（a posteriori probability）$P_j[0|\boldsymbol{y}]$和$P_j[1|\boldsymbol{y}]$。隐含一个附加条件，取决于该码的校验矩阵 $\boldsymbol{H}$。

对于 $q-$ary LDPC 码的每个符号 v_j 来说，一对后验概率或者一个 LLR 很难反应 v_j 的全部特性，因为 v_j 有 q 个取值，因此需要估计出这 q 个数值，这 q 个概率形成一个概率质量函数（probability mass function，pmf）。对于 $q-$ary LDPC 码的译码过程来说，其 VN 节点和 CN 节点的连接边是通过 GF(q)中的元素进行标识，因此 Tanner 图中边信息交换和传递的是 pmf 信息，而不是传统的 LLR 信息。一旦译码器停止迭代译码计算过程，对于 v_j 的判决结果是 GF(q)上的元素 v，此时 v 可以使后验概率 $P_j[v|\boldsymbol{y}]$最大。

C.2 算法推导

和二进制 LDPC 码译码算法一样，NB－LDPC 码从信道中获得信息，将这些信息送到 CN 节点处理器，然后 CN 节点发送它们处理的信息到 VN 节点，VN 节点处理器将基于 CN 节点发送来的信息结合信道信息产生新信息，送回 CN 节点处理器。VN 节点和 CN 节点处理过程迭代进行，直至找到译码码字或者达到最大的迭代译码次数。

对于 AWGN 信道，假设双边功率谱密度为 $N_0/2$，当信道输入的二进制信息 $b\in\{+1,-1\}$，根据接收信息 y，可以得到此时的后验概率为

$$\Pr(b|y)=\frac{p(y|b)\Pr(b)}{p(y)}=\frac{1}{1+\exp(-4yb/N_0)} \tag{C.2}$$

比特概率通过一个预处理器进行转换，获得相应的符号概率（symbol-wise），这个符号概率是通过比特概率的乘积而得到，例如$s=4$，假设$\alpha^2\in$ GF(2^4)，α^2对应的二进制表示为[0010]，其中 α 是 GF(q)上的本原元，可以得到 $\Pr(\alpha^2|\bar{\boldsymbol{y}})=\Pr(0|y_3)\Pr(0|y_2)\Pr(1|y_1)\Pr(0|y_0)$，其中 $\bar{\boldsymbol{y}}=[y_3\quad y_2\quad y_1\quad y_0]$ 是 $s=4$ 时对应的一组连续二进制输入信号。每一个 VN 节点通过译码的预处理过程，得到 q 个符号概率，即每个 VN 节点获得 GF(q)上每个符号对应的条件 pmf。令第 j 个 VN 节点通过信道获得的先验条件 pmf 表示为$P_j(j=0,1,\cdots,n-1)$，因此第 j 个 VN 节点处，相应的 q 个元素对应的条件 pmf 可以定义为$P_j(0),P_j(\alpha),P_j(\alpha^2),\cdots,P_j(\alpha^{q-2})$，其中

$$P_j(\beta)=\Pr(v_j=\beta|\bar{\boldsymbol{y}}) \tag{C.3}$$

式中，$\beta\in$ GF(q)，在此$P_j(\beta)$等于 s 个比特概率的乘积 $\Pr(b|y)$。

给定信道输出相应的 pmf 后，需要给出迭代译码相应的 VN 节点和 CN 节点的更新方程。为了讨论方便，定义第 j 个 VN 节点连接的 CN 节点集合为

$$M_j=\{i:h_{i,j}\neq 0\} \tag{C.4}$$

式中，$0\leqslant j<n$。同理，定义第 i 个 CN 节点连接的 VN 节点集合表示为

$$N_i=\{j:h_{i,j}\neq 0\} \tag{C.5}$$

式中，$0\leqslant i<m$。

C.2.1　VN 节点更新

仍然认为每个 VN 节点是一个重复码，因此连接每个 VN 节点的边都携带同样的信息，即 GF(q)上的一个数值。进一步假设从 CN 节点的信息到 VN 节点的信息互相独立，重复码的最优译码可以通过 LLRs 的求和过程，或者概率的乘积过程得到，因此对于每一个 $\beta\in \mathrm{GF}(q)$，外信息 $m_{j\to i}(\beta)$，都有如下关系式：

$$m_{j\to i}(\beta)=P_j(\beta)\prod_{k\in M_j\backslash i} m_{k\to j}(\beta) \tag{C.6}$$

式中，$m_{k\to j}(\beta)$是 CN 节点 k 到 VN 节点 j 传递的信息，此时 v_j 等于β。其中 VN 节点 j 只在前 $g/2$ 次迭代中是互相独立，g 是码的 Tanner 图周长；另外，这里 $M_j\backslash i$ 意味着传递的信息 $m_{j\to i}(\beta)$中，不含有 CN 节点 i 已有的信息。

需要注意的是，对于二进制 LDPC 情况，式(C.6)只进行一次就可以；对于 NB－LDPC 情况，则需要计算 q 次，即对 GF(q)中每一个元素都需要进行计算。

由 CN 节点传递到 VN 节点的信息计算特别复杂，将逐步分析。

C.2.2　CN 节点更新：复杂方法

CN 节点的更新方程需要更多的阐述，不过对于编码领域的学者来说，是比较基础的内容。每个 CN 节点是一个非二进制域上的 SPC (Single-Parity Check)码。对于第 i 个 CN 节点，表示的是校验矩阵 $\boldsymbol{H}$ 的第 i 行$[h_{i,0}\quad h_{i,1}\quad \cdots\quad h_{i,n-1}]$，对应于校验方程为

$$\sum_{j\in N_i} v_j h_{i,j}=0 \tag{C.7}$$

式中，$v_j\in \mathrm{GF}(q)$是码字符号，对应第 j 个 VN 节点；$h_{i,j}$是校验矩阵 $\boldsymbol{H}$ 第 i 行中的非零元素，其中 $j=0,1,\cdots,n-1$。此外加法和乘法，按照 GF(q)上的运算进行。

令 $v_j{}'=v_jh_{i,j}$，上述求和可以重新写为

$$\sum_{l\in N_i} v_l' = 0 \tag{C.8}$$

由 CN 节点更新方程可知，CN 节点是由其连接的 VN 节点决定。对于 CN 节点 i 来说，考虑其连接的 VN 节点集合 N_i 和相应的 pmf。根据 pmf，可以计算从 CN 节点 i 到 VN 节点 j 的 pmf。发送到 VN 节点 j 的 pmf 为

$$v_j' = \sum_{l\in N_i\backslash j} v_l' \tag{C.9}$$

对于离散随机变量 v_j' 来说，它是其他独立的离散随机变量 v_l' 的和，因此 v_j' 的 pmf 可以由 v_l' 的 pmf 的循环卷积给出。

在此详细介绍 GF(q)上元素 pmf 的卷积过程。考虑 GF(q)上的两个随机变量 $\boldsymbol{X}$ 和 $\boldsymbol{Y}$，其相应的 pmf 为 $\boldsymbol{p}_X$ 和 $\boldsymbol{p}_Y$，观察两个随机变量和的 pmf。$\boldsymbol{X}$ 和 $\boldsymbol{Y}$ 是 GF(2^s)上的两个随机变量，因此 $\boldsymbol{X}$ 和 $\boldsymbol{Y}$ 可以表示为 s－tuple 的矢量，且矢量上的每一位属于 GF(2)；令 $\boldsymbol{Z}=\boldsymbol{X}+\boldsymbol{Y}$，则 $\boldsymbol{Z}$ 也是一个 s－tuple 的矢量，且 $\boldsymbol{Z}$ 的每一个位按照模二加的方式进行运算。由于 GF(q)上每一个元素可以表示为一个 s－tuple 的矢量，或者等价的十进制形式，因此有

$$\boldsymbol{p}_Z(z) = \sum_{x,y:x+y=z} \boldsymbol{p}_X(x)\boldsymbol{p}_Y(y) = \sum_x \boldsymbol{p}_X(x)\boldsymbol{p}_Y(z-x) \tag{C.10}$$

或者表示为循环卷积操作的形式，有

$$\boldsymbol{p}_Z = \boldsymbol{p}_X * \boldsymbol{p}_Y \tag{C.11}$$

将其拓展到多于两个随机变量求和的更一般情况。

令 $\boldsymbol{m}_{i\to j}=[m_{i\to j}(0)\quad m_{i\to j}(1)\quad \cdots\quad m_{i\to j}(\alpha^{q-2})]$为 v_j' 的条件 pmf；令 $\boldsymbol{m}_{l\to i}=[m_{l\to i}(0)\quad m_{l\to i}(1)\quad \cdots\quad m_{l\to i}(\alpha^{q-2})]$为 v_l' 的条件 pmf。得到 v_j' 的条件 pmf 为

$$\boldsymbol{m}_{i\to j} = \underset{l\in N_i\backslash j}{\circledast} \boldsymbol{m}_{l\to i} \tag{C.12}$$

C.2.3 CN 节点更新：快速哈达玛变换（Fast Hadamard Transform）

由多个 pmf 的卷积获得 v_j' 的 pmf 显然非常复杂，可以由快速 Hadamard 变换（Fast Hadamard Transform, FHT）算法极大地简化该卷积运算的复杂度。在介绍 FHT 算法之前，首先介绍一些关于 Hadamard 变换的基本概念，然后在介绍 FHT 算法。

对于一个长度为 q 的实数构成的行矢量 $\boldsymbol{p}=[\boldsymbol{p}_0\quad \boldsymbol{p}_1\quad \cdots\quad \boldsymbol{p}_{q-1}]$，假设该矢量为 pmf，对其进行 Hadamard 变换，表示为

$$\boldsymbol{P}=\mathscr{H}(p)=\boldsymbol{p}\boldsymbol{H}_q \tag{C.13}$$

其中，$\boldsymbol{H}_q$ 的递归定义为

$$\boldsymbol{H}_q = \frac{1}{\sqrt{2}} \begin{bmatrix} \boldsymbol{H}_{q/2} & \boldsymbol{H}_{q/2} \\ \boldsymbol{H}_{q/2} & -\boldsymbol{H}_{q/2} \end{bmatrix} \tag{C.14}$$

其初始迭代条件是

$$\boldsymbol{H}_2 = \frac{1}{\sqrt{2}} \begin{bmatrix} 1 & 1 \\ 1 & -1 \end{bmatrix} \tag{C.15}$$

令 ϕ_x 代表 $\boldsymbol{H}_q$ 的第 x 行，则 $\boldsymbol{p}$ 的 Hadamard 变换可以写为

$$\boldsymbol{P} = \sum_{x=0}^{q-1} p_x \phi_x \tag{C.16}$$

由于 $\boldsymbol{H}_q$ 采用递归定义的方法，不难证明 Hadamard 变换具有以下性质。

(1) $\boldsymbol{H}_q^{\mathrm{T}} = \boldsymbol{H}_q$，其中上角标“T”代表矩阵的转置。

(2) $\boldsymbol{H}_q \boldsymbol{H}_q^{\mathrm{T}} = \boldsymbol{H}_q^{\mathrm{T}} \boldsymbol{H}_q = \boldsymbol{I}_q$，其中 $\boldsymbol{I}_q$ 是一个 $q \times q$ 的单位矩阵，可知 $\boldsymbol{H}_q^{\mathrm{T}} = \boldsymbol{H}_q^{-1}$，因此逆 Hadamard 变换可以写为

$$\boldsymbol{H}^{-1}(\boldsymbol{P}) = \boldsymbol{P}\boldsymbol{H}_q^{-1} = \boldsymbol{P}\boldsymbol{H}_q^{\mathrm{T}} = \boldsymbol{p}\boldsymbol{H}_q\boldsymbol{H}_q^{\mathrm{T}} = p$$

同时可知 $\boldsymbol{H}_q$ 的行之间彼此正交，满足 $\phi_x \phi_y^{\mathrm{T}} = \delta_{x-y}$，其中 δ_{x-y} 是 Kronecker delta 函数。

(3) $\boldsymbol{H}_q$ 的第 x 行和第 y 行的乘积定义为 $\phi_x \odot \phi_y = \frac{1}{\sqrt{2}} \phi_{x \oplus y}$，其中 $\odot$ 和 $\oplus$ 分别代表组成元素(component－wise)的乘法和模 2 加法，x 和 y 用二进制形式表示，例如，$13 \oplus 10 = 7$。

由(3)定义的组成元素模 2 加法，与 $\mathrm{GF}(2^s)$ 上的两个元素加法一致，通常前者用 $\oplus$ 表示，后者用 $+$ 表示。性质(3)对证明将要介绍的 Hadamard 变换的循环卷积定理非常重要，也是 $\mathrm{GF}(q)$ 上元素的 pmf 的循环卷积低复杂度计算的关键。可以证明 $\boldsymbol{H}_q$ 的行与 $\mathrm{GF}(q)$ 上的元素存在一一映射的关系。

定理 C.1　考虑 $\mathrm{GF}(q)$ 上两个独立随机变量 X 和 Y，其 pmf 分别为 $\boldsymbol{p}_X$ 和 $\boldsymbol{p}_Y$。$\mathrm{GF}(q)$ 上的随机变量 $\boldsymbol{Z}$ 为 $\boldsymbol{X}$ 和 $\boldsymbol{Y}$ 之和，即 $\boldsymbol{Z} = \boldsymbol{X} + \boldsymbol{Y}$，则 $\boldsymbol{Z}$ 的 pmf(表示为 $\boldsymbol{p}_Z$)等于 $\sqrt{2}\mathscr{H}^{-1}[\mathscr{H}(\boldsymbol{p}_X) \odot \mathscr{H}(\boldsymbol{p}_Y)]$。

证明：方便起见，$\boldsymbol{p}_X$ 和 $\boldsymbol{p}_Y$ 中的组成元素 $\boldsymbol{p}_X(x)$ 和 $\boldsymbol{p}_Y(y)$，表示为 $\boldsymbol{p}(x)$ 和 $\boldsymbol{p}(y)$，所有求和的范围都是从 0 到 $q-1$，或者用它们二进制 s－tuple 的矢量形式表示：

$$\begin{aligned} \sqrt{2}\boldsymbol{H}^{-1}[\boldsymbol{H}(\boldsymbol{p}_X) \odot \boldsymbol{H}(\boldsymbol{p}_Y)] &= \sqrt{2}\boldsymbol{H}^{-1}\left[\sum_x p(x)\phi_x \odot \sum_y p(y)\phi_y\right] \\ &= \sqrt{2}\boldsymbol{H}^{-1}\left[\sum_x \sum_y p(x)\phi_x \odot p(y)\phi_y\right] \end{aligned}$$

$$\begin{aligned}
&= \sqrt{2}\boldsymbol{H}^{-1}\left[\sum_x \sum_y p(x)p(y)\ \frac{1}{\sqrt{2}}\phi_{x\oplus y}\right] \\
&= \sum_x \sum_y \sum_z p(x)p(y)\phi_{x\oplus y}\phi_z^{\mathrm{T}} \\
&= \sum_x \sum_y \sum_z p(x)p(y)\ \delta_{(x\oplus y)-z} \\
&= \sum_{x,y;x\oplus y=z} p(x)p(y) \\
&= \sum_x p(x)p(z-x) \\
&= \boldsymbol{p}_X \circledast \boldsymbol{p}_Y
\end{aligned} \tag{C.17}$$

证明过程中的头两行是显而易见的；第三行利用性质 3；第四行利用性质 1 和 2；第五行是根据性质 2 得到的结论；最后三行也可以推导得到。

例 C.1 针对 NB−LDPC 码的 Hadamard 变换发展迅速，但实际上，这个结果也可以应用在二进制 LDPC 码中，此时 $q=2$。将 $\boldsymbol{p}_X=[p_X(0), p_X(1)]$和 $\boldsymbol{p}_Y=[p_Y(0), p_Y(1)]$带入 $\sqrt{2}\mathscr{H}^{-1}[\mathscr{H}(\boldsymbol{p}_X)\odot\mathscr{H}(\boldsymbol{p}_Y)]$中，可以获得

$$\boldsymbol{p}_X \circledast \boldsymbol{p}_Y = p_X(0)p_Y(0)+p_X(1)p_Y(1)+p_X(0)p_Y(1)+p_X(1)p_Y(0)$$

该方程中的前两项意味着 $\Pr[X+Y=0]$，后两项等价于 $\Pr[X+Y=1]$。对于 $\boldsymbol{Z}$ 的对数似然比 LLR，就是后两项与前两项的比值，具体见文献[97]的定理 5.2。

快速 Hadamard 变换(FHT)内容如下。

为了提高 Hadamard 变换的计算效率提出的算法，称为快速 Hadamard 变换(Fast Hadamard Transform，FHT)，也可以称为快速傅里叶变换算法(Fast Fourier Transform，FFT)[82,97]。之所以采用快速算法，也是由于 Hadamard 矩阵本身具有的递归特性。由性质(1)和(2)可以看出，Hadamard 变换和逆 Hadamard 变换具有统一性，因此，只需要给出一种快速算法，另外一种可以同理得到。

通过一个例子给出了 FHT 算法的基本思想。令 $q=16$，因此 $\boldsymbol{p}=[p_0\ \ p_1\ \ \cdots\ \ p_{15}]$，则有 $\boldsymbol{P}=\mathscr{H}(\boldsymbol{p})=\boldsymbol{p}\boldsymbol{H}_{16}$。已知：

$$\boldsymbol{H}_{16}=\frac{1}{\sqrt{2}}\begin{bmatrix}\boldsymbol{H}_8 & \boldsymbol{H}_8 \\ \boldsymbol{H}_8 & -\boldsymbol{H}_8\end{bmatrix}=\frac{1}{\sqrt{2}}\begin{bmatrix}\boldsymbol{H}_8 & 0 \\ 0 & \boldsymbol{H}_8\end{bmatrix}\begin{bmatrix}\boldsymbol{I}_8 & \boldsymbol{I}_8 \\ \boldsymbol{I}_8 & -\boldsymbol{I}_8\end{bmatrix} \tag{C.18}$$

图 C.1 给出这个方程对 $\boldsymbol{H}_{16}$ 的分解过程，其中 $\boldsymbol{p}_0^7$ 为 $\boldsymbol{p}$ 的子集$[p_0\ \ p_1\ \ \cdots\ \ p_7]$，同理 $\boldsymbol{p}_8^{15}$。图中，每个分叉处的输出数据完全一样，在合并处对输入信息进行求和。

经过 $\boldsymbol{H}_8$ 的运算还是比较麻烦，继续对 $\boldsymbol{H}_8$ 进行分解，得到

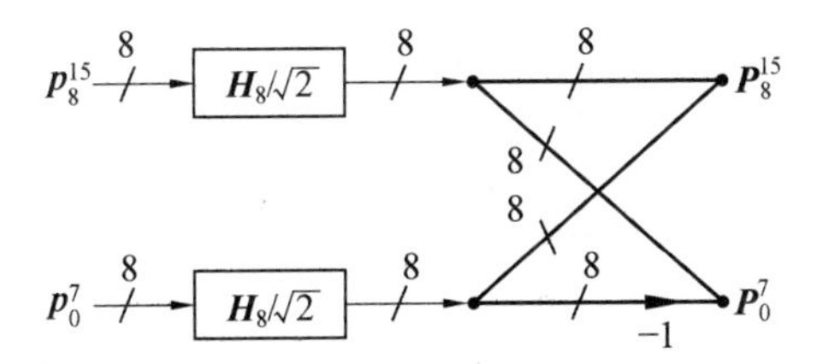

图 C.1 $\boldsymbol{P}=\boldsymbol{p}\boldsymbol{H}_{16}$ 的分解过程示意图

$$\boldsymbol{H}_8=\frac{1}{\sqrt{2}}\begin{bmatrix}\boldsymbol{H}_4 & \boldsymbol{H}_4\\ \boldsymbol{H}_4 & -\boldsymbol{H}_4\end{bmatrix}=\frac{1}{\sqrt{2}}\begin{bmatrix}\boldsymbol{H}_4 & 0\\ 0 & \boldsymbol{H}_4\end{bmatrix}\begin{bmatrix}\boldsymbol{I}_4 & \boldsymbol{I}_4\\ \boldsymbol{I}_4 & -\boldsymbol{I}_4\end{bmatrix} \tag{C.19}$$

对 $\boldsymbol{H}_8$ 的分解过程如图 C.2 所示，输入端为 $\boldsymbol{p}_0^7$，同理 $\boldsymbol{p}_8^{15}$ 情况。图 C.2 的工作过程与图 C.1 的工作过程完全一样。

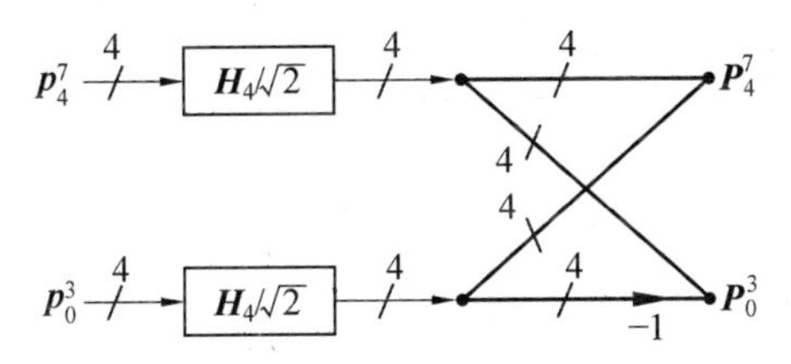

图 C.2 $\boldsymbol{P}=\boldsymbol{p}_0^7\boldsymbol{H}_8$ 的分解过程示意图

接下来，将 $\boldsymbol{H}_4$ 继续进行分解，有

$$\boldsymbol{H}_4=\frac{1}{\sqrt{2}}\begin{bmatrix}\boldsymbol{H}_2 & \boldsymbol{H}_2\\ \boldsymbol{H}_2 & -\boldsymbol{H}_2\end{bmatrix}=\frac{1}{\sqrt{2}}\begin{bmatrix}\boldsymbol{H}_2 & 0\\ 0 & \boldsymbol{H}_2\end{bmatrix}\begin{bmatrix}\boldsymbol{I}_2 & \boldsymbol{I}_2\\ \boldsymbol{I}_2 & -\boldsymbol{I}_2\end{bmatrix} \tag{C.20}$$

分解到这一步，会获得 8 个 $\boldsymbol{H}_2$。

整个分解过程如图 C.3 所示，它是 $\log_2(q)=4$ 层级联碟形图。第一层含有 8 个碟形图，第二层含有 4 个碟形图，第三层含有 2 个碟形图，最后一层含有 1 个碟形图。每层需要乘以系数 $1/\sqrt{2}$，因此可以在输出处等价乘以系数 1/4（又被称为比例因子）。

C.3 NB－LDPC 的译码算法

基于 C.2 节，首先归纳 NB－LDPC 的译码算法，即快速傅里叶变换 q－ary 和积算法（FFT－QSPA）；第 2 步，计算 v_j 的信息 $m_{j\to i}(\beta)$，可以获得式（C.12）的卷积形式；进行步骤 3～5，每一步都需要对 GF(q)上的全部元素 $\beta\in \mathrm{GF}(q)$ 进行计算，其中 $0\leqslant i<m$ 和 $0\leqslant j<n$。

（1）步骤 1。根据式（C.2）和式（C.3）初始化概率 $P_j(\beta)$，同时初始化 CN 节点信息 $m_{i\to j}(\beta)=1$。

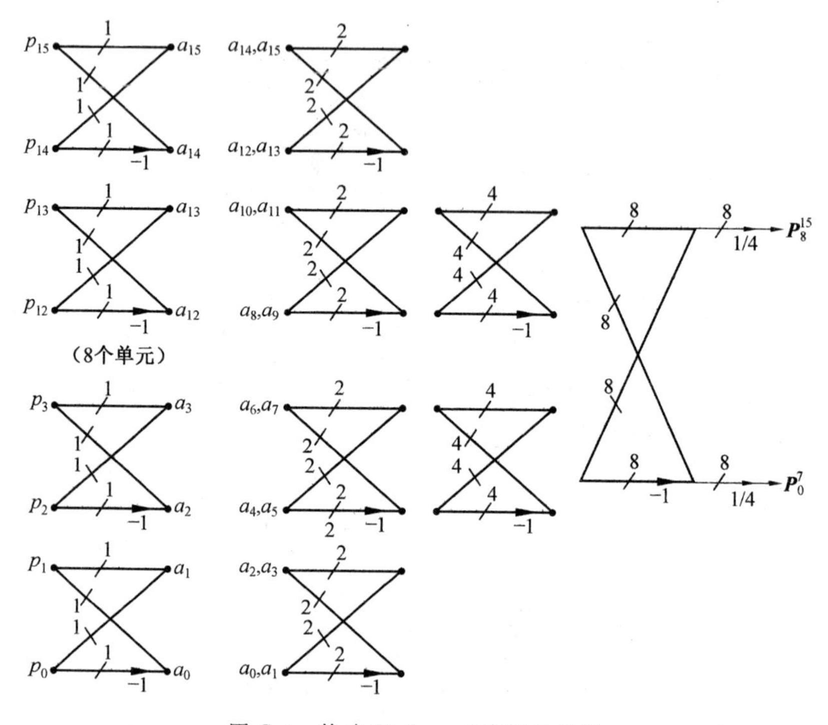

图 C.3　快速 Hadamard 变换示意图

(2)步骤 2。根据式(C.6)计算 VN 节点的信息 $m_{j\to i}(\beta)$。

(3)步骤 3。将信息 $m_{j\to i}(\beta)$转换成 $m_{j\to i}(\beta')$，当 $\beta'=h_{i,j}\beta$ 时，$m_{j\to i}(\beta')=m_{j\to i}(\beta)$。

(4)步骤 4。根据哈达码变换卷积定理和 FHT 算法，计算 CN 节点的信息为

$$m_{i\to j}=\mathcal{H}^{-1}\left\{\prod_{l\in N_i\backslash j}\mathcal{H}\{m_{l\to i}\}\right\} \tag{C.21}$$

(5)步骤 5。将信息 $m_{i\to j}(\beta')$转换成 $m_{i\to j}(\beta)$，当 $\beta'=h_{i,j}\beta$ 时，$m_{i\to j}(\beta)=m_{j\to i}(\beta')$。

对符号进行判决，根据

$$\hat{v}_j=\mathrm{argmax}_\beta m_j(\beta) \tag{C.22}$$

其中

$$m_j(\beta)=P_j(\beta)\prod_{k\in M_j}m_{k\to j}(\beta) \tag{C.23}$$

如果满足$\hat{v}_j\boldsymbol{H}^{\mathrm{T}}=0$，则认为译码成功，停止迭代，或者达到最大的迭代次数，也停止译码；否则进入步骤 2，重复译码过程。

参考文献

[1] Abu-Surra, S. , Divsalar, D. , and Ryan, W. E. 2010(Jan.). On the existence of typical minimum distance for protograph-based LDPC codes. Pages 1-7 of: Proc. IEEE Inf. Theory Applic. Workshop. San Diego, CA, USA, January 31-February 5.

[2] Abu-Surra, S. , Divsalar, D. , and Ryan, W. E. 2011. Enumerators for protograph-based ensembles of LDPC and generalized LDPC codes. IEEE Trans. Inf. Theory, 57(2),858-886.

[3] Ammar, B. , Honary, B. , Kou, Y. , Xu, J. , and Lin, S. 2004. Construction of low-density parity-check codes based on balanced incomplete block designs. IEEE Trans. Inf. Theory, 50(6), 1257-1269.

[4] Bahl, L. , Cocke, J. , Jelinek, F. , and Raviv, J. 1974. Optimal decoding of linear codes for minimizing symbol error rate. IEEE Trans. Inf. Theory, 20(2), 284-287.

[5] Barnault, L. , and Declercq, D. 2003(Mar.). Fast decoding algorithm for LDPC over GF(2^q). Pages 70-73 of: Proc. IEEE Inf. Theory Workshop. La Sorbonne, Paris, France, March 31-April 4, 2003.

[6] Batten, L. M. 1997. Combinatorics of Finite Geometries, 2nd ed. Cambridge, UK: Cambridge University Press.

[7] Bellorado, J. , and Kavcic, A. 2010. Low-complexity soft-decoding algorithms for Reed-Solomon codes part I: An algebraic soft-in hard-out Chase decoder. IEEE Trans. Inf. Theory, 56(3), 945-959.

[8] Berlekamp, E. R. 1984. Algebraic Coding Theory. Laguna Hills, CA: Aegean Park Press.

[9] Bose, R. C. 1939. On the construction of balanced incomplete block designs. Ann. Eugenics, 9(4), 353-399.

[10] Bose, R. C. 1963. Strongly regular graphs, partial geometries and partially balanced designs. Pacific J. Math. , 13(2), 389-419.

[11] Butler, B. K. , and Siegel, P. H. 2010(Jun.). On distance properties

of quasi-cyclic protograph-based LDPC codes. Pages 809-813 of: Proc. IEEE Int. Symp. Inf. Theory. Austin, TX, USA, June 13-18.

[12] Cameron, P. J., and Van Lint, J. H. 1991. Designs, Graphs, Codes, and Their Links. Cambridge, UK: Cambridge University Press.

[13] Carmichael, R. D. 1956. Introduction to the Theory of Groups of Finite Orders. New York, NY: Dover.

[14] Chandrasetty, V. A., Johnson, S. J., and Lechner, G. 2013. Memory efficient decoders using spatially coupled quasi-cyclic LDPC codes. CoRR, arXiv:abs/1305.5625.

[15] Chang, B. Y., Dolecek, L., and Divsalar, D. 2011(Nov.). EXIT chart analysis and design of non-binary protograph-based LDPC codes. Pages 566-571 of: IEEE Military Commun. Conf. (Milcom). Baltimore, MD, USA.

[16] Chang, B. Y., Divsalar, D., and Dolecek, L. 2012(September 3-7). Non-binary protograph-based LDPC codes for short block-lengths. Pages 282-286 of: Proc. IEEE Inf. Theory Workshop.

[17] Chen, C. L., Peterson, W. W., and Weldon, E. J., Jr. 1969. Some results on quasi-cyclic codes. Inf. Control, 15(5), 407-423.

[18] Chen, J., and Fossorier, M. P. C. 2002. Near optimum universal belief propagation based decoding of low-density parity check codes. IEEE Trans. Commun., 50(3), 406-414.

[19] Chen, L., Xu, J., Djurdjevic, I., and Lin, S. 2004. Near Shannon-limit quasi-cyclic low-density parity-check codes. IEEE Trans. Commun., 52(7), 1038-1042.

[20] Chen, Y., and Parhi, K. K. 2004. Overlapped message passing for quasi-cyclic low-density parity check codes. IEEE Trans. Circuits Syst. I, 51(6), 1106-1113.

[21] Colbourn, C. J., and Dintz, J. H. 1996. The Handbook of Combinatorial Design. Boca Raton, FL: CRC Press.

[22] Costello, D. J., Jr., Dolecek, L., Fuja, T., Kliewer, J., Mitchell, D. G. M., and Smarandache, R. 2014. Spatially coupled sparse codes on graphs: Theory and practice. IEEE Commun. Mag., 52(7), 168-176.

[23] Davey, M. C. , and MacKay, D. J. C. 1998. Low-density parity check codes over GF(q). IEEE Commun. Lett. , 2(6), 165-167.

[24] Di, C. , Proietti, D. , Telatar, I. E. , Richardson, T. J. , and Urbanke, R. L. 2002. Finite-length analysis of low-density parity-check codes on the binary erasure channel. IEEE Trans. Inf. Theory, 48(6), 1570-1579.

[25] Diao, Q. , Huang, Q. , Lin, S. , and Abdel-Ghaffar, K. 2011 (Feb.). A transform approach for analyzing and constructing quasi-cyclic low-density parity-check codes. Pages 1-8 of: Proc. IEEE Inf. Theory Applic. Workshop. La Jolla, CA, USA, February 6-11.

[26] Diao, Q. , Huang, Q. , Lin, S. , and Abdel-Ghaffar, K. 2012a. A matrix-theoretic approach for analyzing quasi-cyclic low-density parity-check codes. IEEE Trans. Inf. Theory, 58(6), 4030-4048.

[27] Diao, Q. , Zhou, W. , Lin, S. , and Abdel-Ghaffar, K. 2012b (Feb.). A transform approach for constructing quasi-cyclic Euclidean geometry LDPC codes. Pages 204-211 of: Proc. IEEE Inf. Theory Applic. Workshop. San Diego, CA, USA, February 5-10.

[28] Diao, Q. , Tai, Y. Y. , Lin, S. , and Abdel-Ghaffar, K. 2013. LDPC codes on partial geometries: Construction, trapping set structure, and puncturing. IEEE Trans. Inf. Theory, 59 (12), 7898-7914.

[29] Diao, Q. , Li, J. , Lin, S. , and Blake, I. F. 2016. New classes of paritial geometries and their associated LDPC codes. IEEE Trans. Inf. Theory, 62(6),2947-2965.

[30] Divsalar, D. , Dolinar, S. , and Jones, C. 2005a(Sep.). Low-rate LDPC codes with simple protograph structure. Pages 1622-1626 of: Proc. IEEE Int. Symp. Inf. Theory. Adelaide, SA, USA, September 4-9, 2005.

[31] Divsalar, D. , Jones, C. , Dolinar, S. , and Thorpe, J. 2005b (Nov.). Protograph based LDPC codes with minimum distance linearly growing with block size. Page 5 of: Proc. IEEE Glob. Commun. Conf. , vol. 3. St. Louis, MO, USA, November 28-December 2, 2005.

[32] Divsalar, D. , Dolinar, S. , and Jones, C. 2006(Jul.). Construction

of protograph LDPC codes with linear minimum distance. Pages 664-668 of: Proc. IEEE Int. Symp. Inf. Theory. Seattle, WA, USA, July 9-14, 2006.

[33] Divsalar, D., Dolinar, S., and Jones, C. 2007 (Oct.). Short protograph-based LDPC codes. Pages 1-6 of: IEEE Military Commun. Conf. (Milcom). Orlando, FL, USA, October 29-31, 2007.

[34] Divsalar, D., Dolinar, S., Jones, C. R., and Andrews, K. 2009. Capacity approaching protograph codes. IEEE J. Sel. Areas Commun., 27(6), 876-888.

[35] Djurdjevic, I., Xu, J., Abdel-Ghaffar, K., and Lin, S. 2003. A class of low-density parity-check codes constructed based on Reed-Solomon codes with two information symbols. IEEE Commun. Lett., 7(7), 317-319.

[36] Dolecek, L., Divsalar, D., Sun, Y., and Amiri, B. 2014. Non-binary protograph-based LDPC codes: Enumerators, analysis, and designs. IEEE Trans. Inf. Theory, 60(7), 3913-3941.

[37] El-Khamy, M., and McEliece, R. J. 2006. Iterative algebraic soft-decision list decoding of Reed-Solomon codes. IEEE J. Sel. Areas Commun., 24(3), 481-490.

[38] Fan, J. L. 2000 (Sep.). Array codes as low-density parity-check codes. Pages 543-546 of: Proc. 2nd Int. Sym. on Turbo Codes and Related Topics. Brest, France, September 4-7, 2000.

[39] Fossorier, M. P. C. 2004. Quasi-cyclic low-density parity-check codes from circulant permutation matrices. IEEE Trans. Inf. Theory, 50(8), 1788-1793.

[40] Gallager, R. G. 1962. Low-density parity-check codes. IRE Trans. Inform. Theory, IT-8(Jan.), 21-28.

[41] Han, Y., and Ryan, W. E. 2009. Low-floor decoders for LDPC codes. IEEE Trans. Commun., 57(6), 1663-1673.

[42] Horn, R. A., and Johnson, C. R. 1985. Matrix Analysis. Cambridge, UK: Cambridge University Press.

[43] Hu, X. Y., Eleftheriou, E., and Arnold, D. M. 2001. Progressive edge-growth Tanner graphs. Pages 995-1001 of: Proc. IEEE Glob.

Commun. Conf. , vol. 2. San Antonio, TX, USA, November 25-29, 2001.

[44] Hu, X. Y. , Eleftheriou, E. , and Arnold, D. M. 2005. Regular and irregular progressive edge-growth Tanner graphs. IEEE Trans. Inf. Theory, 51(1), 386-398.

[45] Huang, J. , Liu, L. , Zhou, W. , and Zhou, S. 2010. Large-girth nonbinary QC-LDPC codes of various lengths. IEEE Trans. Commun. , 58(12), 3436-3447.

[46] Huang, Q. , Diao, Q. , Lin, S. , and Abdel-Ghaffar, K. 2012. Cyclic and quasi-cyclic LDPC codes on constrained parity-check matrices and their trapping sets. IEEE Trans. Inf. Theory, 58(5), 2648-2671.

[47] Iyengar, A. R. , Papaleo, M. , Siegel, P. H. , Wolf, J. K. , Vanelli-Coralli, A. , and Corazza, G. E. 2012. Windowed decoding of protograph-based LDPC convolutional codes over erasure channels. IEEE Trans. Inf. Theory, 58(4), 2303-2320.

[48] Jiang, J. , and Narayanan, K. R. 2008. Algebraic soft-decision decoding of Reed-Solomon codes using bit-level soft information. IEEE Trans. Inf. Theory, 54(9), 3907-3928.

[49] Jimenez Felstrom, A. , and Zigangirov, K. S. 1999. Time-varying periodic convolutional codes with low-density parity-check matrix. IEEE Trans. Inf. Theory, 45(6), 2181-2191.

[50] Kang, J. , Huang, Q. , Zhang, L. , Zhou, B. , and Lin, S. 2010. Quasi-cyclic LDPC codes: An algebraic construction. IEEE Trans. Commun. , 58(5), 1383-1396.

[51] Kang, J. , Huang, Q. , Lin, S. , and Abdel-Ghaffar, K. 2011. An iterative decoding algorithm with backtracking to lower the error-floors of LDPC codes. IEEE Trans. Commun. , 59(1), 64-73.

[52] Karlin, M. 1969. New binary coding results by circulants. IEEE Trans. Inf. Theory, 15(1), 81-92.

[53] Kasami, T. 1974. A Gilbert-Varshamov bound for quasi-cycle codes of rate 1/2. IEEE Trans. Inf. Theory, 20(5), 679.

[54] Köetter, R. , and Vardy, A. 2003. Algebraic soft-decision decoding of Reed Solomon codes. IEEE Trans. Inf. Theory, 49 (11),

2809-2825.

[55] Kou, Y., Lin, S., and Fossorier, M. P. C. 2000a (Sep.). Construction of low density parity check codes: A geometric approach. Pages 137-140 of: Proc. 2nd Int. Sym. on Turbo Codes and Related Topics. Brest, France, September 4-7, 2000.

[56] Kou, Y., Lin, S., and Fossorier, M. P. C. 2000b. Low density parity check codes based on finite geometries: A rediscovery. Page 200 of: Proc. IEEE Int. Symp. Inf. Theory. Sorrento, Italy, June 25-30, 2000.

[57] Kou, Y., Lin, S., and Fossorier, M. P. C. 2000c (Nov./Dec.). Low density parity check codes: Construction based on finite geometries. Pages 825-829 of: Proc. IEEE Glob. Commun. Conf., vol. 2. San Francisco, CA, USA, November 27-December 1, 2000.

[58] Kou, Y., Lin, S., and Fossorier, M. P. C. 2001. Low-density parity-check codes based on finite geometries: A rediscovery and new results. IEEE Trans. Inf. Theory, 47(7), 2711-2736.

[59] Kudekar, S., Richardson, T. J., and Urbanke, R. L. 2011. Threshold saturation via spatial coupling: Why convolutional LDPC ensembles perform so well over the BEC. IEEE Trans. Inf. Theory, 57(2), 803-834.

[60] Kudekar, S., Richardson, T., and Urbanke, R. L. 2013. Spatially coupled ensembles universally achieve capacity under belief propagation. IEEE Trans. Inf. Theory, 59(12), 7761-7813.

[61] Kumar, S., and Pfister, H. D. 2015. Reed-Muller codes achieve capacity on erasure channels. CoRR, arXiv:abs/1505.05123.

[62] Laendner, S., and Milenkovic, O. 2005. Algorithmic and combinatorial analysis of trapping sets in structured LDPC codes. Pages 630-635 of: Wireless Networks, Communications and Mobilc Computing, 2005 International Conference on, vol. 1. Maui, HI, USA, June 13-16, 2005.

[63] Laendner, S., and Milenkovic, O. 2007. LDPC codes based on Latin squares: Cycle structure, stopping set, and trapping set analysis. IEEE Trans. Commun., 55(2), 303-312.

[64] Lan, L., Zeng, L., Tai, Y. Y., Chen, L., Lin, S., and Abdel-

Ghaffar, K. 2007. Construction of quasi-cyclic LDPC codes for AWGN and binary erasure channels: A finite field approach. IEEE Trans. Inf. Theory, 53(7), 2429-2458.

[65] Lan, L., Tai, Y. Y., Lin, L., Behshad, M., and Honary, B. 2008. New constructions of quasi-cyclic LDPC codes based on special classes of BIBDs for the AWGN and binary erasure channels. IEEE Trans. Commun., 56(1), 39-48.

[66] Lentmaier, M., Sridharan, A., Zigangirov, K. S., and Costello, D. J., Jr. 2005(Sep.). Terminated LDPC convolutional codes with thresholds close to capacity. Pages 1372-1376 of: Proc. IEEE Int. Symp. Inf. Theory. Adelaide, SA, USA, September 4-9, 2005.

[67] Lentmaier, M., Sridharan, A., Costello, D. J., Jr., and Zigangirov, K. S. 2010. Iterative decoding threshold analysis for LDPC convolutional codes. IEEE Trans. Inf. Theory, 56(10), 5274-5289.

[68] Li, J., Liu, K., Lin, S., and Abdel-Ghaffar, K. 2014a. Algebraic quasi-cyclic LDPC codes: Construction, low error-floor, large girth and a reduced-complexity decoding scheme. IEEE Trans. Commun., 62(8), 2626-2637.

[69] Li, J., Liu, K., Lin, S., and Abdel-Ghaffar, K. 2014b(Feb.). Decoding of quasi-cyclic LDPC codes with section-wise cyclic structure. Pages 1-10 of: Proc. IEEE Inf. Theory Applic. Workshop. San Diego, CA, USA, February 9-14, 2014.

[70] Li, J., Liu, K., Lin, S., and Abdel-Ghaffar, K. 2014c(Jun.). Quasi-cyclic LDPC codes on two arbitrary sets of a finite field. Pages 2454-2458 of: Proc. IEEE Int. Symp. Inf. Theory. Honolulu, HI, USA, June 29-July 4, 2004.

[71] Li, J., Lin, S., and Abdel-Ghaffar, K. 2015(Jun.). Improved message-passing algorithm for counting short cycles in bipartite graphs. In: Proc. IEEE Int. Symp. Inf. Theory. Hong Kong, China, June 14-19, 2015.

[72] Li, Z., Chen, L., Zeng, L., Lin, S., and Fong, W. H. 2006. Efficient encoding of quasi-cyclic low-density parity-check codes. IEEE Trans. Commun., 54(1), 71-81.

[73] Lidl, R., and Niederreiter, H. 1997. Finite Fields. Cambridge,

UK: Cambridge University Press.

[74] Lin, S., and Costello, D. J., Jr. 2004. Error Control Coding: Fundamentals and Applications, 2nd edition. Upper Saddle River, NJ: Prentice Hall.

[75] Lin, S., Kasami, T., Fujiwara, T., and Fossorier, M. P. C. 1998. Trellis and Trellis-Based Decoding Algorithm for Linear Block Codes. New York, NY: Springer-Verlag New York.

[76] Lin, S., Xu, J., Djurdjevic, I., and Tang, H. 2002(Oct.). Hybrid construction of LDPC codes. Pages 1149-1158 of: Proc. 40th Annual Allerton Conf. Commun., Control, Computing. Monticello, IL, USA, October 1-3, 2002.

[77] Lin, S., Diao, Q., and Blake, I. F. 2014a(Aug.). Error floors and finite geometries. Pages 42-46 of: Proc. 8th Int. Sym. on Turbo Codes and Iterative Inf. Processing. Bremen, Germany, August 18-22, 2014.

[78] Lin, S., Liu, K., Li, J., and Abdel-Ghaffar, K. 2014b(Nov.). A reduced-complexity iterative scheme for decoding quasi-cyclic low-density parity-check codes. Pages 119-125 of: Proc. 48th Annual Allerton Conf. Commun., Control, Computing. Pacific Grove, CA, USA, November 2-5, 2014.

[79] Liu, K., Lin, S., and Abdel-Ghaffar, K. 2013. A Revolving iterative algorithm for decoding algebraic cyclic and quasi-cyclic LDPC codes. IEEE Trans. Commun., 61(12), 4816-4827.

[80] Liva, G., and Chiani, M. 2007(Nov.). Protograph LDPC codes design based on EXIT analysis. Pages 3250-3254 of: Proc. IEEE Glob. Commun. Conf. Washington, DC, USA, November 26-30, 2007.

[81] MacKay, D. J. C. 1999. Good error-correcting codes based on very sparse matrices. IEEE Trans. Inf. Theory, 45(2), 399-431.

[82] MacKay, D. J. C., and Davey, M. C. 2001. Evaluation of Gallager codes for short block length and high rate applications. The IMA Volumes in Mathematics and its Applications, 123(Jun.), 113-130.

[83] MacKay, D. J. C., and Neal, R. M. 1996. Near Shannon limit performance of low density parity-check codes. Electro. Lett., 32

(18), 1645-1646.

[84] Mann, H. 1949. Analysis and Design of Experiments. New York, NY: Dover.

[85] Mitchell, D. G. M., Smarandache, R., and Costello, D. J., Jr. 2014. Quasi-cyclic LDPC codes based on pre-lifted protographs. IEEE Trans. Inf. Theory, 60(10), 5856-5874.

[86] Mitchell, D. G. M., Lentmaier, M., and Costello, D. J., Jr. 2015. Spatially coupled LDPC codes constructed from protographs. IEEE Trans. Inf. Theory, 61(9), 4866-4889.

[87] NASA, Standards. 2008. GSFC-STD-9100. https://standards.nasa.gov/documents/ viewdoc/3315856/3315856. Accessed May 4, 2015.

[88] Nguyen, T. V., Nosratinia, A., and Divsalar, D. 2012. The design of rate-compatible protograph LDPC codes. IEEE Trans. Commun., 60(10), 2841-2850.

[89] Peterson, W. W., and Weldon, E. J., Jr. 1972. Error-Correcting Codes, 2nd edition. Cambridge, MS, USA: MIT Press.

[90] Pishro-Nik, H., and Fekri, F. 2004. On decoding of low-density parity-check codes over the binary erasure channel. IEEE Trans. Inf. Theory, 50(3), 439-454.

[91] Pishro-Nik, H., and Fekri, F. 2007. Results on punctured low-density parity-check codes and improved iterative decoding techniques. IEEE Trans. Inf. Theory, 53(2), 599-614.

[92] Pusane, A. E., Smarandache, R., Vontobel, P. O., and Costello, D. J., Jr. 2011. Deriving good LDPC convolutional codes from LDPC block codes. IEEE Trans. Inf. Theory, 57(2), 835-857.

[93] Reed, I. S., and Solomon, G. 1960. Polynomial codes over certain finite fields. J. Soc. Indust. Appl. Math., 8(2), 300-304.

[94] Richardson, T. 2003(October 1-3). Error-floors of LDPC codes. Pages 1426-1435 of: Proc. 41st Annual Allerton Conf. Commun. Control, Computing. Monticello, IL, USA, October 1-3, 2003.

[95] Richardson, T., and Urbanke, R. L. 2008. Morden Coding Theory. Cambridge, UK: Cambridge University Press.

[96] Richardson, T. J., Shokrollahi, M. A., and Urbanke, R. L. 2001. Design of capacity-approaching irregular low-density parity-check

codes. IEEE Trans. Inf. Theory, 47(2), 619-637.

[97] Ryan, W. E., and Lin, S. 2009. Channel Codes: Classical and Modern. New York, NY: Cambridge University Press.

[98] Ryser, H. J. 1996. Combinatorial Mathematics. New York, NY: Wiley.

[99] Sassatelli, L., and Declercq, D. 2010. Nonbinary hybrid LDPC codes. IEEE Trans. Inf. Theory, 56(10), 5314-5334.

[100] Song, S., Zhou, B., Lin, S., and Abdel-Ghaffar, K. 2009. A unified approach to the construction of binary and nonbinary quasi-cyclic LDPC codes based on finite fields. IEEE Trans. Commun., 57(1), 84-93.

[101] Tai, Y. Y., Lan, L., Zeng, L., Lin, S., and Abdel-Ghaffar, K. 2006. Algebraic construction of quasi-cyclic LDPC codes for the AWGN and erasure channels. IEEE Trans. Commun., 54(10), 1765-1774.

[102] Tang, H., Xu, J., Lin, S., and Abdel-Ghaffar, K. 2005. Codes on finite geometries. IEEE Trans. Inf. Theory, 51(2), 572-596.

[103] Tanner, R. M. 1981. A recursive approach to low complexity codes. IEEE Trans. Inf. Theory, 27(5), 533-547.

[104] Tanner, R. M., Sridhara, D., Sridharan, A., Fuja, T. E., and Costello, D. J., Jr. 2004. LDPC block and convolutional codes based on circulant matrices. IEEE Trans. Inf. Theory, 50(12), 2966-2984.

[105] Thorpe, J. 2003. Low density parity check(LDPC)codes constructed from protographs. JPL INP Progress Report, August 15, 42-154.

[106] Townsend, R., and Weldon, E. 1967. Self-orthogonal quasi-cyclic codes. IEEE Trans. Inf. Theory, 13(2), 183-195.

[107] Vasic, B., and Milenkovic, O. 2004. Combinatorial constructions of low-density parity-check codes for iterative decoding. IEEE Trans. Inf. Theory, 50(6), 1156-1176.

[108] Vellambi, H., and Fekri, F. 2007. Results on the improved decoding algorithm for low-density parity-check codes over the binary erasure channel. IEEE Trans. Inf. Theory, 53(4), 1510-1520.

[109] Xu, J., and Lin, S. 2003(Jun.). A combinatoric superposition method for constructing low density parity check codes. Page 30 of: Proc. IEEE Int. Symp. Inf. Theory. Pacifico Yokohama, Yokohama, Japan, June 29-July 4, 2003.

[110] Xu, J., Lin, S., and Blake, I. F. 2003(Mar.). On products of graphs for LDPC codes. Pages 6-9 of: Proc. IEEE Inf. Theory Workshop. La Sorbonne, Paris, France, March 31-April 4, 2003.

[111] Xu, J., Chen, L., Zeng, L., Lan, L., and Lin, S. 2005. Construction of low-density parity-check codes by superposition. IEEE Trans. Commun., 53(Feb.), 243-251.

[112] Xu, J., Chen, L., Djurdjevic, I., Lin, S., and Abdel-Ghaffar, K. 2007. Construction of regular and irregular LDPC codes: Geometry decomposition and masking. IEEE Trans. Inf. Theory, 53(1), 121-134.

[113] Zhang, L., Huang, Q., Lin, S., Abdel-Ghaffar, K., and Blake, I. F. 2010. Quasi-cyclic LDPC Codes: An algebraic construction, rank analysis, and codes on Latin squares. IEEE Trans. Commun., 58(11), 3126-3139.

[114] Zhang, L., Lin, S., Abdel-Ghaffar, K., Ding, Z., and Zhou, B. 2011. Quasi-cyclic LDPC codes on cyclic subgroups of finite fields. IEEE Trans. Commun., 59(9), 2330-2336.

[115] Zhang, Z., Dolecek, L., Nikolic, B., Anantharam, V., and Wainwright, M. J. 2008(November 30-December 4). Lowering LDPC error floors by postprocessing. Pages 1-6 of: Proc. IEEE Glob. Commun. Conf. New Orleans, LO, USA, November 30-December 4, 2008.

[116] Zhou, B., Kang, J., Tai, Y. Y., Lin, S., and Ding, Z. 2009. High performance non-binary quasi-cyclic LDPC codes on Euclidean geometries. IEEE Trans. Commun., 57(5), 1298-1311.

专有名词中英文对照

2×2 SM-constraint　2×2 的子矩阵约束条件

2×2 array RC-constriant　2×2 的阵列行列约束条件

3×3 SM-constraint　3×3 的子矩阵约束条件

A posteriori probabilities　后验概率

Additive white Gaussian nose channel　加性高斯白噪声信道

Adjacency matrix of a graph　图的邻接矩阵

Array　阵列

　　2×2 RC-constrained　2×2 的行列约束条件

　　τ-span sub-　τ 扩展

　　Diagonal band　对角线区间

　　Lower triangular　下三角

　　Parity-check　校验

　　RC-constrained　行列约束条件

　　Semi-infinite　半无限

　　Triangular　三角

　　Upper triangular　上三角

　　AWGNC　加性高斯白噪声信道

B-to-NB　二进制到非二进制

Backtracking iterative decoding algorithm　反向跟踪迭代译码算法

Balanced incomplete block designs　均衡不完全区组设计

Base matrices　基矩阵

　　Binary　二进制

　　Cyclic　循环

　　Decomposition　分解

　　Integer　整数

Masked　掩模
Nonbinary　非二进制
Product　乘积
PTG-based code construction　PTG 构码
RC-constrained　RC 约束条件
SP-LDPC code construction　基于叠加法的 LDPC 码构造
BCJR(Bahl、Cocke、Jelinek 和 Raviv)　BCJR 译码算法
BEC(Binary erasure channel)　二进制擦除信道
BER　误比特率
BIBDs　均衡不完全区组设计
Bursts of erasure　突发擦除
Erasure-burst　突发擦除
Erasures　擦除
Binary input channels　二进制输入信道
Binary-input AWGNC　二进制输入加性高斯白噪声信道
Binary-to-nonbinary replacement　二进制到非二进制替代
Bipartite graph　二部图
CNs(check nodes)　校验节点
Cycle distribution　环分布
Cycles　环
Degree　度
Degree distribution　度分布
Edges　边
Grith　周长
Paths　路径
Tanner graph　泰勒图
VN-connection distribution　变量节点连接分布
VN-connectivity　变量节点连接
VNs(variable nodes)　变量节点
Bipartite graphs　二部图
Bit error rate/ probability　误比特率
Bitwise probabilities　比特概率
BLER(block error rate/probability)　误块率
BMA(Berlekamp-Massey algorithm)　Berlekamp-Massey 译码算法

Component codes　组成码
Component matrices　组成矩阵
Component-wise mod-2 addition　组成元素模 2 加
Component-wise multiplication　组成元素模 2 乘
Connection matrices　连接矩阵
Connection number　连接数
Constituent matrices　组成矩阵
Copy-and-permute　复制和重排列
Coset leader　陪集首
Cosets　陪集
CPM-bD/B-to-NB　CPM 扩展联合二进制到非二进制变换
CPM-D-SP-construction　基于 CPM 扩展的 SP 构码法
CPM-dispersion　CPM 扩展

　　q-ary　*q* 元

　　binary　二进制

CPM－QC－SP－LDPC codes　基于 CPM 扩展的准循环 SP－LDPC 码
CPMs　循环置换矩阵
Cyclic classes　循环集合
Cyclic convolution　循环卷积
Cyclic convolution theorem　循环卷积理论
Cyclic masking　循环掩模
Cyclic replacement　循环替代
Cyclic-shift　循环移位

　　Downward　向下

　　Left　向左

　　Right　向右

　　Upward　向上

Decoding convergence　译码收敛
Decoding matrix　译码矩阵
Decoding threshold　译码门限
Density evolution　密度演进
Descendant　后代
Diagonal replacement　对角替代

Direct product　直积

Doubly CPM－QC－SP－LDPC code　双重 CPM 扩展的准循环 SP－LDPC 码

Doubly cyclic masking　双重循环掩模

EG(Euclidean geometry)　欧氏几何

Ensemble　全体

　Block-cyclic　块循环

　PTG－LDPC code　基于 PTG 构码法的 LDPC 码

　QC　准循环

　SP－LDPC code　基于 SP 构码法的 LDPC 码

Erasure pattern　擦除图样

Error pattern　错误图样

Error-floors　误码平层

Euclids algorithm　欧几里德算法

EXIT charts　EXIT 图

Expansion factor　扩展因子

Expansion operation　扩展操作

Fast-Fourier-Transform *q*-ary SPA(FFT－QSPA)　基于快速傅里叶变换的 q 元 SPA 译码算法

FG(finite geometries)　有限几何

FHT(fast Hadamard transform)　快速哈达玛变换

Finite field　有限域

Fully parallel local phase　并行局部译码

GC(globally coupled LDPC codes)　全局耦合 LDPC 码

　CN-based　基于校验节点

　CN-based CPM－QC－　基于校验节点的 CPM－QC

　CN-based product　基于校验节点的乘积

　CN-based product QC－　基于校验节点的乘积准循环

　VN-based　基于变量节点

　VN-based CPM－QC－　基于变量节点的乘积准循环

Generalized product code　通用乘积码

Generalized PTG－LDPC code　通用 PTG 构码法的 LDPC 码
Generator row-block　矩阵的行扩展的生成式
Geometries　几何
　Euclidean　欧几里得
　Finite　有限
　Partial　部分
　Projective　投影
Global decoder　全局译码
Globally coupled　全局耦合
Graph expansion　图扩展
Graphs　图
　Protographs　原模图
　Subgraphs　子图
　Tanner graphs　泰勒图
Groups　群
　Additive sub-　加法子群
　Cyclic sub-　循环子群
　Multiplicative　乘法群

Hadamard matrices　哈达玛矩阵
Hadamard matrix product　哈达玛矩阵乘积
Hadamard transform　哈达玛变换
Hamming codes　汉明码
　Cycle span　循环扩展
　Minimum weight　最小码距
　Primitive codewords　本原码字
Hybrid construction　混合结构

Incidence matrix　入射矩阵
Incidence vector　入射矢量
Index sequences　索引序列
Intersecting bundle　交叉束
Inverse Hadamard transform　反哈达玛变换
Iterative decoding algorithms based on BP　基于置信传播的迭代译码算法

Kronecker delta function　克罗内克函数
KVA(Köetter-Vardy algorithm)　Koetter-Vardy 算法

Latin squares　拉丁矩阵
　　Orthogonal　正交
LDPC codes　低密度奇偶校验码
　　Algebraic　代数
　　Binary　二进制
　　Cyclic　循环
　　Doubly QC—　双重准循环
　　EG—　欧氏几何
　　FG—　有限几何
　　GC—　全局耦合
　　Irregular　非规则
　　LDPC convolutional codes　LDPC 卷积码
　　Masked　掩模
　　NB(nonbinary)　非二进制
　　PTG—　原模图
　　PTG—based　基于原模图
　　Quasi-cyclic　准循环
　　Regular　规则
　　RS-masked　RS 码的掩模
　　SP-　叠加构码法
　　Span-constrained　扩展约束
　　Tailbiting(TB)　咬尾
Lifting degree　扩展度(等同于 expansion factor 扩展因子)
LLR(log-likelihood ratio)　对数似然比
Local decoder　局部译码器
Local/global two-phase decoding scheme　局部/全局两步译码算法
Locally connected　局部连接

MAP　最大后验概率
Masking　掩模

Masked base matrices　掩模基矩阵
Masking matrices　掩模矩阵
Matrix decomposition　矩阵分解
Decomposition constraint　分解约束
Decomposition factor　分解因子
Decomposition set　分解集合
Decomposition-and-replacement process　分解和置换过程
Matrix expansion　矩阵扩展
Minimum distance　最小距离
Minimum weight　最小码重
MSA(min-sum algorithm)　最小和算法
Mutually disjoint　互不相连

NB-to-B　非二进制到二进制转换
Non-uniform expansion　非均匀扩展
Nonbinary input channels　非二进制输入信道
Nonbinary-to-binary mapping　非二进制到二进制映射
Nonzero column-block-span　非零矩阵的列扩展扩展
Nonzero row-block-span　非零矩阵的行扩展扩展

One-zero constraint　零约束
Orthonormal　标准正交

Partial geometries　部分几何
EG－LDPC codes　基于 EG 构码法的 LDPC 码
Intersecting bundle　交叉束
Lines　线
Parallel bundle　平行束
Points　点
Partially parallel local phase　部分并行局部
PEG algorithm(progressive edge-growth)　渐进边增长算法
Period　周期
Permutation　置换
Column　列

Row 行
Permutation matrices 置换矩阵
Pmf(probability mass function) 概率质量函数
Post-processing decoding strategies 后处理译码算法
Primitive element 本原元
Prior-processing decoding strategies 预先处理译码算法
Product-form 乘积形式
Progressive edge-growth 渐进边增长
Protograph 原模图
PTG－LDPC code 基于原模图构码法的 LDPC 码
PTG(protograph) 原模图
PW－R(pair-wise row)constraint 成对一行约束条件
PW－RC constrained matrices 成对一行列约束矩阵
PW－RC constraint 成对一行列约束

RC(row－column)constraint 行列约束条件
RC－constrained matrix 行列约束矩阵
Reduced－complexity iterative decoding scheme 降低复杂度的迭代译码算法
Redundant CNs 冗余校验节点
Redundant rows 冗余行
Regular matrices 规则矩阵
Replacement constraint 替代约束条件
Replacement set 替代集合
Row-block 矩阵的行扩展
Row-redundancy 行冗余
RS(Reed-Solomon)codes Reed-Solomon 码
RS－based matrix 基于 RS 的矩阵
RS－QC－SP－LDPC code 基于 RS 的准循环 SP－LDPC 码

SC－LDPC codes 基于空间耦合的 LDPC 码
Tailbiting 咬尾
Terminated 截断
Time－varying 时变

Type－1 CPM－QC－　1型基于CPM的准循环

Type－2 CPM－QC－　2型基于CPM的准循环

SER　误码率

See symbol-error rate　误符号率

Shannon limit　香农限

Short cycles　短环

SNR(signal-to-noise ratio)　信噪比

SP-base matrix　基于SP构码法的基矩阵

SP-construction　基于SP构码法的构造

SP-LDPC code　基于SP构码法的LDPC码

SP-operation　叠加操作

SPA(sum-product algorithm)　和积算法

Span-constraint　扩展约束

SPB(sphere packing bound)　球形边界

SPC(single parity-check code)　单奇偶校验码

Stopping sets　停止集

Strong connection　强连接

Structure　结构

Block-cyclic　块循环

Cyclic　循环

Doubly QC　双重准循环

section-wise cyclic　段落循环

Sum-form　和形式

Superposition　叠加

Symbol-error rate　误符号率

Symbol-wise probabilities　符号概率

Tailbiting SC－LDPC codes　咬尾空间耦合LDPC码

Terminated SC－LDPC codes　截断空间耦合LDPC码

Trapping sets　陷阱集

Elementary　初级

Harmful　有害的

zocal　局部

small　小

Turbo BP－decoder　Turbo 置信传播译码算法
Two-sided power spectral density　双边功率谱密度

UEBLR(unresolved erasure block rate)　未恢复的擦除块率
UEBR(unresolved erasure bit rate)　未恢复的擦除比特率
Unification　统一
Uniform expansion　均匀扩展

Vector label　矢量标识
VN neighborhood　变量节点的邻居节点
VN－MPUs(variable node message processing units)　变量节点的信息处理单元

Weight　码重
　　Column　列
　　Row　行
Weight distributions　码重分布

Zero-constraint　零约束
Zero-spans　零扩展